U0462297

[权 威 珍 藏 版]

SCROLLS FOR SUCCESS

羊皮卷

〔美〕卡耐基等 / 著

杨奕 / 编著

江西人民出版社
Jiangxi People's Publishing House
全国百佳出版社

新羊皮卷传奇

当新千年钟声敲响的时候，海菲独自一人徘徊在纽约一处寒冷萧索的街道上，她至今仍不知道自己当初的决定是否正确：一年前，刚刚取得文学硕士学位的她，忽然突发奇想，下决心离开父母和家人，千里迢迢从北京来到陌生的美国寻找自己的梦想。而这一切均源于她太爱读书。

还是在上高中的时候，海菲得到了一本"奇书"，这就是奥格·曼狄诺的《世界上最伟大的推销员》。这本书让她深深地着迷，而且还有一个巧合，那就是她的名字居然和书中幸运地得到羊皮卷的男孩海菲相同。这是冥冥中的巧合，还是上帝的有意安排？而这种安排又意味着什么呢？

在 2000 多年前，那 10 卷神奇的羊皮卷帮助男孩海菲成为富有的商人，并达成了自己的心愿；而今天，神奇的羊皮卷也同样帮助海菲姑娘，让她顺利地长大，完成学业，并游刃有余地应付周围的一切。但长大后的海菲仍念念不忘奥格·曼狄诺在《世界上最伟大的推销员》结束语中向人们推荐的那 11 本书，因为她知道，故事中的那个海菲及神奇的羊皮卷不过是奥格·曼迪诺杜撰出来的而已，而海菲极有可能是曼狄诺本人的化身。那么，最值得敬佩的当然是曼狄诺了！而他的事迹也的确值得人们景仰。他从一帆风顺沦落到一无所有，而又从人生的低谷奋起向上，并最终创办了自己的企业——《成功无止境》杂志社，从此步入了富足、健康、快乐的生活。而这一切均得益于他潜心读了一位牧师推荐给他的 11 本书，它们是：拿破仑·希尔的《思考致富》、马丁·科尔的《最伟大的力量》、克莱门特·斯通的《获取成功的精神因素》、詹姆斯·艾伦的《思考的人》、拉塞尔·康维尔的《钻石宝地》、廉·丹佛的《向你挑战》、艾伦·弗罗姆的《爱的能力》、本杰明·富兰克林的《本杰明·富兰克林自传》、路易士·宾斯托克的《信仰的力量》、弗兰克·贝特格尔的《从失败到成功的销售经验》、罗伊·加恩的《神奇的情感力量》。奥格·曼狄诺就是从这 11 本奇书中汲取了精神力量，才能够反败为胜的。

海菲想：由奥格·曼狄诺写出来的 10 卷羊皮卷虽然语言精简优美，称得上是励志中的经典，但要吸收其中的精髓也绝非易事，这需要有超人的毅力才能够做到。想当初自己决定按照羊皮卷的内容去改善生活时，也几经波折，幸运的是最后还是坚持了下来。但当时和自己一起下决心学透羊皮卷的几个同学却都放弃了。既然羊皮卷如此难学，那么可不可以找到一本比较容易掌握的励志书呢？这样就可以让更多的人受益了。这是海菲多年来的心愿。海菲又想：既然羊皮卷是奥格·曼狄诺杜撰出来的，那么最有用的应该是那 11 本书了。海菲于是下决心要找到这 11 本书的外文版仔细研读。所以在获得了硕士学位后，她毅然决然地来到了美国。

一年多过去了，在这一年里，海菲仔细研读了一遍那 11 本书的英文版，但越读她越觉得困惑。如果把这些书搬到中国去，还能起到那么大的作用吗？显然不能，中国的读者会对这些书"水土不服"的，毕竟中西方文化还有很大的差异。那么，如何才能让更多的读者从此类励志书中收获更多呢？这个问题困扰海菲已经许久了，今天她依然深陷其中。同住的伙伴都去参加新千年的庆典了，只剩下她一人不愿凑热闹留在屋里。她看见外面雪花飞舞很是美丽，就一个人出来散步。她一边走一边在思考，旁边的店铺里传来人们的欢声笑语。走着走着，海菲忽然像是得到了什么启示，眼前一亮。她想：我何不根据中国的国情，编撰一部符合中国人口味的羊皮卷呢！说干就干，海菲回去收拾了一下东西，第二天就辞别同屋，回到了北京。编撰工作是艰辛的，她查阅资料，并阅读了大量畅销的励志书；她辛勤耕耘，精心编好书中的每一个章节；她笔耕不辍，即使遇到困难也决不放弃自己的理想。终于，经过 5 年的艰苦劳动，海菲为自己的理想画上了一个圆满的句号。在这期间,海菲也找到了她自己的归宿,并过上了幸福、快乐的生活。

在这本属于中国人自己的《羊皮卷》即将出版之时,海菲最大的心愿就是:它能够适合中国读者的口味!它可以给更多的中国人带来幸福和成功!

目 录
CONTENTS

503

人生光明面

诺曼·文森特·皮尔

1

人性的弱点

原著〔美〕戴尔·卡耐基

关于本书

　　《人性的弱点》汇集了"20 世纪最伟大的人生导师""美国现代成人教育之父"——戴尔·卡耐基一生中最重要、最丰富的经验。

　　畅销书《心灵鸡汤》的作者马克·维克多·汉森曾指出："成功其实如此简单，只要你遵循卡耐基先生在《人性的弱点》中教给你的简单适用的人际标准，你就一定能获得成功。"

　　《人性的弱点》这本书自 1937 年问世以来被译成各种文字，成为西方最持久的畅销书之一。此书之所以成为永恒读物，就在于卡耐基对人性的深刻认识，以及他为根除人性弱点所提出的方法正击中人们的心灵。正如卡耐基所言："一个人的成功，只有 15% 归结于他的专业知识，还有 85% 归结于他表达思想、领导他人及唤起他人热情的能力。"只要你不断反复研读这本书，它必将助你获取成功所必备的那 85% 的能力。

　　《人性的弱点》唯一的目的就是帮助你解决你所面临的最大问题，即教你如何在日常生活、商务活动以及社会交往中与人打交道；如何击败人类的生存之敌——忧虑，以创造一个幸福美好的人生。当你通过本书解决好这一问题之后，其他问题也就迎刃而解了。

　　《人性的弱点》是一本充满幽默、智慧的书。如果你仔细研读本书，那么它一定会带给你许多生活的启迪，使你能够勇敢地克服自己的弱点，发挥自己的优点，并大胆地开拓你的新生活之路。

　　《人性的弱点》对你的帮助，一如对其他千千万万成功人士一样。

▶
把握人际交往的命脉

"互惠互利"是人际交往的根基

人与人之间的相处如果没有做到"互惠互利",就不可能建立和谐融洽的人际关系。如果你从别人那里得到了恩惠,反过来自己也应该给予别人报答,这就是互惠互利的根本所在,也是建立良好人际关系的前提条件。

"互惠互利"这个词,一般会给人一种事务性的印象和令人感觉带有功利性的色彩。可是,互惠互利并不只是功和利的象征,并不是只有在谈到"功"和"利"时才能使用这个词。例如,在工作上得到他人的帮助或下班后别人请自己吃饭等,在日常生活中得到他人的关照时,就要以某种方式表达感激的心情——这也是互惠互利的根本精神所在。

这里所说的关照是指传递爱心,表达自己感激心情的一种方式,它不仅仅局限于赠送一些礼品。在看到给予自己关照的前辈很忙时,问一声:"我能帮些什么?"这也是一种很好的表达自己感激心情的方式,也是互惠互利的根本精神所在。

总之,关照对方是建立良好人际关系不可缺少的互惠互利精神。如果能具有"为对方做些什么呢?"这种关照对方的精神,那你一定会获得良好的人际关系,你的事业也一定会蒸蒸日上。

相反,认为"一定有谁会帮助我吧!""别人会主动与我交谈吧!""周围的人也想和我建立良好的人际关系吧!"如果采取这种被动的姿态,那你永远也不能主动与别人交谈,永远也不会建立起良好的人际关系。

如果能珍惜每一次与别人接触的机会,积极主动地关照别人,那你一定会有一个和谐融洽的人际关系，并且你的生活和你的一生也会因此而受益。

记住他人的名字

也许你曾经抱怨："我的记性太差了，刚见过一个人，眨眼就忘了他的名字。"其实，并不是你忘了他人的名字，而是第一次见面时，你根本没有认真听清对方叫什么。

记忆名字与辨认面孔是认识人必不可少的两个方面，如果只知其一不知其二，就会出现人名与本人对不上号的现象。

卡耐基告诉我们：姓名是最甜蜜的语言，如果你能在第一次见面时就记住他人的名字，这会使你更容易走向成功。

吉姆没有受过高等教育，却在 46 岁时得到 4 所大学赠予的荣誉学位，并成为民主党全国委员会的负责人，最后登上了美国邮政部长的宝座。因为他有个专长——见一次面，就能牢记对方的姓名。

吉姆在身居要职之前，是一家石膏公司的推销员，就是在这个职位上时，他发现了赢得他人喜欢的方法。这个方法很简单，他与别人初见，就将对方的姓名、家庭情况、政治见解等牢记在心，下次再见面时，不论相隔半年或一载，都能问问对方家里人的情况及庭院里的树长得怎么样之类的问题。难怪认识他的人都非常喜欢他。

吉姆早就发现，一般人都对自己的姓名十分关心，如果有人记得自己的名字，就会对他产生莫大的好感，这比无聊的奉承话更具说服的魔力。相反，忘记或写错别人的名字，很可能招致意想不到的麻烦。

对方若是显要人士，就更应用心记住。自己空闲时，就在笔记本上写下别人的名字，集中精神记忆。拿破仑三世记名字的办法是用心、手、眼、耳、嘴，虽然比较麻烦，却很有效。说出对方的姓名，这会成为他所听到的最甜蜜、最重要的声音。无疑也会为你的人际关系增加一个重要的砝码。

学会真诚地赞美别人

每个人都渴望得到别人及社会的肯定和认可，我们在付出了必要劳动和热情之后，都期待着别人的赞美。那么，把自己需要的东西，先慷慨地奉献给别人，这无疑是在给你的人际交往添加润滑剂。

世界上的人大都爱听好话，没有人喜欢别人来指责他，就是相濡以沫的朋友，你批评他几句，对方往往也会有脸上挂不住的时候。

美国哈佛大学的专家斯金诺通过一项实验研究证明，连动物的大脑，在受到鼓励的刺激后，大脑皮层的兴奋中心也会开始起劲调动子系统，从而影响它行为的改变。同样的道理，人作为万物的灵长，期望和享受欣赏是基本需求之一。

林肯有一次在写信时，开门见山地说："任何人都喜欢受人奉承。"美国著名心理学家威廉·詹姆斯也说："人性深处最大的欲望，莫过于受到外界的认可与赞美。"

正是因为有这种渴望与价值的冲动，才会有人在一文不名、帮人打杂的情况下，仍不惜花掉仅有的微薄工资，去买法律书来看，充实自己、提高自己。这个人并非虚构，他就是美国前总统林肯。

人类大部分成功都源于对这种需求的满足。许多伟人之所以在事业上卓有成效，正是因为他们懂得这种取人之术——真诚地赞美他人。罗斯福的才能，就表现在对正直的人给予恰当的称赞上。

我们往往不惜一切，去供给我们的家人、朋友生理所需的养分，但却从未注意到他们的自尊一样需要细心的灌溉、滋养，适度的赞美和鼓励将会像一首优美的乐章一样，在他们心中萦绕不去。

当然，如果赞美并非发自内心，而是流于一种肤浅、做作的巴结或谄媚，将是毫无意义的。

那种虚假的并非发自内心的赞美，就像假钞一样，胡乱使用，早晚会惹来一身麻烦。

人一生中，除非碰上了什么重大问题，否则，至少有 95% 的时间都花在想自己的事情上。如果我们肯稍歇片刻，试着去想想别人的优点，唯有如此，我们才有可能真诚地赞美别人，而不至于口是心非，纯为外交辞令式的恭维谄媚了。

只要给予他人由衷的认可和毫不吝惜的赞美，人们自会感怀在心，牢记着你的每一句话，甚至在你早就忘掉之后，他们仍视同珍宝般反复地在记忆中取出，慢慢地品味、咀嚼。

做一名好听众

人们都喜欢听自己的声音，当他们希望别人能分享自己的思想、感情以及经验时，就需要听众。这是一种十分微妙的自我陶醉心理：有人愿意听就感到高兴，有人乐意听就觉得感激。

因此，在人际交往中，做一名好听众也不失为一个绝妙的方法。

成为一名好的听众在企业界也有很大的功效。譬如，当推销员向某位顾客推销时，对顾客提出的种种问题表示关切，顾客就会感到很开心。此时，顾客不仅乐意讲，也愿意听你讲，这是一种互惠的关系，而建立这种关系就是商谈成功的第一步。无论是哪一种顾客，对于肯听自己讲话的人都特别有好感。

一言以蔽之，能成为一名好的听众，有助于建立融洽的人际关系，善于倾听等于向成功迈进了一大步。

在生意上，因漏听而导致失败的例子相当之多，换言之，漏听所造成的失败概率相当大。因为，当上级有指示下来时，若没有听清楚或有所误解，事情就无法处理得尽善尽美。没有做到尽善尽美，当然就不能算是成功。因此，你应当训练自己"听"的能力，努力使自己不致因发生听觉上的错误而导致失败。如果你目前还不具备这种能力，现在开始培养，还不算太迟。

也许有人认为这是在杞人忧天，但会听的确是人们必须具备的素质之一，否则就无法听懂别人所说的话，也无法从别人身上学到东西。缺乏听话能力会使你在攀登成功阶梯时倍感吃力。

"精神图书馆"书架上的书愈多，就愈表示一个人达到成功的能力愈大。而获得新知最快的方法，就是聆听别人说话。因而我们要用心倾听对方的话。

我们没有必要把技巧想象得那么难。那么，怎样才能掌握建立良好人际关系所必需的交流技巧呢？在和不熟悉的人交谈时，最重要的是要有与人交流的渴求，愿意与对方交谈，并且在交谈时态度真诚自然，不能表现得过分亲热。当对对方所说的内容不了解时，要这样说："这好像是个挺有趣的话题，我不太了解，你讲给我听听吧！"不能不懂装懂地跟着瞎侃，那样的话，谈话就很难进行下去了。

与人交谈时，作为听者能感兴趣地听是非常重要的。只要能做到感兴趣地听，交谈就会取得90%的成功。在自己作为谈话者时，对方很感兴趣地听你讲话，你当然会愿意继续说下去。所以，使交流取得成功的第一步就是对对方所谈的话题感兴趣，并且用心听对方的谈话。

当然，也不能只是听对方的谈话，自己偶尔也要跟着说几句，这一点非常重要。比如对方说："我对钓鱼很感兴趣。"这时如果能这样说："我没钓过鱼，但钓鱼一定很有意思吧！"或"您有把钓到的鱼亲手做成菜吗？"这样，对话就可以顺着自己的问话展开，谈话也就得以顺利地进行下去。可是，仅仅如此，还是不够的。

人们的交谈是按照一定顺序进行的，不是想说什么就说什么，想什么时候说就什么时候说。交谈时说者和听者双方互相配合才能使谈话进行下去。按照说者和听者互换位置的规则，交谈才能够平稳地进行下去。这种规则如交通规则一般，即使没有警察指挥，大家也都会遵守红灯停、绿灯行的规则，否则便会造成交通堵塞。交谈的规则虽然没有交通规则那样明显，但也是被严格遵守着的。

交流是相互的、双向的。在听完对方的谈话后，也要说一些自己的话题。比如可以这样说："我有一个亲戚，他是个钓鱼迷……"这样就得以让自己说一些话题，使自己变成说者，对方变成听者。这样不断互换位置的谈话就好像投接球的练习一样，是交流取得成功的关键所在。

微笑具有神奇的力量

卡耐基对微笑有着这样的描述："它在家中产生，它不能买，不能求，不能借，不能偷，因为在人们得到它之前，它是对谁都无用的东西。它在给予人之后，会使你得到别人的好感。它是疲倦者的休息，失望者的阳光，悲哀者的力量，又是大自然免费赋予人们的一种解除苦难的良药。"

纽约一家极具规模的百货公司里的一位人事部主任，在谈到他雇人的标准时说，他宁可雇用一个有着可爱笑容，但只有小学学历的女孩子，也不愿意雇用一个冷若冰霜的哲学博士。

如果你希望别人用一副高兴、欢愉的神情来对待你，那么你自己必须先要用这样的神情去对待别人。

行为胜于言论，对人微笑就是向他人表明："我喜欢你，你使我快乐，我喜欢见你。"

人是很容易被感动的，而感动一个人靠的未必都是慷慨的施舍、巨大的投入。往往一个热情的问候、温馨的微笑，也足以在人的心灵中洒下一片阳光。

斯坦哈德在纽约证券交易所上班，他给我的感觉是那种很严肃的人，在他脸上难得见到一丝笑容。他结婚已有18年了，这么多年来，从他起床到离开家这段时间，他难得对自己的太太露出一丝微笑，也很少说上几句话。家里的生活也很沉闷。有一天，他得到一位成功学大师的指点，这使他下定决心要改变这种状况。早晨他梳头的时候，从镜子里，看到自己那张绷得紧紧的脸孔，他就对自己说："斯坦哈德，你今天必须把你这张凝结得像石膏像的脸松开来，你要展出一副笑容来，就从现在开始。"坐下吃早餐的时候，他脸上有了一副轻松的笑意，他向太太打招呼："亲爱的，早！"太太的反应是惊人的，她完全愣住了。可以想象到，那是出于她想不到的高兴，斯坦哈德告诉她以后都会这样。从那以后，他的家庭生活完全变样了。

现在斯坦哈德去办公室时，会对电梯员微笑着说："你早！"去柜台换钱时，面对里面的伙计他脸上也带着笑容，甚至在他去股票交易所时，对那些素昧平生的人，他的脸上也带着一丝笑容。

不久，他就发觉人人也都开始对自己微笑了。斯坦哈德觉得微笑每天都带给自己许多财富。

斯坦哈德也改掉了过去对人直接批评的习惯，他把斥责别人的话换成赞赏和鼓励。他再也不讲我需要什么，而是尽量去接受别人的观点。这些做法真实地改变了他原有的生活，现在斯坦哈德是一个跟过去完全不同的人了，是一个更快乐、更充实的人，因拥有友谊及快乐而更加充实。

看到这里，你也许觉得自己确实该笑了，那怎么去做呢？至少你有两件事可行：要强迫自己微笑。如果你独在一处，可勉强自己吹吹笛子，或哼哼调子，唱唱歌。做出快乐的样子，那就能使你快乐。已故的哈佛大学教授威廉·詹姆斯曾说过："行动好像是跟着感觉走的，可是事实上，行动和感觉是并行的。所以你需要快乐时，就要强迫自己快乐起来。"

每个人都希望和别人友好相处，但只有一个确实有效的方法，那就是控制你的情绪，努力对别人微笑。那么，别人也会反过来对你微笑的，并且会变得愿意和你交往。

因此，如果你想成为人际交往的高手，那么就应该谨记：将微笑作为通行证。

获取成功大门的钥匙

目标是成功的基石

卡耐基曾说过："一个不甘平庸的人，必须要有一个明确的追求目标，如此才能调动起自己的智慧和精力。"

现实生活表明，的确如卡耐基所说的那样，如果没有明确的目标，你的任何努力都将如竹篮打水，终将一无所获。

目标是构筑成功的基石，是成功路上的里程碑。目标能给你一个看得见的靶子，你一步一个脚印去实现这些目标，就会有成就感，就会更加信心百倍，向高峰挺进。

成功，是每一个追求者的热烈企盼和向往，是每一个奋斗者为之倾心的夙愿。在目标的推动下，人就能够被激励、鞭策，处于一种昂扬、激奋的状态，去积极进取、创造，向着美好的未来挺进。

目标是一种持久的热望，是一种深藏于心底的潜意识。它能长时间调动你的创造激情，调动你的心力。你一旦想到这种强烈的愿望，就会产生一种原子能般的动力，就会有一种钢铸般的精神支柱。一想到它，你就会为之奋力拼搏，就会尽力完善自我。在艰难险阻面前，决然不会轻易说"不"字，会为了目标的实现，去勇敢地超越自我，跨越障碍，踏出一条坦途。

目标是信念、志向的具体化，奋斗者一定要有梦想，并敢于做"大梦"，梦想正是步入成功殿堂的动力源。许多精英俊杰都是出色的梦想者，他们无一不是笃信大梦能成真的。他们梦想的目标一旦确立，就会万难不屈、坚毅果敢，充分发掘自己的潜能，将自己的才华优势发挥到极致，以百倍的努力攀登、冲刺。一个人能否成功，确定目标是首要的战略问题。目标能够照亮人生、规范人生，是人生成功之第一要义。目标之于事业，具有举足轻重的作用。忽视目标定位的人，或是始终确定不了目标的人，他的努力就会事倍功半，绝难达到理想的彼岸。确立目标，是人生设计的第一乐章。

没有目标的成功是不可想象的。可以说，目标对于成功，犹如地基对于高楼一样，目标是成功的基石。对于成功来说，一个人过去或现在的情况并不重要，而未来想要获得什么成就，有怎样的追求才是最重要的。

行动是成功的捷径

很多人以为只要拥有一部成功的宝典，就可以一夜之间功成名就，这显然是极其错误的。对此，卡耐基一再告诫我们：

"一张地图，不论它多么详细，比例尺有多么精密，绝不能够带它的主人在地面上移动一寸。"

一本羊皮纸的法禅，不论它有多么公正，也绝不能够预防罪行。一个卷轴，绝不会赚一分钱或制造一个赚钱的字。只有行动，才是导火线，才能够点燃地图、羊皮纸、卷轴的价值。行动，才是滋润成功的食物和水。因此我们必须铭记"行动"这个成功准则，绝不拖延和犹豫不决。

我们不能逃避今天的责任而等到明天去做，因为，明天是永远不会来临的。让我们现在就采取行动吧，即使我们的行动不会马上为我们换回财富，但是，动而失败总比坐而待毙好。即使财富不是行动所摘下来的那个果子，但是，没有行动，任何果子都会在藤上烂掉。

我们现在要采取行动。我们现在要采取行动。我们现在要采取行动。从今以后，我们要一遍又一遍，每一个小时，每一天，重复这句话，一直等到这句话成为像我们呼吸的次数一样多，而跟在它后面的行动，要像我们眨眼睛那种本能一样迅速。有了这句话，我们就能够振作我们的精神，做出使我们成功的每一个行动；

有了这句话，我们就能够振作我们的精神，迎接失败者躲避的每一次挑战。

我们要一次又一次地重复这句话。

当我们醒来，而失败者还要多睡一个小时的时候，我们要说这句话，接着从床上跳下来。

当我们走进市场，而失败者还在考虑是否会遭到拒绝的时候，我们要说这句话，并立刻面对我们第一个可能的顾客。

当我们遇到人家闭着门，而失败者带着惧怕和惶恐的心情在门外等待的时候，我们要说这句话，并随即敲门。

当我们面临诱惑的时候，我们要说这句话，抄大路行动，离开邪恶。

当我们想停下来明天再做的时候，我们要说这句话，并立刻行动，完成另一次推销。

只有行动才能决定我们在市场上的价值，要想扩大我们的价值，就要强化我们的行动。我们要走到失败者怕走的地方去。

当失败者想休息的时候，我们却要工作。

当失败者仍在沉默的时候，我们要说话。

当失败者在制订庞大的计划去访问一家客户的时候，我们却要访问10家能够买货品的客户。

当失败者说太迟的时候，我们要说已经做好了。

我们只需想着现在，明日是为懒人保留的工作日，而我们并不懒惰。明日是使邪恶变好的日子，而我们并不邪恶。明日是衰弱变强壮的日子，而我们并不衰弱。明日是失败者要成功的日子，而我们并不是一个失败者。

狮子饥饿的时候会吃，苍鹰渴的时候会喝，如果它们不采取行动的话，两者都会死亡。

我们要饱食成功与富裕，我们渴望幸福和心灵的宁静。但如果我们不采取行动，我们就会在失败、贫困和彻夜失眠的生活中灭亡。

成功不会原地等待，财富也不会从地下冒出来，如果我们犹豫不决，"她"就会许配给别人，永远弃我们而去。

所以，我们现在要起而行动，为成功、为致富而义无反顾地行动。要知道，只有行动才是成功的捷径。

良好的人际关系是成功的关键

成功人士共有的特点是什么？根据《行销致富》一书作者史坦利的说法，"答案是一本厚厚的名片簿。更重要的是他们广结人际网络的能力，这或许便是他们成功的主因"。成功人士不仅晓得有谁被蕴藏在他们厚厚的名片簿里，更愿意将这些资源与其他成功人士分享。

魏斯能在他的新书《不上，则下》中指出：

"人际网络背后的意义，其实比一般人所能想到的都还深远。"这是他访问了 280 位企业总裁后所得出的结论。他说："那些企业总裁，非常致力于发展'双赢'互需关系的基础。虽然每个人都有他们如何步步高升到金字塔顶端的精彩故事，但大多数人都把他们的成功归功于身旁人的提拔。"

根据美国作家柯达的说法："人际网络非一日所成，它是数十年来累积的成果。如果你到了 40 岁还没有建立起应有的人际关系，麻烦可就大了。"

美国前总统克林顿是这方面最好的典范。在他成功参选的过程中，拥有高知名度的朋友们扮演着举足轻重的角色。这些朋友包括他小的时候在热泉市的玩伴、年轻时在乔治城大学与耶鲁法学院的同学，及作为罗德学者时的旧识等。

他们为了克林顿能够竞选成功，四处奔走，全力地支持他。所以克林顿在担任总统后，坦言他之所以能够成功地赢得竞选，与他拥有广泛的人际关系是分不开的。

成功源于奋斗

在美国历史上，最感人肺腑、催人泪下的故事便是个人通过奋斗而获得成功的奇迹。许多成功人士均是先确立了伟大的目标，尽管在前进途中曾遇到过种种难以克服的阻碍，但他们依然忍耐着，以坚韧来面对艰难，最后终于克服了一切困难，获得了成功。更有一些成功人士本来处于十分平庸的地位，但依靠他们坚忍不拔的意志、努力奋斗的精神，结果竟跻身于社会名人领袖之列。

林肯只受过一年的学校教育，一直处于艰苦卓绝的环境中，竟能努力奋斗，一跃而成为美国最伟大的总统。

卡耐基认为，一个人不应该受制于他的命运。世界上有许多贫穷的孩子，他们虽然出身卑微，却能做出伟大的事业来。比如富尔顿发明了一个小小的推进机，结果成了美国著名的大工程师；法拉第仅仅凭借药房里几瓶药品，成了英国有名的化学家；惠德尼靠着小店里的几件工具，竟然成了纺织机的发明者；此外，贝尔竟然用最简单的器械发明了对人类文明有巨大贡献的电话。

失败者的借口总是："我没有机会！"失败者常常说，他们之所以失败，是因为缺少机会，是因为没有有力者垂青，好位置就只好让他人捷足先登，等不到他们去竞争。可是有意志的人决不会找这样的借口，他们不等待机会，也不向亲友们哀求，而是靠自己的奋斗去创造机会。

他们深知，唯有自己才能给自己创造机会。

有人认为，机会是打开成功大门的钥匙，一旦有了机会，便能稳操胜券，走向成功，但事实并非如此。无论做什么事情，就是有了机会，也需要不懈的努力，这样才有成功的希望。

人们往往把希望要做的事业，看得过于高远。其实无论多么伟大的事业，只要从最简单的工作入手，一步一个脚印地前进，便能到达事业的顶峰。

如果你看过林肯的传记，了解了他幼年时代的境遇和他后来的成就，会有何感想呢？他曾住在一所极其粗陋的茅舍里，既没有窗户，也没有地板；以我们今天的观点来看，他仿佛生活在荒郊野外，距离学校非常遥远，既没有报纸、书籍可以阅读，更缺乏生活上的一切必需品。就是在这种情况下，他一天要跑二三十里路，到简陋不堪的学校里去上课；为了自己的进修，要奔跑一二百里路，去借几册书，而晚上又靠着燃烧木柴发出的微弱火光阅读。林肯只受过一年的学校教育，一直处于艰苦卓绝的环境中，竟能努力奋斗，一跃而成为美国历史上最伟大的总统。林肯的事迹向我们表明：机会都是通过自身的奋斗创造出来的。

伟大的成功和业绩，永远属于那些富有奋斗精神的人，而不是那些一味等待机会的人。

应该牢记，良好的机会完全在于自己的创造。如果以为个人发展的机会在别的地方，在别人身上，那么一定会遭到失败。机会其实包含在每个人的奋斗之中，正如未来的橡树包含在橡树的果实里一样。

赢得伟大友谊的方法

友谊的力量

关于友谊，爱默生说过一句最经典的话："一个真挚的朋友胜于数个狐朋狗友。"的确，除了自己的力量之外，再也没有别的力量能像真挚的朋友一样，帮助你去实现成功。

一个思想与你接近、理解你的志趣、了解你的优势和弱点、能鼓励你全力以赴地干每一件正当的事、能消解你做任何坏事的不良意念的好友，不知道会增加你多少能量、多少勇气，他往往使你禁不住下更大的决心——不达成功决不罢休。

那些无论在何种环境下都能与任何人交上朋友、能建立起真挚友谊的人，朋友对他生存竞争的帮助、对他事业发展的巨大价值往往是无可估量的。

社会中有许多靠着朋友的力量而成功的人，将他们的成功过程——研究，其实是一件很有意义的事情。一位作家说过这样的话："现代社会，人们完全靠一个规模庞大的信用组织维持着，而这个信用组织的基础却是建立在对人格的互相尊重之上。"

我们知道有人信任我们，这是一件极快乐的事，这能使我们的自信格外得到增强。如果那些朋友——特别是已经成功的朋友——一点都不怀疑我们，一点都不轻视我们，并能绝对地信任我们；如果他们认为，我们的才能完全是能够成功的，是完全可以创下一番有声有色的事业的，那么，这对于我们来说不啻于一剂激励我们奋发有为的滋补药。

在我们追求成功的过程中，最重要的一件事是对生活保持高标准的要求。远大的抱负将有助于我们做到这一点。但是对于朋友，我们一定不能苛求完美，或者是对他们抱以太高的期望。"水至清则无鱼，人至察则无徒。"

如果观察一下那些实际上没有任何朋友的人，你将在他身上发现某些不对劲的东西。的确，如果他们值得成为一个朋友的话，他们不会至今还是孤家寡人一个。

真诚可以赢得朋友

朋友，是我们精神上的鼓舞，心灵上的安慰；是我们生活中的助手与参谋。

但是，朋友并不会无缘无故为你提供帮助，只有当你成为一个他们所欣赏赞美的人，他们才能热情地、无私地对你进行帮助，使你摆脱困境。

有的人号称其朋友无数，可是，一到大难临头，朋友便各自飞散。究竟是什么原因会导致这种局面呢？

因为他没有用真诚去打动人，而是过于注重形式，给别人一种轻浮的感觉。而那些能够抓住朋友的心，赢得别人尊重的人，都是一些以人格的力量、诚挚的态度对待朋友的人。

"一个人只要对别人真诚，在两个月内就能比一个要别人对他真诚的人在两年内所交的朋友还要多。"这是戴尔·卡耐基讲的一个交友秘诀。是的，如果我们只对自己真诚，而对别人不真诚，是不会交到朋友的，这个道理很简单。

奥地利著名心理学家阿尔弗莱德·阿德勒说："对别人不真诚的人，他一生中困难最多，对别人的伤害也最大。所有人类的失败，都出自这种人。"因为这种人没有朋友，他不能给人以关心和帮助，别人也不会关心和帮助他。

美国著名作家海明威朋友众多。他交友，并不以名气为准，不少名气不大或者地道的小人物，也和他成为莫逆之交。在他的朋友中，有政治家、作家、画家、医生、教师，也有老板、经理、工人、警察、拳师、花匠、店员、司机、厨师和家庭妇女等等。

为什么他有这么多的朋友呢？原因就是他对任何人都真诚。"朋友"二字，对他来说至高无上。

在家中，他不爱说话，相当严肃，可在朋友面前时，他的话相当多。只要朋友一来，他便停止自己的写作，一切都围绕朋友转。不管怎么说，他家的客厅、他的时间和他的心永远是向他的朋友们敞开着的。远方的朋友来拜访，海明威都要约至餐馆相聚，这也是他的规律。

海明威爱画，也就爱和画家来往。虽然他参加过两次世界大战，负过伤，腿脚不便，但每次大小美展必到，还要当场掏钱买画，尤其专买还未订出的画或者少有人订的画。他愿意让每个人都不受到冷落，他愿意让每个画家都受到社会尊重。很多画家生活比较窘迫，他们常常拿些自己的作品来让海明威挑选。海明威绝不会让他们扫兴而归，总是高高兴兴地留下一两幅，而且立即付钱。于是，一时间他家里画家络绎不绝。正是这样，海明威赢得了众多人的尊敬和信赖。

一个人若老是对别人冷冷淡淡，只顾自己、打自己的算盘，那么他一辈子都很难交到朋友，也没有人愿意结交他；但假使他能够常常设身处地地为他人的利益着想，那么他就能获得别人的信赖。

你以真诚待人，必能得到他人真诚的回报。

结交诤友的方法

每个人都有自己的品性，对待朋友的态度和原则也各不相同。有的人每天向你耳边尽吹好听之言，有的人经常给你提个醒，或者提出批评，看到你不对就修理你；有的人热情如火，也有的人冷漠如冰；有的人与你交友是因为你对之有利，有的人交友则完全是出于一片衷心……

经常给你提出批评意见的朋友似乎有点令人讨厌，因为他说的都不大中听，你向他道出一些自认得意的事，他却偏偏给你泼来一盆冷水；你热情地向他描绘自己满腹的理想与计划，他却毫不留情地指出其中的问题，有时甚至不分青红皂白地把你做人做事的缺点数落一顿。反正，你听到的都是一些不顺耳的话，这种人看来还真有点让人讨厌。但如果你对现实社会冷静思索一番就会发现，其实这种人大有可交的一面。如果你错过了这样的人，那未免有点可惜。

按照现代人的处事原则，一般人都会尽量不去得罪别人，大都宁可说好听的话让人高兴，也不说一些属于实情却让人讨厌的真话。当然，那些说好听之言的人不一定都是坏人，而且这也是一种交际的手段。但如果从交友的角度来看，只说好听的话，就失去了做朋友的义务。

明知你有缺点而不说，还偏偏说些动听的话，这算什么朋友？如果他还进而"赞扬"你的缺点，则更是别有居心了。这种朋友就算不害你，对你也没有任何好处。

碰到光说好话的人便高兴得不得了，不知是非；他人之言稍不顺意，就觉得别人不怀好意，心术不正，或者有意给自己难堪，这两种交友的态度都是不对的。细加思索，你就不难明白，这两种朋友孰好孰劣了。现实生活中之所以有很多这种只说好话的人，也是因为有很多人喜欢他们如此。

如果有人还经常给你提出一些意见，你首先应觉得这种人可贵，然后你再对之细加分析。如果他所提逆言都是事实，对你有利，那就是"忠言"。俗话说，"忠言逆耳利于行"。对于这种人你就应该与之诚交、深交，因为他值得一交。当然也有不怀好意的逆言，如果他所说的经常与事实不符，甚至无中生有，有时还当众让你难堪，那就要分析一下其真实意图了。

"爱之深，责之切。"我们可以想象一下父母对待子女的情形，有些父母对孩子是责之骂之，子女有什么"雄心壮志"，父母总是想办法替他踩脚刹车，不让他脱缰而去，他们难道是为了与自己的孩子过不去吗？显然不是。他们是为孩子好，怕他们受到伤害，遭到失败。这是为人父母的至情所在。

因此，碰到那些经常提醒你、在你被热情冲昏头脑时给你浇点冷水之人，你要好好想想：这种人是否诚心对你，你是否应该好好与之交往，也许你会因此交到一个难得的诤友。

掌握交友的技巧

交友是一项艺术，你若想交到真正的朋友，就必须掌握一定的交友技巧，学会在友谊中记住和忘记一些事情。这样，才能使你的友谊之树常青，并且还能助你赢得更多的友谊。

有一次，阿拉伯名作家阿里和他的朋友吉伯、马沙一起去旅行。三人行至一个山谷时，阿里失足滑落，幸而吉伯拼命拉他，才将他救起。阿里就在附近的大石头上刻下了："某年某月某日，吉伯救了阿里一命。"三人继续走了几天，来到一处河边，吉伯与阿里为了一件小事吵起来，吉伯一气之下打了阿里一耳光，阿里就在沙滩上写下："某年某月某日，吉伯打了阿里一耳光。"

当他们旅游回来之后，另一位朋友马沙好奇地问阿里：为什么要把吉伯救他的事刻在石上，将吉伯打他的事写在沙上？阿里回答："我永远都感激吉伯救我。至于他打我的事，随着沙滩上字迹的消失，我会忘得一干二净。"

正如另一位阿拉伯著名诗人萨迪所说："谁想在困厄中得到援助，就应在平日待人以宽。"

记住别人对我们的恩惠，洗去我们对别人的怨恨，这样我们才能结交到更多的朋友。

▶ 掌握说服他人的技巧

以友善征服他人

假如你在与人争论的过程中发起脾气来，对对方发作一通，你固然非常痛快地发泄了你的情感，但对方会怎样？接下来，他可能同意你的意见吗？贪图一时的痛快，将会使你说服对方的计划变得异常艰难。

美国前农业部部长詹姆斯·威尔逊说："如果人握紧两个拳头来找我，我想我能应付你，我的拳头会握得像你的拳头一样紧；但如果你到我这儿来说，'让我们坐下一起商议，如果我们的意见不同，我们要了解为什么意见彼此不同，是什么让我们发生了争执'，如果你这样做了，不久就可看出，我们之间相距并不是很远，我们所不同的地方很少，相同的地方很多，只要我们有接近的忍耐、诚意及欲望，我们就可接近。"

没人能比洛克菲勒更懂得欣赏威尔逊这段话中所蕴含的真理了。1915年，洛克菲勒在科罗拉多州是个极受轻视的人。因为从那年开始，美国实业史中流血最多的工潮已持续了两年之久。愤怒的矿工涌向科罗拉多煤矿公司要求加薪，而这家公司为洛克菲勒所管理。公司的所有建筑几乎全都被毁坏，军队也被调动出来，罢工者被枪击，他们身上布满了枪弹的洞眼。

在那个时候，连空气中都充满了仇恨。洛克菲勒需要罢工者同意他的意见，而且他真的做到了。

怎样做的呢？情形是这样的。费了数星期时间交涉以后，洛克菲勒将事件用极友善的态度平息了下去。他对工人代表进行了演说，这篇演说整个就是一篇杰作，产生了惊人的效果，使恐吓说要把洛克菲勒吞下肚去的仇恨风浪平息了下去，使他得到了许多人的赞赏，也使罢工工人开始回去工作。

不要忘记洛克菲勒演讲的对象，正是几天前发誓要将他吊在树上的人；但他的演讲，比一个传道牧师演讲的话更仁慈、更友善。下面是那篇著名演讲的开端，请注意它是如何充满了友善的精神的。

"这是我一生中值得纪念的一天，这是我第一次有机会这样幸运地与这个公司的劳方代表、职员及监督者聚在一起。我可以确实地告诉你们，我以到这里来为荣幸。我活着一天，就一天也不会忘了这次集会。如果两星期前举行这场集会，我站在这里对你们中的大多数人来说就会是一个陌生人，只认识少数的面孔。上星期我得到机会访问所有在南煤区工人的住所，并与差不多所有的代表（除去外出的）进行了谈话；我访问过你们的家庭，见过你们中间许多人的妻子和儿子，我们在这里相见，不是陌生人，而是朋友。也就是在这种互相友善的精神中，我觉得幸运的是有这种机会同你们讨论我们共同的利益。

"这次是公司职员及工人代表的集会，只是因为你们的厚爱，我才能到这里来，因为我不幸不是公司职员，也不是工人代表；但我觉得我与你们的关系密切，因为，从一个方面，我代表股东及董事双方。"

这个实例证明，友善是最能征服人的一件"利器"。如果你能将"友善"运用得炉火纯青，那么你就已经掌握了最有力的说服他人的技巧。

给别人留足面子

俗话说："人活脸，树活皮。"此话道出了人性的一大特点：爱面子。可是我们不能只爱自己的面子，而不给他人面子。每个人都有一道最后的心理防线，一旦我们不给他退路，不让他人走下台阶，他就只好使出最后的一招——自卫。因此，在我们遇事待人时，应谨记一条原则：给别人留足面子。

一两句体谅的话，或是对他人所犯错误的适度宽容，这些都可以减少对别人的伤害，保住他人的面子。

在我们说服别人的过程中，如果能给对方留足面子，那么就会很容易地达到目的。

一家百货公司的一位顾客，要求退回一件外衣。她已经把衣服带回家并且穿过了，只是她丈夫不喜欢。她解释说"绝没穿过"，并要求退换。

售货员检查了外衣，发现有明显干洗过的痕迹。但是，直截了当地向顾客说明这一点，顾客是不会轻易承认的，因为她已经说过"绝没穿过"，而且精心地伪装过。这样，双方可能会发生争执。于是，机敏的售货员说："我很想知道你们家的某位成员是否曾把这件衣服错送到干洗店去。我记得不久前我也发生过同样的事情。我把一件刚买的衣服和其他衣服堆在一起，结果我丈夫没注意，把那件新衣服和一大堆脏衣服一股脑儿塞进了洗衣机。我怀疑你是否也遇到了这种事情——因为这件衣服的确看得出已经被洗过的痕迹。不信的话，你可以跟其他衣服比一比。"

顾客看了看证据，知道无可辩驳，而售货员又已经为她的错误准备好了借口，给了她一个台阶下，于是，她顺水推舟，乖乖地收起衣服走了。

这是每个说服者都懂得的——让别人保全他们的面子。

即使对方犯错，而我们是对的，但如果没有为别人保留面子，也会发生不必要的争执。因此，你要说服他人就必须遵循这一原则：

你要帮助别人认识、改正错误，并保全他们的面子。

这样，你的说服工作就会事半功倍。

让对方开口说"是"

一个人的思维是有惯性的，当你朝某一个方向思考问题时，你就会倾向于一直考虑下去，这就是为什么有些人一旦沉浸于某些消极的想法中，就难以自拔的原因。在说服他人的过程中我们应懂得运用这一原理。与人讨论某一问题时，不要一开始就将双方的分歧亮出来，而应先讨论一些你们具有共识的东西，让对方不断说"是"，渐渐地，你再提出你们存在的分歧，这时对方也会习惯性地说"是"，等到他发现，可能已经晚了，只好继续说下去。

促使对方说"是"的方法很多，这里就教给你如何以最简单的方法，促使他人对你说"是"。

当你与别人交谈时，不要先讨论——而且不停地强调——对方不同意的事。因为你们都在为同一结论而努力，所以你们的相异之处只在方法，而不是目的。

让对方在一开始就说"是，是的"。如果可能，最好让对方没有机会说"不"。

使对方说"是"，其实比想象中的要容易。任何问题的答案都只有两种——"是"与"不"。

开始时，这两者各占一半的机会，因此只要稍加努力，否定的一半也会变成肯定的了。

让别人说"是"其实是一种很简单的技巧，却为大多数人所忽略。懂得说服技巧的人，会在一开始就得到许多"是"的答复。这可以引导对方进入肯定的方向，就像撞球一样，原先你打的是一个方向，但只要稍有偏差，等球碰回来的时候，就完全与你期待的方向相反了。也许有些人会认为，在一开始便提出相反的意见，这样不正好可以显示出自己的重要而有主见吗？

但事实并非如此，在现实生活中，这种"是"的反应很有用处。詹姆斯·艾伯森是格林尼治储蓄银行的一名出纳，他就是采用这种办法挽回了一位差点失去的顾客。艾伯森先生向我们讲述了他的经历。

"有个年轻人走进来要开个户头，我递给他几份表格让他填写，但他断然拒绝填写有些方面的资料。

"在我没有学习人际关系课程以前，我一定会告诉这个客户，假如他拒绝向银行提供一份完整的个人资料，我们是很难给他开户的。但今天早上，我突然想，最好不要谈及银行需要什么，而是顾客需要什么。所以我决定一开始就先诱使他回答'是，是的'。于是，我先同意他的观点，告诉他，那些他所拒绝回答的资料，其实并不是非写不可。

"但是，假定你碰到意外，是不是愿意银行把钱转给你所指定的亲人？

"'是的，当然愿意。'他回答。

"那么，你是不是认为应该把这位亲人的名字告诉我们，以便我们届时可以依照你的意思处理，而不致出错或拖延？

"'是的。'他再度回答。

"年轻人的态度已经缓和下来，知道这些资料并非仅为银行而留，而是为了他个人的利益。

"所以，最后他不仅填下了所有资料，而且在我的建议下，开了一个信托账户，指定他母亲为法定受益人。当然，他也填写了所有与他母亲有关的资料。

"由于一开始就让他回答'是，是的'，这样反而使他忘了原本存在的问题，而高高兴兴地去做我建议的所有事情。"

中国有个成语最能反映东方人的智慧：以柔克刚。所以，如果你要说服他人，就请记住这个原则：设法使对方开口说"是"。

情理劝诫

在沟通中，能够有效地劝诫别人也是一种说服技巧。劝诫的基本方式分两种：以情劝诫，以理劝诫。

以情劝人，重的就是一个"情"字，要讲情，就要从对方的心理出发，发现对方心理所需，才能做到动之以情。

以情劝诫要以与对方的某种感情关系为切入点，然后再进一步扩展思路，向对方由表及里、由此及彼地进行劝说，以感情感化对方，从而达到劝诫的目的。

有一位叫诺瑞丝的钢琴教师在教一个叫贝贝蒂的学生练钢琴时，发现贝贝蒂的手指甲特别长。

很显然，长指甲对弹钢琴肯定有妨碍，所以诺瑞丝便得想办法"去除"贝贝蒂的长指甲。可是，贝贝蒂对自己的长指甲非常珍爱，要想说服她剪掉指甲并不是件容易的事。

于是诺瑞丝想了一下，对贝贝蒂说："蒂丝（贝贝蒂的爱称），你有一双很漂亮的手和美丽的指甲，真让人羡慕。"贝贝蒂得意地看着自己的指甲。"不过蒂丝，如果你想把钢琴弹得如你所期望的那么好,你的长指甲可能会捣蛋。你要是能把它修得短一些,你就会发现弹钢琴对你来说真是太容易了。好好想一想,好吗?"贝贝蒂听了这几句话,当时并没往心里去,反而给了诺瑞丝一个鬼脸儿,意思是她不可能把指甲修短。但是诺瑞丝知道贝贝蒂会考虑她的话的,所以她并不着急,说完之后便与贝贝蒂告别了。果然,第二个星期贝贝蒂再上钢琴课的时候,她的长指甲不见了。

诺瑞丝想叫贝贝蒂剪指甲,却不直接提出,而是先表扬,再以建议的口吻,从对方的角度提出自己的建议,想得如此周到,岂有劝不成之理?

而以理劝诫则必须先具有充足的理由,然后循循善诱,以理导人,再以理结尾,最后达到使人茅塞顿开的效果。

著名相声演员马季发现他的学生姜昆写相声段子时,一写就是写唱的,他感到这固然是因为姜昆嗓子好,想充分发挥自己的特长,但是只写唱段,不利于全面发展、提高技艺。为此,马季总想找个机会向姜昆指出这一点。

一天晚上,姜昆来到马季家,见马季正在做晚饭,便问道:"你在做什么饭吃呀?"马季答:"炒饼。"姜昆问:"早上吃的什么?"马季答:"炒饼。"姜昆又问:"中午呢?"马季答:"还是炒饼。"姜昆很有感触地说:"呵!你怎么搞的,一天三顿都吃炒饼。"马季朝姜昆一笑,说道:"其实吃饭和你那聊话(即相声段子)一样,总吃一样饭就让人腻,只有隔三岔五地变变花样才有新鲜感。再说,要想把饭做好了,就得练就蒸花卷、焖米饭的本领……"

这段话听似寻常,但其深刻含义给了姜昆一定的启示,从此他不仅丰富完善了唱段的写作,也不断开拓新的表现手法,从而使自己的相声技艺得到了很大提高。

用讲道理来劝说别人,远比你用高压态度命令别人做事有效得多,在这方面,我们都应该向马季先生学习。

情理劝诫是一种很有效的说服别人的技巧,因此你要想提高你的人际交往能力,就必须掌握这一技巧。

► **正确对待自己的工作**

正确对待自己现有的工作

我们的社会中现在还有这样一些人，他们对待自己的工作不是认真、负责的，而是抱着一种"混"的态度。他们认为，只要每个月将工作"混"过去，将薪水"混"到腰包里，就将上司或者老板骗了：瞧瞧，我并没有好好上班，可工资一分钱也没少拿。

为了不认真地工作，他们费尽了心机，找各式各样的借口，所花费的精力和"聪明才智"，很可能比花费在工作上的还要多。

这些人，可能都自以为是聪明人，因为他们将别人骗了还将工资骗到了手。如果这些人真以为自己是聪明人，那我们真该为这些人惋惜，因为他们实在算不上是聪明人。他们以为自己占了多大的便宜似的，其实他们骗的不光是别人的薪水，而且还骗了自己的青春和生命。到最后他们就会发现，原来吃亏最大的是自己，而不是上司或老板，更不会是那些认真工作的人。

因为，一个人的工作态度在很大程度上能显示出他是否有担负更大的责任的可能，这同时也决定了他在事业上的成就。

因此，我们应该树立一种积极的工作观，以积极、认真的态度对待自己的工作。只要你这么做了，你就会发现，你从这种观念中受益匪浅。

与其绞尽脑汁地想自己怎样能够"混"下去，还不如简单一点，将这些精力放在工作上，说不定你因此能在工作中取得非凡的成绩！

一个对工作热忱、积极的人，无论他眼下是在挖土方，还是在经营着一家大公司，都会认为自己的工作是神圣的，并对此怀着深切的兴趣。对自己的工作热忱的人，不论他在工作中遇到多少困难，或者需要多少努力，他都会用不急不躁的态度去进行。只要抱着这种态度，你就一定会成功，就一定会达到你人生的目标。

从一定意义上来说，热爱我们的工作，对工作热心、认真，其实就是对我们的生命热心、认真，是一种热爱生命、热爱人生的体现。

所以，对于我们现代人来说，与其频繁地改变自己的工作，还不如改变一下自己的工作态度。因为改变工作需要一定的外界条件，而改变工作态度，用热心、认真的态度去对待工作，完全取决于我们自己。

保持积极的工作态度

积极的工作态度可以助你顺利地完成工作任务，并且可以使你获得成功。有一个大家都很熟悉的"三个砌砖人"的故事，内容是这样的：

有人问三个正在砌砖的工人："你们在干什么？"第一个工人说："砌砖。"第二个工人则说："我正在做一件每小时工资九美元的工作。"第三个工人却说："我正在建造一座世界上最美丽的大厦。"

过了一些年后，前两个人依然在砌砖，因为他们没有远见，不重视自己的工作，不会去追求更大的成就。而第三个人则成了小有名气的建筑师。为什么他会取得如此骄人的成就呢？因为他的工作态度使他能够不断更上一层楼，最后取得成功。

一个人的工作态度确实能显示出他是否有担负更大责任的可能。有一个经营职业介绍所的人曾指出："我们在分析应聘者能不能适合某个工作时，经常要考虑他对目前工作的态度如何。如果他认为自己的工作很重要，就会给我们留下很深的印象，即使他对目前的工作不满也没有关系。为什么呢？这个道理很简单，如果他认为他目前的工作很重要，他对下一个工作也可能抱着'我以工作成就为荣'的态度。我们发现，一个人的工作态度跟他的工作效率确实有很密切的关系。"

就像你的仪表一样，你的工作态度也会向你的上司、同事、部属以及你所接触的每一个人展现你的内在。

你必须时刻保持积极的工作态度，因为它可以帮助你提高工作效率，改进工作质量。

在工作中享受快乐

在当今社会，越来越快的工作节奏，打破了我们原有的生活规律，甚至，也渐渐夺走了生活本身应有的幸福与舒适。因此，要在现代社会这样快节奏的工作缝隙中找寻生活固有的快乐，就需要我们在工作与生活之间认真地权衡把握，改变我们旧有的对待工作的观念，毕竟我们工作也是为了更好地生活。

如果我们只是将自己的工作当作一种谋生的手段，当作是混一碗饭吃的差事，那么我们肯定不会去重视它、喜欢它，进而热爱它。但如果我们能够在自己的心灵深处将它看作是一种深化、拓宽我们自身阅历的途径，一种使我们的生存价值能够充分体现的方式，那么我们肯定会从心底重视它、喜欢它、热爱它，从工作中寻找到许多的乐趣和快乐。因为这样的工作给我们所带来的，已经远远超出了工作中的内涵。也就是说，工作已经不仅仅是工作，它已经成为我们的一种生存方式，是我们对生活的一种英明选择；它已经成为我们生活的一部分，为我们构筑起丰富而有意义的人生。

的确，关于工作观念的改变，给我们提供了新的机遇，也提出了新的挑战，适应变化并捕捉变化中的机会，你就能立于不败之地。

以不变应万变不是一种积极的态度。因为，在这个世界上没有什么永恒的东西。世界上的一切都在不停地变化着。物质的东西在变化，精神的东西也在变化。是变化产生了世界上的一切事物：过去的、现在的、将来的。

只有懦夫才会害怕变化，只有故步自封的人面对变化才会退缩，成功者就是要在变化中寻找成功的机会。寻找到机会，你就能使世界发生变化，而且，在改变世界的过程中改变自己，使自己朝着一个更高的人生境界迈进。

所以，从今天开始，从现在开始，改变自己原来对工作的观念，不再仅把工作看作是一种谋生的手段，而是将其视为我们的一种生活方式，那么，工作对于我们来说，就会成为愉快的事情之一。

克服不良的工作习惯

卡耐基认为，人并非生来就具有某些恶习和不良习惯，都是后天慢慢养成的，对于我们的生活和事业来讲，有些习惯虽然不好，但可能无碍大事，不会造成直接的冲突和严重危害，而有些则是我们获得幸福与成功的大敌。对于后者，我们应该努力改正，并坚决摒弃，否则，这些恶习会影响我们终生。下面是卡耐基建议我们在工作中应克服的几种不良习惯：

（1）忌办公桌上乱七八糟

如果你到华盛顿的国会图书馆参观，就会看到天花板上有几个醒目的大字，那是诗人波普所写的：

"秩序是天国的第一要律。"

秩序也应是商界和生活的第一要律。但事实果真如此吗？只要我们稍加留心就会发现，很多人的桌上老是堆满了文件和资料，可有些东西一连几个星期也不曾看一眼。一位新奥尔良的报刊发行人说，他的秘书有一天为他清理办公桌的时候，终于找到了失踪两年的打字机。

卡耐基认为，当你的办公桌上乱七八糟，堆满了待复信件、报告和备忘录时，就会导致你慌乱、紧张、忧虑和烦恼。更为严重的是，一个时常担忧万事待办却无暇办理的人，不仅会感到紧张劳累，而且会引发高血压、心脏病和胃溃疡。

（2）忌做事不分轻重缓急

白手起家的查理·鲁克曼经过 12 年的努力后，被提升为派索公司总裁，年薪 10 万，另有上百万其他收入。他把自己的成功归于两种能力。鲁克曼说："我每天早晨 5 点起床，因为这一时刻我的思考力最好；我计划当天要做的事，并按事情的轻重缓急做好安排。"

全美最成功的保险推销员之一弗兰克·贝特格，每天早晨还不到 5 点钟，便把当天要做的事安排好了——是在前一个晚上预备的——他定下每天要做的保险数额，如果没有完成，便加到第二天的数额中，然后依此推算。

长期的经验告诉我们，没有人能永远按照事情的轻重程度去做事。但如果你事先制订好计划，然后按部就班地做事，总比想到什么就做什么要好得多。

（3）忌将问题搁置一旁，而不是马上解决或作出决定

赫威尔是卡耐基的学生，后来成为美国钢铁公司董事会的董事之一。他告诉卡耐基钢铁公司董事会开会时常拖拖拉拉，许多问题被提出来讨论，却很少作什么决定，以致大家得把一大堆报告带回家研究。

后来，赫威尔说服董事长作出一个规定：一次只提一个问题，直到解决为止，决不拖延。但为了让问题真正得以解决，除非前一个问题得到处置，否则不讨论第二个问题。这种办法果然奏效：备忘录上有待处理的事项解决了，行事表上再也不是排满预定处理事情的进度。大家不必再抱一大堆资料回家，也不用被尚未解决的问题弄得惴惴不安。

这不仅是美国钢铁公司董事会的好方法，也是我们每个人在工作中都适用的有效原则。

（4）不会组织、授权与督导的缺憾

在日常工作中，许多人常因不懂得授权他人，因而提早进入失败的坟墓。这些人事必躬亲，结果被那些烦琐细节所湮没，难怪他们常常感到匆忙、忧烦、急躁和紧张。

有关研究表明：一个大企业的高级主管，如果不懂得组织、授权与督导，通常在五六十岁时即死于心脏疾病——这是长期紧张、忧烦导致的结果。

所以，要使你不至于过度劳累与忧烦，就应该从现在开始学会组织、授权与督导，让你的同事或部下帮你完成工作。

卡耐基告诫我们，如果你想获得平安快乐，就一定要克服不良的工作习惯，进而养成良好的工作习惯。

► 营造快乐生活的氛围

用心生活

在日常生活中，我们常常可以看到两种生活状况迥然不同的人。一种人是每天风风火火，又忙家务，又忙孩子，又应付工作，又应酬于亲朋好友之间的交际，又惦记着股市行情，又盘算寻找一份第二职业，又关注着分房动向和职称评定，又算计着如何赢得领导信任以谋个一官半职，如此等等。总之，他们总是行踪不定，难得清静，一副大忙人的样子。但他们实则是忙乱不堪，制造噪声，不自觉地干扰他人平静的生活。他们的办事效率是否高，生活是否充实姑且不论，但客观地讲，活得好累，想必是他们想否认也否认不了的人生感受。

而另一种人，则与之截然相反。他们非但把家务和孩子的事料理得十分周到、井井有条，而且工作也干得有条不紊，人际关系正常和谐。他们也不是不关心职称、住房什么的，甚至与股票、第二职业之类有关，但是，他们却以高效的工作成绩、和谐的人际关系和高超的生活艺术等，赢得了领导和同事的称赞。他们给人一种特别有条理、特别自信、特别轻松愉悦的感觉，其自身的内心感受，想必也如此吧。

那么，综观如上两种人的生活，一定会有人感到不解。其实，道理很简单，那是两种不同类型的人所走出的不同生活轨迹——由于他们处世哲学不同、个人素质不同、生活艺术不同，所以走出了截然不同的生活之路。正因如此，他们在工作、生活、为人处世等方面的收效也各不相同。

有的人，他们或者不甚清楚自己为谁活着、应该怎样活着，于是无聊、迷惘，今天不想明天，明天不回首昨天，生活失去了目标；或者生活总不得要领，找不到属于自己的位置，有时乱串角色，四处流浪，有时自行设计角色，结果迷失了自我。这都是他们不懂得科学生活的艺术所致。

47岁的美国人南希，在众人眼中是一个成功的职业女性。她独立，能干，有私人小汽车，在郊区还有一套不错的大房子，经常出入一些重要聚会。很多人都羡慕南希，可是她却有许多别人不知道的烦恼。南希说："虽然我的一些成就让人另眼相看，我却想不透大家夸赞我什么。我这一辈子都在努力成就这样或那样的事，可是现在我却不知道，'成就'究竟是指什么了。我永远都在压力下工作，没有时间结交真正的朋友。就算我有时间，我也不知道该如何结识朋友了。我一直在用工作来逃避必须解决的个人问题，所以我一个任务接一个任务地去完成，不给自己时间去想一想我为什么要工作。假如时间可以退回去10年，我会早一些放慢脚步考虑一下，学会用心地生活，那就不会像现在这样感觉贫乏了。"

过一种简单生活，这是一种全新的生活艺术和哲学。它首先是要求外部生活环境简单化，因为当你不需要为外在的生活花费更多的时间和精力的时候，也就能为你的内在生活提供更大的空间与平静。之后是内在生活的调整和简单化，这时候的你就可以更加深层地认识自我的本质。现代医学已经证明，人的身体和精神是紧密联系在一起的，当人的身体被调整到最佳状态时，人的精神才能进入轻松时刻；而当人的身体和精神进入佳境时，人的灵魂，也就是人的生命力才能进行简单化，然后才能达到更上一层楼的境界。

你是否体验过刚刚从身边溜走的生活？你是否真正明白自己现在的感受？你的时间为什么总是很紧张？有没有更简单一些的生活方式？也许你早已经习惯了都市快节奏的生活，你不必离开它，更不必让生活后退，你只需换一个视角，换一种态度，改变那些需要改变的、繁杂的、无真实意义的生活，然后全身心地投入到自己的生活中。无论你是在城市还是乡村，无论你是贫穷还是富有，无论你是在美国还是在中国，你都可以享受到生活的酸甜苦辣，都可以感受蓝天、空气、阳光和大自然的魅力，都可以追逐人与人之间的亲情、爱情和友谊，进而营造快乐的生活氛围。

把生活琐事抛在一边

有相当一部分人把他们的大好时光浪费在生活琐事上，常常花费宝贵的时间和精力去做一些没有任何价值的事。这样并不能使他们生活得有意义，相反，只能使他们为生活所累。当一艘轮船的载重已经威胁到航行的安全时，就应该毫不犹豫地把那些无价值的货物扔向大海。

我们应该学会无视那些琐事，顺其自然。否则，只会让自己感到烦躁而没有任何好处。

许多看似不起眼的小事总是给我们的生活带来烦恼，就像别在衣服里面的别针，你拿不掉它，它却不时地戳痛你。

生命短暂，精力有限，我们没有资本供自己挥霍。如果想充分利用生命中的每一天，为社会做些有益的事情，实现自己的价值，就必须去做值得自己投入时间和精力的事。许多人在小事上空耗精力，真正的大事却没有足够精力去做。就像有漏洞的锅炉，蒸汽在驱动活塞、产生能量之前，已泄漏得一干二净。这种人做事往往是白费力气，于己于人毫无用处，甚至总是帮倒忙。

众所周知，现在有些追求时髦的青年常常花大半天时间，在精品店、时装店里挑一些平时根本不穿的衣服，有时逛了大半天却不买一件，把自己弄得筋疲力尽。如果时间和精力浪费在诸如此类的小事上，真是太可惜了。如果能把这样的时间用在自我完善、自我提高上，或者用于帮助他人，为社会做一些力所能及的善事，则是非常有意义的。

社会上，把宝贵的时间和有限的精力浪费在无聊之事上的人实在太多了。他会不惜时间和精力去挑选一些很精致，但自己平时却不太用的东西。要知道，在选择物品时有着较高的品位很重要，也很必要，本无可厚非；但如果过分地把时间浪费在这些琐事上，则是可鄙的，如果形成习惯就更不幸了。

有选择地抛弃生活中的一些琐事，这样，会使你的生活变得更充实、更快乐。

微笑可以营造快乐生活

微笑在人际交往中具有神奇的力量，没有什么东西能比一个微笑更能打动人的了。同样微笑也是你身心健康和家庭幸福的标志。

无论在什么地方，无论你在做什么，在人与人之间，简单的一个微笑是一种最为普及的语言，它能够消除人与人之间的隔阂。人与人之间的最短距离是一个可以分享的微笑，即使是你一个人微笑，也可以使你和自己的心灵进行交流和给自己抚慰。

一旦你学会了微笑，你就会发现，你的生活从此变得更加轻松，而人们也喜欢享受你那灿烂的笑容。

百货店里，有个穷苦的妇人，带着一个约4岁的男孩在转圈子。走到一架快照摄像机旁，孩子拉着妈妈的手说："妈妈，让我照一张相吧！"妈妈弯下腰，把孩子额前的头发拢在一旁，很慈爱地说："不要照了，你的衣服太旧了。"孩子沉默了片刻，抬起头来说："可是，妈妈，我仍会面带微笑的。"

如果你在生活摄像机前也能像那个贫穷的小男孩一样，穿着破烂的衣服，一无所有，却依然能坦然而从容地微笑，那么你的生活将会充满快乐。

面对亲人，你的一个微笑，能够使他们体会到，在这个世界上，还有另外一个人和他们心心相连；面对朋友，你的微笑，能够使他们体会到世界上除了亲情，还有同样温暖的友情，让他们感受到自己的重要性。

走遍世界，微笑是通用的护照；走遍全球，微笑是你畅行无阻的通行证。

不仅如此，笑，还是一种神奇的药方，它能医治许多疾病，并具有强身健体的医疗功能。医学家告诉我们，精神病患者很少笑，一个有疾病或者有其他烦恼的人，也不会从心底发出笑声。

美国加利福尼亚大学的诺曼·卡滋斯曾患胶原病，这是一种疑难杂症，康复的可能性仅为五百分之一，而他就成为这个"一"。后来，他把当时的情况写在了《五百分之一的奇迹》这本书里：

"如果，消极情绪引起肉体消极的化学反应的话，那么，可以推测，积极向上的情绪可以引起积极的化学反应。可以推测，爱、希望、信仰、笑、信赖、对生的渴望等等，也具有医疗价值。"

卡滋斯认为，笑具有惊人的医疗效果："我的体会是，如果能够从心底发出笑声，并持续10分钟，会产生诸如镇痛剂一样的作用，至少可以解除疼痛两个小时，使你安安稳稳地睡觉。"

所以，不论你现在从事什么工作，身处什么地方；也不论你目前遇到了多么严重的困境，甚至你的人生遭遇了前所未有的打击，你都应该用你的微笑去面对它们，而这一切都会在你的微笑前低头。

微笑永远是我们生活中的阳光雨露。

▶ 走出孤独忧虑的人生

认识忧虑的面目

对于跋涉在通往成功道路上的人来说，走过的每一步都要付出艰辛，随之而来的焦躁和忧虑，这些不良情绪是不可避免的。但是，如果一个人长期生活在忧虑和紧张之中，那么他的心理状况是极为混乱的，渐渐会形成一种思维定式，这种思维定式会直接影响我们的精神和行为，并且会造成极其不良的后果。

在谈到忧虑对人的影响时，一位医生说，有70%的人只要能够消除他们的恐惧和忧虑，病就会自然好起来。这些病都是真病，比如胃溃疡，恐惧使你忧虑，忧虑使你紧张，并影响到你胃部的神经，使胃里的胃液分泌由正常变为不正常，因此就容易产生胃溃疡。

忧虑也容易导致神经和精神问题。经临床研究发现，一半以上患有神经病的人，在高倍的显微镜下，以最现代的方法来检查他们的神经时，却发现大部分人都非常健康。他们"神经上的毛病"都不是因为神经本身有什么异常的地方，而是由悲观、烦躁、焦急、忧虑、恐惧、挫败、颓丧等情绪造成的。

随着现代医学的进步，已经大量消除了那些可怕的、由细菌所引起的疾病。可是，医学界目前还不能治疗精神和身体上那些不是由细菌所引起，而是由情绪上的忧虑、恐惧、憎恨、烦躁，以及绝望所引起的病症。这种情绪性疾病所引起的灾难正日渐增加、日渐广泛，而且增加的速度惊人。精神失常的原因何在？没有人知道全部答案。可是在大多数情况下，极可能是由恐惧和忧虑造成的。容易焦虑和烦躁不安的人，多半不能适应现实生活，而跟周围的环境隔断了所有关系，缩到自己的梦想世界，以此解决他所忧虑的问题。

忧虑还容易导致关节炎和其他疾病。康奈尔大学医学院的罗素·塞西尔博士是世界知名的治疗关节炎的权威，他列举了四种最容易得关节炎的情况：婚姻破裂、财务上的不幸和难关、寂寞和忧虑、长期的愤怒。

可是现实中还有成千上万的人因为忧虑而毁掉自己的生活。因为他们拒绝接受最坏的情况，不肯由此作出改进，不愿在灾难中尽可能抢救出一点东西，他们不但不愿意重新构筑自己的财富，还沉浸于过去失败的记忆中不能自拔。终于，使自己成为忧虑情绪的牺牲者，他们摧毁了自己奠定成功的最后一块基石——健康。

忧虑不仅能够使人得病，而且还是长寿的克星。

曾获得过诺贝尔医学奖的亚力西斯·柯锐尔博士说："不知道怎样抗拒忧虑的商人，都会短命而死。"其实不只商人，家庭主妇、兽医和泥水匠亦是如此。

忧虑会使我们的表情难看，会使我们咬紧牙关，会使我们的脸上产生皱纹，会使我们老是愁眉苦脸，会使我们头发灰白，有时甚至会使头发脱落。忧虑会使你脸上的皮肤出现斑点、溃烂和粉刺。

忧虑就像不停地往下滴的水，而那不停地往下滴的忧虑，有时会使人心神丧失而自杀。

忧虑是我们健康的大敌，更是长寿的大敌。

警惕忧虑的侵蚀

忧虑是人在面临不利环境和条件时所产生的一种情绪抑制，它是一种沉重的精神压力，使人精神沮丧，身心疲惫。那些总是忧心忡忡的人，整日愁眉苦脸，唉声叹气，一副暮气沉沉的样子。他们对什么都提不起兴趣，生活成了一种苦刑。恰如高尔基说的，忧愁像磨盘似的，把生活中所有美好的、光明的一切和生活的幻想所赋予的一切，都碾成枯燥、单调而又刺鼻的烟。

忧虑的人是无法专注于工作的。忧虑也使人神思恍惚，反应减慢，智力水平下降。整天为不如意的事忧虑伤神，大脑长期处于低潮状态，工作、劳动自然不会取得成果。忧虑也会使人生病，中医早就指出"忧者伤神"。长期心绪不佳，胃口必然不好，体质必然虚弱。严重的忧虑症，还可能引发轻生的念头。

忧虑的人常常会有这样一些心态：

（1）逃避问题。由于问题难以解决而干脆采取回避态度，但事实上问题依然存在，自己只是在表面上逃避，内心深处还是放不下，难题成为心头的沉重包袱。

（2）对问题过分执着，将其看得过于严重。这实际上是给自己增加不必要的精神压力。

（3）不敢正视自己的内心，自我封闭。所谓"烦着呢，别理我"，就是这样一种心态的反映。

无论是逃避问题还是对问题过分执着，实际上只可能有两种情况。一种情况是，问题并不像我们所想的那么糟，至少没有到无可挽回的地步。只要采取积极正确的态度，问题就会得到解决。这样，我们也就没有什么可忧虑的了。另一种情况是，问题的确超出了我们的能力所能解决的范围。对这种情况，我们就需要乐观一些，就像杨柳承受风雨一样，我们也要承受无可避免的事实。哲学家威廉·詹姆士说："要乐于承认事情就是这样的情况。能够接受发生的事实，就是能克服随之而来的任何不幸的第一步。"美国克莱斯勒公司的总经理凯勒说："要是我碰到很棘手的情况，只要想得出办法能解决的，我就去做。要是干不成的，我就干脆把它忘了。我从来不为未来担心，因为，没有人能够知道未来会发生什么事情，影响未来的因素太多了，也没有人能说清这些影响都从何而来，所以，何必为它们担心呢？"

忧虑就像无处不在的病菌，它时刻准备着侵入你的体内。因此，我们必须对它提高警惕。

改掉忧虑的习惯

19世纪的美国著名作家梭罗曾说过："一件事物的代价，也就是我称之为生活的总值，需要当场或长时期内进行交换。"

换个方式来说，如果我们以生活的一部分来付出代价，而付出太多了的话，我们就是傻子。这也正是美国作词家吉尔伯特和作曲家苏利文的悲哀：他们原先是一对很好的搭档，他们知道如何创作出令人快乐的歌词和歌谱，却完全不知道如何在生活中寻找快乐。他们写过很多令世人非常喜欢的轻歌剧，可是他们却没有办法控制他们的脾气。他们只不过为了一张地毯的价钱而争吵多年。事情的经过是这样的：苏利文为他们的剧院买了一块新的地毯，当吉尔伯特看到账单有差错时，大为恼火。为这件事他们甚至闹至公堂，从此两个人至死都没有再交谈过。

他们的合作是这样的，苏利文替新歌剧写完曲子之后，就把它寄给吉尔伯特，而吉尔伯特填上歌词之后，再把它寄回给苏利文。有一次，他们一定要一起到台上谢幕，于是他们站在舞台的两边，分别向不同的方向鞠躬，这样才可以不必看见对方。他们就不懂得应该在彼此的不快里定下一个"到此为止"的最低限度，而林肯却做到了这一点。

有一次，在美国南北战争中，林肯的几位朋友攻击他的一些敌人，林肯说："你们对私人恩怨的感觉比我要多，也许我这种感觉太少了吧；可是我向来以为这样很不值得。一个人实在没有时间把他的半辈子都花在争吵上，要是那个人不再攻击我，我就再也不会记他的仇。"

卡耐基告诫人们，要在忧虑毁掉你之前，改掉忧虑的习惯。他为人们列出了以下几条规则：

（1）让自己不停地忙着，忧虑的人一定要让自己沉浸在工作里，否则只有在绝望中挣扎。

（2）不要让自己为一些应该丢开和忘记的小事烦心，要记住："生命太短促了，不要再为小事烦恼。"

（3）让我们看看以前的记录，问问自己，我现在担心发生的事情，可能发生的概率有多大？

（4）适应不可避免的情况。

（5）任何时候，我们想拿出钱来买的东西和生活比较起来不算好的话，让我们先停下来，用下面三个问题问问自己：

①我现在正在担心的问题，到底和我自己有什么样的关系？

②在这件令我忧虑的事情上，我应该在什么地方放下"到此为止"的最低限度——然后把它整个忘掉。

③我到底应该为这个东西付多少钱？我所付出的是不是已经超过它的价值呢？

走出忧虑的人生

如果你不能坦然面对忧虑，并处理好这个问题的话，它将最终控制你，使你陷入毫无意义的自怨自怜中，甚至陷入绝望。

如果你一直为忧虑所困，但又不知原因所在，那么它就会毁了你的生活。生活中很多人会莫名其妙地感到烦恼，而他们自己并不知道原因何在。事实是他们为担忧而担忧，或者为可能会有痛苦而担忧。这种体验一直困扰着他们，甚至他们并不真的感到忧虑时，也在为它担心。

把这些消极的念头抛弃吧！想一想这些忧虑占用了你多少精力，如果这些精力被用在做积极的、对生命有益的事情上该有多好。

偶尔的担心和自我怀疑是正常的。在找到一份新的工作或第一次约会时，一定程度的担心将增加人的警觉性。但如果有人说你将有不好的事情发生——你将得不到这份工作或这次约会将是个悲剧——你就会极度紧张，进而发展成为忧虑。一旦忧虑破坏了你的自信，它就会变成一股有麻醉作用的力量。

实际上我们的忧虑大部分来自对未来可能发生的事情的担心，即那些现在还不存在的事。而实践证明这些事情大多不会真的发生，也就是说我们的忧虑大部分都是多余的。

一旦你为某事困扰，自己帮助自己吧。读书、寻求建议、找朋友倾诉。这是明白处境并克服它的开始，你会把它抛开的，一次是这样，以后永远都能这样。

驱除忧虑最好的方法，就是不要去理会它。因为如果你老是想着这些忧虑，它们就会阴魂不散地萦绕在你的脑海里。许多人一直想着他们不希望发生的事情，往往这些事情就会发生。

何不把这些不想发生的事情抛到九霄云外，而把你的心灵空间，留给那些你希望发生的事呢？

你应该学习使你的心神集中在你想做的事情上。当你的内心浮现出明确的目标时，就是你开始产生信心的时刻。当你培养出信心时，就能够召唤出无穷的智慧来帮助你，实现你的明确目标。

只有善于运用信心，加上坚定不移的行动和明确的目标，才能走向成功。

我们无法做到一产生忧虑就自行调节或消除，作为一个普通的人，你是难以左右这些事情的。然而，在大多数情况下，你所担忧的事情往往不是你所想象的那么可怕和严重，也许想想办法，或者变换一下环境，某些忧虑就变得毫无必要了。

杰克是一位年近50岁的公司职员，他总是担心自己被老板解雇而无法养家糊口。他整日忧心忡忡，因此体重开始下降，经常失眠，还经常生病。于是，他找到了一位心理咨询专家。

在心理调适过程中，专家向他明示，忧虑对改变自己的处境来讲是无济于事的，并指导他如何保持心情舒畅。但杰克是个顽固忧虑者，他感到自己有义务为每天可能发生的灾难担忧。

几个月以后，他所担忧的事情终于发生了——他被解雇了，而且这是他有生以来第一次失业。然而，不到三天，他又找到了另一份工作，薪水更高，更加符合自己的兴趣。他不再忧虑了，而是将时间和精力全部投之于工作中。由于他的努力和敬业，他很快就取得了成功。

因此，你完全没有必要为将来可能发生的事忧虑，你完全有能力走出忧虑人生，只要你能够相信你自己。

建设幸福家庭的根基

学会体贴对方

现代家庭夫妻矛盾的产生多数是由一成不变的夫妻模式所导致，矛盾的出现多半是对夫妻生活模式不满的结果。而要解决这种家庭矛盾，冷静、耐心、体贴是最不可缺少的。

夫妻之间产生敌意后，需要配偶用关怀、体贴去化解。当你发现配偶工作很多，没有时间与你交流，忙得不可开交；或者不像往日那样"热情"时，要体谅、同情、关怀对方，并注意把握分寸，最好别开玩笑，不要纠缠不休。这个阶段，遇到对方落泪、忧伤、痛苦，甚至有时对你斥责几句时，不要计较。一句话，你要像对待病人一样耐着性子。体谅对方的任性是暂时的，只是一时的"病情"所致。必须懂得，这种感情的休眠是不可避免的，而且很快就会结束。

学会体贴对方，必能使你很快化解家庭矛盾，拥有幸福美满的家庭。

充分理解对方

理解是家庭生活的润滑剂，它可以在家庭成员间有效地避免矛盾发生，增进感情。聪明的人懂得在家庭中充分运用理解的指挥棒。如果你还不知道如何才能做到这点，那么请向恩玛莉学习。

恩玛莉的丈夫是英国伟大的政治家狄斯累利。而狄斯累利是在35岁时，才向比他大15岁且头发花白的恩玛莉求婚的。

这件事听起来有些好笑，也够矛盾的。而后来的事实证明，恩玛莉的婚姻是在所有平淡无奇的婚姻史中一个最充满生机的婚姻。恩玛莉虽然既不年轻，也不迷人，更不聪敏，她说话时常发生文字或历史的错误，令人发笑。例如，她不知道希腊文明和古罗马文明哪一个在先，对服装的兴味古怪，对房屋装饰的趣味奇异，但是恩玛莉在婚姻中最重要的事情——在处置男人的艺术上的确是一个天才。

恩玛莉没有用她的智力与狄斯累利对抗。当他整个下午与机智的公爵夫人们钩心斗角地谈得筋疲力尽后回到家里时，恩玛莉的轻松闲谈使他心情愉快，成为他获得心神安宁，并沐浴于恩玛莉敬爱的温存中的最佳良方。那些与他的年长夫人在家度过的时间，是他一生中最快乐的时光。她是他的伴侣、他的亲信、他的顾问。每天晚上他从众议院匆匆回来，都会告诉她日间的新闻，而无论他做什么，恩玛莉从不相信他会失败。

30年来，恩玛莉为狄斯累利而生活，但反过来说，她是他的女英雄。在她死后狄斯累利才成为伯爵；而在他还是一个平民时，他就劝说维多利亚女王擢升恩玛莉为贵族。所以，在1868年，她被封为毕根菲尔特女爵。可见，充分理解使恩玛莉获得了幸福的家庭生活。戴尔·卡耐基说："在与人交往中，首先要学的事情就是不要干涉他们自己快乐的特殊方法，如果那些方法不激烈地与我们相冲突的话。"如果你希望你的家庭生活幸福快乐，就不要试图改造配偶，而要充分理解他（她）。

不要把工作带回家

面对各种工作与生活对家庭形成的挑战，你必须给家庭生活一些空间、一些氛围，尽量让工作与家庭保持平衡。当你把家庭也当作一种工作场所后，你便没有更多的时间来表达与家人的亲情和爱，更没有回顾过去、展望未来的空间。这时，你一定要问问自己，家庭对自己意味着什么？好好想想工作与家庭的关系。

如果说家庭是一个避风的港湾，一个生活的空间，一片可以独处而不受任何外界干扰的净土，那么，你最好不要把工作带回家。虽然家不是与世隔绝的世外桃源，但是任何一个温馨的家庭都会由于繁重工作的"践踏"而变得不再和谐。请看下面这则例子：

艾森伯格是一个非常优秀的商人，虽然他很敬业，虽然他认为"家与办公室将走向融合"，但是他从不会在妻子面前为一天的工作而表现出任何沮丧，也从不会丢下女儿去写自己的文书。他经常会抱着女儿，给她讲《白雪公主》等许多童话故事，女儿会听得非常入神。

一次，他却意外地将工作带回了家，那也是他印象最深的一次。"那次，女儿继续让我给她讲一些童话故事，起先我只想哄她入睡，这样我就可以完成自己的一份工作计划。可是，她并不放过我，我只能冲着她大声喊：'你这个讨厌的小东西，到底有完没完？快去睡觉，我还有工作要做！'女儿委屈地哭了，她告诉她的母亲，我对她是多么不友好，所以，妻子与我吵了一架。妻子最后问我：'你认为家庭到底应该是什么样子？'我回答她说：'给我一点点时间，让我把工作做完。'最后妻子虽然原谅了我，但是我突然间意识到，工作开始侵占家的空间与时间，对和谐的家庭生活正在形成威胁。从那以后我再也没有将工作带回家过，我的家庭又恢复了原来的和谐与幸福。"

家庭需要的是爱，并不是工作。当你忙碌了一天后，希望自己回到家里时是一种怎样的感觉呢？如果整天都让紧张的气氛充斥着自己的家庭，你还会有高涨的工作情绪吗？还会有充沛的精力加班加点吗？不论你的事业是否成功，你都需要为家庭付出一份真爱，因为除了家庭，没有谁会永远支持你走得更远、走得更稳健。

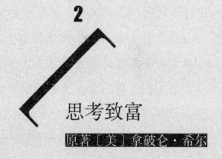

2

思考致富

原著〔美〕拿破仑·希尔

关于本书

任何书籍只要标题中带有"富裕"或"成功"等字眼，往往就会比一般书籍畅销；在我们这个时代，金钱和外在成就是必不可少的，就如同地位和荣誉在16世纪的重要性一样。诱人的标题也许能解释购买一本书的内在冲动，但是，在过去的60多年里，《思考致富》已经在全球范围内售出了1500多万册。原因何在？

本书的作者拿破仑·希尔是一位在世界掀起成功狂潮的思想家、哲学家，被人们誉为"成功学之父"。他比历史上任何人都更多地影响了人们的成功，这一点已为世人所公认。他可以称得上是成功领域最有影响力的人物之一。

希尔在《思考致富》中拒绝把成功归结于运气、背景或是上天赐福，他希望提供一份完全取决于你自己的具体成功计划。该书畅销的另一个原因是，它并不完全是希尔凭空构想出来的理念，而是提炼自美国数百位最成功男士（20世纪30年代的女大亨并不多）的成功秘诀而成。

首先就是他的保护人——钢铁巨头安德鲁·卡内基。卡内基为希尔开具了给亨利·福特、托马斯·爱迪生和F.W.伍尔沃斯等人的介绍信。希尔花了20年时间归纳他们的经验和见解。

他的使命就是了解"富人是怎样致富的"。他对成功的系统分析汇集成了八卷本的大部头——《成功法则》（1928年）。

《思考致富》是这部巨著的缩写本，是希尔在富兰克林·罗斯福担任总统期间完成的。该书文笔流畅，开始的部分暗示了该书包含但并没有详细阐明的一个秘密。希尔建议你"在它出现的时候稍停片刻，痛饮一杯，因为这个时刻标志着你生活中最重要的转折点"。谁能抗拒得了这种诱惑！书中没有虚幻之处，也没有深奥复杂的内容。书中罗列了各种获得财富的"有效"因素，恰当地对其他因素忽略不谈。

希尔在《思考致富》接近结尾的地方承认，他写这本书的主要原因是"无数男男女女由于惧怕贫困而失去了采取行动的勇气"。在20世纪30年代的美国，由于"大萧条"的创伤尚未痊愈，因此大多数人一心要躲避贫困而不是致富。希尔的书没有止步于避免贫困，而是大胆地论述了怎样才能获得惊人的财富。

靠欲望致富

法国著名作家巴尔扎克说:"欲望是支配生命的力量和动机,是幻想的刺激剂,是行动的真正意义。"

你怀有欲望的东西就是你要追求的目标,欲望本身是你努力奋斗的基本动力。欲望还可以促使梦想变为现实。

欲望是获取财富的原动力,动力越强,其行动就越有力,行动越有力,实现财富梦想的概率就越大。这些都是成正比的。如果你要获得财富,你就必须让你的欲望变得非常强烈,只有强烈的欲望才能使你奋进。

西方有句谚语说得好:只有想不到的事,没有干不成的事!

只有钟情于金钱,并且钟情再钟情,视财富为命根子,你的财富才会不断地增加。

被誉为"日本经营之神"的松下幸之助,从9岁起就开始了学徒生涯,尝尽了各种艰辛。经过15年的漫长磨砺,他于24岁时创立自己的公司并开始独立经营。经过数十年的艰苦经营,终于使一个小作坊式的工厂发展成国际性的庞大企业集团。松下公司的规模2005年在世界500强中名列第31位,而且还曾比这更靠前过。他有一句名言被商人奉为经典:"让我们钟情于金钱吧,这样才会有所作为。"

在20世纪70年代的华尔街,人们一提到唐纳德·索马斯·里甘这个人,就会胆战心惊。里甘是华尔街股市中的一个经纪大亨,是华尔街一家著名投资公司——梅里尔·林奇公司的总裁。他可以使华尔街的股民笑的变哭,哭的变笑,简直是"翻手为云,覆手为雨"。里甘与肯尼迪是同学,他对家财万亿的肯尼迪家族羡慕不已。他暗暗发誓:一定要拥有足够令世人惊叹的金钱。里甘坦言:"我喜欢金钱，对我来说，这是我的禀性，也是我的正业。"在许多人手里会变成废纸的股票，在他手里，则会变成自己腰包里的金钱。

只有具有"财富意识"，才能积累财富。

赚钱要从"心"开始，要赚大钱成为上级别的富豪，你就不能满足于小富。"小富即安"的心态成就不了大事业，要追求更高的目标你还必须有"野心"。

"野心"会使你财路畅通，对于追求成为巨富的人来说，野心甚为重要。盛田昭夫，一个寻常的名字，却是日本电子技术方面的传奇人物。1946年他创办东京通讯工业公司（索尼公司的前身）时，就霸气横溢。他对合伙人说："我们的市场不仅仅是日本、亚洲，而是全世界。"为了占领美国市场，他制订了一个10年不赢利的计划。当他的艰辛努力获得丰厚的报酬时，他是第一个实现企业国际化的日本人。

美国"钢铁大王"卡内基少年时就立下誓言：我将来一定要成为大富豪！卡内基没受过什么教育，曾干过锅炉工、记账员、电报业务办事员等最底层的工作，除了机敏和勤奋，卡内基一无所有。卡内基有一个梦想，那是他在少年时就立下的誓言：赚钱成富翁！在当时美国动荡及战乱的年代，他的梦想曾被人耻笑，说他是可笑的野心家。但他成功了，他登上了美国"钢铁大王"的宝座。卡内基或许没有某些生意人的精明和钻营，但他总能把可以赚钱的机会抓住。这正是成功的野心家所必需的。很难想象没有欲望，中国台湾的王永庆能拥有令人羡慕的财富……欲望可以是罗曼蒂克的，但不是空想。它需要破釜沉舟的决心和勇气，也需要坚忍不拔的意志和信念。

王永庆16岁时就开起了米店，面对众多的竞争对手，他突发奇想：要是能将风头最劲的日本米店比下去，就算成功了。经过多方努力，他终于实现了愿望。20世纪50年代，王永庆想进军塑胶业，有人劝他，连精通塑胶业的何义都不敢接这个烫手山芋，你凭什么去接？王永庆却想：别人不敢做的事我做成了，岂不美哉！他就不信这个邪，偏要异想天开。他果真做到了，而且，他的名字成了"财富"的代名词，他的"一个喷嚏"足以令全台湾的工业界都感冒……王永庆成功的秘诀就在于，最大限度地拥有欲望、野心。

以上事例说明，欲望是可以化为实质对等物的，欲望可以衍生财富。

你也许会抱怨说，在未实际达到这一目标之前，你看不到自己的成就和财富，但这正是"炽烈欲望"的魅力所在。如果你真的十分强烈地希望拥有财富，进而使你的这种欲望变成你坚定的信念，你最终便会真正地得到它。

如果你真正地热爱金钱，并下定决心要致富，那么你也可以成为赚钱高手，当今的时代和我们所面临的国内形势为你提供了充分的可能。

据有关方面的统计，中国现在拥有百万元以上家产的，至少已超过100万人。其中亿万富翁已有数十个，拥有10亿元以上财产的大富翁也有若干个。

在新千年新世纪里，"新经济"的神话一个又一个地变为现实。只要你拥有财富的野心与欲望，你就能成为其中一员。

靠暗示致富

暗示是一种奇妙的心理现象，暗示又可分为他暗示与自我暗示两种形式。他暗示从某种意义上说可以称为预言，虽然它对致富也有一定的作用，却不及自我暗示的力量大，所以在这里就不详细讲解"他暗示"了，这里主要说的是"自我暗示"。

自我暗示就是自己对自己的暗示。所有为自我提供的刺激，一旦进入人的内心世界，都可称为自我暗示。自我暗示是思想意识与外部行动两者之间沟通的媒介。它还是一种启示、提醒和指令，它会告诉你注意什么、追求什么、致力于什么和怎样行动，因而它能影响、支配你的行为。这是每个人都拥有的一个看不见的法宝。

自有人类文明以来，不知有多少思想家、传教士和教育者都已经一再地强调信心与意志的重要性。

但他们都没有明确指出：信心与意志是一种心理状态，是一种可以用自我暗示诱导和修炼出来的积极的心理状态。成功始于觉醒，心态决定命运。

这是现代的伟大发现，是成功心理学的卓越贡献。成功心理、积极心态的核心就是自信主动意识，或者称作积极的自我意识，而自信意识的来源和成果就是经常在心理上进行积极的自我暗示。反之也一样，消极心态、自卑意识，就是经常在心理上进行消极暗示，而心理暗示的不同也是形成不同的意识与心态的根源。所以说心态决定命运，正是以心理暗示决定行为这个事实为依据的。

不同的心理暗示，会给你带来不同的情绪和行为。

我们多数人的生活境遇，既不是一无所有、一切糟糕，也不是什么都好、事事如意。这种一般的境遇相当于拥有"半杯咖啡"。你面对这半杯咖啡，心里会产生什么念头呢？消极的自我暗示是为少了半杯而不高兴，情绪消沉；而积极的自我暗示是庆幸自己已经获得了半杯咖啡，那就好好享用，因而情绪振作、行动积极。

由此可见，心理暗示这个法宝有积极的一面和消极的一面，不同的心理暗示必然会产生不同的选择与行为，而不同的选择与行为必然会产生不同的结果。有人曾说："一切的成就，一切的财富，都始于一个意念。"我们还可以再说得浅显全面一些："你习惯于在心理上进行什么样的自我暗示，就是你贫与富、成与败的根本原因。"因而，我们一直强调，发展积极心态、取得财富的主要途径是：坚持在心理上进行积极的自我暗示，去做那些你想做而又怕做的事情，尤其要把羞于自我表现、惧于与人交际改变为敢于自我表现、乐于与人交际。

如前所述，每个人都带着一个看不见的法宝。这个法宝具有两种不同的作用，这两种不同的力量都很神奇。它会让你产生信心与勇气，抓住机遇，采取行动，去获得财富、成就、健康和幸福，也会让你排斥和失去这些极为宝贵的东西。

这个法宝的两面就是两种截然不同的心理上的自我暗示，关键就在于你选择哪一面，经常使用哪一面了。

一个人的心理暗示经常是怎样，他就会真的变成那样。所以，我们要经常调整自己的情绪心理，充分利用积极的心理暗示。

想要成功的你，要每天不辍地在心中念诵自励的暗示宣言，并牢记成功心法；你要有强烈的成功欲望、无坚不摧的自信心。如果你能将这个成功心法与你的内心融为一体并使你的精神与行动一致，那么一种神奇的力量，将会替你打开宝库之门。

▶ 靠知识致富

知识有两种，一种是一般常识，另一种是专业知识。一般常识对积累财富并无多大用处。

大学教授拥有各种知识，但是他们大多不是上级别的富翁，因为他们不具备组织和利用知识的能力。知识本身并不能产生财富，除非你对它加以发挥和利用。很多人都会对"知识就是力量"这句话产生误解，因而他们常常感到困惑。这是因为他们对事实不了解。其实，知识只是一种潜在的力量，只有将其转化成明确的计划和行动，知识才能成为真正的力量。

现代教育制度的失败在于，学生们得到知识之后，并没有学会如何去组织和利用这些知识。

这是教育制度的一个重要缺陷。那么，要如何运用知识才能赚到钱呢？首先你要确定你所需要的专业知识。通常情况下，人生的主要目标和你现在所要达到的目标，将决定你所需要的知识。这个问题解决以后，第二步就要求你对你所依靠的知识要有一个正确的认识。其中需要注意的是：

（1）本人的教育背景和经验。

（2）与人合作的重要性。

（3）如果有机会的话，尽量进学校学习。

（4）多去图书馆，那里有你需要的几乎所有的东西。

（5）进行专业训练课程的学习。

在获得知识之后，还要将其组织起来，并通过切实可行的计划实现既定的目标。要知道，知识如果不被运用，就没有任何实际价值。

各行各业的成功人士都在不断地获取他们所需要的专业知识，而且从未停止。有些人认为，一旦停止了学校教育，就意味着获取知识过程的完成，因而他们不再主动去获取知识。持有这种想法的人是不会成功的。

其实，除了学校教育外，你还可以通过进夜校，或函授学习的方法来获取知识。知识只要运用得当，就能够转化为财富。

现在让我们来看一个特别的例子。

某杂货店的一名推销员发现自己突然失业了。幸好他有一点记账的经验，所以他就开始选修会计课程，并经营起生意来。从雇用过他的杂货店开始，他相继与百余家小商店签订合同，为它们记账，按月向它们收取极低的费用。他的主意很实用，不久他发现需要在一辆轻型的送货卡车上设立一个流动的办公室，装备最新的记账器。他成功了，现在他已有许多在汽车上的会计办公室，雇用了众多助手，使许多小商店花费少量的钱而获得了最佳的服务。

这个独特的成功生意，其主要的组成成分是专业的知识加上想象力。现在，那名推销员每年所付的个人所得税，几乎是当初那位杂货商付给他的工资的10倍。

这个成功的生意，是以一个主意为开端的。一个好主意是无价的，而所有主意背后的支撑就是专业知识。不幸的是，那些未曾发现大量财富的人，都是因为只有丰富的专业知识，却欠缺创业的好构思。好的构思由想象力得来，想象力能把专业知识与现实需求合并为一项有组织的计划，这是产生财富所需要的必备条件。

▶ 靠想象致富

被誉为"成功学之父"的拿破仑·希尔说："想象力是灵魂的工厂，人类所有的成就都是在这里铸造的。"

长期以来，人们认为只有文学家、艺术家才需要丰富的想象力，却不知道其实我们每一个人都需要想象力。想象是思想或行动的依据之一。没有谁会忘记罗杰·巴尼斯特4分钟跑完1英里的事迹。巴尼斯特不相信人体体能不能做到这件事，他用想象的方式在脑中一而再，再而三地映出自己用4分钟跑完1英里的画面，假想听见并感受到了自己打破这个纪录的感觉，直到自己有了成功的把握。这个把握是肯定的，如同一些人认为4分钟跑完1英里是不可能的一样。我们可以说，巴尼斯特就是靠想象的神奇力量打破了人们认为不可能的纪录。

想象具有神奇的力量，它可以帮助你实现致富的愿望。

想象力根据功能可分为两种：一种是"综合型想象力"，另一种是"创造型想象力"。

通过综合型想象力，人们可以把旧有的观念、构想或计划重新组合，推陈出新。这项能力没有任何创造性，它只是将经验、知识和观察作为材料进行加工。它是发明家最常使用的能力，但其中也有一些例外的"天才"。当综合型想象力无法解决问题时，他们会进而利用创造型想象力。

通过创造型想象力，人类的智慧可以无限拓展。"预感"和"灵感"就是通过这种能力获得的。所有的基本构想也正是通过这种能力产生的。这种能力只有在意识高速运转的情况下，才会发生作用，比如用"强烈欲望"刺激意识的时候。创造型想象力在使用过程中越得到开发，就会越敏锐。商界、工业界和金融界的领导人物以及艺术家、诗人和作家之所以伟大，正是因为他们发挥了创造型想象力的作用。

综合型想象力和创造型想象力的灵敏度，都会在不断使用中得以增强，就像人体的肌肉与器官一样，都是越常用越发达。如果你很少使用你的想象力，它就会变得迟钝。如果你经常使用它，它就会很活跃、敏锐。这种能力可能因为长久不用而沉睡起来，但不会真正消失。

综合型想象力是把欲望转化为金钱的比较常用的能力，所以应该首先发展它。

想要把无形的欲望和冲动转化为实际的、具体的物质和金钱，必须借助一个或多个计划。这些计划的形成必须依靠想象力，而主要是综合型想象力。

立即开始运用你的想象力，形成一个或多个计划，以实现化欲望为财富的目标。将计划写成文字。写完后，模糊的欲望就具体化了一些。再大声而缓慢地读它。记住，当欲望和计划形成文字时，你就朝着你的目标迈出了重要的第一步。

我们知道，创意是所有财富的出发点，它是想象力的产物。我们来看看几个曾产生出巨大财富的著名创意，从而即可证明想象力在积累财富中的作用。

我们首先来看金莎巧克力的创意广告：广告创意表现在一巨幅海报上，画面显示一盒金莎巧克力中的一颗被取去，海报被取去金莎的位置做出撤去图中一颗金莎的效果。旁边标题写着："奉告此乃金莎海报，并非真正巧克力。"效果逼真，令人会心微笑。微笑之余，金莎巧克力也就留在了观众脑海中。

金莎巧克力就是借着这些想象奇特的广告创意，成功地在竞争激烈的香港糖果市场异军突起，迅速占领第一品牌地位，从此财源滚滚。

同样，雀巢公司也是利用奇妙的广告创意，为本公司生产的奇巧巧克力扩大销售市场的。

雀巢公司为奇巧巧克力制作了这样一组广告：上图是在众人抢上火车的种种焦躁拥挤的气氛中，唯独一青年在旁若无其事地嚼着奇巧巧克力。下图是众人皆在寺庙中虔诚、安静地匍匐参拜，唯独有个年轻的僧人笑嘻嘻、甜蜜蜜地品尝着奇巧巧克力。

两幅作品一张一弛，但又都在极静或极动的主场景中进行对比，以突出主题。

此广告获 1996 年戛纳广告节铜狮奖，这便成功地为奇巧巧克力扩大了销售市场。

"美年达"汽水广告的创意同样令人拍案叫绝。这是一则卡通广告片，片中一只聪明伶俐的兔子，正拿着一瓶"美年达"在树荫下读书喝汽水。忽然，它看到一只黑鸭子要来偷它的汽水，于是悄悄地在一只瓶子里放上点燃的鞭炮。黑鸭子偷走后，没走多远，只听"轰"的一声巨响，在树荫下的兔子直乐，拿起"美年达"说："喝美年达，当然聪明过人。"电视机前，孩子们也乐倒了一大片，为了聪明过人，闹着要喝"美年达"。

其实，在商战中不仅广告需要创意，产品的设计、推销、经营等无不需要创意。可以说，创意的好坏关系到商家的存亡，好的创意是商家兴旺发达的灵魂。拿破仑·希尔曾经说过："想象力就是人类灵魂的工程师，也是塑造命运的主要工具……通过想象力，幻想与现实可以结合而成为工业王国，以至于改变整个人类的文明。"

在商场上，良好的创意被商家奉为至宝。为了推销产品，商家的想象可谓大胆、新奇、绝妙。在日本的大阪曾经有一家餐馆为牛举行过婚礼。

"吃光"餐馆是日本大阪最大的餐馆。它的董事长山田六郎疯了，给牛举行婚礼！

"荒唐，太荒唐了，吃光餐馆老板居然给牛举行婚礼，不过牛背上的菜倒不错。"

……

诸如此类的评论一时间成了大阪大街小巷谈笑的中心话题，"吃光"餐馆从此也成了成千上万好奇的大阪人光顾的场所。从此，"吃光"餐馆名扬大阪，还有许多外地的食客慕名而来。

可见，只要你有丰富的想象力，就有希望打开财富的大门。

▶ 靠计划致富

计划是一项极其精妙的艺术。没有计划，一切寸步难行；没有计划，梦想僵硬乏味；没有计划，事情安排错位，灵感的精灵没有回旋的空间和余地。所以，我们最终都会得出结论，那就是从容不迫、井井有条、大步向前的生活，才是计划好、设计好的生活，才会丰富充盈，充满成就感。

你可能听过许多人这么说："唉！如果我前几年就买下某某公司的股票，今天就是大富翁了！"

一般来说，大家一想到投资就会想到在股票或国债、房地产或不动产上投资，但是最划算也是最大的投资就是你的"自我投资"，亦即建立自己的心理能力与熟悉人情世故的观察力。

那么从现在开始，马上制订你的第一个30天改善计划吧！你要时刻提醒自己，能否做到：

（1）改掉这些习惯：

·不按时完成各种事情。

·常说消极性的词汇。

·每天看电视超过一个小时。

·经常进行无意义的闲聊。

（2）养成这些习惯：

·每天早上出门以前检查自己的仪表。

·第二天的工作都在前一天晚上就计划好。

·身处任何场合都尽量赞美别人。

（3）用这些方法来提高你的工作效率：

·尽量发掘部属的工作潜力。

·进一步学习公司的业务。了解公司的业务有哪些，顾客又是哪些人。

·提出三项改善公司业务的建议。

（4）用这些方法来增进家庭的和谐：

·对太太（丈夫）为你做的小事表示谢意，不可像往常一样认为"理所当然"。

·每周一次带家人做些特殊的活动。

·每天固定抽出一个小时和家人快乐相处。

（5）用下面的方法来修养你的个性：

·每周用两个小时阅读本行业的专业杂志。

·阅读一本励志书。

·结交四个新朋友。

·每天静静思考30分钟。

当你再次看到一个处处都高人一等的风云人物时，立刻提醒自己，那么优美的风度不是天生的，而是由许许多多严格的自我控制所塑造的。建立新的积极性习惯，同时根除旧的消极性习惯，正是这种人的修养过程。

马上就制订第一个"30天的改善计划"吧！

时常有人说："我真的很明白一心一意追求目标的重要，但是我的杂务太多，经常'扰乱'原有的计划，这该怎么办？"

许多未知的因素确实存在，并会影响你的"执行步骤"。例如，家人生病、失去工作，或发生其他什么意外事件。所以我们要冷静，遇到障碍时要采取补救措施。例如，你开车遇到"此路不通"或"交通堵塞"的情况，不可能停着不动，当然也不能干脆回家，你可以从另一条路同样走到目的地。

请观察一下高级将领的做法。每当他们拟出一个战略计划时，都会同时拟出几个备用方案，以备不时之需。那就是说，万一发生意料之外的事情而取消甲方案时，就改用乙方案。正像你乘坐飞机时原定降落的机场因故而关闭，但你无须忧虑一样，因为你知道工作人员一定会将飞机降落到邻近的机场。

循序渐进，没有经过许多曲折而成功的人实在很少见。当我们"迂回前进"时，并没有改变原来的目标，只是选择另一条路径而已，目的地还是不变的。

制订计划时需要同时制订出几个备用的计划，而在实施计划时最需要的是你的勇气和刚毅的精神。只要你不轻言放弃，即使几经波折，最终还是可以到达你的目的地。

如果你采用第一个计划失败了，那就用一个新计划来取代它，因为你已事先制订好备用计划；如果新计划仍然不成功，就再用一个新计划来取代它，直到你发现一个成功的计划为止。多数人遭到失败的原因在于：他们缺乏缜密的思维以及取代失败的旧计划的勇气和刚毅精神。

如果没有可行的实用计划，即使聪明人也不可能积累财富或成就任何事业。当你遭遇失败时，要认识到，一时的失败并不是永远的失败。这也许只是意味着你的计划并不正确。你可以构想其他计划，重新开始。

千百万人终生过着贫困的日子，原因就在于他们缺乏积累财富的正确计划。你的成就不可能大于你的计划的正确性。

詹姆斯·希尔筹措资金，建造一条从美国东岸至西岸的铁路时，曾遭遇挫折。但他采取了新的计划，最终成功。

亨利·福特不仅在开创汽车事业的初期曾遭遇失败，也在事业顶峰时遭受过挫败。但他制订了新的计划，走向了金融上的胜利。

我们在认识这些人物时，往往只看见了他们的成功，而忽视了他们在成功之前所必须克服的许多挫折。

当失败到来时，你应该把它看成是一个信号，然后重新制订你的计划，再度起航，驶向你的目的地。如果你遭遇失败就放弃，那么你便是一个做事半途而废的人，更不客气地说就是废人。一个废人决不会成功，更不可能获得财富。

▶ 靠决心致富

拿破仑·希尔在对 25000 名经历失败的人进行分析后指出：缺乏决心竟然高居 31 项失败原因之首。后来，他又分析了数百位财富超过百万美元的成功人士，指出：这些富翁每个人都有迅速下决心的习惯，而且假如需要改变决定，则在改变决定的同时，他们也都有谨慎从容更改决定的习惯。致富失败的人，则几乎毫无例外的，都有犹豫不决、朝令夕改的习惯。

亨利·福特显著的特质之一便是"习惯"于下决心时，迅速而明确，更改决心时，则谨慎而迟缓。福特先生的这项特质是如此显著，以至于为他带来了名声。也就是因为这项特质，福特先生继续坚持制造著名的 T 型车（全世界最丑的车），即使当时他所有的顾问以及许多汽车的买主，都敦促他改变。或许福特先生延迟了太久才做改变，但此事的另一面则是，在福特先生必须改变模型之前，其坚毅的决心已产生了巨额财富。毋庸置疑，福特先生不轻易更改决心，是有顽固之嫌，但总胜过犹豫不决、朝令夕改。

大部分无法聚积足够金钱以供所需的人，通常容易受他人意见所左右，他们让报纸上的评论和邻人的闲话来代替其思考。意见是世上最廉价的商品，每个人总有一箩筐的意见可以提供给任何愿意接受的人。假如你下决心时，会受他人左右，那么你在任何事业上都难以成功，想化自己的欲望为金钱，则更是无望。进一步说，如果你被别人的意见所左右，那么你根本就不会有自己的欲望。

你有自己的头脑和思想，尽可能地利用它们来思考并作出决定。如果你需要从他处获得事实或资料使自己下决心，那么就不动声色地去收集这些事实或资料，别透露了自己的目的。

对很多事一知半解、学问浅薄的人，其特质就是企图给人留下博学的印象。这种人通常说得太多、听得太少。如果你想养成迅速果断下决心的习惯，那么就睁大眼睛，竖起耳朵，请免开尊口。

话太多的人，往往容易坏事。如果你说的比听的还多，你不但会剥夺自己吸收有用知识的机会，还会向那些妒忌你、乐于打击你的人，透露出自己的计划和目的。

当你在一个博学者面前开口时，你也同时在向他透露，你肚里装有多少墨水。真正的智慧通常是通过谦虚与沉默而突显的。

记住一项事实，即与你共事的每个人，其实和你一样，都在寻求致富的机会。如果你过于随便地谈论自己的计划，你可能会惊讶地发现，有人已捷足先登，先你一步达到目标了；而他用的，正是你之前主动泄露的计划。因此，你的第一个决心应该是守口如瓶、伸长耳朵和睁大眼睛。

为提醒自己谨记此忠告，不妨将以下警语，又大又醒目地抄录下来，贴在你每天看得见的地方："在告诉世人你的意图之前，先做出来再说。"这句话也就是在说："最重要的是行动，而非言语。"

决心的价值在于实现它们所需的勇气。充当文明基石的伟大决定，经常都是在甘冒死亡危险的情况下做出的。

林肯决心发表使美国黑人获得自由的《解放黑人奴隶宣言》时，便已充分了解此举会使成千上万的朋友和政治支持者背离他。

苏格拉底决定饮鸩，而不肯放弃自己的信仰向敌人妥协，这是一个充满勇气的决定。它使时代前进了一千年，并给予当时尚未出生的人思想与言论的自由。

罗伯特·李将军脱离联邦，继续坚持南方理念的决心，也是个勇敢的决定。因为他这样做很可能会使自己丧命，当然也会牺牲他人的性命。

以上几位伟人，都是通过迅速果断地下决心来达到自己的目的。因为，能迅速、明确下决心的人，他们都知道自己要的是什么，也通常能获得所求。各行各业的领袖都能快速且坚定地下决心，那也是他们之所以能成为领袖的主因。这个世界总是有空间供给那些在言行中表现出自己目标的人来施展拳脚，这世界总为他们保留一席之地。

犹豫不决通常是在年少时便有的习惯，如果你不下决心改变，它便会随着你念完小学、中学、大学，而变得牢不可破。甚至会随着你走入你所选的职业（当然，事实上，如果你的职业是自己选的话）……通常，这种青年离开校门后，皆迁就于他们所能找到的工作。他会接受第一个找到的工作，因为他已深陷犹豫不决的习惯中了。98%为保住饭碗而工作的人，会一直处于他们原来的职位，因为他们缺乏下决心的果断，所以他们便不能以计划、行动去获得确切的职位。此外，他们也缺乏如何选择雇主的知识。

明快地做决断总是需要勇气的，有时是极大的勇气。签署《独立宣言》的56个人，就是把自己的生命下注于这份签名上的。明确地下定决心要获得某个特定职位，且愿意让自己的人生为其付出代价的人，下的赌注不是生命，而是自己的经济自由。经济独立、财富、令人称羡的事业和社会地位，是忽略或拒绝计划、决心的人所无法获得的。要想获得财富，你就必须养成迅速果断地下决心的习惯，绝对不能犹豫不决。

▶ 靠毅力致富

将欲望转化为财富的过程中，毅力是必不可少的。当毅力和欲望结合在一起的时候，就会形成一股强大的力量。通常，拥有巨额财富的人都是具有坚强毅力的人，他们能够不断地前进，直到实现自己的目标。

缺乏毅力是失败的主要原因之一。所有的成就都是以欲望为出发点的。微弱的欲望就产生微弱的效果，强烈的欲望就产生强烈的效果。如果你发现自己缺乏毅力，那就点燃你的欲望之火吧，你的欲望越强烈越好。其实，从你行动的热情中，就能看出你积累财富的欲望有多强。

只有少部分人是坚忍不拔的，只有少数人会认为失败是一时的，他们最终依靠毅力把失望转化成了胜利。在生活中，我们看到很多人遭遇失败而倒下去之后，就再也站不起来了。对于这种情况，我们只能说，如果一个人没有毅力，他的一生就不会有什么成就。

百老汇向来是失败者的坟场，成功者的机会乐园。来自世界各个角落的人都到这里追逐财富、声誉和权力，可是，总会有人成功，有人失败。百老汇不是那么容易就能征服的。只有当人们拒绝放弃的时候，百老汇才会给他机会，才会给他财富。这就是征服百老汇的秘诀——毅力。

芬尼·赫斯特就是凭借毅力征服百老汇的。赫斯特1915年来到纽约，她原本想靠写作来创造财富，这个过程耗费了她4年的时间。在这4年里，赫斯特逐渐熟悉了纽约。她白天打工，晚上创作。在希望即将破灭的时候，她没有对自己说："好，百老汇，你赢了！"而是说："好的，百老汇，你可以击败任何人，但你不可能击败我！如果不信，那你就来试试看吧，我不会向你认输的。"

在她的第一篇稿子发表之前，她曾收到过 36 张退稿单。普通人在接到第一张退稿单时就很有可能放弃了，但是她却坚持了 4 年。最后她成功了，战胜了时间和机会。从此以后，出版商纷纷上门求稿，钱也来得越来越快，她都来不及数了。接着她又进入了影视界。

凡是想要拥有财富的人，都是百折不挠的。百老汇对每一个乞丐都很有善心，但是对于那些带着赌注来的人，百老汇却给了他们一个个考验，而这些考验是需要毅力才能战胜的。

毅力是一种心态，它是可以培养的，同其他心理状态一样，毅力需要以明确的动机为动力，这些动机包括以下几点：

（1）明确的目标：一个人知道自己想要的东西是什么，才是培养毅力的第一步，强烈的动机能够使人克服许多困难。

（2）强烈的欲望：要相信自己有能力实现这个计划，也有能力激励自己去克服困难。

（3）明确的计划：明确的计划可以激发人的意志力。要通过观察和分析，作出适当的计划，而不能仅仅依靠猜测。

（4）合作的精神：合作可以产生力量，与其他人进行有效的合作，可以使资源得到有效的利用，可以使你离成功越来越近，从而增加坚持下去的信心。

（5）意志：坚强的意志能够让人产生毅力。

（6）习惯：毅力是习惯的结果。

知道了这些动机之后，分析一下你自己的毅力，看看上面的 6 点动机中，你缺少什么，或许这样你会更了解自己。

由此你就会发现一直潜在的敌人，就会发现自己毅力不足的弱点。一旦发现了，你就必须勇敢地反省和检讨。所有想要获得财富的人，都要克服这些弱点，并逐渐培养自己的毅力。

培养毅力并不难，它有 4 个简单的步骤：

（1）树立明确的目标。

（2）制订完整的计划并付诸行动。

（3）抛开一切否定的、令人沮丧的、影响人的消极心理因素。

（4）与鼓励你的人联合起来。

要想获得成功，这4个步骤是必不可少的。你要记住这些原则，并用它们来培养起良好的习惯。这些习惯会让你掌握自己的命运，会让你产生独立的思想，也会让你积累财富。凡是利用这4个步骤去克服困难的人，都会获得回报。要知道，毅力就像一把利剑，它无坚不摧，它可以助你走向富裕。

▶ 靠智慧致富

哲学家普罗斯特曾说过："真正的发现之旅，不是寻找世界，而是用新视野来看世界。"世界瞬息万变。现代人在面对新世纪的挑战时，首先要改变自己的思想观念，与时俱进；不能故步自封，抱残守缺；更不能一成不变、裹足不前。而必须以新思想、新观念、新视野来适应新世纪的种种变化。

一本杂志的扉页上有这样一段文字："有了智慧，我们才能得到财富；有了财富，我们才能得到自由。"可见思想观念对人的影响何其大，现代人要靠领薪水致富，恐怕难如登天，而靠思想观念致富是一条捷径。

世界前首富微软公司董事长比尔·盖茨就是一个靠智慧致富的典型例子，他拥有比别人先进的观念，将许多别人想不到的想法及创意，化为电脑软件程式，在电脑资讯界独领风骚，赚进亿万财富。

亿万财富是买不到一个好的想法的，而靠一个好的想法却可以赚进亿万财富。一个人想要过上富有的生活，简而言之，就是要靠智慧致富，而不是靠领薪水过日子；要靠组织网络倍增财富，而不是靠单打独斗赚血汗钱。

每个人都想过富有而随心所欲的生活。但这种自由自在的生活方式的获得，无论靠劳力或脑袋，都绝对不是不劳而获，突然从天而降的，而是需要经过一番努力，才能辛苦获得；有时穷尽毕生，也不一定能如愿以偿。

很多人相信努力工作能够致富，这并不是一种错误的想法。如果努力工作，而所得又足够多的话，确实可以致富。但现实往往并非如此，很多人工作之后才发现，工资永远是那么少，除了基本生活开支，剩下的收入不值一提。不用说诸如汽车、房子等奢侈消费品无法企及，就是那些稍贵一些的东西，在购买时，也会让人舍不得掏腰包。所以，罗伯特·清崎在《穷爸爸，富爸爸》里说："穷人是为钱工作，而富人则让钱为他工作。这意味着，是投资成就了富人，而不投资造成了贫穷。"

每一个人都是自己的投资家，你的投资将决定你的一生，你的投资方式将决定你的前途。而是否会投资，却完全取决于你的选择。

请看下面一则故事。

从前，在一个山上，有两块石头，一模一样，没有任何区别。3 年后，一块石头成了佛像，受万人敬仰，烧香拜佛；而另一块石头被胡乱刻了几下，丢在了垃圾堆里。于是，垃圾石头就去找佛像石头，他说："老兄啊，你可还记得三年前我们一模一样，没有任何区别。而现在差别却如此之大。你说老天是不是很不公平？"佛像石头说："老弟啊，你就记得 3 年前我们是一模一样，却忘了 3 年前来了一个雕刻家。当时你怕痛怕苦，就告诉他，'你随便把我刻一下算了'。而那个时候，我想到了我的未来，50 年后，100 年后的我，所以我告诉他，'不管我多痛多苦，你也要尽力把我雕成精品'。所以呢，你我今天的区别是理所当然的啊！"

善于投资就像是自己愿意塑造自己一样，如果你不愿意雕刻自己而成为精品，你就会永远都是一块石头。那么，我们应该如何来雕刻自己呢？

为了使自己长盛不衰，获取更大的利润和更大的成功，一定要充分利用智慧，这是千真万确的真理，是获得财富、成功和幸福的秘诀。很多人在出发的时候都是同样的起点，但是有的人很快就能脱颖而出。这是因为他们对原有的模式、观念有自己的判断，并根据实际情况形成了自己的理念。世界前首富比尔·盖茨在哈佛大学还没有毕业的时候就退学自己办公司，可以说是一个善于破和立的典型。他当初之所以考哈佛大学就是因为他觉得在哈佛大学的学习能够帮助他取得成功。按照原来的计划，他应该等到大学毕业再创业，可是当他发现巨大商机的时候，就毅然决定退学。他能够突破原来的观念，从而才使他成为世界首富。如果他当年留在哈佛继续学习，那么等到毕业的时候，可能市场早就已经被别人占领了。

谨记：你的脑袋是你致富的关键。你是否能够获得财富，就在于你能否充分地利用你的智慧。

▶ 靠潜意识致富

　　在人的大脑这个"工具箱"中包括意识和潜意识这两种"工具"。所有的成功者，都懂得如何利用这两种工具去应对每天发生的问题。成功者不但知道如何使用潜意识，还知道使用的经验越多，工作就越顺利。遗憾的是，这世上没有几个人能将潜意识的功用发挥到极致。原因在于，大部分人都不知道这种工具的功能何在，该怎么用？而事实上，想获得财富的人都必须懂得如何利用潜意识做富有创意的思考或解决问题。

　　当你将全部精神集中在某个问题上时，潜意识便开始发挥作用，在本人毫无觉察之时处理问题，并在有了决定之后，将决定输送到意识部分，然后由意识部分做进一步加工处理。

　　实际上，人的意识是进行推理和思考的场所，只有它才会分析各种资讯和数据，并且导引通往潜意识之路。而潜意识不会思考和推理，它只会本能地对基本情绪作出反应。

　　人与人之间之所以有差别，就在于每个人训练意识的方法有所不同。但我们的潜意识却是非常类似的。

　　如果把潜意识比喻成一辆汽车的话，那么意识就是驾驶员，汽车的动力在车内而不是在驾驶员身上，要使汽车开动就必须学习导引这股力量。

　　意识在强烈情绪的激荡下，会将各种影像传给潜意识并被接收，就好像照相机一样。意识扮演着镜头的角色，对准你的欲望影像，将它照在潜意识的底片上。如果想用这架照相机照出美丽的照片，同样也必须遵守一般的照相原理，即焦距必须对准，曝光必须良好，时间必须拿捏准确。

潜意识对着欲望照相再曝光，是很重要的一个步骤，你必须反复进行同样的过程，直到正确的影像被传送到潜意识为止。

当你将影像映照到潜意识时，不要害怕使自己处于一种情绪高昂的状态。如果你的目标是值得追求的话，就不要害怕这种自我暗示现象，你将欲望映照在潜意识上的强度，直接影响到潜意识激励你采取正确步骤迈向成功的速度。

潜意识的创造力是惊人的，它激励个人的力量也是不容忽视的。

如果你认为潜意识是存在的，并知道它可以成为把你的欲望转化为财富的一种媒介，你就会明白"欲望"对获取财富的重要性。

如果你不把你的欲望种植到你的潜意识中，你的潜意识可能就会接受任何思想。所以不要疏懒，要及时地为你的潜意识注入新的欲望，不然，它会比你懒，会容纳别的思想。

人在每一天都会产生各种欲望和冲动，这些欲望和冲动被悄悄地传递给潜意识。任何所需要的东西，都是以一种想法为开端的，只有在思想中存在的东西，人才能创造出来。人们借助想象力，把思想变成计划，并通过积极思考把计划变成现实。

有些意念是消极的，你要努力抑制消极的冲动，做到这一点时，你就把握了开启潜意识之门的钥匙。

人创造任何东西都靠意念的作用，意念能够在想象力的帮助下生成计划。想象力能够创造计划，使你在事业和其他方面获得成功。

刺激潜意识，你要学会利用积极情感。

情绪或情感相结合的意念冲动，比单独由理性产生的意念冲动更容易影响潜意识。事实上，"只有被赋予情感的意念，才能对潜意识产生行动的影响力"。对这一理论的例证比比皆是。情绪或情感可以控制大多数人，这是大家所熟知的事实。如果潜意识针对融合了情绪的意念冲动有较快回应的话，就有必要了解这些重要的情感。主要的积极情感有7种，消极情感也有7种。消极情感会自动注入意念冲动中，而那正是确保进入潜意识的通道。积极情感需通过"自我暗示"才能注入个人希望传给潜意识的意念冲动。

这些情绪或情感冲动就像面包中的发酵粉，因为它们构成了行动要素，可将意念冲动被动化为主动状态。所以，我们不难理解，与情感相结合的意念冲动会比"冷静理智"产生的意念冲动更容易发挥作用。

现在，你正准备影响和控制潜意识的"内在听众"，以便能将那股对金钱的欲望传达给潜意识。因此，你必须了解接近这个"内在听众"的方式，必须说它能懂的语言，否则它就注意不到你的召唤。它最了解的语言就是情绪或情感的语言。我们在此列出7种主要积极情感和7种主要消极情感。这样，你在给潜意识下达命令时，就可以利用积极情感而避免消极情感了。

7大积极情感包括欲望、信心、爱、性、热情、依恋、希望。当然还有其他情感，但以上这些是最强大的7种，也是创造性工作应用最普遍的7种。掌控这7种情感（唯有通过使用才能掌控它们），其他积极情感就会在需要时为你所用。

7大消极情感包括恐惧、嫉妒、怨恨、报复、贪婪、迷信、愤怒。积极情感和消极情感不会同时存在于心，一定只有一种占据主导地位。你有责任让积极情感成为内心的主宰力量。在此能帮助你的是"习惯法则"。养成利用积极情感的习惯，最后它们将完全支配你的内心，将消极情感拒之门外。

只有刻意且持续地遵循这些指示，才能获得掌握潜意识的力量。只要意识中出现一种消极情感，就足以摧毁所有来自潜意识的建设性机会。那么，这些可以刺激潜意识的指示都包括哪些内容呢？如下所示：

（1）找一个安静的地方，晚上可以在床上，闭上眼睛，反复地大声说出，使自己能够听见：你想要获得的财富的数目、获得的时间以及为之愿意付出的代价。当你这样做时，你仿佛已看到自己拥有了这笔财富。

（2）每天早上和晚上，反复背诵这个声明，直到想象中看到这笔钱归你所有为止。

（3）将这个声明放在你早上和晚上都很容易看到的地方。

请记住，当你这样做时，你是在应用自我暗示的原则，也就是在给你的潜意识下达指示。同时你还要明白的一点是：你的潜意识只能对情感化的指示作出反应，并在充满"激情"的时候，才能按照指示行动。而在所有的情感中，信心具有最强大的力量，因而也能产生最大的效果。

　　财富就像是害羞的小姑娘，必须靠追求才能得到它。其实，追求金钱和追求少女没有太大的区别，要想成功地追求到财富，就要有欲望、有信心、有毅力，还要有计划、有行动。把计划变为行动，那么你的脚步距离财富就更近了。

　　我们可以把财富比喻为河流，当大笔的财富到来时，就会像波涛一样涌向财富的创造者。然而，我们也要看到，这条河流有两个方向：河流的一端能够载人逆流而上，流向更广阔的财富之地；另一端则能让进入其中的人深陷旋涡，并将其载向堕落、悲惨的另一个方向，最终导致贫穷。

　　每一个积累了巨大财富的人都知道这样的巨流，它是由个人的思想过程决定的。积极的思想情感会使人走向幸福的一端，消极的思想情感则会使人走向贫穷、堕落的一端。对于积累财富的人而言，千万不要小看这样的理念。假如你是流向贫穷的一端，那么上面所写的三点内容就是你的桨。借助这支桨你便可以划向另一端。

　　贫穷与富裕不是一成不变的，你可以利用潜意识来改变你的贫穷境遇。财富的获得是需要计划的，而贫穷则不需要，也不需要任何帮助便会不期而至。贫穷是大胆和鲁莽的；而财富则是害羞的，它需要你的智慧和力量的吸引，才能来到你的身边。潜意识就是你内在的伟大力量，你完全可以依靠它来获得你所企盼的财富。

▶ 靠第六感致富

我们追求财富已经到了最后的时刻了，通过第六感，你能够自动与智慧相沟通，而无须用其他的追求。

第六感是无法说明和解释的，只有通过心灵感应和沉思的方法，才能够产生第六感。

第六感和奇迹比较接近。在人的脑细胞的某个地方，存在着一种功能，它能接收预感的微波。到现在为止，科学家们还没有研究出那个地方在哪里，但这并不重要。重要的是，事实上，人们确实可以通过五官以外的地方来接收外界给我们的信息。通常，这都是在心灵受到强烈的刺激下产生的。任何带来强烈刺激的事件，只要能引起心脏强烈的跳动，就会促使第六感发生作用。凡是经历过车祸的人都有这种经验，在车祸发生的一瞬间，第六感往往能够挽救一个人的生命。

既然第六感具有如此神奇的作用，那么它在致富的道路上有何功效呢？拿破仑·希尔曾经说过："如果你想走上致富之路，那么你最好能够培养灵敏的第六感。"

在商业史上，第六感也起着非同凡响的作用。"石油大亨"保罗·盖帝是怎样致富的？事实表明，是灵敏的第六感成就了保罗·盖帝。

第二次世界大战结束以后，据说中东有丰富的石油，盖帝决定到中东的"中立区"去发展。

要打入这个所有石油大公司都垂涎三尺的新市场，是一件很不容易的事。他花了很多钱，才签到合约，在许多人眼里，盖帝签这么一个合约实在是很愚蠢的决定，许多人甚至预言他会丢掉所有的钱。在经营的前4年，似乎这些人说得不错，因为他一滴油也没钻出来。这种状况一直延续到 1952 年，但盖帝一点儿也没有泄气。

盖帝的直觉告诉他，这里有石油，这里的石油在等着他，这些石油迟早会被发现。他的坚持终于得到了回报，1953 年，他钻出了石油。后来，盖帝对"中立区"进行纵深钻探，发现这个地区确实有非常丰富的石油。盖帝不墨守成规，不肯听信必定失败的预言，他能一而再再而三地坚持钻探，就是因为他有胆识，笃信自己的第六感。

在美国电影业也有一位拥有强大第六感的导演，他就是连续数年都被《福布斯》列为全美收入最高的导演——史蒂芬·斯皮尔伯格，他那些誉满全球的影片的诞生，几乎都是他第六感的产物。拍《大白鲨》使他声名大噪，环球电影公司催他快拍续集，可是，他凭着他那超乎寻常的第六感断然拒绝，要先拍一部自己喜欢的"独特"电影，这就是后来他力排众议拍成的《第三类接触》。斯皮尔伯格说，这不是一部科幻片，也不是未来片。这部电影所说的是人们相信正在发生的事情，6000 万美国人相信外星人正在访问我们，我们受到他们的仔细调查，而且，这种调查已进行了许多年。我要借这部影片告诉世人这样一个事实。

这部电影在 1977 年 11 月发行之时，评论家纷纷著文批评。《纽约》杂志评论家威廉·弗拉纳很简洁地写道："这部电影将是个巨大的失败。"由于评论家的预告引起了恐慌，哥伦比亚电影公司的股价大幅下跌。然而，《第三类接触》一上映即成为最受欢迎的电影，其获得的成功更甚于《大白鲨》，所有直接或间接参加拍摄的人均因此片名扬四海。该片上映仅一个月，便成为 1977 年第九部成功的电影。后来，斯皮尔伯格拍了另一部惊人之作——《E.T.》，这是他最伟大的杰作之一。在一次记者招待会上，记者问他是如何摄制《E.T.》的，他简洁地答道："出于直觉。"他说，"我想这部影片是我所导演的所有影片中较好的一部。它比任何一部影片都更接近我的心……"《E.T.》取得了空前的成功，其票房收入是其他影片年最佳票房收入的三倍。它是电影史上最伟大的杰作。法国《观点》杂志甚至说："外星人体现了极度温柔。"《E.T.》的创作者也正是这样想的。仅仅在 44 天里，这部电影便成为电影史上第五部最有影响力的影片。

科学家们的研究表明，第六感越敏锐的人越容易成功。近 20 年来的心理学研究发现，第六感主要靠人的右脑控制。有的心理学家一针见血地指出，单靠左脑的分析力，我们的潜能只有 50% 可用；如果同时将右脑的第六感应用，则我们有 100% 的潜能可供利用。那么，怎样才能拥有获得财富的第六感呢？我们应该相信，方法是很多的。

第六感并不是一种神秘的东西，它和人对右脑的长期训练有关。现代人的教育方式与生活方式都直接或间接地促进了左脑的发达，而只有使右脑发达，才能使人脑真正臻于成熟和睿智。实际上，摩根这位金融霸主与现代的金融界巨子李嘉诚、郑裕彤等人一样，都是靠神奇的第六感去感受股票市场的脉搏，然后进入金融市场，做出人所不能、人所不敢的交易，他们几乎完全掌握了市场的脉动。

虽然第六感并不神秘，但它并不是每个人都能随意使用的。使用这种伟大力量的能力是缓缓而来的，它要借助于你的其他能力。

有一个方法可以使你有效地运用第六感：把你想要解决的问题，或想要达到的目标清楚而具体地写下来。每天像念祈祷词一样，重复念数次。如此可以使你产生强烈的信念，你甚至会看到自己仿佛已经如愿以偿。如果一时之间并未产生预期的结果，就继续尝试。每一次都要表示感恩，正如你已经达到目标一样。

记住，一个人只要对自己的信念坚定不移，就没有做不到的事情。成功的关键在于你相信自己会成功。

我们相信，只要你有信心，只要你相信自己的能力，并综合运用欲望、自我暗示、专业知识、想象力、计划、决心、毅力、脑袋、潜意识和第六感等潜能，你就一定会获得你所期望的财富。

3

伟大的励志书

原著〔美〕奥里森·马登

关于本书

对于时代青年所经验的烦闷、消极等等滋味，我亦未曾错过，自读马登的原著后，精神为之大振，人之观念为之一变。谨将马登的书介绍给同病的青年，希望他们从马登的书中，能获得同样的兴奋影响。

——中国文学大师：林语堂

马登的书对所有具有高尚和远大抱负的年轻读者都是一个巨大的鼓舞。我认为，没有任何东西比马登的书更值得推荐给每一个美国的青年人。

——美国第25任总统：麦金莱

《伟大的励志书》第一版一上市立即受到大众的认可，被公认为振奋人心最有力的书，并且被翻译成25种语言，销量高达数百万册。

——美国成功学家：拿破仑·希尔

我带着极大的兴趣读完了《伟大的励志书》。这部非凡的著作对所有准备独立生活的年轻人都有着巨大的激励作用。

——英国银行家：约翰·卢伯克爵士

我几乎读了马登的所有著作，他促使我发展了积极思想的生活哲学。在我看来，马登与梭罗、爱默生、卡耐基一样都是伟大的作家，他们又同为积极思想的倡导者。

——美国成功学家：诺曼·文森特·皮尔

▶

创造成功机会

机会就在我们身边

一个农场主不慎将一只名贵的金表遗失在谷仓里。他遍寻不获，便要人们帮忙，悬赏 100 美元。面对重赏的诱惑，很多人卖力地翻找，无奈谷仓内杂物堆积如山，要想在其中找寻一块金表如同大海捞针。

人们找到太阳下山仍没找到金表，他们不是抱怨金表太小，就是抱怨谷仓太大、稻草太多，他们一个个放弃了 100 美元的诱惑。

只有一个小孩在众人离开之后仍不死心，在仓库内坚持寻找。当一切喧闹静下来后，他突然听见了一个奇特的声音，那声音"嘀嗒、嘀嗒"不停地响着。小孩循声找到了金表，最终得到了 100 美元。

机会就如同仓库内的金表，早已存在于我们周围，散布于人生的每个角落，只要我们执着地寻找，冷静地思考，我们就会听到那清晰的嘀嗒声。

1948 年的一天，瑞士发明家乔治·德·曼斯塔尔带着他的狗去郊外打猎。曼斯塔尔一直想发明一种能轻易地扣住，又能方便地脱开的尼龙扣，但是一直没有结果。当他和狗都从牛蒡草丛边经过时，狗毛和他的毛料裤上都粘了许多刺果，这引起了曼斯塔尔的极大兴趣。

回到家里，曼斯塔尔立即用显微镜仔细观察这些刺果。他发现刺果上有千百个细小的钩刺勾住了毛呢和狗毛。这使他茅塞顿开，如果用刺果做扣件，真是再好不过了。受此启发，他发明了以一丛细小的钩子啮合另一丛小圈环的新型扣件——凡尔克罗，这是一种能轻易地扣住的尼龙扣，又能方便地脱开，不锈，轻便，可以水洗。它的用途很广，被应用在服装、窗帘、椅套、医疗器材、飞机和汽车制造等方面。宇航员们在失重状态下，依靠它可将食品袋扣在舱壁上；在鞋底上装上凡尔克罗，能使他们的鞋子附在航天器舱里的地板上。

刺果钩附动物身体本来是牛蒡草生存和繁衍的"聪明"表现，因为刺果的这种特性可以使牛蒡草的种子随着动物的活动撒播得很远。但是，许多人对大自然赋予牛蒡草的这种"聪明"视而不见，只有善于观察的曼斯塔尔发现了这一原理，并利用它来造福人类。

无独有偶，青霉素的发明也是医学家认真观察的结果。

1928 年，英国医学家弗莱明开始研究葡萄球菌，这种病菌是能使人丧命的可怕敌人。为了研究细菌，就要经常培养细菌。而培养细菌用的瓶子、罐子总是用泥土来封口，这本来是不为人注意的事。一次，弗莱明在观察培养细菌的时候，忽然发现在离封泥较远的地方，细菌繁殖很快、很多。而在封泥的附近，葡萄球菌却被融化成露水一样的液体。他经过多次观察，发现情况很类似，于是，弗莱明陷入了沉思："这是什么道理呢？对，一定有一种奇特的东西，把毒性强烈的葡萄球菌制服了，消灭了。"弗莱明仔细分析了封口的泥土，进行了化验和提炼，终于找到了消灭病菌的药剂——青霉素，为人类的医疗事业作出了巨大贡献。

当有人问他是怎么发现青霉素的时候，弗莱明谦逊地声明："我的唯一功劳是没有忽视观察。"

以上两个例子，都是关于发明创造的例子。其实，通过认真的观察和思考，同样可以在商场上发现机会。

1937 年，罗桂祥因业务关系到上海办事。一天晚上，他在上海青年会举办的晚会上听了一个外国人的演讲，结果这成了他一生事业的转折点。

演讲者是美国驻南京的商务专员朱利安，讲题是"大豆——中国的乳牛"。他说："中国贫穷，牛奶属于珍品，多数人无缘饮用。但中国人口仍能维持增长，完全归功于大豆，蛋白质丰富的大豆取代了乳牛的地位……"

这次演讲内容深深地印在了罗桂祥的脑海里。他想，何不利用"中国乳牛"来制"奶"呢？1939 年，他和 4 个友人集资创办香港豆品公司，经过多次试验，

"维他奶"终于研究成功。又经过几十年的奋斗，数不清的创新改造，"维他奶"变成一种愈来愈受欢迎的奇妙饮品。它尝起来味道微甜可口，比汽水又多了营养成分。现在"维他奶"已成为香港最畅销的饮料之一，超过国际知名的可口可乐、百事可乐等，同时还远销 20 多个国家。

这些事例都告诉我们，要想成功，不仅需要努力，更需要有一双善于发现机会的眼睛。我们的身边从来都不缺少成功的机会，只是看你是否善于发现并利用它，这才是你取得成功的关键。

善于创造成功机会

亚历山大在某次战斗胜利后，有人问他，是否等待机会来临，再去进攻另一座城市。亚历山大听了这话，竟大发雷霆，他说："机会？机会是要靠我们自己创造出来的。"创造机会，便是亚历山大之所以伟大的原因。唯有去创造机会的人，才能建立轰轰烈烈的丰功伟绩。

如果一个人做事情总要等待机会，那是极其危险的。一切努力和期望，都可能因等待机会而付诸东流，而那机会最终也不可得。

拿破仑在成功翻越阿尔卑斯山之前，曾这样问他的工程师们："如果要通过这条路直接穿越过去，有没有可能？"这些工程师曾被派去探寻能够穿过险峻的阿尔卑斯山圣伯纳山口的路。

他们吞吞吐吐地回答："可能行的，还是存在着一定的可能性的。""那就前进吧。"身材不高的拿破仑坚定地说道，丝毫没有把工程师们刚才答话里的弦外之音听进去：穿越那山口肯定是极其困难的。

听到拿破仑想要跨过阿尔卑斯山的消息的英国人和奥地利人，都轻蔑地撇了撇嘴，报以无声的冷笑：那可是一个"从未有任何车轮碾过，也从不可能有车轮能够从那儿碾过的地方"。更何况，拿破仑还率领着七万军队，拉着笨重的大炮，带着成吨的炮弹和装备，还有大量的战备物资和弹药。

然而，被困的马塞纳将军在热那亚陷于饥饿境地时，一向认为胜利在望的奥地利人看到拿破仑的军队突然出现，不禁目瞪口呆。拿破仑没有像其他先行者一样被高山吓住，没有从阿尔卑斯山上溃退下来。失败不属于拿破仑，他成功了。

无数人认为"不可能"的事情一旦成为事实，总会有人说，这件事本该在很久以前就能做成；还会有人找借口说，他们所遇到的巨大困难是任何人都无法克服的，从而把在困难面前的退却说成是顺理成章的事情，好让自己从困难面前大摇大摆地溜走。对于许许多多指挥官而言，他们同样有精良的装备，有必要的工具，有善于穿越崎岖山路的士兵，但他们却缺乏拿破仑的坚韧与勇气。拿破仑在困难面前没有退缩，尽管这种困难对于任何人来说都是难以克服的。他需要前进，所以，他就自己创造了机会并牢牢地把握住了这个机会。

历史无声地留给我们与此类似的千千万万个例子，告诉我们有无数英雄伟人在别人面对机会畏首畏尾、犹豫不决时，果敢地抓住了机会，取得了常人难以想象的伟大业绩。这些人总是能当机立断、雷厉风行、全身心地投入到行动中去，让整个世界为之喝彩。

也许，你会认为世界上只有一个拿破仑；但是，我们也要看到，当今任何一个年轻人所面对的困难与艰险，绝没有这位伟大的科西嘉小个子所跨越的阿尔卑斯山那么高、那么险。

因此，我们不能总是企盼着非同寻常的机会在自己面前神奇地出现，而是要善于抓住每一个普通的机会，让它在我们手中变得非同寻常。

纪实小说家乔治·埃格尔斯顿讲述的故事有这样一个片段：一天，在西格诺·法列罗的府邸要举行一个盛大的宴会，主人邀请了很多客人。就在宴会开始前夕，负责餐桌布置的点心制作人员派人来说，他设计用来摆放在桌子上的那件大型甜点饰品不小心被弄坏了，管家急得团团转。

这时一个孩子走到管家面前怯生生地说道："如果您能让我来试一试的话，我想我能造另外一件来顶替。"这个小孩是西格诺府邸厨房里干粗活的仆人。"你？"管家惊讶地喊道，"你是什么人，竟敢说这样的大话？""我叫安东尼奥·卡诺瓦，是雕塑家皮萨诺的孙子。"这个脸色苍白的孩子回答道。

管家将信将疑地问道："小家伙，你真的能做吗？"小孩开始显得镇定一些：

"我可以造一件东西摆放在餐桌中央，如果您允许我试一试的话。"仆人们这时都已经慌得手足无措了。

于是，管家答应让安东尼奥去试试，自己则在一旁紧紧地盯着这个孩子，注视着他的一举一动，看他到底怎么办。这个厨房的小帮工不慌不忙地要人端来了一些黄油。不一会儿，不起眼的黄油在他的手中变成了一只蹲着的巨狮。管家喜出望外，惊讶地张大嘴巴，连忙派人把这个黄油塑成的狮子摆到了桌子上。

晚宴开始了，客人们陆陆续续地被引到餐厅里来。这些客人当中，有威尼斯最著名的实业家，有高贵的王子，有傲慢的王公贵族，还有眼光挑剔的专业艺术评论家，但当客人们一眼望见餐桌上卧着的黄油狮子时，都不禁交口称赞起来，纷纷认为这真是一件天才的作品。他们在狮子面前不忍离去，甚至忘了自己来此的真正目的。结果，整个宴会变成了对黄油狮子的鉴赏会。客人们在狮子面前情不自禁地细细欣赏着，不断地问西格诺·法列罗，究竟是哪位伟大的雕塑家竟然肯将自己天才的技艺浪费在这样一种很快就会融化的东西上。法列罗也愣住了，他当即喊管家过来问话，于是管家就把小安东尼奥带到了客人们面前。

当这些尊贵的客人得知，面前这个精美绝伦的黄油狮子竟然是这个小孩仓促间做成的作品时，不禁大为惊讶，整个宴会立刻变成了对这个小孩的赞美会，富有的主人当即宣布，将由他出资给小孩请最好的老师，让他的天赋充分地发挥出来。

西格诺·法列罗果然没有食言。但安东尼奥没有被眼前的幸运冲昏头脑，他依旧是一个淳朴、热切而又诚实的孩子，孜孜不倦地刻苦努力着，希望自己成为皮萨诺家族中又一名优秀的雕塑家。也许很多人并不知道安东尼奥是如何充分利用第一次机会展示自己才华的，然而，却没有人不知道后来著名雕塑家卡诺瓦的大名，没有人不知道他是世界上最伟大的雕塑家之一。

以上事例表明：优秀的人不会等待机会的到来，而是善于创造机会，把握机会，征服机会，让机会成为服务于他的奴仆。

▶ 合理运用时间

学做时间的主人

许多人日复一日花费大量时间去做一些与他们的梦想不相干的事情，这是因为他们还不懂得如何才能成为时间的主人的缘故。不要成为他们中间的一分子，要努力让你生命中的每个日子都值得"计算"，而不要只是"计算"着过日子。

一个人真正拥有，而且极度需要的只有时间。其他的事物多多少少为他人拥有。像你呼吸的空气、在地球上占有的空间、走过的土地、拥有的财产等，都只是短时间的拥有。时间是如此重要，但仍有很多人随意浪费掉他们宝贵的时间。

太多人浪费 80% 的时间在那些只能创造出 20% 成功机会的人身上；雇主花费太多时间在那些最容易出问题的 20% 的人身上；经纪人花费太多时间在不按时参加演出工作的演员或模特儿身上；政治家花费太多时间为 20% 的有问题或就是问题本身的人运作议事，而那些人甚至不是当初投票给他们的选民。

玛丽·露丝在《节约时间与创意人生》一文中写道："我的工作有一部分是市场咨询，常常要和人们讨论如何建立事业。我通常会建议他们，学会自由运用自己的时间，把最重要的时间优先留给那些能够帮助自己建立事业，并且愿意协助自己达到成功的人身上。"尽可能避免不必要的电话和约会，特别是在你一天中效率最高的时段。节省其他的时间，优先处理那些能帮你实现目标和梦想的工作和约会。

如果你已抛开了低价值的活动，你的时间就一定会花在高价值的活动上（无论是为了成就或让自己开心）。希望你先认识清楚，哪些是把时间吃掉的低价值事务。以下列出最常见的 10 项，以防你有所疏漏。

（1）别人希望你做的事。

（2）老是以同样方式完成的事。

（3）你不擅长的事。

（4）做时无乐趣可言的事。

（5）总是被打断的事。

（6）别人也不感兴趣的事。

（7）如你所料已经花了两倍时间的事。

（8）合作者不可信赖或没有品质保障的事。

（9）可预期进行过程的事。

（10）接电话。

果断抛开这些事，绝不轻易让其占用你的时间。不因别人开口要求，或接到一通电话就去做某事。该说"不"时就说"不"。你的时间应由你来做主，只有学会做自己时间的主人，你的生命才能变得更加丰富多彩。

提高时间利用率

要想提高时间利用率，就必须把所有的时间都看作是有用的，尽量从每一分钟里得到满足。这种满足是多方面的，它不仅包括取得一定的成就，也包括从消遣中得到的快乐等。

尽量在工作中以苦为乐，要善于在枯燥无味的工作中发现能够引起自己极大兴趣的因素，这样就可以大幅度地提高工作效率，从而大大节约时间。

做一个终生乐观的人，尽量把烦恼和忧愁从自己的心中排除，这样才可以使你每一分钟都过得有意义、有价值。

工作中一定要寻求取得成功的有效途径，把所做的一切工作都建立在期望成功的基础之上。

不要在惋惜失败上浪费时间。如果经常为某些事情的失败而惋惜，这本身就是浪费时间，还会造成心理上的压力。

下列一组建议可以教你如何提高时间利用率：

·既往不悔，即使做错了也不后悔。经常悔恨以前所做过的事情，会浪费许多时间。所以从时间这个角度来看，任何懊悔都是不必要的。

·充足的时间要用在最重要的事情上面。这是节约时间的诀窍，如果常常在不重要的事情上纠缠，就难以达到节约时间的目的。

·掌握一些新的节约时间的技巧。对这些新的节约时间的技巧要尽快熟知并加以利用。

·每天要早起，这样坚持下去就可以节约许多时间。

·午餐要适量。午餐不可吃得太多、太饱。否则到下午容易打瞌睡，工作效率会降低。而工作效率的降低，本身就是浪费时间。

·要学会浏览报纸，不能事无巨细地全部看完，这样会浪费时间。

·要掌握快速读书的方法，从而获得书中最主要的观点。

·不要花过多的时间在电视节目上，只要看一看新闻和关于业务方面的节目即可。

·尽量让家与公司之间的距离近一些。这样，上班时就能够在很短的时间内到达办公室，下班时也能用很短的时间回到家里，把浪费在上下班路上的时间降到最低限度。

·对自己的习惯要经常进行反省，好的保留，不好的坚决改掉。

·别浪费等待的时间。假如必须花费时间进行等待，如等车、等电话等，应当把等待当作是构想下一步工作计划的良机，或者用它来看书看报。

·把表拨快 5 分钟，每天提早开始工作。

·口袋里经常装有 10×7 厘米的空白卡片，以便随时记下各种有价值的资料，以备使用。这样可以节约大量翻阅报刊的时间。

·每月修正一次生活计划，删除那些无甚大意义的内容。

·每天阅读一次当天的计划表，并确定当天的工作内容，以便使当天的活动有条不紊地进行。

· 把所要完成的工作写成一句话贴在办公室里，以便提醒自己。

· 在处理必须处理的小事的同时，把重要的工作、目标记在心中，并善于在处理这些小事时发现能够促成重要工作目标迅速实现的重要线索。

· 早上上班后的首件事，就是排列好当天工作的先后轻重次序。

· 按照事先排列的次序制成一张表，把重要的工作放在最前面，并尽快去完成。

· 在每月制订计划时要有弹性，最好在计划中留出空余时间，以便应付紧急情况。

· 在完成重要工作项目以后，要进行适当的休息，以求得工作和休息的平衡。

· 对难度较大的工作要智取，不要蛮干。

· 哪些事情应列为优先事项，要有信心做出精确的判断。而且，要不畏困难，坚持到底。

· 经常问问自己："若做这些事情，会不会产生效果？"如果不会，就干脆不做。

· 一次最好只专心致力于一件事。

· 自己感到马上可以取得成功时，就要加紧去做，不要耽误。

· 要养成逐条检查日常工作计划表的习惯，看看是否有意跳过了困难的项目。

· 起草文件时不怕花费时间，一定要深思熟虑。

· 在精力最佳的上午独立投入工作。

· 对自己的每一项工作都要确定完成的期限，要尽可能在期限内把它完成，绝不可超过期限。

· 在讨论问题和听演讲时，一定要专心，以免事后再花费时间找人解释。

· 不要浪费别人的时间，浪费别人的时间就等于谋财害命。

· 碰到专业性很强的问题时，一定要请专家帮忙。因为你在两三天中弄不清楚的问题，专家会在一两个小时甚至几分钟内就帮助你弄清楚。

· 如果担当重要职务，最好学会分身，请专人为你管理信件、电话和处理琐事。

·把回复各种问题的答案都写在文件上，有人来问时，把文件交给他看就可以了，从而避免谈话时可能造成的时间过长问题。

·各种常用或不常用的物品要各有位置，这样可以避免在寻找时浪费太多时间。

▶ 集中全部精力

集中精力成大事

19 世纪的苏格兰著名作家托马斯·卡莱尔说，一旦把全部精力集中到一个目标上就会有所成就；而最强大的生命如果把精力分散开来，最后也将一事无成。水珠不断地滴下来，可以把最坚固的岩石穿透；湍急的河流一路滔滔地流淌过去，身后却没有留下任何痕迹。

精通某件事情的人在这件事情上可以比其他任何人都做得出色，即使这件事只不过是种萝卜。如果他花了所有的心血来精心培植出最好的萝卜，那么，他就是"萝卜学"的宗师，并将得到人们的认可。

成功向来都属于精力集中、目标专一的人，而不会属于见异思迁、摇摆不定的人。

如果一个人集中所有的精力去坚持不懈地追求一种值得追求的事业，那么，他的生命就绝不可能失败。把子弹扔出去，它穿不透一个帐篷；但如果把它射出去，它可以穿透橡木板；加上足够的力，子弹可以从四个人身上穿过。把阳光聚焦在一点，在冬天也可以轻而易举地燃起一团火焰。

最伟大的人是那些做事全力以赴、锲而不舍的人，他们一锤又一锤地敲打着同一个地方，直到实现自己的愿望。我们这个时代的成功者是那些在自己的领域无所不知，对自己的目标坚定不移，做事专心致志、精益求精的人。

一个人如果全身心地追求某一目标，很少有不成功的。伟人之所以能成为伟人，成功者之所以能超越芸芸众生，就在于他们能够认准某个目标，并为之全力以赴，矢志不移，他们的成就与其精力的集中程度往往是成正比的。

英国油画家贺加斯会将他的视线和注意力一直集中在某一张脸上，直到这张脸如照片般留存在他的脑海中，他可以随时随地将其复制出来为止。他在研究和观察任何物体时都做到了一丝不苟、谨慎细致，仿佛他永远都没有机会再看到它们一样，这种仔细观察的习惯使得他的研究工作充满了令人叹为观止的细节描述。在他所生活的时代，几乎所有重要的艺术流派都受到了他的著作的影响。他既没有受过高深的教育，也不是那种天资卓越、才华横溢的天才人物，他的成功在很大程度上要归功于他那勤勤恳恳、埋头苦干的精神和细致入微的观察能力。

无数的历史事实向我们证明：只有集中精力才能成就大事业。

如何集中你的精力

当爱迪生取得伟大的成就后，许多媒体的目光都对准了他。

一次，有位记者在采访爱迪生时问道："成功的首要条件是什么？"

他回答道："如果你有一种能够让自己的身心全部投入到同一个问题上而且不知疲倦、锲而不舍的能力，你离成功就不远了。我们每个人拥有的学习、工作和生活的时间差不多，通常都早上 7 点起床晚上 11 点睡觉。之所以我能够取得成功，是因为别人会在这些时间里做许多许多事情，而我只做一件，这就是区别。倘若他们将时间和精力放到同一个方向上，他们也能成功。"

一旦专注于某种事物，人们会将自己有限的资源投入到这种事物上，对于别的事物则不会产生兴趣，这样便节约了时间和精力。这种专注能够让你的思维处于连续工作中，积极地思考必将取得良好的结果。同时，专注会蓄积你全部的热忱，你的思维、你的行动会变得积极而迅速。

那种做事漫不经心、懒懒散散、粗心大意的人则不可能取得多大的成就。

那么，如何才能学会将自己的精力集中起来呢？有以下几种方法可供参考。

（1）转移注意力。

这主要针对有强烈自我感觉的人而言。既然注意力在自己身上，有效的方法是将注意力从自己身上转移到别的事物上。比如，开会时关注别人的发言或自己的发言，不要考虑别人会怎么看自己，自己是不是引起了别人的注意。

（2）克服自卑和恐慌。

一般情况下，这些消极因素对你的注意力影响比较大，持续的时间也比较长。当你开始行动时，这些讨厌的东西就会让你难受。你要意识到它们的存在，想办法将它们驱走，采取自我激励的方式，多给自己打气，尽量将心态恢复到积极状态。

（3）克制情绪，保持头脑冷静。

当你情绪低落时，最好的办法是马上投入到工作中，强迫自己想一些与工作有关的问题。因为思维是持续不断的，你会连续不断地思考下去，直到进入行动状态。也可以利用外界的事物，比如听听优美的音乐，看一件精致的艺术品或读一篇有趣的故事。只有保持情绪的平静，才能让大脑冷静下来，专注于行动。

（4）不要人为地分散精力。

人的精力是有限的，如果将有限的精力分散到许多事物上，可能每一件事情都办不好。如果集中精力，只干其中的一件事情，其作用会比干几件事还要大。分散和专注是两个截然对立的行为，切忌三心二意、心猿意马。

（5）学会休息。

科学的作息规律能让你保持充沛的精力。适时地让大脑得到休息，会让你的注意力集中，产生较高的效率。那种拼命式的工作方法虽然增加了工作时间，却会使注意力分散，造成效率低下。专注的人一定要懂得休息之道。

▶ 办事绝不拖延

拖延是人生的失败

我们每个人骨子里都有个坏毛病，喜欢搁着今天的事不做，而想留待明天去做，在这个拖延中所耗去的时间、精力，实际上已经足够将那件事做好。

拖延的习惯是人生的大敌。俗话说："命运无常，良缘难再。"在我们一生中，若错过良好时机，不及时抓住，以后就可能永远遇不上这样的机会了。

拖延往往会导致悲惨的结局。恺撒因为接到了报告没有立刻展读，以致一到议会，就丧失了生命；驻扎在特伦顿的雇佣军总指挥拉尔总督也是如此丧命的。一次他正在玩纸牌，忽然有人递来一个报告，说华盛顿的军队已经挺进到提拉瓦尔；情报的内容是说华盛顿的军队正在穿越德勒华，要向这里进攻。他将报告塞入衣袋，牌局完毕，他才展开阅读。虽然他立刻调集部下出发应战，但已经太迟了，结果是全军被俘，自己也因此战死。仅仅是几分钟的延迟，便使他丧失了尊荣、自由与生命。

为什么我们总要把事情拖延到明天去做呢？

我们自己欺骗自己，要自己相信以后还有更多的时间。

我们拖延工作是因为它们似乎是令人不愉快的、困难的或冗长的。不幸的是我们越拖延，就越令自己不快。

"明日复明日，明日何其多！我生待明日，万事成蹉跎。世人若被明日累，春去秋来老将至。朝看水东流，暮看日西坠，百年明日有几时？请君听我《明日歌》。"这是明朝诗人对喜欢拖延时间的人的忠告。

之所以有许多人喜欢拖延，是因为他们还不明白这样一个道理：许多事情在心情愉快或热情高涨时是可以轻松完成的，但若被推迟几天或几个星期，就会变成苦不堪言的负担。在收到信件时没有马上回复，以后再捡起来回信就不那么容易了。许多大公司都有这样的制度：所有信件都必须当天回复。

当机立断常常可以避免做事情的乏味和无趣。拖延则通常意味着逃避，其结果往往就是不了了之。

做事情就像春天播种一样，如果没有在适当的季节行动，以后就不可能有所收获。无论夏天有多长，也无法将春天被耽搁的事情加以完成。某颗星的运转即使仅仅晚了一秒，也会使整个宇宙陷入混乱，后果不可想象。

恪守时间是工作的灵魂和精髓所在，同时它也代表了明智与信用。在著名商人阿蒙斯·劳伦斯从事商业生涯的最初 7 年里，他从不允许任何一张单据到星期天还没有处理。因为，商业界的人士都懂得，商业活动中某些重大时刻会决定以后几年的业务发展状况。如果你到银行晚了几个小时，票据就可能被拒收，而你借贷的信用就会荡然无存。

做事从不拖延是使人信任的前提，它会给人带来美好的名声。它最好不过地说明，我们的生活和工作是按部就班、有条不紊地进行的，可以使别人相信我们能出色地完成手中的事情。遵守时间的人，一般都不会食言或违约，都是可靠和值得信赖的。

古人云：一寸光阴一寸金，寸金难买寸光阴。失去寸金尚可买，失去光阴何处寻？

时间对每个人都是一样的，尽管产生的价值不一样，每一分钟都是非常珍贵的。知道了这个道理，你就要向你的时间要金钱。只要你抓住了时间，你就抓住了金钱。要抓住时间，你就必须当机立断，该做的事情现在就去做。

教你如何克服拖延习惯

拖延是一种坏习惯，也是一种缺点。在人生或事业中，要想走在别人的前面，就不要等待"境况会发生好转"或"事物会自我纠正"，而让自己生活在模糊的未来之中。要确信，这样的事情绝不会发生，事物总是趋于维持现状的。把希望、幻想寄于未来，却又生活在情感的"拖延计划"之中，最终只能是枉费心机。如果你现在觉得拖延是成功疏远你的原因，那么，扪心自问，你是否经常这样告诫自己？

你承认自己正在被这些想法阻止采取行动吗？你认识到"希望""但愿"这样的字眼已构成你行动的障碍吗？守株待兔不会使你的处境发生改变。事实上，你的惰性甚至会使你的思维瘫痪，无法作出重大的决定。

你必须时刻告诉自己："拖延已成为我实现目标的最大阻力！"并行动起来，除非你促使事物发生变化，否则，一切会依然如故。

行动需要努力和冒险，而且还可能遭到失败。但是，如果不去做，你当然可以避免危险和失败，但这样又能达到怎样的目的呢？在你避免可能遭到失败的同时，你也失去了取得成功的机会。

你是"爱拖延"的人吗？不妨考虑下面的问题，看看你拖延的程度如何？

（1）当你对工作感到厌倦或对住房不满时，你总是依赖朋友帮忙吗？

（2）你总拒绝去做富于挑战的事吗？如节食、戒烟或是参加学习。

（3）你总是拖延去做使自己不耐烦的事吗？如打扫卫生、修车、洗衣服或写信。

（4）你常常许诺做一些有意义的活动，如度假或观光旅行，而从未履行过这些诺言吗？

（5）当你面临艰巨的任务，或是要你当众表现你或你的技能时，你确实感到"怯场"吗？

认真审视这些问题，你会发现使你产生惰性的根源——拖延，而拖延是因为害怕冒险。在生活中，拖延的缺点几乎纠缠着我们每一个人，只有肯花相当大的功夫，才能摆脱它的束缚。

但是，摆脱拖延并不像人们想象得那样困难。你所要做的一切，就是要明确，不能等待明天或是明年，而是要从现在做起。关上你正在看的电视，立即着手去写这学期的论文；放下正在阅读的娱乐刊物，马上就拨你早就想打的电话；放下接近嘴边的那块蛋糕，现在就开始实施你的节食计划，不要再犹豫了。对于那些拖延成性的人，必须下功夫养成"从现在做起"的习惯。

许多人从来就没有意识到他们日常生活中拖延的缺点。所以，一旦要对长期目标进行规划，他们便感到手足无措，甚至情感麻木。

有时，我们拖延是因为我们在生活中随波逐流。惰性常常使我们的生活成为漫无目标、一无所获的恶性循环。每当我们的抱负和梦想埋没于盼望、期待的灰烬之中时，我们便会失去对自己命运的控制。我们常常抱怨他人的妨碍或"无法左右的环境"使我们忙得焦头烂额，并以这种借口来使自己的拖延合情合理。殊不知，到了这种程度，我们对人对物的感情再也不属于我们自己了。

克服拖延，最有效的方法就是做计划，将一时难以实现的目标分成可实现的几个部分，把大目标分成小目标，把小目标划分成若干可以实现的段落。现在你所要做的就是采取实现小目标的第一步骤。

另外，克服拖延还必须"立即行动"。"立即行动"是成功者的格言，只有"立即行动"才能将人们从拖延的恶习中拯救出来。

▶ 教养是种财富

教养的财富

有这样一则寓言故事：一次，飓风问和风："你不想有我的力量吗？你看，当我起驾的时候，他们在整个海岸都挂上台风信号来向我致敬。我折断一条船的桅杆就像你托起一根鹅毛那样容易。我的翅膀这么一扫，海边就到处都是被粉碎的船板。我能够而且常常举起大西洋。病弱者最怕我，怕得入骨。所有的国家都在我的呼吸下畏缩着。难道你不想有我的威力吗？"

和风没有回答，只是在天空中轻轻起舞。这时，所有的江河湖泊和海洋，所有的森林和田野，所有的走兽和飞鸟以及人类，都为它的来临而高兴。鲜花盛开，果子成熟，麦地金黄，白羊般的云彩轻轻浮动。鸟儿飞翔，风帆高举，到处是健康、到处是愉快。绿叶、鲜花、果实和收成；温暖、光明、欢乐和生活；这就是和风给那骄傲而可怜的飓风唯一的回答。

最伟大的成功励志导师奥里森·马登指出：礼貌和教养是一种财富。在每一个家庭中，它们都像阳光一样受到欢迎。为什么不欢迎呢？它们到处携带着光明和欢乐。它们绝不妒忌，对每一个人都给予美好的祝福。

失去一切，但是仍然保留有勇气、愉快、信心、自尊和品德的人，是真正高尚的人。这样的人依然富有。

马登的著作中有这样一些例子。有一天，美国第三任总统杰斐逊先生和他的孙子一起骑马外出。路上，有一个奴隶向他们脱帽鞠躬，总统也提帽还礼。但他的孙子不理睬这黑人。杰斐逊厉声说道："汤姆孙，你怎么能够让一个奴隶都比你文明得多呢？"

"好的教养往往给一个青年带来好的命运。"布特勒先生是一个商人，有一次，他已经把商店门锁好回家了，在路上碰到一个小女孩要买1美分的线。他走回去，重新开了门，给小女孩取线。这件小事不知怎么传遍了全城，于是给他带来了无数顾客。他的教养给他带来了财富。

有一个人在离开纽约多年之后，又回到了这个城市。有一件事情使他感到非常奇怪："我朋友的生意怎么一点进展都没有？要说财力，他可是很雄厚的啊，而且业务上也很在行，要说机灵精明，那更是没有人能比得上。"后来有人把答案告诉他："他性格太尖刻了，经常怀疑雇员欺骗他，对待顾客也非常不文明。所以，从来没有人肯卖力为他干活。那些投资人也不肯再在他身上花钱，而是愿意对那些行为文明的商家进行投资。"

马登告诫人们：良好的教养是一个人真正的财富，你必须好好珍惜它，并学会有效地运用它。

良好的教养助你成功

教养本身就是一笔财富。文明的举止足以替代金钱的作用，有了它就像有了通行证一样，到处都可以畅行无阻。所有的大门都向有教养的人敞开，即使他们身无分文，也随时随地会受到人们热情周到的接待。他们不用付出太多就可以享有一切，他们在哪里都能让人感到阳光般的温暖，到处受到人们欢迎，因为他们带来的是光明、是温暖、是欢乐。一切妒忌、一切卑劣的心思，遇到他们自然就会举手投降，因为会受到他们那种与人为善的态度的感染。蜜蜂怎么会去蛰一个浑身都是蜜的人呢？

正像英国政治家柴斯菲尔德所说的："一个人只要自身有教养，不管别人举止怎么不适当，都不能伤他一根毫毛。他自然就给人一种凛然不可侵犯的尊严，也会受到所有人的尊重。"

有一个很有趣的古代传说，说的是一个叫巴什尔的修道士，因为触犯了教皇被逐出教会。他死后，一个鬼差专门负责在地狱等他，因为他受过处罚，只能在那里为他找一个合适的位置。可是，这个修道士性情温和，他的语言很能够打动别人，所以他无论到了哪里，都会有一大帮朋友。即使犯了错误的天使，认识他以后也会改过向善；而那些完美无瑕的天使，也会慕名而来与他交往。他被发落到了地狱的底层，可是，他去了以后，那里又出现了同样的情形。他天生的文明教养，他天性的和善，使任何力量都无法抗拒他，地狱因为他的到来变成了天堂。最后，那个负责接待他的鬼差只好向阎罗王禀告，实在找不到一个可以惩罚他的借口，什么都改变不了他，他还是那个神志清楚的巴什尔。阎罗王也没有办法，只好宣布取消对他的处分，让他进了天堂，并封他做了圣徒。

许多取得成就的伟人和巴什尔一样，无论走到哪里，都会受到人们的欢迎和尊敬。

一个非常了解狄更斯的人说："每次狄更斯一进来，房间里会豁然一亮，大家都会感到心里一股暖意。"

据说，歌德有一次来到一个小饭店时，用餐的人都放下了手里的叉子和小刀，争相向他表示景仰之情。

美国政治家亨利·克莱举止文雅、彬彬有礼，对这一点，所有见过他的人都印象深刻。有一次，宾夕法尼亚州有一个旅馆老板，千方百计想让他走下马车，给他和他的妻子做一次演讲。

美国著名牧师、政治活动家爱德华·埃弗雷特在欧洲求学5年，然后在哈佛获得了教席。在哈佛期间，学生们简直无比崇拜他。人人都能感觉到他的魔力所在，但谁也说不出是怎么回事。那种魔力简直就像依附在他身上一样，从来不会离开他。

这些人的成功，正是得益于他们自身良好的教养。由此可见，你若想获得成功，就有必要在提高自身教养上下功夫。

有些人为了追求成功，全身心地扑在自己的事业上，不惜牺牲日常生活中很多普通的温情与享受。这种偏执的做法也是非常不合绅士之道的，而且对成功来说往往是南辕北辙。即使有好心愿意资助他们的人，一看到他们这个样子也会望而却步。其结果就是：有的生意本来他们可以不费吹灰之力就做成，结果却花落别家。这里面的道理很简单，其他人实力上或许不如他，但在生意上却是更好的合作伙伴。

一个人即使拥有诚实、勤勉这样的品质，即使他在事业上雄心勃勃，工作起来干劲十足，如果行为举止不合礼仪也会使他所有的努力毁于一旦。相反，一个举止得体的人，可能有这样那样的缺点，却往往容易获得成功。不妨假设有这么两个人，他们在其他一切方面都一样，只是在待人处世方面不同：一个谦和友善、助人为乐，举手投足无不具有绅士风范；另一个则举止粗鲁轻慢，对人总是吹毛求疵，没有一点合作精神。很显然，前者的事业会蒸蒸日上，而后者只会江河日下。

有一个很好的例子可以证明，具有良好的教养对生意的发达有多重要。巴黎有一家商店叫"廉价商场"，店面很大，里面的员工数以千计，产品也应有尽有。这家商场有两个非常引人注目的特点：一个特点是童叟无欺，无论谁来买，商品都是一个价，而且商品价格也很低；另一个特点是非常注意待人接物，仅仅礼貌还不够，员工必须想尽一切办法让顾客满意。

凡是其他商店能够做到的，这家店都能做到，而且做得更好。这样，每一个来过"廉价商场"的顾客都对这里留下了美好的印象。据说，有一次一个要饭的小女孩来到"廉价商场"买了一件不值几个钱的小玩意儿。临走的时候，这里的店员仍不忘记对她说一声："谢谢，亲爱的，欢迎下次再来。"这样的举动无疑是一种活的广告，为它赢来了更多的顾客，最终使它成为全球最大的零售商店之一。

► **热忱造就奇迹**

热忱可以创造奇迹

美国政治家亨利·克莱曾经说过："遇到重要的事情，我不知道别人会有什么反应，但我每次都会全身心地投入其中，根本不会注意身外的世界。那一时刻，时间、环境、周围的人，我都感觉不到他们的存在。"

一位著名的金融家也有一句名言："一个银行要想赢得巨大的成功，唯一的可能就是，它雇了一个做梦都想把银行经营好的人做总裁。"原来是枯燥无味、毫无乐趣的职业，一旦投入了热情，立刻会呈现出新的意义。

一个陷入爱河的年轻人，往往会有更敏锐的感觉，会在他所爱的人身上，看到其他人都看不到的种种优点；同样，一个受热忱支配的年轻人，他的感觉也会因此变得敏锐，可以在别人看不到的地方发现动人的美丽。这样，即使再乏味的工作、再艰难的挑战，也都可以坚韧地承受下来。

狄更斯曾经说过，每次他构思小说情节时，几乎都寝食不安，他的心完全被他的故事所萦绕、所占据，这种情形一直持续到他把故事都写在纸上才算结束。为了描写一个场景，他曾经一个月闭门不出；最后再来到户外时，他看起来形容憔悴，简直像一个重症病人一样。笔下的那些人物让狄更斯成天魂牵梦萦，茶饭不思。

有一个只有12岁的小男孩钢琴弹得非常熟练。一次，他问伟大的作曲家莫扎特："先生，我想自己写曲子，该怎么开始呢？"莫扎特说道："哦，孩子，你还应该再等一等。""可是，您作曲的时候比我现在的年龄还小啊？"小孩不甘心地继续问。"是啊是啊，"莫扎特回答说，"可我从来不问这类问题。你一旦到了那种境界，自然而然就会写出东西来的。"

英国政治家格莱斯顿曾经说过，最有意义的事情莫过于把一个孩子内心潜藏的热忱激发出来。事实上，每一个孩子身上或多或少都有将来可以成就大器的潜质，不仅那些反应敏捷、聪明伶俐的孩子是这样，那些相对木讷，甚至看起来有些愚钝的孩子也有这样的潜质。他们一旦产生了热忱，凭借这种热忱的力量，原先人们在他们身上看到的"愚钝"就会慢慢消失。

盖斯特原本只是一个无名小辈，但她第一次在舞台上露面时，就让人感觉到她的前途不可限量。她演唱时所投入的热忱，使听众几乎都像被催眠了一样。结果，她登台演出不到一个星期，就成为众人喜爱的明星，开始了独立的发展。她有一种提高演唱技艺的强烈渴望，于是，她把自己全部心智都用在了这上面。

爱默生的一段话正可以做这一事例的注解，他说："人类历史上每一个伟大而不同凡响的时刻，都可以说是热忱造就的奇迹。穆罕默德就是一个例子，他带领阿拉伯人，在短短几年内，从无到有，建立起一个比罗马帝国的疆域还要辽阔的帝国。虽然他们的战士没有什么盔甲，却有一种崇高的理念在支撑着他们，所以其战斗力丝毫不亚于正规的骑兵部队；他们的妇女也和男子一样在战场上纵横驰骋，杀得罗马人溃不成军。他们虽然武器落后，粮草严重不足，但军纪严明，从来不去抢夺什么酒肉，而是靠着小米、大麦最后征服了亚洲、非洲和欧洲的西班牙。他们的首领用手杖敲一敲地，人们简直比看到一个人拿着刀枪还要害怕。"

拿破仑发动一场战役只需要两周的准备时间，换成别人也许会需要一年。这中间的差别，正是因为他那无与伦比的热忱。战败的奥地利人目瞪口呆之余，也不得不称赞这些跨越了阿尔卑斯山的对手："他们不是人，是会飞行的动物。"拿破仑在第一次远征意大利的行动中，只用了15天时间就打了6场胜仗，缴获了21面军旗，55门大炮，俘虏15000人，并占领了皮德蒙特。

在拿破仑这场辉煌的胜利之后，敌军中的一位奥地利将领愤愤地说："这个年轻的指挥官对战争艺术简直一窍不通，用兵完全不合兵法，他什么都做得出来。"但拿破仑的士兵也正是以这么一种根本不知道失败为何物的热忱跟随着他们的长官，从一个胜利走向另一个胜利。

我们每个人的身上都蕴藏着巨大的力量，只要我们运用自身的热忱，就能将此力量充分发挥出来，并创造出一个又一个奇迹。

如何培养你的热忱

有许多人对他们所从事的工作或正要处理的事缺乏热忱，而培养热忱要做的首先就是去处理你最不感兴趣的事。而在努力工作后，你会发现，这些事并不如你以前所想的那样无趣或困难。

有人常常问马登："怎样才能培养起火一样的热忱呢？"马登告诉他们有以下几种方法可以尝试：

（1）制定一个明确的目标。

（2）清楚地写下你的目标、达到目标的计划，以及为了达到目标你愿意付出的努力。

（3）用强烈欲望作为达到目标的后盾，使欲望变得狂热，让它成为你脑中最重要的一件事。

（4）立即执行你的计划。

（5）正确而且坚定地照着计划去做。

（6）如果你遭遇到失败，应再仔细地研究一下计划，必要时应加以修改，别只因为失败就变更计划。

（7）拒绝一切使自己不愉快的事情，务必使自己保持乐观。

（8）切勿在过完一天之后才发现一无所获。你应将热忱培养成一种习惯，而习惯不需要不断地敦促。

（9）必须以达到既定目标的态度推销自己，自我暗示是培养热忱的有力力量。

（10）随时保持积极的心态，在充满恐惧、嫉妒、贪婪、怀疑、报复、仇恨、无耐性和拖延的世界里不可能出现热忱，它需要积极的思想和态度。

马登认为不可以把热忱和大声讲话或呼喊混合在一起。他继续写道："我说热忱，是指一种热情的精神特质，是深入人的内心的。我喜欢称之为'抑制的兴奋'。如果你内心里充满要帮助别人的愿望，你就会兴奋。你的兴奋就会从你的眼睛、你的面孔、你的灵魂以及你整个为人方面辐射出来。你的精神也会因此振奋，而你的振奋会鼓舞别人。"

麦克阿瑟将军在南太平洋指挥盟军的时候，办公室墙上常挂着这样一块牌子，上面写着他的座右铭：

你有信仰就年轻，疑惑就年老；

有自信就年轻，畏惧就年老；

有希望就年轻，绝望就年老；

岁月使你皮肤起皱，但是失去了热忱，就损伤了灵魂。

这是对热忱最好的赞词。培养发挥热忱的特性，我们就可以对我们所做的每件事情，加上火花和趣味。

一个拥有热忱的人，无论从事的是什么职业，都会认为自己的工作是一项神圣的天职，并怀着深切的兴趣。对自己的工作充满热忱的人，不论工作有多么困难，或需要多艰苦的训练，始终都会不急不躁地进行。只要抱着这种态度，任何人都会成功，都会达到目标。爱默生说过："有史以来，没有任何一件伟大的事业不是因为热忱而成功的。"这真是一句精彩的忠告，它不仅仅是一句漂亮话，更是一个指导成功的路标。因为，对工作热忱，是一切希望成功的人必须具备的条件。

对工作热忱的人，具有无限的力量。威廉·费尔流，是耶鲁大学最著名而且受欢迎的教授之一。他在他的著作《工作的兴奋》一书中，如此写道："对我来说，教书凌驾于一切技术或职业之上。如果有热忱这回事，这就是热忱了。我爱好教书，正如画家爱好绘画，歌手爱好歌唱，诗人爱好写诗一样。每天起床之前，我就兴奋地想着有关学生的事……人的一生之所以能够成功，最重要的因素是对自己每天的工作抱着热忱的态度。"

马登告诫人们：对工作毫无热忱的人会到处碰壁。

如果你认为你的热忱应该发生作用，而它却跟不上你其他方面发挥作用的进度时，你可以利用一些简单的练习来激发你的热忱。

（1）进行热忱的行动。这个建议初看好像是多余的，但完全不是这样。你应该自信地和他人握手，以明确的言辞回答问题，坚定地主张你的观念和建议。只有当你在行动的过程中注入自己的热忱，才能使这些行为变成自动自发的反应，如果你能有意识地做出这些行为的话，你将会看到积极结果，而这又会再次点燃热忱的火花。

（2）记好热忱的日志。你的热忱高涨时，可将它记在记事簿里，记录激发热忱的环境，以及因为热忱而表现出来的举动。你会因为被激励而展开行动吗？你解决问题了吗？你说服某人了吗？同样，在记事簿中记入你的明确目标和达到目标的计划，每当你的热忱高涨时就把它记下来。这不但会提醒你出现热忱的原因，同时也能使你回顾一下热忱所带来的好处。热忱就像一个螺旋，它会向内转或向外转，也会上升或下降，使你的热忱循着正确的方向发展。当热忱的螺旋转错方向时，不妨回顾一下你的记事簿。

（3）做一些"办得到"的工作。从另一个角度讲"办得到"的工作就像是拐杖一样，但如果你不出门，拐杖对你是不会有什么帮助的。"办得到"的工作，是你知道你能做得既好又快的工作。你应该使它和你的明确目标发生关系，以使它能帮助你引导并且控制你的热忱。例如，你有一家五金行，虽然你的责任不是站销售柜台，而是在后面的办公室里处理业务，但你却很清楚你对于销售工作是多么感兴趣。这个时候你不妨站到销售柜台边卖一些东西，以重新振奋一下你的热忱。

▶ 培养你的自尊

自尊的人从不逃避自己

一则英国寓言说：某日，一位国王独自到花园里散步，使他万分诧异的是，花园里所有的花草树木都枯萎了，园中一片荒凉。后来国王了解到，橡树由于没有松树那么高大挺拔，因此轻生厌世死了；松树因自己不能像葡萄那样结许多果子，也死了；葡萄哀叹自己终日匍匐在架上，不能直立，不能像桃树那样开出美丽可爱的花朵，于是也死了；牵牛花也病倒了，因为它叹息自己没有紫丁香那样芬芳；其余的植物也都垂头丧气，没精打采，只有很细小的心安草在茂盛地生长。

国王问道："小小的心安草啊，别的植物全都枯萎了，为什么你却这么勇敢乐观，毫不沮丧呢？"

小草回答说："国王啊，我一点也不灰心失望，因为我知道，如果国王您想要一棵橡树，或者一棵松树、一丛葡萄、一株桃树、一株牵牛花、一棵紫丁香等等，您会叫园丁把它们种上，而我知道您希望于我的就是要我安心做小小的心安草。"

也许有人认为，甘心做一棵"无人知道的小草"的想法过于消极。可是，在现实生活中，不可能人人都当船长，必须有人来当水手，重要的不在于你做什么，而是能否成为一个最好的你，并深深地接受你自己，不逃避自己。

马登曾讲述过一个发生在他童年时代的故事，这个故事说的是一个叫"翅儿"的女孩，她是一帮男孩的首领。她自强自立，虽身有残疾，却从不逃避自己。

"生长在纽约市的乱街小巷中，我的朋友和我自己，都知道品尝那一带喧嚷的热闹，避免过度拥挤产生的危险。篷车和马车隆隆地在那些狭窄的住宅街道上奔驰；我们拔腿飞奔，经常在巨大的车轮之间穿梭，避免受伤成了我们日常生活的一部分。

"我们的童年就在这种拥挤的街上度过，其中可有不少的乐趣。我们常常跃入满是瓜皮果壳的东河，探出头来去看某条大船顺流而下。我们常常在杂乱的街头列队而行，那些推车的小贩有时会给我们一些吃的东西。我们是一个大声争吵的蜂窝；并不是为了什么争吵，只是大声吵着好玩而已。

"但那些车子对我们而言的确是非常危险。我们把闪避那些车轮当作一种富有男子气的运动，但一个叫玛丽的女孩却硬要加入我们的队伍，这是在我们承认她是我们帮中一员之前的事。那时，我们都尽量避免和她碰在一起。

"一天，玛丽正在闪避一辆马拉的啤酒车，一只凶恶的狗忽然奔了过来，吓得那匹马一直向后急退。车轮的速度因而加快，并将玛丽撞倒在街上，她的右臂被夹在一辆篷车的两条轮轴之间。说来真是奇迹，她的胳膊却没有因此而被扯裂。但自此以后，她的这只胳膊却被固定成一种可笑的'V'形。它从肩头向外突出，小臂向内弯曲，指向她的腰部，正好构成一个V字。这个V字可以前后摆动，指头也略可以屈伸，但就是不能展臂。当她奔跑时，她的胳膊就像飞鸟的翅膀一般扑动。因此，从那以后，我们都叫她'翅儿'。

"'翅儿'很孤单，因为我们帮里的男孩都很残忍——都耻于与她为伍。这样一种不幸，要是落在其他人身上，多半会一蹶不振，但她却不因此气馁。她仍是一个顽皮的姑娘，仍然穿着那种不成体统的顽皮姑娘所穿的衣服。她因为残了一臂而无法再去东河游泳，只得在河边作漫长的散步。"

若相同的遭遇发生在别人身上，他们多半会退入一个甲壳，把自己拘禁在幽静而又沉寂的房中，诅咒命运，痛恨世人，厌恶自己。但"翅儿"没有这样做，她在河边追求新的生活。

一个女孩在男孩和男人的天地中，往往会因为她的畸形臂膀而成为被取笑的对象。但"翅儿"没有否定她作为一个人的存在价值，她没有自暴自弃。

"翅儿"发现河滨世界的精彩是在一个初夏的时候。商船驶进港口卸货，健壮的码头工人背负外来的货袋，工作辛勤的男人在阳光之下叫骂。

她喜欢看这些人工作，不久便和其中的一个码头工人做了朋友，那是一个靠血汗挣钱的男人，辛勤而又诚恳。当她自称是一个女孩时，她打扮得像一个非常顽皮的男孩。他感到非常惊奇。不过，他觉得她很有趣，其他的男士也有同感。他们有时会让她跑跑腿，叫她提水桶、拿工具。当她跑来跑去地以左臂提东西时，她的右臂便来回摆动起来。

不久，她成了一个有固定工作的女孩，在东河码头跑上跑下。她赚到了午餐，同时还有薪金可拿。她做了她应该做的事情，也赢得了每一个人的敬重。

时至十月之末，气候干旱，天气非常闷热。我们一帮孩子来到东河，跃入采砂船旁的河中。突然间，我们之中一个叫瑞德的男孩大呼救命。我们都想搭救瑞德，但他被夹在一只驳船和码头当中。

他的一条腿被卡住了，他非常恐惧。我们也很恐惧：万一来一阵风把船吹向码头，那将会把瑞德挤扁，甚至送了他的小命。

我们无计可施。他的处境很糟，而我们中只有一个人可以偶尔触到他，但却没有一个人有足够的力量把他拖离险境。有人去呼救，救星来了，是"翅儿"。她奔跑而来，一只臂膀摇来摆去，好像稻草人被风吹着一般。我们叫她让开，但她在码头边沿跪下，并且将左臂伸向瑞德，一下子将他拖出了危险区。我们感到非常惊讶，简直不敢相信自己的眼睛所看到的一切是真的。由于她为码头工作，她的左臂特别发达，使她救了瑞德的命。

不久，这个残缺的、不受欢迎的小女孩，就被我们这帮孩子推为首领。最后，她终于赢得了我们的敬重。

值得一提的是，"翅儿"不但没有因为臂部畸形而逃避生活。相反，她却获得了一种内在的力量——毅力，而这却是她以前所缺少的。

最后马登说，他之所以直到如今还记得她，不仅是因为她英勇地救了瑞德的命，同时也是因为她绝不逃避人生。以她小小的年纪，当情况变得令人痛苦难受时，却不肯退缩。他深深相信，只要她活着，她就会永远保持年轻和活力，并且永远会面对现实，接受自己，绝不妄想，绝不逃避自己。

如何才能学会自尊

俄国作家屠格涅夫说："自尊自爱，作为一种力求完善的动力，是一切伟大事业的渊源。"那么，如何才能做到自尊自爱呢？下面列出的 8 条原则或许会对你有所启示。

（1）写出 10 种你对自己最为欣赏的品质。

（2）用积极的观念来反照消极的意识，以此来确立自我价值。

（3）发现一位对你既坦诚又能不断帮你认识自我价值的亲密朋友。

（4）参加一个能帮助你改善自身缺陷的学习小组或培训班。

（5）阅读一些对如何改善自身缺陷有指导意义的书，并在阅读时做好详细的笔记。

（6）学会关注自己，去发现哪些活动能让你感到轻松愉悦，然后积极地投入到这些活动中去。

（7）让自己成为自我最好的倾听者，及时剔除在这种"对话"中出现的一些消极有害的意识。

（8）帮助他人，你会在这种帮助中得到精神的愉悦。

按照以上 8 条原则，不断完善自己，严格要求自己，终有一天你会发现，你已成为一个自尊自爱的人了。

学会持之以恒

持之以恒才会成功

  莎士比亚曾说过："千万人的失败，都失败在做事不彻底；往往做到离成功只差一步，便终止不做了。"其实只要我们还能坚持一小会儿，便会看到成功的曙光；如果我们不轻易放弃，一直坚持到底，那么成功的大门就会向我们敞开。下面的故事就很能说明这一点：

  希拉斯·菲尔德先生退休的时候已经积攒了一大笔钱，然而他忽发奇想，想在大西洋的海底铺设一条连接欧洲和美国的电缆，随后，他就开始全身心地推动这项事业。前期基础性的工作包括建设一条1000英里长、从纽约到纽芬兰圣约翰的电报线路。纽芬兰400英里长的电报线路要从人迹罕至的森林中穿过，所以，要完成这项工作不仅包括建一条电报线路，还包括建同样长的一条公路。此外，还包括穿越布雷顿角全岛共440英里长的线路，再加上铺设跨越圣劳伦斯湾的电缆，整个工程十分浩大。

  菲尔德使尽浑身解数，总算从英国政府那里得到了资助。然而，他的方案在议会上遭到了强烈的反对，在上议院仅以一票的优势获得通过。随后，菲尔德的铺设工作就开始了。电缆一头搁在停泊于塞巴斯托波尔港的英国旗舰"尼亚加拉"号上，不过，就在电缆铺设到5英里的时候，却突然卷到了机器里面，被弄断了。

  菲尔德不甘心，进行了第二次试验。在这次试验中，电缆铺到200英里长的时候，电流突然中断了，船上的人们在甲板上焦急地踱来踱去。就在菲尔德先生即将命令割断电缆、放弃这次试验的时候，电流突然又神奇地出现，一如它神奇地消失一样。夜间，轮船以每小时 4 英里的速度缓缓航行，电缆的铺设也以每小时 4 英里的速度进行。这时，轮船突然发生了一次严重倾斜，制动器紧急制动，不巧又割断了电缆。

但菲尔德并不是一个轻易放弃的人。他又订购了 700 英里的电缆，而且还聘请了一个专家，请他设计一台更好的机器，以完成这么长的铺设任务。后来，英美两国的科学家联手把机器赶制出来。最终，两艘军舰在大西洋上会合了，电缆也接上了头；随后，两艘船继续航行，一艘驶向爱尔兰，另一艘驶向纽芬兰。两船分开不到 3 英里，电缆又断了；再次接上后，两船继续航行，到了相隔 8 英里的时候，电流又没有了。电缆第三次接上后，铺了 200 英里，在距离"阿伽门农"号 20 英尺处又断开了，两艘船最后不得不返回到爱尔兰海岸。

参与此事的很多人都泄了气，公众舆论对此流露出怀疑的态度，投资者也对这一项目没有了信心，不愿再投资。这时候，如果不是菲尔德先生，如果不是他百折不挠的精神，不是他天才的说服力，这一项目很可能就此放弃了。菲尔德继续为此日夜操劳，甚至到了废寝忘食的地步，他绝不甘心失败。

于是，第三次尝试又开始了，这次总算一切顺利，全部电缆铺设完毕，没有任何中断，几条消息也通过这条漫长的海底电缆发送了出去，一切似乎就要大功告成了，但突然电流又中断了。

这时候，除了菲尔德和他的一两个朋友外，几乎没有人不感到绝望。但菲尔德仍然坚持不懈地努力，他最终又找到了投资人，开始了新的尝试。他们买来了质量更好的电缆，这次执行铺设任务的是"大东方"号，它缓缓驶向大洋，一路把电缆铺设下去。一切都很顺利，但最后在铺设横跨纽芬兰的 600 英里电缆线路时，电缆突然又折断了，掉入了海底。他们打捞了几次，都没有成功。于是，这项工作就耽搁了下来，而且一搁就是一年。

所有这一切困难都没有吓倒菲尔德。他又组建了一个新的公司，继续从事这项工作，而且制造出了一种性能远优于普通电缆的新型电缆。1866 年 7 月 13 日，新的试验又开始了，并且最终顺利接通、发出了第一份横跨大西洋的电报。电报内容是："7 月 27 日，我们晚上 9 点到达目的地，一切顺利。感谢上帝！电缆都铺好了，运行完全正常。希拉斯·菲尔德。"不久后，原先那条落入海底的电缆被打捞上来了，重新接上，一直连到纽芬兰。现在，这两条电缆线路仍然在使用，而且再用几十年也不成问题。

菲尔德的成功证明了只要持之以恒，不轻言放弃，就会有意想不到的收获。

毅力是持之以恒的前提

持之以恒可以成为令我们终生受益的一种好习惯，但要养成这种习惯就必须具有顽强的毅力，毅力是持之以恒的前提。

你也许听过挖井人的故事：一个人要挖一口井，他挖呀挖，挖了许多天，没有挖出水来，于是就放弃了这个地方，到下一个地方继续挖。这次他又挖了许多天，还是没挖到水，于是又放弃了。就这样，他挖了许多个深深的洞穴，最终还是未挖成井，他断言这个地方没有水。

但过了不久，人们在他挖过的最深的一个洞穴底层发现了湿土，于是有人继续他未完成的工程，结果所有挖过的地方全有水。

可见，这个挖井人之所以没取得成功，正是因为他缺少那么一点点毅力，缺少持之以恒的精神。许多人做事常常半途而废，其实，只要他们再多花一点儿精力，再坚持一段时间，那些下大功夫争取的东西就会得到。可惜的是，当目标就要达到时，许多人却放弃了。英国诗人威廉·古柏曾语重心长地说："即使是黑暗的日子，能挨到天明，也会重见曙光。"这是事实，最后的努力奋斗，往往是获得胜利的最后一击。

成功人士都有一个共同特征，那就是在他们成功之前，都遇到过非常大的险阻。表面上看来，事情是应该罢手了，殊不知还有一步就可以到达终点了，这一步正在突破的边缘。

1941年秋天，第二次世界大战期间，英国正陷入苦战。首相丘吉尔受到来自内阁的压力，要他和希特勒妥协，寻求和平之可能。

丘吉尔拒绝了，他说事情会有变化，美国会加入大战，不利局势将会被打破。

他的主张坚决，有人问他何以如此肯定，他回答说："因为我研读过历史，历史告诉我们，只要你撑得够久，事情总是会有转机的。"

1941 年 12 月 7 日，日本偷袭珍珠港，距离丘吉尔的那番谈话不过几个星期。希特勒得知这个消息，立刻向美国宣战，一夕之间情势逆转，美国的全部兵力都拥向英国这边来。日本片面的军事行动，牵动了世界局势，使得丘吉尔得以拯救英国，使之免于受到纳粹德军的摧残。

坚持到底，在这个世界上，没有任何事物能够取代毅力。能力无法取代毅力，这个世界上最常见到的莫过于有能力的失败者；天才也无法取代毅力，失败的天才更司空见惯；教育也无法取代毅力，这个世界充满具有高深学识的被淘汰者。拥有毅力再加上决心，就能无往不胜。

毅力并不一定是指永远坚持做同一件事。它的真正意思是，你应该对你目前正在从事的工作集中精神，全力以赴；你应该做得比自己以为能做的更多一点、更好一点；你应该多拜访几个人，多走几里路，多练习几次。每天早晨早起一会儿，思考如何改进你目前的工作和处境。

每一个成功人物的背后，都满载着辛苦奋斗的历程。著名音乐家贝多芬在一次精彩绝伦的演奏结束后，身旁围绕着赞美音乐奇才的人群。

一个女乐迷冲上前呼喊道："哦！先生，如果上帝赐给我如你一般的天赋，那该有多好！"

贝多芬答道："不是天赋，女士，也不是奇迹。只要你每天花 8 个时弹钢琴，连续 40 年，你也可以做得像我一样好。"这就是毅力。

毅力需要恒定的忍耐。请看以下这些数字：

马克思写《资本论》花了 40 年。

达尔文写《物种起源》花了 20 年。

哥白尼写《天体运行论》花了 36 年。

摩尔根写《古代社会》花了 40 年。

歌德写《浮士德》花了 60 年。

托尔斯泰写《战争与和平》花了 37 年。

司马迁写《史记》花了 15 年。

左思写《三都赋》花了 10 年。

洪昇写《长生殿》花了 9 年。

曹雪芹写《红楼梦》花了 10 年。

徐霞客写《徐霞客游记》花了 34 年。

从以上这组数字里，我们可以看到，要成就一项事业需要多么持久的恒心啊！

英国作家狄更斯说："顽强的毅力可以征服世界上任何一座高峰。"

▶ 凡事力求简洁

简洁的力量

一家大公司的门口，写着这样几个字："要简洁！所有的一切都要简洁！"

这张布告明示着两层意义：第一，提醒办事要敏捷；第二，说明简洁是很必要的，因为那喜欢赘言长谈的习惯已经不适用于今日了。

一个商人如果在谈生意时，闲卧在沙发上，不急不忙，想到什么便说什么，至于涉及业务的关键问题并不深入探讨。毫无疑问，这样的商人，在自己的事业上必定是无法成功的。现代商人往往业务繁忙、事情应接不暇，所以，商业谈判中的每一句话都要针对业务本身，万万不可拖延。

谈话抓不住重点，旁敲侧击，不着边际，说来说去也无法使人把握他谈话的要点，这样的人常常会使人生厌。所以，那种谈话不直接爽快而喜欢绕圈子的人，即使在业务上会下苦工，也往往做不成什么大事。成就大业者往往是做事爽直、谈话简洁的人。

培养做事爽直、谈话简洁明了的习惯，并不是一件很难的事。如果能常常有意地加以训练，并能集中思想，做到处事有条不紊、谈吐简洁明了，那么必然会养成简洁的习惯。

我们从一个人处理书信的方式，就能看出他是否已经养成了简洁的习惯。许多人写信函往往不是过于冗长，就是写得拖泥带水。许多人因为写不好一封求职信而无法得到好的职位。有一个公司的经理在阅读自荐信的时候，从来只把简洁的信留下。他知道能写出简洁信函的青年，一定是个能干的青年，尽管他以前从来没有和那求职的青年见过面。而写信冗长的或写信夸夸其谈的青年，都不能引起这位经理的注意。

商业上的信函尤其要写得清楚简明，要像打电报一样。我们要把每一个字都当作二角五分钱来看，因此当力求用最少的字数来说明最丰富的含义。在信函写好以后，即便你自己看来已经很完美简洁了，还是要从头至尾通读一遍，把多余的字句全部删去。一个人一旦学会了简洁，就不会再写出字句冗长、结构散漫的信函来了。这样的练习常常会改进一个人的思想。写信要简略，同样，与人家谈话也要简略。

马登说："在我看来，有一种美德是可以产生力量的，那就是简洁。我们每个人都要立志做到这一点。"

力求简洁

凡事应该力求简洁，直截了当，切中要害。它既是一种机敏，也是一种智慧。宝石的价值不在于它的重要；日常呼吸的空气，一旦经过压缩，就有了炸弹一样的力量，再坚固的岩石也抵挡不住。涓涓细流一般的娓娓劝说，我们可能过后就忘，不留任何痕迹；但若换成一声狮子吼，却有摧枯拉朽、涤荡一切的力量。话人人都会说，这不足为奇，但思想却像沙里淘到的金子，它才能真正启发大家的思考。

子弹只有密集才更有杀伤力。如果你要真正有所成就，那么，你就应该集中精力；如果你希望别人也知道你工作的价值，那么，你就应该化繁为简。美国著名大法官鲁弗斯·乔特可以在一分钟内把问题说得很透彻，其他人却需要一个小时才能够讲述明白。

美国著名的企业家、大西洋电缆建设工程的发起人希拉斯·菲尔德对来访者说："要简洁，时间宝贵，准时、诚实、简洁，应该是我们一生的座右铭。不要写长信，谁都不会有时间看的。如果想说什么，就简单明了地说出来。再重要的事务，一页纸足可以说清楚。很多年前，就在我铺设大西洋海底电缆的时候，有一次我突然需要给英国发一封重要的信函。我知道首相和女王会读到我的信，我用了几页纸把我想说的话写完，然后不停修改，让句子尽可能简短，一共改了20遍，最后我只用一页纸就把问题都写清楚了。然后我寄了出去，不久就收到了答复。当然，这是个很让人满意的答复。不过，你们想过吗，如果我的信写上五六页，事情还会那么顺利吗？不，不会。简洁是一份厚礼啊。"

世界一流的环境法和行政法学家斯图尔特把时间看作自己资本的一部分。他私人的办公室是谁也不许进入的，客人只有把事情向门卫交代清楚了，才有可能在另一间办公室里见到斯图尔特。

如果那个访客是想和他谈些私事，门卫就会告诉他："斯图尔特先生现在不谈私事。"如果谁得到允许，进入他的办公室，那么这个人必须做到尽可能简洁明了地把事情谈完。在斯图尔特的公司，一切都处理得迅速而井井有条，让他的对手都不得不佩服。在那里，看不到散漫随意、无所事事的现象，也没有人随便开玩笑。从早到晚，凡是工作时间，他们的口号只有一个词："效率。"斯图尔特在工作的时候是从来不和人进行朋友式的闲聊的，他一分一秒也不愿浪费。

法国著名牧师、作家费奈隆曾经说过："演说的最高境界是能够做到简洁而意义深远。这就要求在事先能够精选出我们的思想，能够使我们要说的内容安排妥当，同时应该做到不慌不忙，镇定自若。"英国诗人罗伯特·骚塞说："如果你希望自己的话语能够产生影响的话，就应当尽可能的简洁。语言也像阳光一样，越是浓缩集中，越容易把别的东西引燃。"

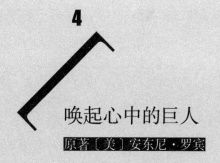

4

唤起心中的巨人

原著〔美〕安东尼·罗宾

\ 如何改变你的习惯　\ 如何完善你的行为

\ 如何开发你的潜能　\ 如何解决内心矛盾

\ 如何了解他人想法　\ 如何控制自己的情绪

关于本书

安东尼·罗宾是成功心理学和保持巅峰状态方面首屈一指的领袖。《唤起心中的巨人》带给你的，将不仅仅是你达到成功所需要的一切手段，安东尼的热情、激励与郑重承诺更将鼓舞你真正把握住自己生活的各个方面。

——《一分钟经理人》作者：肯尼斯·布兰查德

《唤起心中的巨人》自始至终充满了科学的原理和方法，每一页都充满了精炼出来的、立即就能付诸行动的指导方针，可以把自己的思想和情绪集中在你要达到的目标上。安东尼·罗宾是一个强有力的交流者和一个个人成功方面的真正权威人士。

——《成功》杂志总编：斯科特·狄迦莫

《唤起心中的巨人》是每一个想提高生活质量的人的必读书。安东尼·罗宾用他的热情和实用的建议点燃了读者生活的激情。

——《每个女人都应该知道男人的秘密》作者：巴巴拉·德·安格雷丝博士

安东尼的这本书是为每一个想获得自我成功的人而出版的。想在生活中的各个领域都获得满分，这是成功天才所必备的心理素质，从新的角度考虑问题；恢复梦想的能力；将勇气和承诺带入生活。

——《快乐致富》作者：吉姆·翰斯伯格

如何改变你的习惯

认识习惯

狗家族出了一条很有志气、很有抱负的小狗，它向整个家族宣布：要去横穿大沙漠，所有的狗都跑来向它表示祝福。在一片欢呼声中，这只小狗带足了食物、水，然后上路了。3天后，突然传来了小狗不幸死去的消息。

是什么原因使这只很有理想的小狗死去的呢？检查食物，还有很多；水不足吗？也不是，水壶还有水。后来，经过研究终于发现了小狗死去的秘密——小狗是被尿憋死的。

之所以会被尿憋死是因为狗有一个习惯：一定要在树干旁撒尿。由于大沙漠中没有树，也没有电线杆，所以可怜的小狗一直憋了3天，终于被憋死了。

狗是如此，人呢？

狗是习惯的动物，同样人也是习惯的动物，习惯中的高级动物。

一个人的行为方式、生活习惯是多年养成的。比如，与人交往的形式、与人沟通的方式、与人相处的模式等等，都是多年习惯累积慢慢成型的。孔子在《论语》中提到："性相近，习相远也。""少小若无性，习惯成自然。"意思是说，人的本性是很接近的，但由于习惯不同便相去甚远；小时候培养的品格就好像是天生就有的，长期养成的习惯就好像完全出于自然。

俗话说："贫穷是一种习惯，富有也是一种习惯；失败是一种习惯，成功也是一种习惯。"如果你重视观念和思考，那么，你对此可能会有一些同感。

习惯也称为惯性，是宇宙共同的法则，具有无法阻挡的力量。"冬天来了，春天还会远吗？"这就是无法阻挡的一股力量；苹果离开树枝必然往下掉，同样是无法阻挡的一股力量。

没有惯性就没有力量。例如，静止的火车，要防止其滑行只需在每个驱动轮前面放一块 1 寸厚的木头就行了。但如果火车以每小时 100 千米的速度行驶的话，哪怕是一堵 5 尺厚的钢筋水泥墙也无法阻挡，可见惯性的力量多么巨大。

我们可以对"习惯"下这样一个定义：所谓的"习惯"，就是人和动物对于某种刺激的"固定性反应"，这是相同的场合和反应反复出现的结果。所以，如果一个人反复练习饭前洗手的话，那么这个行为就会融合到他更为广泛的行为中去，成为"爱清洁"的习惯。

习惯是某种刺激反复出现，个体对之做出固定性反应，久而久之形成的类似于条件反射的某种规律性活动。它包括生理和心理两方面，即能够直接观察及测量的外显活动和间接推知的内在心路历程，即意识及潜意识历程。而且，心理上的习惯，即思维定式一旦形成，则更具持久性和稳定性，在更广泛的基础上，就成了性格特征。

习惯决定命运

美国著名的心理学家威廉·詹姆士说："播种行为，收获习惯；播种习惯，收获性格；播种性格，收获命运。"一种好习惯可以成就人的一生，一种坏习惯也可以葬送人的一生。

试想，一个爱睡懒觉、生活懒散又没有规律的人，他怎么约束自己勤奋工作？一个不爱阅读、不关心身外世界的人，他能有怎样的胸襟和见识？一个自以为是、目中无人的人，他如何去和别人合作、沟通？一个做事杂乱无章、思维混乱的人，他做起事来的效率会有多高？一个不爱独立思考、人云亦云的人，他能有多大的智慧和判断能力？

习惯是人生成败的关键。事实上，成功者与失败者之间最大的差别就在于他们拥有不一样的习惯。好习惯实际上是好方法，思想的方法、做事的方法。培养好习惯，即是在寻找一种成功的方法。而一个人的坏习惯越多，离成功就越远。

为什么很多成功人士扬言即使现在一败涂地也能很快东山再起？也许就是因为习惯的力量。他们养成的某种习惯锻造了他们的性格，而性格铸就了他们的成功。

人类所有优点都要变成习惯才有价值，即使像"爱"这样一个永恒的主题，也必须通过不断的修炼，变成好的习惯，才能化为真正的行动。

很多好的观念、原则，我们"知道"是一回事，但知道了是否能"做到"是另一回事。这中间必须架起一座桥梁，这座桥梁便是习惯。

那么习惯的价值到底有多大呢？美国科学家曾发现，一个习惯的养成需要21天的时间。如果真是如此，从效率角度分析，习惯应该是投入产出比最高的了。因为你一旦养成某个习惯，就意味着你将终身享用它带来的好处。

正如安东尼·罗宾所说："事实上，成功与失败的最大分野，来自不同的习惯。好习惯是开启成功之门的钥匙，坏习惯则是一扇向失败敞开的门。"

培养受益终生的好习惯

那么，我们该如何养成好的习惯呢？主要有两点需要我们注意：一靠制度约束；二靠自己的努力和决心。

养成好习惯、去除坏习惯的初期，必须靠制度的强制作用进行约束。

每个人饭前、便后洗手的好习惯不是与生俱来的，这种习惯是经过父母或他人的无数次强制和纠正才得以养成。新加坡素有"花园城市"的美名，市民的自律习惯更是让人称叹！但你可知道，当时这些习惯的培养甚至动用了警察、监狱等国家机器来强制。所以，"好习惯出自强制"是个不折不扣的真理。

好习惯的养成，除了靠制度的约束、教育的陶冶外，还要依靠自己的决心和勇气。这又不得不归结于文化了。在一个积极向上的文化氛围中，你总睡懒觉，情何以堪？在一个团结合作的文化氛围中，你总自以为是、目空一切，如何立足？在一个开拓创新的文化氛围中，你总趋炎附势、人云亦云，怎么发展？所以，文化是一种更为强大的自然整合力，超越了制度的强制力、超越了习惯的恋旧性，它强大得无须再强调或者强制，它不知不觉地影响着每个人的心理和精神，从而最终成为一种自觉的群体意识。

当然，任何一种习惯的养成都不是轻而易举的，一定要依照循序渐进、由浅入深、由近及远、由渐变到突变的原则。

改变你的坏习惯

古希腊伟大的哲学家柏拉图告诫一个游荡的青年说："人是习惯的奴隶，一种习惯养成后，就再也无法改变过来。"那个青年回答："逢场作戏有什么关系呢？"这位哲学家立刻正色说道："不然，一件事一经尝试，就会逐渐成为习惯，那就不是小事啦！"这实在是真理。

意大利诗人但丁曾说："熊熊烈焰起于星星之火。"老子在《道德经》中亦云："九层之台，起于累土；千里之行，始于足下。"

习惯的养成就是通过一再地重复，由细线变成粗线，再变成绳索的过程。每一次我们重复相同的行为，就增加并强化它，绳索又变成缆绳，再变成了链子，最终，就成了根深蒂固的习惯，把我们的思想与行为缠得死死的。

习惯充斥于我们的整个生命。一天中几点起床、就寝，是一种习惯；穿衣的姿势、颜色的喜好，是一种习惯；甚至我们怎么吃、怎么做事，都是习惯在起主导作用。

英国桂冠诗人德莱顿在300多年前就曾说过："首先我们养出了习惯，随后习惯养出了我们。"我们之所以有今天，乃是习惯造成的，如果我们想有跟以前截然不同的人生，那就要有巨大的改变。而唯一之途，便是换个完全不同的行为模式，即改变你的很多习惯。

查尔斯·谢灵顿博士是脑生理学方面的专家，他坚持认为："在学习过程中，神经细胞的活动模式与磁带录音相类似。"每当我们记忆起以往的经历时，这个模式便重新展示起来。如果你对失败习以为常，你将易于接受失败的习惯感情，这种感情色彩将在你所做的一切事情中留下烙印。同样，如果你能建立起一个成功的模式，你便能够激励起胜利的感情色彩。从这个意义上说，改变我们的习惯，也就是改变我们命运的走向。我们是习惯的动物。心理学家相信，人类 95% 的行为是通过习惯促成的。

坏的习惯，就像一条有太多孔洞的破船，任你想尽方法，也无法阻止它往下沉。那么何不趁早弃船逃生，即改掉坏习惯呢？而改掉坏习惯的最有效方法就是，用好习惯来取代它。

你一定要坚信：掌握了好习惯，就掌握了迈向成功的命运。那么，从现在起我们就要开始行动，就要下定决心改掉坏习惯。

行为主义学派认为，坏习惯是由偏差行为一再重复而形成的较为固定的行为模式。偏差行为到底有哪些？体现在我们俗称的"习惯"上，即坏习惯到底有哪些？这些坏习惯随学者的看法不同而有差异。从行为的性质而言，则表现为不适宜行为，即不符合时间、地点及身份的行为，对自己的身心健康和发展造成损害或困扰而妨害他人生活，与环境形成冲突的行为。

同时，行为主义者也认为，一个人出现偏差行为，即"坏习惯"，并不是因为他中了什么邪，只要用一些符咒把附在他身上的恶魔除掉就好了；也不是有什么病原体在他身上作祟，吃一副灵丹仙药就可以解决；更不是因为小孩子在早年遇到过什么不幸的事件，而造成日后产生心理障碍的一种症状。它的产生是看外界对这个行为的反应而定。甚至，行为学派学者仍强调，假若偏差行为发生带来周围的赞许，或者不遭到排斥，则行为便会再度得到强化，如此重复多次之后，它就会固定为习惯。相反，假若偏差行为发生带来坏的结果，或徒劳无功，则行为便会减弱，如此重复多次之后，它便不再出现，从个人行为中消失。这些即所谓的增强原理的应用。

个体行为就本质而言并非固定不变，而是因身心发展及客观情境影响，随时在变化。学习是公认的最重要的一种改变行为、塑造行为，以及养成习惯的方式。

由此我们可以确定一点，利用增强原理，通过某些方式的"学习"，我们可以矫正偏差行为，消除坏习惯。而削弱、区别增强、隔离、惩罚是较有成效的消除坏习惯的方法。附带说明一点，习惯的矫正和培养越是从小做起，阻力就越小，幼儿时期是行为塑造的黄金时期，而这个时候习惯的塑造也因为阻力小而变得简单易行。

▶ 如何完善你的行为

尝试改变自己的行为

人的行为不是一成不变的，它可以通过你本身的努力加以改善。如果你正在为自己的某些行为而懊恼，何不从现在开始就尝试改变它们呢？

不要为烦恼而责怪任何人或事。实际上，根本不要谈到你的困难，更不要在进入下一个步骤之前提到它们。任何寻求怜悯，企图使你自己当时感觉好些的措施，都会确实地削弱你个人的力量，如此更会使你自己成为可怜虫或受害者。

不要将你的选择归罪于他人。不要引据他人的意见。你建议上某家餐馆，不要说是别人极力推荐的，要为自己的构想负责。引据别人的意见通常不会对自己造成损害，但如果你拥有的是薄弱的自我意识，那么就会使情况更加恶化。因此，数周内不要引据他人的意见，再看看这种扩大效果的方法是否奏效，你是否觉得好些，或没什么不同，或若有所失？

一旦做了就不要逃避责任，哪怕是未采纳别人的构想而大祸临头。

避免使用"我们"。你拒绝了一项邀请，就说你很累，不管你的同伴是否也有同感，尽量使用第一人称单数的说法。

不要告诉别人他们的感觉。"我相信你不会喜欢的。""我知道××使你不悦，所以我不邀请他。"别人的想法和你一样经常会改变。你可以问问他自己的感想，但不要越俎代庖，告诉别人，经常企图预测别人想听的话，这正是好好先生典型的翻版。结果只会增加你对平凡的自我，还有一些愤怒的朋友的恐惧感。

不要让他人左右你的思想。提醒他们"态度宜温和"，你当时的感觉是基于本能油然而生，无论如何这都是你的权利。永远不要为了维持和平而向他人道歉。

你向朋友或陌生人谈到自己时，不要只叙述事实。在这几周内，尽量少把事实平铺直叙地说出来，而应代之以意见和反映。不要提到有关身份地位的象征，以免使陌生人铭记在心。同时避免机械式的对白，就好像细数你那天从早上6点开始的所作所为一样。

如果你已知道一个故事会按照什么方式讲，就不要把它说出来。背诵式的说明将会增加你在毫无准备的情形下对说错话的恐惧感。

按照以上意见去做，你一定会发现，改变行为原来也不十分复杂。

保持自己的主见

要完善你的行为，就必须在改善一些行为的同时，保持自己的主见。没有主见的人，是不可能有较完善的行为的。

投资家沃伦·巴菲特从来不完全相信理财顾问的话。他说："假设手上有100万美元，如果完全相信内线消息，一年之内就会破产。"

一对父子抬驴回家的故事大家不妨一看。开始父亲让小儿子骑在驴背上，自己走着。不久，路上遇到一个老人轻蔑地说："这家人真是不懂礼数，没大没小，竟然让老子给儿子牵驴。"父亲一想，便让儿子从驴背上跳了下来，父子俩手牵着手继续赶路。没走多远，迎面又来了一个年轻人，他看见这一老一小有驴不骑，便不解地说："真是两个怪异的家伙，有驴不骑偏要费劲地走路。"父亲听了，觉得也有道理。于是他便把缰绳递给了儿子，自己跨到了驴背上。可是没走多远，一个妇人迎面走了过来，咕哝着："那么大的人，却自己骑在驴上优哉游哉，让这么小的孩子来牵，真是没心没肺！"这次，父亲只好把儿子也拽到了驴背上。不久，又来了一个人，那人说："真不像话，毛驴每天为你辛苦劳累，你竟然还要骑着它，而且还一骑就是两个。"父亲一拍脑袋说："是啊，我真是太残忍了。"他们再次跳下驴背。可就是不知道怎么办好，骑也不对，不骑也不对，儿子骑不对，老子骑还不对，怎么办呢？还是抬回家去，总算不亏待这头为咱累死累活的驴了。

一个人没有独立思考的能力，很容易别人一开口就变得惊慌失措，没有了主见。所以，培养独立思考问题、独立解决问题的能力是保持个性的一个重要方面，也是一个人立足于世的必要条件。

哲学家说，世界上找不到两片完全一样的叶子，人又何尝不是如此？没有两个人的态度、信念、价值观和自身所具备的潜能完全一致，所以发生在他们当中一个人身上的事情，并不能假定在另一个人身上也会有相同的结果。听取和尊重别人的意见固然重要，但无论何时千万不要人云亦云，更不要乱了方寸，不知所往，做了别人意见的傀儡。否则，你不但会在左右摇摆中身心疲惫，失去许多成功的机会，甚至还会失去自我。

让自己变得积极起来

要想完善自己的行为，让自己变得积极起来，给人以"积极"的印象非常重要，它可以成为你取胜的法宝。

怎样才能让自己在工作和生活中变得积极起来，引人注目呢？具体可采用如下方法：

（1）站起来发言

无论在大会上讲话，还是在办公室发言，最好的姿势是站起来。哪怕有准备好的椅子，也不要坐着讲。因为站起来发言，给人的感受要更强烈、更有感染力，还可以居高临下，把握会场的气氛。

（2）抢接电话

如果动作迟缓，只会给人留下做事消极、不主动的印象。因此，在办公室里，一旦电话铃响，应反应迅速，抓起话筒。

（3）早上班

提早上班，会给人一个积极、肯干的印象。当别的同事睡眼惺忪地赶到办公室，开始做准备工作时，你已经进入工作状态了，上司自然会另眼相看。

（4）腰杆挺直快步走

这样做会给人一种充满朝气、富有活力的感觉，这是自我表现中不可忽视的内容。如果弯腰驼背、慢慢腾腾、无精打采，会让人如何评价你呢？答案是不言自明的。

（5）握手有力

握手是交际的礼仪，也是表现自己的武器。握手这一小小的动作，看起来只是手与手的交流，实则为心与心的沟通。用力握手可以使对方感到你的热情与坚强，能够给人留下一个深刻的印象。

（6）坐姿正确

和同事交谈，坐在椅子或沙发上的姿势一定要正确。不能全身埋在沙发里或显得懒散地背靠在椅子上。这样会给人一种不认真的感觉。相反，坐姿端正，上半身自然前倾，则会让人觉得你聚精会神，进而给人留下做事认真、积极的印象。

（7）做好笔记

别人讲话时，要注意边听边做笔记。做笔记一方面可以记录下对自己有用的内容；另一方面则表示对对方讲话内容的认同，也是对对方的一种尊敬。

（8）名字要写大

姓名是每个人的代号，签名时尽可能地把字写得大一些，因为写大字的人一般比较具有进取心。

（9）坐到上司身边

对自己越有信心的人，越喜欢和上司坐在一起。因此，在没有安排固定座位的场合，主动坐在上司身边，可以显示出自己的信心。就像学习成绩好、喜欢在课堂发言的学生爱坐在距老师较近的座位一样。

（10）额外工作抢着干

做好分内的事外，对于额外增加的工作也要积极肯干。一方面显示你的热心，另一方面体现你的能力。

（11）求教要登门

如果你有事向同事请教，一定不能通知他来你的办公室，你必须去他的办公室。这样，既能让对方看到你的诚意，又能感受到你的谦恭态度。

（12）袒露你的希望

充满希望的人才会有魅力。一个人拥有远大的目标，便会给人一种积极、有闯劲的感觉。

每个人都不喜欢，甚至讨厌与做事偷懒、不积极的人相处。只有处处给人以"积极"的印象，才能够受到同事的好评，还会得到上司的器重，对自己的前途也会大有好处。

▶ 如何开发你的潜能

认识你的潜能

在每个人的身体里面，都潜伏着巨大的力量。只要你能够发现并加以利用这种力量，便可以成就你所向往的一切东西。

如果能打开你心智的眼睛，看到你内在无限大的"宝库"，你会发现在你的周围就有无限财富。在你内心里面有一座金矿，你可以从这座金矿取得所需的一切东西，而使生活变得幸福、愉快和丰富。

如果能够唤醒这种潜在的巨大力量，往往就会出现奇迹。世界上有无数平凡的人，但在这些人的体内同样有着巨大的潜能，只要能够激发他们体内的一小部分，就能成就最伟大的、神奇的事业。

很多人都不知道在他们内心深处有着无限智慧的金矿，不论你要什么，你都能抽取出来。一块有磁性的金属可以吸起比它重 12 倍的重量，但是如果除去这块金属的磁性，它甚至连轻如羽毛的重量都吸不起来。同样，人也有两种：一种是有磁性的人，他们充满了信心和信仰，他们知道自己天生就是个胜利者、成功者；另一种是没有磁性的人，他们充满了畏惧和怀疑。机会来临时，他们却说："我可能会失败；我可能会失去我的钱；人们会耻笑我。"这种人在生活中不可能会有成就，因为他们害怕前进，他们只好停留在原地。所以，每个人都要争取成为一个有磁性的人，并且找出亘古以来人类的主要奥秘——潜能。

实际上，每个人都具有潜能，而意外事件和灾祸不过是催化剂，使人有了显露这种力量的机会。

有这样一个实验，足以证明潜能的巨大力量。将一个体力平常的人催眠，然后把他的头和脚放在两把椅子的边上，而身体悬空，这时让六七个人站在他身上，他竟能支持得住。后来在他的身上放了一块木板，让一匹马站上去，他竟然也能支持得住。按照一个人平均的体力决不能支持500多千克的重量，但是在催眠状态下，他竟然毫无困难地做到了。那么，他能做出这样的事情，力量来自哪里呢？当然不是来自催眠家，催眠家的作用仅在于把被催眠者的力量从身体里激发出来。这力量不是来自外部，而是来自他的身体内部，这便是潜伏在他自己身体里面的巨大潜能。

　　在你潜意识的深处，有着无限的智慧、力量，以及你所需要的各种各样的"供应器"，这些都等着你去发掘、培养、发挥。

　　如果你愿意开放你的心灵去接受，你潜意识中的无限智慧就会在任何时间、空间，提供你所需要的每一样事物。你可以接受新的思想和观念，使你能够提出新的发明、新的发现，或写出新书和剧本；你潜意识中的无限智慧，甚至可以把各种奇妙的知识，原原本本地传授给你。它可以指引你，为你打开道路，使你在生活中能够完美地发展自己，并达到你真正应该达到的水平。

　　在人的身体和心灵里面，有一种永不坠落、永不衰败、永不腐蚀的东西，这种力量一旦被唤醒，即便在最卑微的生命中，也能像酵母一样，对身心起发酵净化作用，增强人的工作力量。

　　有些时候，人也会有机会看到自己的潜能。比如在失去一个爱友的时候，发现了自己从未发现过的能力；有时读了一本富有感染力的书，或者由于朋友们的真挚鼓励，也能发现自己的内在力量。但无论用何种方法，通过何种途径，一旦激发内在力量，你的行为一定会大异于前，你就会变成一个大有作为的人。

　　去发现这种思想、感觉和力量，这是你的权利。潜能虽然无法看见，但是它的力量却极为广大。在你的潜意识里，你会找到每一种问题的解决方案，以及每一个结果的原因。由于你可以汲取这些隐藏在你内心深处的力量，因此你可以完全在丰富、安全、愉悦和自主之中向前行进。

　　未来的医生会让病人知道，在人的身体内部有一种创造的作用是永远在进行的。这种创造力量，不但创造了他自己的生命，还在不断地更新生命、恢复生命。因为这种潜意识的力量能把人从身心俱疲的状态中提升起来，再度恢复健康、完整，再度充满活力，再度强壮起来，并努力去获得幸福、健康，快乐地表现自己。在你的潜意识中也有这种奇迹般的治疗力量，可以治好你深受折磨的心灵和破碎的心。它可以打开你的心狱之门，也可以帮你摆脱物质和身体上的束缚。

但许多人并不知道深入自己的意识内层，去开发那些供给身体力量的源泉。因此，他们的生命往往是枯燥、毫无生气的。然而如果你能深入到自己的潜意识中，就可以寻得生命的源泉。

一旦饮得这生命的泉水，就不再会感到口渴，生命从此也就有了活力，而这口生命之泉是可以取之不尽、用之不竭的。

由此可见，一个人一旦能对其内在的潜能加以有效地运用，他的生命便永远不会陷于卑微贫困的境地。

重视你的潜能

一般来说，一个人的潜能来源于他的天赋，而天赋又不大容易改变。但实际上，大多数人的潜能都深藏潜伏着，必须由外界的东西予以激发，如果人们的天赋与潜能不被激发、不能得以发扬光大，那么，其固有的潜能就会变得迟钝并失去它的力量。

爱默生说："我最需要的，就是有人叫我去做我力所能及的事情。"去做"我"力所能及的事情，是表现"我"的潜能的最好途径。拿破仑、林肯未必能做的事情，也许"我"能够，这只要尽"我"最大的努力，发挥"我"所具有的潜能。

安东尼·罗宾认为，人的体内都潜伏着巨大的潜能，但这种潜能酣睡着，而一旦被激发，便能做出惊人的事业来。因此，我们必须重视它，并动手发掘它。莫让你的潜能酣睡！

在美国西部某市的法院里有一位法官，他中年时还是一个不通文墨的铁匠。现在已经60岁的他，却成为全城最大的图书馆的主人，获得许多读者的称誉，被认为是学识渊博、为民谋福利的人。这位法官唯一的希望，是帮助同胞们接受教育，获得知识。可是他自身并没有接受过系统教育，为何能产生这样的宏大抱负呢？原来他不过是偶然听了一篇关于"教育之价值"的演讲。结果，这次演讲唤醒了他的潜能，激发了他远大的志向，从而使他做出了一番造福一方民众的事业来。

在我们的现实生活中，有许多人直到老年时才表现他们的潜能。为什么到老年才激发他们的潜能呢？有的是由于阅读富有感染力的书而受到激发；有的是由于聆听了富有说服力的讲演而受感动；有的是由于朋友真挚的鼓励。而对于激发一个人的潜能，作用最大的往往就是朋友的信任、鼓励、赞扬。

倘若你和一些失败者面谈，你就会发现：他们失败的原因，是因为他们无法获得良好的环境；是因为他们从来不曾走入过足以激发人、鼓励人的环境中；是因为他们的潜能从来不曾被激发；是因为他们没有力量从不良的环境中奋起振作。

在一生中，无论何种情形下，你都要不惜一切代价，走入一种能激发你的潜能的氛围中，能激发你走上自我发达之路的环境里。努力接近那些了解你、信任你、鼓励你的人，这对于你日后的成功，具有莫大的影响。你要与那些努力在世界上有所表现的人接近，他们往往志趣高雅、抱负远大。接近那些坚决奋斗的人，你在不知不觉中便会深受他们的感染，养成奋发有为的精神。如果你做得还不十分完美，那些在你周围向上的人，就会来鼓励你下更大的努力、做更艰苦的奋斗。

几乎所有的人一生中都只发挥了其潜能的 15%，他们不能发挥其余 85% 的原因在于恐惧、不安、自卑、意志薄弱及罪恶感。将所有的原因综合起来，可以说是"与外界的不调和"，因为不能包容外界，则等于是替自己的潜能踩了刹车。

与外界的调和能使你的潜能发挥到淋漓尽致的地步，相信你很容易便能了解这一法则，因为所谓创造的行为，是向着外界去发挥，所以一旦能和外界调和，自然会产生优异的结果。以体育比赛为例，还在考虑胜败、估计别人力量的选手，心中已经存在了感情对立的疙瘩，所以不能发挥其潜能。只有超越那些估计，和外界合为一体，才能最大限度地激发潜在能力。一个非常有趣的现象是：凡是在下棋时，对对手抱有对立情感，赢了就觉得快乐的人，他们的进步都很有限。相反的，能和对手配合，不在乎胜败，只求下出高明的棋着并在其中寻求创造之喜悦的人，则能充分地激发他们的潜能，他们也就进步神速。这里不把棋局的胜负当作一种争斗，而把它当成"问答"。如果有两个人天赋相等，但他们所采取的博弈态度有所不同，不久之后，他们两人的棋艺也必有天壤之别。

能包容对方的人才是强者。这不是一个有趣的法则吗？连下棋这种具有严格规则的游戏都有这种结果，更何况是在实际人生这种复杂多变的场所中。

弈棋中的这两种态度，也能充分显示"取"与"造"这两种生存态度。为了达到目的而拼命的人，他们自以为是在踩油门，其实所踩的却是刹车。说到这里，你必定已能充分了解为什么所有的成功者都是彻底贯彻"造"的态度者。这个道理非常简单，一种能力被踩了刹车后，当然不可能有出众的创造行为。当你放弃将潜能视为私有物的感觉时，你就能充分地发挥它。

如果你希望有个富有创造性的人生，别的暂且不提，首先你得是个"不怕失败的人"。乍看之下，这似乎和"无所不能"的命题相矛盾，但是仔细想一想却不是，因为失败和"不能做"不同。此外，失败和成就并不是互相对立的，它可以是到达成功的中转站。精神的强者，越是失败，越能在失败中得到教训，并且越能提升创造的热情。所以问题不在于是否会失败，而在于是否遇到一两次失败就放弃奋斗。凡是能包容别人的人，甚至连失败也能包容在内，这种人最后必然会获得成功。

充分开发你的潜能

多年以前，在美国俄克拉荷马州的一片私人土地上发现了石油，这片土地属于一个年老的印第安人。

这个印第安人一辈子穷困潦倒，可石油的发现使他一夜之间成为百万富翁。发财以后他做的第一件事就是给自己买了一辆豪华的"凯迪拉克"牌旅游轿车。当时的旅游轿车在车后配有两个备用轮胎。可是这位印第安人想使它成为乡里最长的车子，于是又给它加上了4个备用轮胎。他买了一顶林肯式的长筒帽，配上飘带和蝴蝶结，还叼上一支又粗又长的黑雪茄烟，就这样把自己全副武装起来了。每天他都要驾车到附近那个熙熙攘攘、又脏又乱的小镇上去。他想去见每一个人，也想让人们都看看他。他是一位友好的老伙计，驾车通过镇上时他得不停地左顾右盼与碰到的熟人寒暄，与来自四面八方的熟人都打招呼。

有趣的是他的车从来没有撞伤过人，他本人也从未有过身体受伤或财产受损的事。原因很简单，在他那辆气派非凡的汽车前面，有两匹马拉着汽车。他的机械师说汽车的发动机完全正常，只是老印第安人从没学会用钥匙插进去启动点火。在汽车里面的100匹马力准备就绪，昂首待发，可老印第安人就要用汽车外面那两匹马。

许多人都犯了这样的错误，他们只看到外面的两匹马的力量，却看不到里面的100匹马的力量。1分钱和20块钱如果都被扔在海底，它们的价值就毫无区别。只有当你把它们捞起来按惯有的方式花掉的时候，才会有区别。只有当你充分开发并有效利用你的巨大潜能时，你的价值才成为真实的和可见的。

尼亚加拉大瀑布在好几千年里，有上万亿吨的水从180英尺的高处奔涌而下，坠落到深渊里，毫无意义地流失掉。然而有一天，一个人制订了一个计划，利用了这巨大能量的一部分。他使一部分下落的水流有目的地经过一个特殊的装置，从而产生出上亿万千瓦的电力，推动了工业发展的巨轮。从此，成千上万的家庭有了光明，成吨的粮食可以用机械收割，大量的产品被生产出并运输到全美各地。这种新的能源，使许多人有了工作，孩子们受到了现代化的教育，道路被开通，高楼、医院被建造。它带来的好处是说不完的。总之，这一切能实现，都是因为人们发现并利用了尼亚加拉大瀑布的能量，让它为一个特殊的目的服务。

我们也要学会尽快开发和利用自己的潜能。你要知道，你的潜能会在不断运用中得到增加而且会带给你更多的收益。

令人遗憾的是，有史以来，仅有极少数的人能够充分发展自己的潜能，这实在是一件可悲的事。真的，几乎所有的人都具有充沛而未经开发的潜能。

我们如何才能将潜能正确引导出来呢？以下几点供你参考。

（1）在使用中开发潜能。要开发潜能，必须使用已有的能力。只有使用能力，能力才能产生实际作用。哪怕你已经具有了某种能力，可是只要将其搁置一旁，废弃不用，那么严格地说也只是潜在能量，对现实毫无作用。很多没上过专门学校的推销员比那些专门学营销专业的大学生的推销能力高得多，正是他们在"使用中开发潜能"的缘故。

（2）选准最易突破的一点。面对五花八门、种类繁多的各种潜能，并不需要对每一种潜能都投入完全一样的时间成本、精力成本去大力开发。那不仅会分散有限的精力，也很不现实。我们在全面了解、重视整体潜能的同时，应根据自己的优势，集中力量，选准一种关键潜能进行开发，取得突破，这样就能盘活整体潜能。开发潜能一定要选准最易突破的一点，以求尽快突破。

（3）充分考虑自身的天赋、资质等客观条件。要根据自身的天赋和资质，特别是根据自身的优势和特长来确定应当着重开发的潜能。只有这样，才能使潜能的开发事半功倍。人人都有自己的优势才能，人人都有自己的最佳发展区。开发潜能一定要根据自身的天赋、资质等客观条件，大力开发优势潜能，否则，费时费力还讨不到好。最新教育观提出：由于每个人的特点不同，每个人都应当有自己的"课程"。每个人开发潜能，也一定要根据自身特点，设计出自己的开发、利用潜能的蓝图。

（4）承受适当的压力。人往往都有惰性，只有在一定的压力下，才能最大限度地开发自身的潜能。压力是促使进步的最好动力。著名科学家贝弗里奇说："人们最出色的工作往往是在逆境中做出的，思想上的压力，甚至肉体上的痛苦，都可能成为精神上的兴奋剂。很多作家、画家平时灵感难寻，只有在交稿时间非常迫近造成的压力下，大脑里才容易涌现出灵感。"创造学之父奥斯本说："多数有创造力的人，其实都是在期限的逼迫下从事工作的。决定了期限，就会产生对失败的恐惧感，因此，工作时加上情感的力量，会使得工作更加完美。"他还说，"谁被逼到角落里，谁就会有出奇的想象。"当然，压力不能过大，压力过大，就会把人给压怕了，压垮了。压力适度，不但是行动的最好保障，而且往往能把潜能发挥到极致，创造出令人震惊的奇迹。

► **如何解决内心矛盾**

克服自身的心理障碍

每个人都有能力发展自己，取得更大的成功，不幸的是人们在开发自己潜能、取得成功的过程中常会遇到一种自身的心理障碍，这就是所谓的"约拿情结"。"约拿"是《圣经》中的人物，上帝给了他机会，他却退缩了。这是怀疑甚至害怕自己的智力所能达到的光辉水平，心理软弱到甘愿回避成功的典型。

回避成功的心理障碍，主要有意识障碍、意志障碍、情感障碍和个性障碍等。我们只有一一认清它们的面目，才能有效地克服它们。

（1）意识障碍

所谓意识障碍，是指由于人脑歪曲或错误地反映了外部现实世界，从而影响以致减弱人脑自身的辨认能力和反应能力，阻碍了人们对客观事物的正确认识，甚至影响了人们在事业上的成功。意识障碍的主要表现形式有：

①"自卑型"心理障碍。因生理缺陷，或心理缺陷即自认为智力水平低，或家庭、社会条件不如人，而产生一种缺乏自信、轻视自己，不能进行自我能力开发的一种悲观感受。

②"闭锁型"心理障碍。不愿表现自己，把自我体验封闭在内心，而不愿向他人表现，因而缺乏自我开发的积极性。

③"厌倦型"心理障碍。这是一种厌恶一切自己不感兴趣和无能为力的事情的心理状态。存在厌倦心理的人，常常抱怨自己"怀才不遇"，悔恨"明珠暗投"，而对自我开发失去兴趣。

④"志向模糊型"心理障碍。是指对将来干什么，成为何类人才的想法不明确，从而没有定向进取的内驱力，而不能进行自我能力开发的一种心理障碍。

（2）意志障碍

所谓意志障碍，是指人们在自我能力开发中，确定方向、执行决定、实现目标的过程中起阻碍作用的各种非专注性、非持久性、非自制性等不正常的意志心理状态。意志障碍的主要表现形式有：

①"意志暗示型"心理障碍。是指在制定和执行目标时，易受外界社会风潮和他人意见的直接或间接的影响，而产生的一种动摇不定的意志心理状态。表现为确定目标时的"朝三暮四"，执行决定时的"三天打鱼，两天晒网"。

②"意志脆弱型"心理障碍。表现在没有勇气去征服实现目标道路上的困难，不是主动去征服困难，而是被动地改变或放弃自己长期进取的既定目标。

③"意志怯懦型"心理障碍。怯懦是一种懦弱胆小、畏缩不前的心理状态。这种人过于谨慎，小心翼翼，常多虑，犹豫不决，稍有挫折就退缩，因而影响自我能力开发的完成。

（3）情感障碍

所谓情感障碍，是指人们在能力的自我开发中，对客观事物所持态度方面的不正确的内心体验。主要表现为情感麻木。情感麻木的产生主要是由于长期遇到各种困难，受到各种打击，自己又不能正确地对待和加以克服，以致对客观外界事物产生一种恐惧的内心体验，从而形成一种内向封闭性的心理状态。它使人们丧失与人交往的生活热情和对理想及事业的追求。

（4）个性障碍

所谓个性障碍，是指人们在自我开发中常常出现的气质障碍和性格障碍。如抑郁质的人易表现出孤僻、不善交际的弱点；黏液质的人易表现出优柔寡断、缺少魄力的弱点；以及多血质的人缺乏毅力，胆汁质的人办事武断、鲁莽等。

（5）其他障碍

除了意识障碍、意志障碍、情感障碍和个性障碍外，还有其他几种影响潜能开发的心理障碍。包括感觉加工中的心理错觉，知觉中的错觉和偏见，思维定式的障碍等,这些障碍主要属于认识上的主观片面性、表面性,以及思想僵化凝固等。这些和回避成功、害怕成功的心理障碍是两种性质不同的心理障碍,但同样对人的事业成功有着巨大影响,特别是当这些心理障碍互相影响时,会形成一种强大的负效应,导致一个人事业的失败。

很明显,有些人成就不大,不在于智力不够,而在于没有克服自己心理上的弱点和障碍,只有不断向自己挑战,认真对待以上心理障碍,才能取得更大的成功。

忘记内疚,向前看

我们常听到人们如此哀叹:"要是……就好了!"这是一种明显的内疚悔恨情绪,生活在世界上的每个人,不管其所处的环境如何,都会多多少少地体验到这种内疚情绪。

内疚情绪能使你经常为他人着想,体谅别人,这是我们每个人应有的品德。当人刚刚降生时,很少注意到别人是否舒适和便利,自己想要什么就要什么。当我们逐渐长大时,就会慢慢认识到,这世界上还有别人,自己必须顾及他人的存在。我们每个人都有自私的一面,当我们了解到自私是一种不良的品行,而且只是在顾及自己的利益时,就会产生一种内疚的刺痛。

内疚能激励具有德行的人产生一种美好的思想和行为,但并非每种内疚都能产生良好的结果。内疚的悔恨情绪只有配合积极的心态才会有良好的促进作用,当一个人产生内疚,却又不用积极的心态去面对时,就会产生一种有害的结果。

许多人在生活中潜移默化地受到内疚悔恨情绪的影响,他们简直成了一台名副其实的悔恨机器。在各种心理误区中,内疚悔恨是最为无益的,它无疑是在浪费你的情感。内疚悔恨是你在现实中由于过去的事情而产生的惰性。然而,时光一去不返,无论你怎样内疚悔恨,已经发生的事是无法挽回的。

在这里,我们有必要指出,内疚悔恨与吸取教训是存在很大区别的。悔恨不仅仅是对往事的关注,而且是由于过去某件事产生了现时惰性。这种惰性范围很广,包括一般的心烦意乱直至极度的情绪消沉。假如你是在吸取过去的教训,并决意不再重做，这并不是一种消极悔恨。但是，如果你由于自己过去的某种行为而到现在都无法积极生活，那便成了一种消极的悔恨了。吸取教训是一种健康有益的做法，也是我们每个人不断取得进步与发展的必要环节。悔恨则是一种不健康的心理，它是白白浪费自己目前的精力。这种心理既没有好处，又有损于身心健康。实际上，仅靠悔恨是绝不能解决任何问题的。

安东尼·罗宾经常以愉快的方式来结束每一天。他告诫我们说："时光一去不返。每天都应尽力做完该做的事。疏忽和荒唐事在所难免，尽快忘掉它们。明天将是新的一天，应当重新开始，振作精神，不要使过去的错误成为未来的包袱。以悔恨来结束一天，实在是不明智之举。"罗宾鼓励我们做一个关门的人，就好像曾任英国首相的劳合·乔治一样。乔治有一天和朋友散步，每经过一扇门，他便把门关上。朋友疑惑地说："你没必要把这些门关上。"乔治却说："哦，当然有必要。我这一生都在关我身后的门，你知道，这是必须做的事。当你关门时，也将过去的一切留在后面。然后，你又可以重新开始。"

要成为一个快乐的人，重要的一点是学会将过去的错误、罪恶、过失通通忘记，即忘记内疚向前看。我们只有忘记过去的事，努力向着未来的目标前进，才能使自己不断走向辉煌。

接受不可避免的事实

有位企业家做了一个错误的决定，这个决定让他蒙受了一笔巨大的损失。在这之后，他拒绝承认自己的失误，拒绝接受不可避免的事实，结果，他失眠了好几夜，痛苦不堪，但问题一点儿也没解决。更严重的是，这件事还让他想起了很多以前细小的挫败，他在灰心失望中折磨着自己。这种自虐的情形竟然持续了一年，直到他向一位心理专家求救后，才彻底地从痛苦中解脱出来。

如果我们考察一下那些著名的企业家或政治家，就会发现，他们大多都能接受那些不可避免的事实，始终让自己保持平和的心态，过一种无忧无虑的生活。否则，他们就被巨大的压力压垮了。

当我们不再抗拒那些不可避免的事实之后，我们就能节省下精力，去创造一种更加丰富的生活。既抗拒不可避免的事实，又去创造新的生活，谁都没有这样的情感和精力。你只能在两者中间选择其一：可以选择接受不可避免的错误和失败，并抛下它们往前走；也可以选择抗拒它们，变得更加苦恼。

如果我们不接受一些不可避免的挫败，而是去反抗它们的话，我们会得到什么样的结果呢？答案非常简单，它会导致一连串的焦虑、矛盾、痛苦、急躁、紧张等，我们会因此整天神经兮兮、不知所终。

"对必然之事，轻快地加以接受。"这是一句古老的犹太格言。在今天这个充满紧张、忧虑的世界，忙碌的人们比以往更需要这句话。

既然如此，那就接受不可避免的事实，保持乐观的态度，轻松地生活下去吧。

如何了解他人想法

学会察言观色

一个人的想法往往会通过他的态度及动作流露出来，只要我们仔细地观察他人，即学会察言观色，便可以了解他人的想法。

这与古代大臣向君主进谏有一点相似，那就是都得将自己的心态放在比较低的位置上，这样更便于察言观色。

春秋时期的齐国宰相管仲深明察言观色之道，总是等到时机适当再从旁进谏。但是有一次，他稍不小心，还是触到齐桓公的"逆鳞"。

当管仲审核国家预算支出的情况时，发现宴客费用居然高达 2/3，其他的经费只有 1/3，难怪会捉襟见肘、效率不高。他认为这太浪费，此风断不可长。于是，管仲立刻去找桓公，当着众臣的面说："大王，必须要裁减宴客费用，不能如此奢侈……"

话未说完，没想到桓公面色大变，语气激动地反驳说："你为什么也要这样说呢？想想看，隆重款待那些宾客的目的是使他们有宾至如归的感觉，他们回国后才会大力地替我国宣传；如果怠慢那些宾客，他们一定会不高兴，回国后就会大肆说我国的坏话。粮食能够生产出来，物品也能制造出来，又何必要节省呢？要知道，君主最重视的是声誉啊！"

"是！是！主公圣明。"管仲不再强争，即刻退下。

如果换作是一个忠义顽强好辩的人士，继续抗争下去，可以想象会有什么后果。管仲的聪明之处在于他善于察言观色。他从桓公的脸色和语气中察觉到此时桓公心情不佳，不会接受劝谏，自己应做到该进则进、该退则退、当止则止，于是他不再继续损害君主的尊严，而是在后来的工作中慢慢影响桓公，使问题逐步得到改善。

与人交往也应这样，要注意顺着对方的心意，不可触犯对方的忌讳和尊严。不然不但达不到目的，反而会使自己处于非常尴尬的局面。所谓"出门观天色，进门看脸色"，特别是在求人办事时，只有善于根据对方面部表情作出准确判断，再付诸行动，才会有成功的可能。

通过语音洞察人心

一个人说话的语速往往能够反映出他的想法。

一般来说，如果对某人心怀不满，或者持有敌对态度，许多人的说话速度会变缓。相反，如果有愧于心，或者有意要撒谎，说话速度自然会变快，这是人之常情。

在正常的情况下，一般人如果怀有不安和恐惧情绪，说话的速度会加快，他希望借着快速说话，使自己内心潜伏的不安或恐惧得到缓解。

如果有人平时沉默寡言，却突然不大自然地能言善辩起来，那么他内心里一定是隐藏着某种不能为外人道的秘密。当一个人提高说话的音调时，即表示他想压倒对方。高昂的音调只能象征精神的不成熟，它很容易使人情绪激动，并陷入口角与争执的状态里。

有一种人话题始终说不完，即使想要告一段落，也得花费相当长的时间，这表示在说话者的内心里，潜伏着一种唯恐话题即将说完的不安与担忧。很多人也喜欢在句尾加入某种暧昧不明的语气，这是有意想逃避自己责任的表现。

说话速度是一种特征，是一个人与生俱来的气质及平日与人交往中锻炼所形成的。但是异常的说话速度常常与内心的思想有很密切的联系。比如，平时能言善辩的人，突然变得口吃起来；或者相反，平时说话不得要领的人，突然说得头头是道。这就要注意是否发生了什么事情，影响了他们，致使他们的心理发生了重大变化。

曾经有一位评论家说："男人在外面拈花惹草之后，回家时往往会突然对妻子滔滔不绝地说很多话。"这是很合乎规律的现象。因为一般人在烦恼不安或恐惧时，说话速度都会快得异乎寻常，以此自欺欺人，缓和内心的不安与恐惧。但是，由于没有冷静地思考，所以，即使说得滔滔不绝，内容却空洞无物。倘若女方是个感情细腻的人，必定可以看出他内心很不平静。

在工作场所也一样，平时沉默寡言的人，如果突然话多得令人感到不自然，此人一定有了不愿他人知道的秘密。

与说话速度一样，声调是语气的特征之一。一个人的思想处于激动状态时，声调往往会提高。就上述拈花惹草的例子来说，如果出轨的事被妻子知道了，男人对妻子辩解时声音一定会提高。某位作曲家也曾说："要提出与对方相反的意见时，最简单的办法就是提高音量。"的确，这是常见的现象，人们在坚持自己的意见时，都想提高自己的声调来压制对方，相互争执的结果，必然闹得不可开交。

声音的频率较高乃是幼儿时的特色，被认为是任性的形态之一。一般人随着年龄的增长，音频会变低，因为人的精神成长机制，具有抑制任性的心理功能。换句话说，如果成人的声音提高，此人的深层心理一定是回到了幼年期，即已无法控制自己的任性意识，在这种情况下，别人对他说什么他都听不进去。

然而如果一个人无缘无故地小声说话，这表示什么呢？一般地说是表示他对该事物缺乏兴趣，或对自己缺乏信心。

如果你是一个对生活有心的人，仔细留心他人的语速和声调，就可以轻而易举地探知他人内心的想法。

如何看穿他人的心思

与人交往的过程中，若想成功地控制别人，你要做的第一件事，就是看穿别人的心。只有这样，才能分清哪些人是可以继续交往的，才能摸准他们有哪些地方值得你交往，才能决定你自己应当采用什么样的办法去与他们交往。否则，你将碰一个大钉子，撞晕了都不知道撞在什么上了。

看穿别人的心，特别是看穿初次相识的陌生人的心，说难也不难。再高明的人，也会在不知不觉中把自己的内心世界暴露出来，只不过暴露的程度、方式有所不同罢了。因此，你应当学会利用自己的眼睛和大脑，通过观察、分析形形色色的表象，抓住问题的实质。

下面介绍几种在第一次见面时如何看穿别人心理的方法：

（1）从他打招呼的方式看他的内心。即使是一个看似简单的打招呼，也能给你制造了解对方内心的机会。你可以看看，以下列举的外在表现与所分析的内心世界是否一致。当然这种分析总会有一些例外，但大体上应该是准确的。

·不敢抬头仰视对方的人，大部分都是内心怀有自卑感的人。

·使劲儿与对方握手的人，具有主动的性格和信心。

·握手的时候，无力地握住对方的手，表示他有气无力，是性格脆弱的人。

·握手的时候，手掌心冒汗的人，大多是由于情绪激动，内心失去平衡。

·握手的时候，如果目不转睛地注视对方，其目的要使对方在心理上屈居下风。

·虽然不是初次见面，但始终都用老套的话向人打招呼或问候的人，具有自我防卫的心理。

（2）从他的眼睛窥视他的心灵。

·初次见面的时候，首先将视线朝左右瞄射者，表示他已经占据优势。

·有些人一旦被别人注视，会将视线躲开。这些人大体上都怀有自卑感，或有相形见绌的感受。

·抬起眼皮仰视对方的人，无疑是怀有尊敬或信赖对方的意思。

·将视线落下来看着对方，乃表示他有意对对方保持自己的威严。

·无法将视线集中于对方身上，很快地收回自己的视线的人，大多属于性格内向者。

·视线朝左右活动得很厉害，这表示他在展开频繁的思考活动。

（3）从他的举动看他的潜台词。人的一举一动，特别是下意识的形体动作，也能向你泄密。

·交臂的姿势表示保护自己的意思，同样地，这种动作也表示要随时反击的意思。

·举手敲自己的脑袋，或用手摸着头顶，即表示正在思考的意思。

·用双手支撑着下颚，多数情况下表示正在茫然地思考中。

·用拳头击手掌，或者把手指折得咔咔作响，就表示威吓对方，而不是在进行思考的活动。

（4）从他的癖习看他的特性。

·搔弄头发的癖习，是一种神经质的表现。凡是涉及有关自己的事情时，他们马上会显得特别敏感。

·一面说话，一面拉着头发的女性，大体上是很任性的女人。

·说话时常常用手掩住自己嘴巴的女人，是有意要吸引对方。

·拿手托腮成癖的人，即表示要掩盖自己的弱点。

·不断摇晃身体，乃是焦灼的表现，这是为了消除紧张而表现出来的动作。

·双足不断交叉后分开，这种癖习表示不稳定。如果女性具有这一癖习，就表示她对某位男性怀有强烈的关心之意。

如何控制自己的情绪

快乐能让你成为情绪的主人

很多人在生活中漂泊，常常被情势所困，任暴风雨摆布，让外在的事情随意支配自己的感觉与反应，就像被驯服的奴隶一般。当事情或环境发出信号——"生气""不舒服""沮丧烦恼"时，就迅速地听从命令，忘了自己还有舵和帆。要看清一点，无论环境和情势如何，我们都可以选择快乐。

养成快乐的习惯，你就可以成为情绪的主人而不会成为奴隶，快乐的习惯可使一个人不受外在情况的支配。

弗洛伊德认为：我们每个人在个性中都有一些神经质的因素，它经常地表现为焦虑、卑微的自我认识，不成熟以及无意识的癖好。因为在出生之初我们实在太弱小了。最初无助的我们不能为自己做任何事情，所以只好依赖他人。我们最初的岁月是在成人世界中度过的。我们常常铸下错误，发现自己很多时候明显不被人喜爱，并且很多时候不能满足他人对我们的期望。我们开始相信自己实际上是相当糟糕的人。我们容易接受父母和周围的人对自己的看法——缺乏能力，不值得爱。由此，我们形成了糟糕的自我形象。这种意识一直贯穿于我们的岁月以及体验的各种经历。失败是贯穿成长过程的一种方式，必须有意识地加强调整。而这种加强和调整就是要我们将自由时间更多地用于快乐，即自我享受之中。我们必须这样做，否则将无法改变幼年时形成的自我形象。

为自己的娱乐精心筹划可以使人们更加陶醉于欣喜之中。心情越好，人们就越能感受到自我的价值。越成熟，人们就越乐于付出。当父母们看到孩子健康活泼并享受着自己的乐趣时，他们也会变得更加心情舒畅，更加乐意继续追求自己的快乐。

快乐能够在很多方面满足我们的需要。任何形式的快乐都可以为我们消愁解闷，使我们免于焦虑和不安的烦恼，使我们解除神经质的负担。

快乐的儿童是友善的，快乐的成人也是如此。当人们愉快相处时彼此间会变得更加友善。人们越是在一起享受着快乐，就会越加地相互喜欢。因此解除神经紧张的最好方法就是聚集在一起做有趣的事情。只要我们能享受自己的快乐，只要这种方式能唾手可得，那么危害我们人际关系的神经质倾向就会离我们远去。

我们可以确实做一些评估和筹划，但是通常我们所下的决心比我们的理性思维更多地反映了我们的心情。这就是为什么保护我们的心情是如此重要。我们给予自己和他人的任何一点快乐都极大地保护了我们的心情，并把我们推向更好的位置。否则我们自己的神经质倾向可能就会将我们毁灭。

培养每天享受一点快乐的习惯看似无助于提高自我认识。每一天的享受只能极小地增添一份美好的自我情感。但是，这些支离破碎的感觉一天天地增加，很快就能垒起自信的高山。

没有什么能比快乐更具振作自我认识的力量，它是健康情绪的心理维生素。

学会做自己情绪的主人

情绪是内心深处的一种思想情感，但它往往会被外界的事物所控制，并随之摇摆不定。如果你能够驾驭自己的情绪，你未来的人生就会一片光明。

烈日炎炎的夏日，老和尚正在给小和尚讲佛理。

老和尚说，心头火烧毁的往往是自己的心，所以要制怒。"心静自然凉啊！"老和尚讲。老和尚的佛理刚讲完，小和尚便虔诚地向老和尚请教：

"师父，刚才你最后一句说了什么？"

"心静自然凉。"老和尚说。

"心静之后是什么？"

"自然凉。"

"什么自然凉？"

"心静。"

"哦，心静自然凉。"小和尚小声念道，忽又问，

"师父，自然凉前面是什么？"

"是心静。"

"心静前面是什么？"

"心静前面已经没有了。"老和尚说。

"哦，心静后面是什么呢？"

"自然凉。"

"自然凉？那自然凉前面是什么呢？"小和尚不停地问。

"混账！你这哪里是讨教，分明是在胡闹！"老和尚气不打一处来，额头净是汗。

人人都有不易控制自己情绪的弱点，但人并非注定要成为情绪的奴隶或喜怒无常的心情的牺牲品。学会怎样清除破坏我们舒适、幸福的生活和阻碍我们成功的情绪敌人，是一门精深的艺术。

我们应当尽力抹掉头脑里一切令人讨厌的、不健康的情绪。每天清晨起来，我们都应该是一个全新的人。我们应当从我们的思想长廊里抹去一切混乱的印象，代之以和谐、使人振奋、清心怡神的东西。

人不应该成为他心态的牺牲品，更不应该成为情绪的奴隶。有望成功的人不会对自己说："在执行我的计划之前，我会等一等，看看我早晨的身体状况如何。如果我不沮丧、不忧郁，如果我不是消化不良，如果我的肝脏没有毛病，如果我的身体还过得去，那么，我会去办公室，按计划行事。"

当感到沮丧、气馁或绝望时，你不要计较它，不妨痛快淋漓地洗个澡，然后一个人静静地思索、顿悟，驱散萦绕在你头脑里的忧郁阴云。你必须忽略一切令你沮丧的想法和念头，还有一切困扰你的东西。不要使自己纠缠于令人不快的事，不要继续纠缠于过去所犯的错误和令人不快的往昔。你应该武装起来击败破坏你

的平和心态、破坏你的安宁幸福的敌人，召集体内的一切力量，把这些敌人驱逐出去。你要在心中默默告诫自己说："和谐才是永恒的真理。混乱并非真实，只不过是一种缺乏和谐的存在。"这样几次之后，你便能轻而易举地清除你头脑里的所有阴云，从而使你的心灵永远是一片晴空，使你的思想王国里不再有破坏幸福安宁的敌人。做到这一点，你也就成为自己情绪的主人。

转移注意力，也是抚平烦躁、根治不安情绪的一剂良药。当你觉得不快情绪涌上心头时，不妨将你的注意力转移到那些与这种情绪完全相反的方面上，并树立快乐、自信、感激和善待他人的理念。这样，你就会惊奇地看到，那些阻碍你前行脚步并使你的人生痛苦不堪的万恶敌人，转眼之间便无影无踪了。正如打开窗帘射进阳光以后黑暗就消失了一样，我们并没有直接把困扰我们心灵的乌云驱逐出去，但是我们有了一剂根治它的良药，我们引进了阳光。当你情绪低落、愁肠百结时，不妨停下自己手头的工作，用一些截然不同的理念，认真地将这些思想的敌人驱逐出你的大脑，并坚决地消灭这些敌人。也许你深深知道，当你郁闷难消时，一个快乐、绝妙的想法能很快使你走出忧郁的困境。

如果你暂时没有乐天知命、充满希望的情绪，那么，就请你想象一下这种情绪吧，它很快就会属于你。

如果你感到疲惫不堪，感到沮丧、郁闷，究其原因，也许你会发现，之所以会出现这种情况，主要是因为精力不支；而之所以精力不支，或者是由于工作过量、暴饮暴食，在某种程度上违背了消化规律的缘故，或者是由于某种不合常规的习惯在作祟。

你应该尽可能地融入社会环境中去，或者从事一项能使你开怀大笑、其乐融融而又无害的娱乐活动。有的人通过在家中和孩子嬉戏找到了新感觉，摆脱了疲惫、沮丧的情绪；有的人则在剧院里，在愉快的谈话中，或者在阅读使人愉快、催人奋进的书籍时，使自己从疲惫、沮丧中恢复过来。

忘掉那些使自己感到疲惫沮丧的事吧！无论如何，如果你能够成为驾驭自己情绪的主人，你未来的人生就会是一片美好的前程。

控制情绪的窍门

成功人士无不重视控制自己的情绪，并且通过控制情绪，使自己适应环境，取得成功。他们在控制情绪时有许多方法和技巧，值得我们学习。

在美国，有本书一出版就引起了空前的轰动，这本书就是风靡西方世界的商业"圣经"——奥格·曼狄诺写的《世界上最伟大的推销员》一书，它向我们提供了许多控制情绪的方法。而且，这些方法已经被许多人证明是非常有效的。

那么，就让我们来看一看神秘的羊皮卷里面是怎样告诉人们控制情绪的。下面引用的这段话，如果你每天反复读它，使里面阐述的观点成为你思想观念的一部分，那么，将对你的一生大有好处。

《羊皮卷之六》：

今天我要学会控制情绪。

潮起潮落，冬去春来，夏末秋至，日出日落，月圆月缺，雁来雁往，花开花谢，草长瓜熟，自然界万物都在循环往复的变化中，我也不例外，情绪时好时坏。

今天我要学会控制情绪。

这是大自然的玩笑，很少有人窥破天机。每天我醒来时，不再有旧日的心情。昨日的快乐变成今日的哀愁，今日的悲伤又转为明日的喜悦。我心中像有一只轮子不停地转着，由乐而悲，由悲而喜，由喜而忧。这就好比花儿的变化，今天绽开的喜悦也会变成凋谢时的绝望。但是我要记住，正如今天枯败的花儿蕴藏着明天新生的种子，今天的悲伤也预示着明天的欢乐。

今天我要学会控制情绪。

我怎样才能控制情绪，以使每天卓有成效呢？除非我心平气和，否则迎来的又将是失败的一天。花草树木随着气候的变化而生长，但是我为自己创造天气。我要学会用自己的心灵弥补气候的不足。如果我为顾客带来风雨、忧郁、黑暗和悲观，那么他们也会报之以风雨、忧郁、黑暗和悲观，而他们什么也不会买。相反的，如果我为顾客献上欢乐、喜悦、光明和笑声，他们也会报之以欢乐、喜悦、光明和笑声，我就能获得销售上的丰收，赚取成仓的金币。

今天我要学会控制情绪。

我怎样才能控制情绪，让每天充满幸福和欢乐呢？我要学会这个千古秘诀：弱者任思绪控制行为，强者让行为控制思绪。每天醒来当我被悲伤、自怜、失败的情绪包围时，我就这样与之对抗：

沮丧时，我引吭高歌。

悲伤时，我开怀大笑。

病痛时，我加倍工作。

恐惧时，我勇往直前。

自卑时，我换上新装。

不安时，我提高嗓音。

穷困潦倒时，我想象未来的财富。

力不从心时，我回想过去的成功。

自轻自贱时，我想想自己的目标。

总之，今天我学会控制自己的情绪。

从今往后，我明白了，只有低能者才会江郎才尽，我并非低能者，我必须不断对抗那些企图摧垮我的力量。失望和悲伤一眼就会被识破，而其他许多敌人是不易察觉的，它们往往面带微笑，招手而来，却随时可能将我摧毁。对它们，我永远不能放松警惕。

自高自大时，我要追寻失败的记忆。

纵情享受时，我要记得挨饿的日子。

扬扬得意时，不要忘了那忍辱的时刻。

自以为是时，看看自己是否能让风止步。

腰缠万贯时，想想那些食不果腹的人。

骄傲自满时，要想到自己怯懦的时候。

不可一世时，要抬起头来，仰望群星。

今天我要学会控制情绪。

有了这项新本领，我也更能体察别人的情绪变化。我宽容怒气冲冲的人，因为他尚未懂得控制自己的情绪。我可以忍受他的指责与辱骂，因为我知道明天他会改变，重新变得随和。我不再只凭一面之交来判断一个人，也不再因一时的怨恨与人绝交，今天不肯花一分钱购买金篷马车的人，明天也许会用全部家当换取树苗。知道了这个秘密，我可以获得极大的财富。

今天我要学会控制情绪。

我从此领会了人类情绪变化的奥秘。对于自己千变万化的个性，我不再听之任之，我知道，只有积极主动地控制情绪，才能掌握自己的命运。

我控制自己的命运，而我的命运就是成为世界上最伟大的推销员！

我成为自己的主人。

我由此而变得伟大。

《羊皮卷之六》里面所阐述的控制情绪的箴言可以说是字字珠玑。其实，只要你真正能够按照上面的原则来思考和行事，那么你一定能在通向成功的路上取得意外的收获。

除了像羊皮卷里所说那样自我激励以外，最重要的还是在现实中真正地去做，去控制自己的情绪，这也是最简单、最有效的方式。

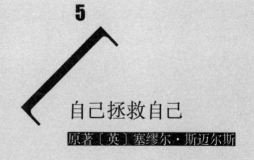

5

自己拯救自己

原著〔英〕塞缪尔·斯迈尔斯

\ 自立者天助 \ 恒心与毅力

\ 力量与勇气 \ 勤奋与天赋

\ 金钱与人生 \ 行动是一切

关于本书

　　本书作者塞缪尔·斯迈尔斯（1812—1904）是英国伟大的道德学家、著名的社会改革家和散文随笔作家，因社会道德和人生职责方面的深刻思想而被誉为"西方成功学之父""卡耐基的精神导师"。他毕生关注中下层公民的生存状态，倡导政治改革，并通过演讲、写作给予人们精神上的帮助。

　　《自己拯救自己》写成于1856年，它是作者第一本宣扬自助思想的专著，它教导人们如何培养一种自助精神，通过自我奋斗来改变自己的命运。此书自1871年在英国问世以来，便在社会上引起强烈反响，世界上许多国家每年不断重印，在全球畅销130多年而不衰。据1996年日本民意调查表明，该书是对日本国民的命运影响最大的一本书。

　　本书塑造了亿万人民的高贵品行，被誉为"文明素养的经典手册""人格修炼的《圣经》"。

自立是打开成功之门的钥匙

有这样一则寓言故事：

小蜗牛问妈妈："为什么我们从生下来，就要背负这个又硬又重的壳呢？"

蜗牛妈妈回答说："因为我们的身体没有骨骼的支撑，只能爬，又爬不快。所以要这个壳的保护。"

小蜗牛又问道："毛虫姐姐没有骨头，也爬不快，为什么她却不用背这个又硬又重的壳呢？"

蜗牛妈妈说："因为毛虫姐姐能变成蝴蝶，天空会保护她啊。"

小蜗牛又问："可是蚯蚓弟弟也没骨头爬不快，也不会变成蝴蝶，他为什么不背这个又硬又重的壳呢？"

蜗牛妈妈说："因为蚯蚓弟弟会钻土，大地会保护他啊。"

小蜗牛哭了起来："我们好可怜，天空不保护，大地也不保护。"

蜗牛妈妈安慰他说："所以我们有壳啊，我们不用天空和大地，我们自己能保护自己。"

人需自立，锻炼意志和力量，需要自助自立精神，而非靠来自他人的影响力，更不能依赖他人。总是依靠他人，总是觉得会有人为我们做任何事，所以不必努力，这种想法对发挥自立精神是致命的障碍。只有抛弃拐杖，破釜沉舟，依靠自己，才能赢得最后的胜利。

自立是打开成功之门的钥匙，自立也是力量的源泉。一旦你不再需要别人的援助，自强自立起来，你就踏上了成功之路。一旦你抛弃所有外来的帮助，你就会发挥出过去从未意识到的力量。

世上没有比自立更有价值的东西了。如果你想要不断从别人那里获得帮助，你就难以保有自立。如果你决定凡事依靠自己，独立自主，你就会变得日益坚强。也许你有时候会觉得外部的帮助是一种幸运，但是，从不利的方面看，外部的帮助常常又是祸根，给你钱的人并不见得是你最好的朋友。

有很多残疾人，他们只有一条腿和一只手，却能自食其力，而你作为一个身体健全、能够工作的人还要指望别人的帮助，这简直是荒谬透顶。通常，为别人工作是无法发挥出一个人的所有潜力的。因为没有动力，没有雄心壮志，没有热情，不管他责任心有多强，都难以激发出上帝所赋予的所有潜在能力。人身上最可贵的品质就是独立自强，而为人作嫁衣时这些品质是难以充分展现的。我们不靠天，也不靠地，我们靠自己。

我们许多人之所以一生碌碌无为，原因是有一个通病，就是以为自己没有什么特殊的才能，以为自己不过是一个平庸的人，因此就甘于平凡，不再努力，不再追求，不再发展自己了，就一味地依赖他人，听从他人的安排。实际上，在我们没有付出努力之前，在我们的事业没有成功之前，任何人都不会明白自己究竟是什么样的人，究竟能够成就什么样的事业，究竟有多大的潜能。

自立是成功之门的钥匙。一个人什么都可以没有，但是不能没有自立的精神。任何一个人都具有连自己也不敢相信的洞察能力和智慧，自立是帮助你开启能力和智慧的钥匙。一旦你走进这个大门，就会发现，你原来有那么大的能量，你原来有着与那些杰出人士一样的机会，你也可以成为一个杰出的人。

当你相信自己是一个不凡的人，相信自己是一个可以自立的人，相信自己是一个无须依赖他人的人时，你就会变得自信自强，成功的大门也会在你的面前敞开。

用自己的双手托起蓝天

一般的人，如果在某一方面缺少特殊的才能，就会变得不想再努力，以为努力也不会有成果。而许多成功的人却不是这样，他们在最初的时候与常人没什么两样，也没有什么特殊能力和机遇，但他们却有高过一般人的自立精神和生活愿望，而且可以把这些作为奋斗的支柱，因此，才获得了最后的成功。

想要知道自己的身体里究竟有多少才能与力量，一定要去实地检验。同实力、资本以及亲戚朋友的扶持相比，自立精神最为重要，它对人的成就有不可思议的力量。

很多人都知道一句名言：自立者天助。每个人都可以实现自立自助的独立生活，可在现实中，只有少数人能够真正如此。当然，依赖他人，追随他人，什么事都靠别人去思考、去策划、去完成，这当然要比自己去想、去策划、去工作要容易得多，也惬意得多。然而，一个人如果有了依赖想法，他就会丧失勤勉努力的精神。

有很多父母总想给他们的子女创造优越的条件，为了不让他们奋斗得过于艰辛，就处处翼护着他们，使他们免受一丝一毫的委屈。殊不知，这种做法在不知不觉中已经毁掉了孩子的前程。父母的做法看似是在给孩子开辟出路，其实质却恰恰相反，这是在给他设置障碍。当他失去了自立自助的能力时，他就会在依赖中苟且生存。

能充分发展我们智力与体力的，绝不会是外援和依赖，而是自立自助。世界上能够获得成功的人，都是摆脱了依赖，抛弃了拐杖，具有自信，能够自立的人。对一个人来说，进入成功之门的钥匙唯有自立自助，这种品质正是获得胜利的前提。

驾驶航船的船长是否训练有素，在风平浪静时是看不出来的，只有在狂风暴雨、波涛汹涌、大船将覆、人心惊恐的时刻，才能够显示出船长的真实本领。船长之所以能成为船长，正是因为他曾无数次经受过大风大浪的严酷考验。同样，坚定意志，努力奋斗，以获得巨大的成功，这只有在困境中才能磨炼出来。外界的扶助，有时或许也是一种幸运，但更多的时候，情况恰恰相反。你最好的朋友并不是供给你金钱的人，真正的好友，是鼓励你自立自助的人。

一个身体健全的人如果总是依赖他人，慢慢地就会感到自己不是一个完整的人。一个人只有在能够自立自助的时候，才会感到自由自在，无比幸福。

世界上许多人之所以会无所作为，就是因为他们贪图安乐，缺乏自信，不敢按自己的意志去行动。他们凡事都必须得到他人的同意认可才敢作出决定，这样的人，永远只是生活的奴隶。

用自己的双手托起蓝天的人，才是天地间真正的巨人。并不是春风吹开了花朵，而是花朵带来了春天。如果你自己做不了花朵，春天也无法给你带来芬芳。

自立者天助也

"自立者，天助也。"这是一条屡试不爽的格言，它早已被漫长的人类历史进程中无数人的经验所证实。自立精神是个人发展与进步的动力和根源，它体现在众多的生活领域，成为国家兴旺强大的真正源泉。从效果上看，外在的帮助只会使受助者走向衰弱，而自强自立则会使自救者兴旺发达。

对于能够自立自助的人来说，贫穷非但不会带来痛苦和不幸，通过吃苦耐劳、坚忍不拔的自助实干，它还会转化成为一种幸福。贫穷能够唤起自立者奋发向上的激情，以及为摆脱贫穷勇敢地战斗的拼搏精神。

自助和受助这两个事物，虽然看起来是相互矛盾的，然而把它们有效结合才是最好的——高尚的依赖和自立，高尚的受助和自助。

自力更生和自己战胜自己将教会一个人从自身力量的源泉中汲取动力，从自己的力量中品尝到甜蜜的味道，学会正确地劳动以供养自己的生活，并认真地扩展属于自己的美好事物的职责。

自立的精神是一个民族力量的真正源泉。

再穷苦的人也有登上人生顶峰的时候，在他们走向成功的道路上根本没有不可战胜的困难。

成功的大门时刻为那些吃苦耐劳的人敞开着。

早年遭遇人生的艰难和不利于自己的困境是一个人走向成功的必要条件。因为，这样的环境可以教会人怎样自立。

"自立者，天助也！"请相信：无论何时，无论何地，你都是你自己最大的救星。

▶
恒心与毅力

有恒心和毅力才能取得胜利

塞缪尔·斯迈尔斯在他的著作《自己拯救自己》中，给我们讲述了伯纳德·帕里希凭借着自己的恒心与毅力取得成功的事迹。

法国青年伯纳德·帕里希在18岁时就离开了自己的家乡。按照他自己的说法，那时候的他"一本书也没有，只有天空和土地为伴，因为它们对谁都不会拒绝"。当时，帕里希只是一个毫不起眼的玻璃画师，然而，他却怀着满腔的艺术热情。

一次，帕里希偶然看到了一只精美的意大利杯子，他完全被这只杯子迷住了，从此，帕里希的生活完全被打乱了。他的内心完全被另一种激情占据了：他决心要发现瓷釉的奥秘，看看它为什么能赋予杯子那样的光泽。此后，帕里希长年累月地把自己的精力全部投入到对瓷釉各种成分的研究中。他自己动手制造熔炉，但第一次试验以失败告终。后来，他又造了第二个，这一次虽然成功了，然而这只炉子既费燃料，又耗时间，让他几乎耗尽了财产。因为买不起燃料，帕里希只能无奈地用普通的火炉。失败对他已经是家常便饭了，但他从来都没有气馁，每次他在哪里失败，就从哪里重新开始。终于，在经历了无数次失败之后，帕里希烧出了色彩非常美丽的瓷釉。

为了改进自己的发明，帕里希用自己的双手把砖头一块一块地垒起来，建了一个玻璃炉。终于，到了决定试验成败的时候了，他连续高温加热了六天。可是，出乎意料的是，瓷釉并没有熔化，而他当时已经身无分文了。帕里希只好通过向别人借贷买来陶罐和木材，并且想方设法找到了更好的助熔剂。一切准备就绪之后，帕里希重新生火。但是，这一次直到所有的燃料都耗光了也没有任何结果。帕里希跑到花园里，把篱笆上的木栅栏拆下来当柴火继续烧。木栅栏烧光了，还是没有结果。帕里希把家里的家具扔进了火堆，但仍然没有起作用。

最后，帕里希把餐厅里的架子都一并砍碎扔进火里。奇迹终于发生了，熊熊的火焰一下子把瓷釉熔化了，瓷釉的秘密终于揭开了。

事实再一次证明了这一点：有志者，事竟成。

一些伟大的作家之所以能够成名，都是由于他们坚忍不拔的意志。他们的作品并不是凭借着天才的灵感一蹴而就的，往往需要经过精心细致的雕琢，反反复复的修改，直到最后把一切不完美的痕迹都除掉，人们才领略到艺术的高贵典雅。

古罗马的大诗人维吉尔的传世之作《埃涅阿斯纪》是用了21年时间才完成的。俄国大文豪列夫·托尔斯泰的作品《安娜·卡列尼娜》是他用了整整8年的时间反复构思、反复修改，最终才把一部关于家庭私生活的小说改编成了一部具有鲜明时代特征的社会小说。亚当·斯密写作《国富论》用了10年时间，孟德斯鸠写作《论法的精神》用了整整25年的时间。透过这些伟大的作品，我们的确可以体会到作家的艰苦劳动。他们为了完成一部作品，往往要花费几年甚至几十年的心血。如果没有坚强的恒心与毅力，他们是不可能做到这一点的。

在人类智慧发展的历史中，几乎没有一个诗人、艺术家、哲学家或科学家的天才不被他们的父母或老师反对过。那些天才都是靠着顽强的毅力，克服了重重干扰才获得了胜利。

因为人类有了恒心和毅力，才有了埃及平原上宏伟的金字塔，才有了耶路撒冷巍峨的庙堂；因为人类有了恒心与毅力，才能登上气候恶劣、云雾缭绕的珠穆朗玛峰，在无边的大西洋上开辟了航道；正是因为有了恒心和毅力，人类才夷平了新大陆的各种障碍，建立起人类居住的共同体。恒心与毅力让天才在大理石上刻下精美的创作，在画布上留下大自然恢宏的缩影；恒心与毅力创造了纺锤，发明了飞梭；恒心与毅力使汽车变成了人类胯下的战马，装载着货物翻山越岭，在天南地北间往来穿梭；恒心与毅力让白帆撒满了海上，使海洋向无数民族开放，每一片水域都有了水手的身影，每一座荒岛都有了探险者的足迹。

凡事不能持之以恒，正是很多人最后失败的根源。一切领域中所有的重大成就无不与坚忍不拔的毅力有关。从某种意义上来说，成功更多依赖的是人的恒心与毅力，而不是天赋与才华。英国著名的外交官布尔沃说："恒心与毅力是征服者的灵魂，它是人类反抗命运、个人反抗世界、灵魂反抗物质的最有力的支持，它也是福音书的精髓。"

才华固然是我们所渴望的，但恒心与毅力更能让我们感动。

毅力可以助你完成一生的追求

您是否了解您能够变得多么坚强呢？在美国的麻省理工学院进行过一个有趣的实验：实验者用铁圈将一个小南瓜整个箍住，以观察当南瓜逐渐长大时，对这个铁圈产生的压力有多大。

最初他们估计南瓜最大能够承受大约 500 磅（226 千克）的压力。最后当研究结束时，整个南瓜承受了超过 5000 磅（2260 千克）的压力后才使瓜皮破裂。他们打开南瓜，发现它中间充满了坚韧牢固的层层纤维。为了吸收充分的养分，以便于突破限制它成长的铁圈，它的根部延展范围令人吃惊，所有的根往不同的方向全方位地伸展，最后这株南瓜独自地接管控制了整个花园的土壤与资源。

我们对于自己能够变得多么坚强都毫无概念，假如南瓜能够承受如此巨大的外力，那么人类在相同的环境下又能够承受多少压力？只要敢于在充满荆棘的道路上奋进，大多数人都能够承受超过我们所预想的压力。桑德斯上校是"肯德基炸鸡"连锁店的创办人，他在年龄高达 65 岁时才开始从事这个事业。因为他身无分文且孑然一身，当他拿到生平第一张救济金支票时，金额只有 105 美元，内心实在是极度沮丧。他不怪这个社会，也未写信去骂国会，仅是心平气和地自问："到底我能对人们作出何种贡献呢？我有什么可以回馈的呢？"随之，他便思量起自己的所有，试图找出可为之处。

头一个浮上他心头的便是："很好，我还拥有一份人人都会喜欢的炸鸡秘方，不知道餐馆要不要？"随即他又想到："如果卖掉这份秘方所赚的钱还不够我付房租呢！如果餐馆生意因此提升的话，那又该如何呢？如果上门的顾客增加，且指名要点炸鸡，或许餐馆会让我从中抽取提成也说不定。"这样想着，他便去挨家挨户地敲门，把想法告诉每家餐馆："我有一份上好的炸鸡秘方，如果你能采用，相信生意一定能够提升，而我希望能从增加的营业额里抽取提成。"

很多人都当面嘲笑他："得了吧，若是有这么好的秘方，你干吗还穿得这么狼狈？"这些话丝毫没有让桑德斯上校打退堂鼓，因为他还拥有天字第一号的成功秘诀，我们称其为"能力法则"，意思是指"不懈地拿出行动"，在你每做一件事时，必得从其中好好学习，找出下次能做好的更好方法。桑德斯上校确实奉行了这条法则，从不为前一家餐馆的拒绝而懊恼，反倒用心修正说辞，以更有效的方法去说服下一家餐馆。

桑德斯上校的点子最终被接受，但你知道他之前被拒绝了多少次吗？整整1009次，直到第1010次他才听到第一声"同意"。在过去两年时间里，他驾着自己那辆又旧又破的老爷车，足迹遍及美国每一个角落。困了就和衣睡在后座，醒来逢人便诉说他那些点子。他为人示范所炸的鸡肉，经常就是果腹的餐点。历经1009次拒绝，整整两年时间，有多少人还能够锲而不舍地继续下去呢？真是少之又少了，也无怪乎世上只有一位桑德斯上校。我们相信很难有几个人能受得了20次拒绝，更别论100次或1000次了。然而这也就是成功的可贵之处。

如果你好好审视历史上那些成大功、立大业的人物，就会发现他们都有一个共同的特点：不轻易为"拒绝"所打败，不达成他们的理想、目标、心愿，就绝不罢休。华特·迪士尼为了实现建立"地球上最欢乐之地"的美梦，四处向银行融资，可是曾被拒绝了302次之多。而今天，每年有上百万游客享受到前所未有的"迪士尼欢乐"，这全都出于一个人的决心。多方努力去尝试，凭毅力去追求所企望的目标，最终必然会得到自己所要的，可千万别在中途便放弃希望。这句话说来简单，但我们相信你一定会从内心同意。从今天起就拿出必要的行动吧，哪怕只是小小的一步。相信自己，凭着你的决心和毅力，终有一天会积少成多，由小成绩到大成就的。到那时，你会发现：原来自己是如此坚强。

力量与勇气

每个人都拥有巨大的力量

公元前 1 世纪，罗马的恺撒大帝统领他的军队抵达英格兰后，下定了决不退却的决心。为了使士兵们知道他的决心，恺撒当着士兵们的面，将所有运载的船只全部焚毁。不给自己的军队留退路，最终他的军队取得了战斗的胜利。

而现在有很多人在开始做事的时候往往便给自己留一条后路，作为遭遇困难时的退路。这样怎么能够成就伟大的事业呢？

破釜沉舟的军队，才能决战制胜。同样，一个人无论做什么事，务必抱着绝无退路的决心，勇往直前，遇到任何困难、障碍都不能后退。如果立志不坚，时时准备知难而退，那就绝不会有成功的一日。

一生的成败，全系于意志力的强弱。意志力坚强的人，就会拥有巨大的力量，无论他们遇到什么艰难险阻，都能克服困难，消除障碍。而意志薄弱的人，一遇到挫折，便想着退缩，最终必将归于失败。实际生活中有许多人都很希望自己能上进，但无奈他们意志薄弱，没有坚强的决心，不抱着破釜沉舟的信念，一遇挫折，立即后退，所以终遭失败。

一个人有了决心，方能克服种种艰难去获得胜利，这样才能得到人们的敬仰。所以，有决心的人，必定是最终的胜利者。只有有决心，才能增强信心，才能充分发挥才智，从而在事业上作出伟大的成就。

对很多人来说，犹豫不决的痼疾已经病入膏肓，这些人无论做什么事，总是留一条退路，决无破釜沉舟的勇气。他们不知道，如果把自己的全部心思贯注于目标是可以生出一种坚强的自信的。这种自信能够破除犹豫不决的恶习，把因循守旧、苟且偷生等成功之敌，统统捆缚起来。

有人喜欢把重要问题搁在一边，留待以后解决，这其实是个恶习。如果你有这样的倾向，应该尽快将其抛弃，你要训练自己学会敏捷果断地作出决定。无论当前问题有多么严重，你都应该顾及问题的各方面，加以慎重地权衡，但千万不要陷于优柔寡断的泥潭中。倘若你有慢慢考虑或重新考虑的念头，你准会失败。即便你的决策有一千次错误，也不要养成优柔寡断的习惯。

当机立断的人，遇到事情就会迅速作出决策。而优柔寡断的人，进行决策时，总是逢人就要商量，即便再三考虑也难以决断，这样终将一无所成。

如果你养成了决策以后一以贯之、不再更改的习惯，那么在作决策时，就会运用你自己最佳的判断力。但如果你的决策不过是个实验，你还不认为它就是最后的决断，这样就容易使你自己有重复考虑的余地，就不会产生一个成功的决策。

斯迈尔斯说："每个人都生来具有强大的力量。人与人之间，弱者与强者之间，大人物与小人物之间最大的差异就在于他们对自身力量的发挥和利用。一个目标一旦确立，通过奋斗是可以取得成功的。在对有价值的目标的追求中，坚忍不拔的意志力才是一切真正伟大品格的基础。"

勇气是力量的助推器

每个人都有巨大的力量，但它只有在勇气的推动下才能发挥出来，否则它将沉睡终生。

乔很爱音乐，尤其喜欢小提琴，在国内学习了一段时间之后，觉得国内的知识自己已经学习得差不多了，再学习下去也不会有什么进步。于是他把视线转到了国外，但是国外没一个认识的人，他到了那里要怎么生存呀？这些他当然也想过，但是为了自己的音乐之梦，他勇敢地踏出了国门，威尼斯是他的目的地，因为那里是音乐的故乡。这次出国的费用家里辛辛苦苦地凑了出来，但是家里的情况他也知道，没有什么钱了，学费与生活费是无论如何也拿不出来了。所以他虽然来到了音乐之都，却只能站在大学的门外，因为他没有钱。他必须先到街头上拉琴卖艺来赚够自己的学费与生活费。人生地不熟的，他却必须开始讨生活了。

幸运的是，乔在一家大型商场附近找到了一位为人不错的琴手，他们一起在那里拉琴。这个地理位置比较优越，他们挣到了很多钱。

但是这些钱并没有让乔忘记自己的梦想。过了一段时间，乔赚够了自己必需的生活费与学费，就和那个琴手道别了。他要学习，要进入大学进修，要在音乐学府里拜师学艺，要和琴技高超的同学们互相切磋，将来要登上国家音乐厅的舞台献艺。乔将全部的时间和精力，投注在提升音乐素养和琴艺之中……

10年后，乔有一次路过那家大型商场，巧得很，他的老朋友——那个当初和他一起拉琴的琴手，仍在那儿拉琴，而他的表情一如往昔，脸上露着得意、满足与陶醉的表情。

那个人也发现了乔，他很高兴地停下拉琴的手，热络地说道："兄弟，好久没见啦！你现在在哪里拉琴啊？"

乔回答了一个很有名的音乐厅的名字，那个琴手疑惑地问道："那里也让流浪艺人拉琴吗？"

乔没有说什么，只淡淡地笑着点了点头。

其实，10年后的乔，早已不是当年那个当街献艺的乔了，他已经是一位世界知名的音乐家，他经常应邀在著名的音乐厅中登台献艺，早就实现了自己的梦想。

我们的才华、我们的潜力、我们的前程，如果没有胆量的推动，很可能只是一场镜花水月，当大梦醒来，一切也就醒了。

人，必须鼓起勇气，不断学习，才能攀登上生命的高峰。

勇气助你走上成功的金字塔

勇气可以点亮你成功之路的导航灯。世界著名的戴尔计算机公司的创始人迈克尔·戴尔就是凭借自己的勇气一步步走向成功的。

戴尔在上大学期间原本修的课程是医科，1984年时他应该在奥斯汀的得克萨斯大学钻研医学，但是他对医学并不感兴趣，即使医生在社会上是很有头面又赚钱的职业，可他想做的却是摆弄计算机。而计算机在当时虽然有人在做，但是整个计算机行业还没有打开局面。但这并不能阻止戴尔对计算机的热爱，他勇敢地迈出了自己的第一步，自己做了点小生意，帮人为电脑升级换代。他的决定是正确的，虽说是个小生意，但这个副业却每月都能给他带来五万美元的收入。在电脑上他是个天才，同样，在经商上他也很有头脑。他做了与比尔·盖茨一样的决定：退学。这个决定也同样与比尔·盖茨的决定一样英明，他创建了自己的公司——戴尔计算机公司。

当年在宿舍房间起步的小公司，现在已成为美国最大的个人计算机销售公司，每年的总销售额达到上百亿美元，令 IBM 和康柏相形见绌。

勇气真是个神奇的东西，比尔·盖茨的勇气使自己戴上了世界首富的王冠，迈克尔·戴尔的勇气让他在世界 500 强中占据了一席之地。

杰克·韦尔奇在来中国时，遇到了新浪网友提的这样一个问题："如果您回到 30 岁，您现在没有什么事业，在现在的经济环境中，您还有取得今天成绩的勇气吗？"

韦尔奇的回答是："你能够让我回到 30 岁吗？如果说你是 30 岁，做一些一成不变的工作，就太遗憾了。放手去试试吧，去冒险吧，去做新的事情吧，去别的国家吧，要有勇气。勇气是一个巨大的礼物，不要浪费它。"

在勇气的天空下，没有办不成的事情。只要你拥有勇气，它便可以助你走上成功的金字塔。

如何培养你的力量与勇气

力量与勇气是每个人都具有的一种能力，没有天生缺乏意志的人，同样也没有天生的懦夫。

意志不坚强及懦弱的性格都是后天环境造成的。因此，力量与勇气是可以通过你自己的努力培养出来的，那么，该如何培养出力量与勇气呢？

假若你时常会花时间去担心某件事，那么，何不作建设性的担心呢？首先，将你最希望的结果规划出来，并清楚地开始用"假若"问自己。"假若最希望的结果实现了，我会怎样？"其次，提醒你自己，无论如何这是可能发生的事，只要你坚定不移，并付诸努力，就会实现。

将这个希望的结果想成一种明显的可能后，就可以开始想象这种希望的结果会是怎样的情形。把这些想象的画面仔细察看，并且将每个细节都详加描绘，把它们一再地放映给自己看。当你的想象越来越详细，又一再重复放映时，与这些画面有关的感觉便出现了，正如这种希望的结果已经实现了一样。

力量与勇气便会主动承担起完成你既定目标的责任。

▶ 勤奋与天赋

勤奋造就天才

米开朗琪罗这样评价另一位了不起的天才人物——拉斐尔："他是有史以来最美丽的灵魂之一，他的成就更多的是得自他的勤奋，而不是他的天才。"当有人问拉斐尔怎么能创造出这么多奇迹一般完美的作品时，拉斐尔回答说："我在很小的时候就养成一个习惯，那就是从不忽视任何事情。"这位艺术家去世的时候，整个罗马为之悲痛不已，罗马教皇利奥十世为之哭泣。拉斐尔终年38岁，但他竟留下了287幅绘画作品，500多张素描。其中一些绘画作品每一张都价值连城。对那些懒惰散漫、游手好闲的年轻人来说，这是个多好的警告啊！

美国媒体大亨泰德·特纳经常引用老师对他的劝告，他的老师约舒亚·雷诺德常说："那些想要超过别人的人，每时每刻都必须努力，不管愿不愿意。他们会发现自己没有娱乐，只有艰苦的工作。"确实是艰苦的工作，但是对特纳而言是他自己喜欢的事情，并且为他带来了丰厚的回报。

美国叙事诗人朗费罗宣称：如果把伟大的诗歌作品比喻成露出水面的桥梁的话，那么诗人静静的研究和学习则是水面之下的桥基。虽然桥基沉没在水面以下看不见，但却是不可或缺的。

研究一下一些伟大作品的"初稿"是件很有意思的事，从杰斐逊起草的《独立宣言》到朗费罗写成的《人生礼赞》，没有哪部作品在最终完稿前不是经过不断地修改和润色的。

一位朋友对大律师罗弗斯·乔特说："那么多偶然成功的例子真是让人觉得

很不错。"这位伟大的律师怒道："简直是胡说！你还不如把希腊字母丢在地上，指望着捡起来就成了伟大的史诗《伊利亚特》呢！"

坐等什么事情发生，就好像等着月光变成银子一样渺茫。希望宇宙中发生奇迹，能够取代自然法则的作用，那简直是不可能的。这些想法往往是懒惰者的借口，是缺乏长远规划者的托词。

美国伟大的政治家亚历山大·汉密尔顿曾经说："有时候人们觉得我的成功是因为自己的天赋，但据我所知，所谓的天赋不过就是努力工作而已。"

美国另一位杰出的政治家丹尼尔·韦伯斯特在 70 岁生日时谈起他成功的秘密说："努力工作使我取得了现在的成就。在我的一生中，从来还没有哪一天不在勤奋地工作。"

所以，勤奋工作被称为"使成功降临到个人身上的信使"。

如果你觉得自己是个天才，如果你觉得"一切都会顺理成章地得到"，那可真是太不幸了。你应该尽快放弃这种想法，一定要意识到只有勤奋地工作才会使你获得自己希望得到的东西，在有助于成功的所有因素中，勤奋地工作总是最有效的。

即便有过人的才干，如果不采取任何有价值的实际行动，最终也会一事无成。斯迈尔斯曾经说："就我所知，在任何的知识领域，从来没有哪一本书，或者哪一种文学作品，或者哪一种艺术流派，其创造者没有经过长期艰苦的创作就获得了流芳百世的名声。天才需要勤奋，就像勤奋成就天才一样。"

这个世界上留存下来的辉煌业绩和杰出成就无一例外都是来自勤奋的工作，不管是文学作品还是艺术作品，不管是诗人还是艺术家。

很多传统说法中包含了永恒的智慧。从早到晚，不管阴天还是晴天，也不管我们身体如何，可能会牙疼、头疼或者心脏出现毛病，我们每天都必须到达指定的地方，并开始做安排给我们的工作。而只有在坚持干上 8 到 10 个小时后，休息才显得格外甜美惬意。无论在哪里，账本上的数字必须精确无误；无论在哪个仓库，货物的数量必须和清单上列出的一致；无论何时，对孩子、对顾客和对邻居的态度必须和蔼可亲。简而言之，不管做什么事情，都是因为我们付出了辛勤的劳动，承受了单调乏味、日复一日的工作，才能培养起这种种优秀品质——专心致志、毫不拖延、精益求精、坚定不移、隐忍执着、坚韧克己等等，而正是这些品质最终奠定了一个人成功的基石。

不是天赋是勤奋

曾国藩是中国历史上最有影响的人物之一，在我国的近代历史中他书写了重要的一笔。即使是现在，《曾国藩家书》依然可以列为畅销书，可见他对我们现代人的影响力之巨。这样一位闻名遐迩的人物，很多人认为他该是属于那种天纵英才之流的，但实际呢，据史书记载，他小时候可是天赋不高，甚至有点愚笨。

关于他，史书上记载着这样一件事：有一天他在家读书，对一篇文章重复读不知道多少遍了，还在朗读，因为他还没有背下来。偏巧，这时候他家来了一个贼，潜伏在屋檐下，那个贼希望等屋里的人睡觉之后进去捞点好处。可是等啊等啊，就是不见他睡觉，那个读书人还是翻来覆去地读那篇文章。贼人大怒，跳出来说："这种水平读什么书？"然后将那文章背诵一遍，扬长而去。

从这个故事中，我们可以知道，曾国藩实在是称不上天资聪颖，反倒是那个贼人很聪明，至少比曾国藩要聪明。但是两个人的结局却不一样：那个人虽然聪明，记忆力不一般，只是听了几遍的文章就可以复诵，但是还是成了一个贼；而曾国藩却成为晚清四大名臣之一。

勤能补拙是良训，一分辛苦一分才。伟大的成功和辛勤的劳动是成正比的，有一分劳动就有一分收获，日积月累，从少到多，奇迹就可以创造出来。

2002年4月，拆分后的中国电信在数百个方案中，确定了即将启用的新标志。与此同时，北京城南的某栋建筑里，一个留着络腮胡子，身材魁梧的人，也终于长长地舒了口气。这个人是谁呢？他就是陈丹，中国电信新标志的设计者。现在的陈丹，早已经成功地设计了多家名牌企业的标志，在业内也拥有了自己的名声。但刚来北京创业之时，他的全部家当就只有一辆自行车和一个装满了资料与作品的大背包。带着这些东西的他在北京的街头、地铁里向周围的人介绍自己是干什么的，他甚至拉着不相识的人去看自己的设计，希望能被对方选中。

后来陈丹这样叙述他自己的那段经历："1997 年的时候清华同方上市，股票涨得很好，我就根据'清华同方'四个字做了几个标志，打 114 找他们，问他们有没有标志。结果知道他们正在招标，回来以后我就全力以赴，当时的想法就是一定要把它拿下来。我送了一摞方案去，后来中标了，听说他们一共收到了 120 多个方案，其中有一半是我做的。那些都是我的心血。后来中标了，我感到格外开心，这件事也让我更坚信一个道理：天道酬勤，公道爱人。"

直到现在，陈丹都还保留着资料、作品不离身的习惯，只是自行车换成了桑塔纳，大背包变成了后备厢。遇到新认识的朋友，他还是会拿出自己公司的资料，因为说不定什么时候就能拉来"活儿"。陈丹就是这样，时刻都不忘记自己的事业。

一份浪漫，一份热情，一份专注，陈丹和他的伙伴们就这样一起在标志设计领域摸爬滚打了 8 年，经历了成功，也遭遇过失败，但始终都锲而不舍。

很多人认为搞设计的人，怎么着也是有几分天才的，陈丹也该有着自己的天赋。确实如此，陈丹在设计上很有自己的一套，但是当天才没有努力相伴，再好的天才也会浪费掉。陈丹努力了，所以他把自己的天分发挥了出来，而那些空有天分而不去努力的人，只能当个有才华的失败者。

▶ 金钱与人生

金钱并非保障

长久以来，人们一直受物质主义的主宰和操纵，不断地以追求财富、积累金钱作为奋斗的目标，认为拥有了巨大的财富就拥有了快乐。诚然，金钱对人们的生活的确有作用，但是并不像大多数人想得那么重要。

人们对金钱最为普遍的一种错误认识是，钱可以使他们快乐。斯迈尔斯指出：金钱聚积过多，不仅不会带来快乐，反而会成为仇恨、相争等烦恼的根源。

在现实生活中，有许多人通过努力工作、继承遗产、运气或是不合法的手段得到了大笔钱，然而，或是因为不满足，或是因钱而导致朋友的纷争、感情的背离，或是因为钱已够多而失去了目标，总之，他们都没有得到快乐。许多有钱人拥有一切物质上的享受，却过着自暴自弃的生活。

斯迈尔斯指出："不管人们处于何种地位，钱都是生存必需品，钱也是增进休闲方式、提高生活品质的一种途径。然而，不幸的是，人们都被贪婪蒙住了眼睛，把钱视为生活的目的，而不是改善生活的手段。把金钱本身当成了目的，人们就会陷入失望和不满，并且永远无法达到提升生活品质的目标。"

对钱的另外一种误解是，人们把钱看作生活的保障和建立安全感的基础。如此，便会使我们失去一心一意地积蓄物质财富的耐心。如果你开始把钱看成完全的保障，你的生活便会出现问题。人所能拥有的真正保障应该是内在的保障。这种内在的保障来源于天赋、创造力、才能、健康的体魄等内在因素，你应该相信你能够运用自身的条件，去应对作为一个独立的人所要面对的一切问题和情况。一旦你拥有了这种内在的实际保障，你就不会有那么多的惶恐和害怕，也不会将时间和精力专注于给自己建立外在的财务上的保障。最好的财务保障就是内在的创造能力，这种保障任何人都夺不走，你永远都能想办法谋生。你的本质是建立在你本身是什么人，拥有怎样的精神状态，而不是你所拥有的外在的物质上。即使你失去了所拥有的，你也还是自己生活的中心，这使你能保持健康明朗的生活过程。

将个人的安全感建立在金钱上，无异于修建空中楼阁。那些努力为自己建立保障的人是最没有保障的人。情感上缺乏保障的人积累大量金钱来抵御人格上所受的打击，填补空洞脆弱的内心，宣泄不愉快的感觉，这是无法达到目的的。追求外在保障的人本质上极为缺乏安全感，因此试图通过外部的事物，比如金钱、配偶、房屋、车子和名声，来求得心理上的安稳和平衡。他们一旦失去了自己所拥有的金钱财富，就失去了自己，因为他们的安全感以及对自己的认同感，完全是以金钱为基础的。

以物质和金钱为基本保障有很多褊狭之处，就算你是超级富翁，也可能遇车祸身亡，有钱人的健康和没钱人的一样会逐渐衰败，战争爆发影响穷人，也影响富人。以钱为保障的人还得时刻担心金融崩溃时他们会失去所有的钱财，他们不仅没得到什么确实的保障，反而还增加了许多恐慌的事。

那么，钱和快乐到底有什么关系呢？我们承认钱是生存的一项重要因素，但这并不代表，只有有很多钱才能够快乐。为这个社会主流所认同的那些成功人士，总是时时刻刻在宣扬，百万富翁才是生活的胜利者，也就是说，我们其他人都是失败者。但很多事实证明，大部分财力平平的人比我们在报纸上读到的百万富翁更有资格当胜利者。

斯迈尔斯指出，钱是生活中的权宜办法，钱对提高我们的生活品质能够起到多少作用，要看我们如何聪明地运用手上的钱，而不是看我们到底有多少钱。

不为金钱赌明天

正因为生活离不开金钱，许多人便强烈地追求它，甚至为了金钱不惜把自己的明天也赌上，这样一种不负责的、带有赌博性质的致富行为，是要不得的。

挣钱不是赌博，不能不管三七二十一，孤注一掷，即使赢了也不见得是好事，输了更是一塌糊涂。做生意不是找金矿，金矿找到了自然致富，可是天底下有多少人找到了金矿呢？世上只有持久的生意，没有持久的暴利，与其求横财，不如细水长流，积少成多。老老实实做生意，天天有薄利，日久天长，最终也可以成为商界巨子的。

"百富勤"曾经是在香港金融市场叱咤风云的明星级证券行，却也在亚洲金融风暴中宣告清盘，仅仅10年，"百富勤"从无到有，又从有到无。它成功和失败的经验，到底能带给人们多少启发呢？

"百富勤"的创办人是杜辉廉和梁伯韬，他们都是香港证券业里屈指可数的精英分子。1987年的股灾之后，香港的股票市场一片狼藉，就在这时候，杜辉廉和梁伯韬两人创办了"百富勤国际公司"。

在天时、地利、人和的配合下，"百富勤"就像一只展翅的雄鹰，以"快、狠、准"的经营作风，抓住每一个可以实现丰厚利润回报的机会，勇于开拓。所以在短短10年间，"百富勤"就由一家3亿港元的小经纪行发展到总资产240亿港元的跨国集团公司，被认为是股市的神话。

"百富勤"的发展表面上看来一帆风顺，其实投资风险一直伴随着它，只不过"百富勤"成功得太快，使它的领导者忘记了投资的要诀——"分散风险"，导致它的投资金额过大，而且忽略了亚洲市场的风险，孤注一掷地把资金投入到亚洲，没有分散资金投资到其他市场，导致了最后的失败。

导致"百富勤"全军覆没的失误是印度尼西亚投资业务。由于"百富勤"的投机心理太强，越高风险的业务就越投入得多，所以在印度尼西亚和韩国的投资过大，将近6亿美元，相当于总投资额的25%～30%。它忽视了汇率的风险，也没有考虑到自己的实力对风险的承担能力。

很快，因为印尼盾和韩元大幅贬值，给"百富勤"的投资造成了重大损失，尤其是定息债券（这些债券以有关国家货币计算价值）损失惊人，账面损失高达10亿美元，约77亿港元，加上其他部门的亏损，总损失达100多亿港元。

在沉重的打击下，"百富勤"终于支撑不住，宣告清盘。它的成功在于抓住了许多投资机会，所以得以发展，它的失败则在于其投机心理太强，以孤注一掷的方法要么大富，要么就自杀般的大败。

如此财雄势大的企业尚且如此，对于本钱小、承受风险能力弱的个人来说，更是要量力而行。绝不能像赌博一样，把成败押注在一个项目上，不成功便成仁，那样就会承担太大的风险。投资做生意，一定要先考虑本身的财政情况，不要盲目地追求高回报的投资项目，因为风险是隐藏在利润背后的，它随时都会跳出来逞凶，如果缺乏足够的周转和启动资金就会像被人掐着脖子一样，喘不过气来。

许多暴发户虽然赚了钱，但他们的行为却是不值得我们学习与效仿的。有的暴发户靠不择手段捞钱，有的暴发户靠打法律的擦边球发财，有的靠蒙骗顾客和客户而致富。这样赚的钱不仅是不光彩的，也是非常危险的。你想想，老钻法律的空子是多么危险的事，弄不好就要进监狱掉脑袋，多不值得。骗客户也绝不是正道，买主在付冤枉钱时，也许是出于急需，但事后肯定永远不会光顾你的生意了。也许你会说，失掉个把顾客，也没有什么了不起，中国有十几亿人口。这更是大错特错。做生意不能把一个个顾客当成一个个孤立的人，而要当成整个社会。你蒙骗了一个顾客，就蒙骗了整个社会，你的信誉就没有了，以后的生意还怎么做呢？

认识人生的本质

人生是什么？这是很难用一句话说明的。通常的说法是：人生就是人的生活。可是这样说不过是同义反复。"生活"又是什么呢？用"生活"一词概说人生，实际上并没有多说什么，因为"生活"本身还是需要加以说明的。当然，可以揭示概念的外延，说它包括个人生活和社会生活、物质生活和精神生活等；也可以把生活加以具体描述，说人生就是生存、劳动、恋爱、交往、精神活动等等。但是，这样虽然可以从生活的范围、形式、经验上说明人生，但不能体现出人生的本质特征，使人对人生有一个概括的把握。

从本质上认识人生并不容易。两千多年来中西哲学家对人和人生作了无数的描绘、说明，但至今没有一个统一的、公认的关于"什么是人生"的概括定义，说明"人生是什么"几乎成了一个千古难题。我们并不奢望说出一个人人都赞成的一劳永逸的人生定义，但我们认为每个自觉把握人生的人，必须有一个对人生是什么的正确认识，从而指导自己的人生行为。

其实，人这个小宇宙同大宇宙一样，是可以认识的，并不是一个深不可测的问题。问题在于我们是否能以实事求是的态度对待人生。这就是说，要从人生的现实生存状态中寻求人生的本质，回答人生是什么。

人有着大体与动物相同的生理活动，需要有一定的外部环境和物质条件。但是，人毕竟与一般动物不同，不能脱离社会而单独存在。人作为社会动物，虽然不能完全摆脱动物性需要，生理活动要受生理法则支配，但由于人在社会生活中能够自觉地、有目的地控制自然和改造自然，控制生理和调节生理，因此也使生理活动自然实现社会化改造。这种改变之大，使动物和人类之间有一条明显的鸿沟。

人类不是通过简单的刺激反应来适应环境，求得生存，而是用自己的智力和体力去改造环境，创造物质财富和精神财富，主动地寻求生存和发展，在社会实践中，不断地发展自我、完善自我。

人的生存和发展决不能脱离社会生活，不能脱离一定的社会环境及其历史进程。人类社会历史，是按照生产力和生产关系辩证发展的规律以及一定的社会发展规律向前发展的。因此，人生不能离开社会历史的制约，而实现绝对的自我。在这个意义上说，任何个人都是按照一定规律发展的历史车轮上的一个齿轮，一个螺丝钉；任何一个人的生活过程，都不过是在社会历史所提供的舞台上进行的有限活动罢了，而不可能相反，从自己的头脑里去创造、外化社会历史。因此，绝对自我的说法是错误的、不现实的。精神活动、自我意识，不过是人脑活动的性能，是实际生活过程的反映。

那么，人生是否就是完全顺从历史规律的消极被动的生活过程呢？是否如斯多阿主义者所说的，像狗一样被拴在历史车轮后面跟着跑或被拖着走的呢？当然不是。对待人生，不但要肯定人生必然受制于社会历史条件，而且应该看到在由历史规律所左右的社会历史条件下，人能够发挥主观能动性，事先按照理想的目标，安排自己的行为，改造自己的生活环境，从而实现自己的人生价值。以生产劳动为核心的人生活动，不仅在人类产生的过程中起了决定作用，而且在人类产生后，在人的生存和发展中，也起着推动作用。劳动创造了世界，也创造了人生。所以人生的本质是以生产劳动为核心的主动适应和创造生活的过程。

这一关于人生本质的思想，肯定了劳动在人的一生中的重要地位和作用，同时，将人生归结为主动适应和创造生活的过程，因而也肯定了人生态度和人生目的对于人生的重大意义。所以抽象出来人生的本质，可以概括为：人生的本质就是以劳动实践为核心的，用科学的人生态度来追求人生目的并实现人生价值的过程。

确定人生方向

当今时代，对多数人来讲，工作是满足生活的最根本的途径。因此，所谓人生策划，主要是对工作或者职业进行策划，不仅要满足人生的基本需求，而且要通过工作寻找人生的理想。对此，法国小说家阿尔伯特曾经说过："没有工作，生活将会腐化堕落，但假若工作没有灵魂，生活也会死气沉沉。"

很多人认为，与其把时间花在对未来的策划上，不如脚踏实地地苦干。这种想法十分偏颇，实干固然重要，但如果在实干中加入合理的策划，那么便可取得事半功倍的效果。以一艘轮船作比喻，如果实干是轮船的马达，那么策划就是轮船的路线和方向盘，照着策划前进，才能实现我们的目标，否则就会迷失在人生的海洋之中。

许多杰出的成功人士都有自己明确的目标，都订出了达到目标的具体计划，他们花费了巨大的心血努力照着计划奋斗，于是获得了令常人羡慕的胜利。

安德鲁·卡内基以前只是一家钢铁厂的工人，但他定下了制造及销售最优秀的钢铁的明确目标。凭着他的雄心壮志，他制订了完整的计划，并一步步发展下去。最终，卡内基成了钢铁业巨头，实现了自己的目标。再请看下面这个故事：

比塞尔是西撒哈拉沙漠中的一颗明珠，每年有数以万计的旅游者来到这儿。可是在肯·莱文发现它之前，这里还是一个封闭落后的地方。这儿的人没有一个走出过大漠，据说不是他们不愿离开这块贫瘠的土地，而是尝试过很多次都没有走出去。

肯·莱文当然不相信这种说法。他用手语向这儿的人问原因，结果每个人的回答都一样：从这儿无论向哪个方向走，最后都还是转回到出发的地方。为了证实这种说法，他做了一次试验，从比塞尔村向北走，结果三天半就走了出来。

比塞尔人为什么走不出来呢？肯·莱文非常纳闷，最后他只得雇一个比塞尔人，让他带路，看看到底是为什么。他们带了半个月的水，牵了两峰骆驼，肯·莱文收起指南针等现代设备，只挂一根木棍跟在后面。

10天过去了，他们走了大约800英里的路程，第11天的早晨，他们果然又回到了比塞尔。这一次肯·莱文终于明白了，比塞尔人之所以走不出大漠，是因为他们根本就不认识北斗星。

在一望无际的沙漠里，一个人如果凭着感觉往前走，他只会走出许多大小不一的圆圈，最后的踪迹十有八九是一把卷尺的形状。比塞尔村处在浩瀚的沙漠中间，方圆上千公里内没有一点参照物，若不认识北斗星又没有指南针，想走出沙漠，确实是不可能的。

肯·莱文在离开比塞尔时，带了一位叫阿古特尔的青年，就是上次和他合作的人。他告诉阿古特尔，只要你白天休息，夜晚朝着北面那颗星走，就能走出沙漠。阿古特尔照着去做，三天之后果然来到了大漠的边缘。阿古特尔因此成为比塞尔的开拓者，他的铜像被竖在小城的中央。铜像的底座上刻着一行字：新生活是从选定方向开始的。

这个故事告诉我们，不管你是管理者还是企业员工，不管你是做大事情还是小事情，当你准备迈出第一步的时候，就要有自己正确的目标和方向。

▶ 行动是一切

行动的重要性

行动是件了不起的事，一个人只要行动起来，他就会越来越喜欢去行动。每天有多少人把自己辛苦得来的创意埋葬掉，因为他们不敢行动。

人有两种能力——思维能力和行动能力，没有达到自己的目标，往往不是因为思维能力，而是因为行动能力。

有这样一则古代寓言。

在偏远地区有两个和尚，其中一个贫穷，另一个富裕。

有一天，穷和尚对富和尚说："我想到南海去，您看怎么样？"

富和尚说："你凭借什么去呢？"

穷和尚说："我有一个水瓶、一个饭钵就足够了。"

富和尚说："我多年来就想租条船沿着长江而下，现在还没做到呢，你凭什么去？"

第二年，穷和尚从南海归来，把去过南海的事告诉富和尚，富和尚深感惭愧。

穷和尚与富和尚的故事说明了一个简单的道理：说一尺不如行一寸。

俄国著名作家克雷洛夫说："现实是此岸，理想是彼岸，中间隔着湍急的河流，行动则是架在河上的桥梁。"

行动才会产生结果。行动是成功的保证。任何伟大的目标、伟大的计划，最终必然落实到行动上。

拿破仑说："想得好是聪明，计划得好更聪明，做得好是最聪明又最好。"

成功开始于心态，成功要有明确的目标，这都没有错，但这只相当于给你的赛车加满了油，弄清了前进的方向和线路，要抵达目的地，还得把车开动起来，并保持足够的动力。

有一个雅典人没有口才，可是非常勇敢。有一天开大会，许多人做了精彩的长篇演说，许诺说要办许多大事。轮到这个人发言，他站起来，憋了半天只说出了一句话："大家说的事情……我都要做！"但就是这一句话，却赢得了大家热烈的掌声。

即便是坐享其成、守株待兔，也还得去"坐"、去"守"，这些从某种意义上说也是行动。永远是你采取了行动让你更成功，而不是你知道多少。所有的知识必须化为行动才有意义。

不管你现在决定做什么事，不管你设定了多少目标，你一定要立刻行动。

现在做，马上就做，是一切成功人士必备的素质。

行动改变命运

行动可以改变命运，一万个空洞的说教还不如一个实际的行动。然而，在现实生活中，总有人言行不一致，拿大话、空话和套话去教育别人。这样的教育者不过是在自欺欺人而已。因为聪明的人都知道人们往往是通过自己的眼睛去认识事物的真相，而不是只凭耳朵听到的来判断。亲眼看到的无疑要比道听途说的深刻、丰富得多。

这就是为什么许多大道理讲得天花乱坠而人们却充耳不闻的原因所在。

一生中我们会有种种计划，若能够将一切憧憬都抓住，将一切计划都执行，那么，事业上的成就不知要怎样宏大；我们的生命，不知要怎样伟大！

我们总是有憧憬而不去抓住，有计划而不去执行，坐视各种憧憬、计划幻灭消逝。对于应该做的事，拖延着不立刻做，想留待将来再做，有着这种不良习惯的人总是弱者。有力量、有能耐的人，总是那些能够在一件事情还新鲜对其还充满热忱的时候，就立刻迎头去做的人。

成功的人物并不是在问题发生以前，先把它的萌芽统统消除，而是一旦发生问题，也有勇气克服种种困难。我们对于一件事情的完美要求必须折中一下，这样才不至于陷入行动以前永远等待的泥沼中。当然最好是有逢山开路、遇水架桥那种大无畏的精神。

当我们决定做一件大事时，心里一定会很矛盾，会面对到底要不要做的困扰。下面的实例是一个年轻人的选择，遇到事情没有抱怨，而是立即去处理，他终于大有收获。

杰米是个普通的年轻人，20多岁，有太太和小孩，收入并不多。

他们全家住在一间小公寓里，夫妇俩都渴望有一套自己的新房子。他们希望有较大的活动空间、比较干净的环境、小孩有地方玩，同时也增添一份产业。

买房子的确很难，必须有钱支付分期付款的首付款才行。有一天，当他签发下个月的房租支票时，突然很不耐烦，因为房租跟新房子每月的分期付款差不多。

杰米对太太说："下个礼拜我们去买一套新房子，你看怎样？"

"你怎么突然想到这个？开玩笑，我们哪有能力。可能连首付款都付不起。"他的太太非常不相信他的话。

但是他已经下定决心："跟我们一样想买一套新房子的夫妇有几十万，其中只有一半能如愿以偿，一定是有什么事情才使他们打消这个念头。我们一定要想办法买一套房子。虽然我现在还不知道怎么凑钱，可是一定要想办法。"

下个礼拜他们真的找到一套两人都喜欢的房子，朴素大方又实用，首付款是1200美元。他知道无法从银行借到这笔钱，因为这样会妨害他的信用，使他无法获得一项关于销售款项的抵押借款。

可是皇天不负有心人，他突然有了一个灵感，为什么不直接找包销商谈，向他借私款呢？他真的这么去做了。包销商起先很冷淡，但由于杰米一再坚持，他终于同意了。他同意杰米把1200美元的借款按月偿还100美元，利息另外计算。

现在他要做的是，每个月凑出100美元。夫妇俩想尽办法，一个月可以省下25美元，还有75美元要另外设法筹措。

这时杰米又想到一个点子。第二天早上他直接跟老板解释这件事，他的老板也很高兴他要买房子了。

杰米说："T先生（就是老板），你看，为了买房子，我每个月要多赚75美元才行。

我知道，当你认为我值得加薪时一定会加，可是我现在很想多赚一点钱。公司的某些事情可能在周末做更好，你能不能允许我在周末加班呢？有没有这个可能呢？"

老板被他的诚恳和雄心打动，真的找出许多事情让他在周末工作 10 个小时。杰米和他的家人也欢欢喜喜地搬进新房子了。

显然，杰米能买到新房子，是他坚持行动的结果，可以说是行动改变了他的命运。同样，行动也改变了另一位住在加拿大多伦多的年轻艺术家的命运。

在经济大萧条时，居住在多伦多的这位年轻艺术家的全家几乎全靠救济过日子，这段时间他急需用钱。此人精于碳素画。他画得虽好，但形势却太糟了。他怎样才能发挥自己的才能呢？哪有人愿意买一个无名小卒的画呢？

他可以画他的邻居和朋友，但他们也一样身无分文。唯一可能的市场是在有钱人那里，但谁是有钱人呢？他怎样才能接近他们呢？

他为此苦苦思索，最后他来到图书馆，从那里借了一份画册，其中有大型企业家的正式肖像。他回到家，开始画起来。

他画完了像，然后放在像框里。画得不错，对此他很自信。但他怎样才能交给对方呢？

他在商界没有朋友，所以引见是不可能的。但他也知道如果想办法与他们约会，他们肯定会拒绝。可以写信要求见他们，但这种信可能通不过大人物的秘书那一关。这位年轻的艺术家对人性略知一二，他知道，要想穿过总裁周围的层层阻挡，就必须投其对名利的爱好。

他决定采用独特的方法去试一试，即使失败也比主动放弃强，所以他立即行动。

他梳理好头发，穿上最好的衣服，来到了某位银行总裁的办公室并要求见见他，但秘书告诉他，事先如果没有约好，想见总裁不大可能。

"真糟糕，"年轻的艺术家说，同时把画的保护纸揭开，"我只是想拿这个给他瞧瞧。"秘书看了看画，把它接了过去，她犹豫了一会儿说道："坐下吧，我就回来。"

她马上就回来了。"他想见你。"她说。

当艺术家进去时，总裁正在欣赏那幅画。他说："你画得棒极了！这张画你想要多少钱？"年轻人舒了一口气，告诉他要 500 美元，结果成交了。

为什么这位年轻艺术家的计划会成功？

他刻苦努力：精于他所干的行业。

他想象力丰富：他不打电话先去约好，因为他知道那样做会被拒绝。

他有洞察力：他能投总裁对名利的喜好，所以选择画他的正式肖像是明智的，他知道这肯定对总裁的口味。

他有进取心：做成生意后，他又请银行总裁把他介绍给他的朋友。

他敢于另辟蹊径：在采取行动前研究市场，认真估计第一笔生意后的事。

还有，最重要的一点就是：他敢于行动，相信行动能够战胜一切。

行动才能成功

行动是成大事者打开成功之门的钥匙。只坐在那儿想打开人生局面，无异痴人说梦，只有靠自己的双手，行动起来，才有成功的可能。

有一位哲学家带着一群学生去漫游世界，10 年间，他们游历了所有国家，拜访了所有有学问的人，现在他们回来了，个个都满腹经纶。进城之前，哲学家在郊外的一片草地上坐了下来，对他的学生说："10 年游历，你们都已是饱学之士，现在学业就要结束了，我们上最后一课吧！"

学生们围着哲学家坐了下来。哲学家问："现在我们坐在什么地方？"弟子们答："现在我们坐在旷野里。"哲学家又问："旷野里长着什么？"弟子们说："旷野里长满杂草。"

哲学家说："对，旷野里长满杂草，现在我想知道的是如何除掉这些杂草。"弟子们非常惊愕，他们都没有想到，一直在探讨人生奥妙的哲学家，最后一课问的竟是这么简单的一个问题。

一个弟子首先开口说："老师，只要有铲子就够了。"哲学家点点头。

另一个弟子接着说："用火烧也是一个很好的办法。"哲学家微笑了一下，示意下一位。

第三个弟子说："撒上石灰就可以除掉所有的杂草。"

接着讲的是第四个弟子，他说："斩草除根，只要把根挖出来就行了。"

等弟子们都讲完了，哲学家站了起来，说："课就上到这里了，你们回去后，按照各自的方法除去一片杂草，没除掉的，一年后再来相聚。"

一年后，他们都来了，不过原来相聚的地方已不再是杂草丛生，而是变成了一片长满谷子的庄稼地。弟子们围着谷地坐下，等待哲学家的到来，可是哲学家始终没有来。

数年后，哲学家去世了，弟子们在整理他的言论时，发现他留给他们的一句话：行动，唯有行动才能促使成功的实现。

有一个野心勃勃却没有作品的作家说："我的烦恼是日子过得很快，一直写不出像样的东西。"他说，"你看，写作是一项很有创造性的工作，要有灵感才行，这样才会提起精神去写，才会有写作的兴趣和热忱。"

说实在的，写作的确需要创造力，但是另一个写出许多畅销书的作家却告诉人们：

"我写作的秘诀就是运用'精神力量'。我有许多东西必须按时交稿，因此无论如何不能等到有了灵感才去写，那样根本不行。一定要想办法推动自己的精神力量。方法如下：我先定下心来坐好，拿一支铅笔乱画，想到什么就写什么，尽量放松。我的手先开始活动，用不了多久，我还没注意到时，便已经文思泉涌了。当然有时候不用乱画也会突然心血来潮。但这些只能算是红利而已，因为大部分好构想都是在工作中得来的。"

"明天""下个星期""以后""将来某个时候"或"有一天"，往往就是"永远做不到"的同义词。有很多好计划没有实现，只是因为应该说"我现在就去做，马上开始"的时候，却说了"我将来有一天会开始去做"。

如果你时时想到"现在"，就会完成许多事情；如果常想"将来有一天"或"将来什么时候"，那就将一事无成。

只有行动才能开创美好的明天。

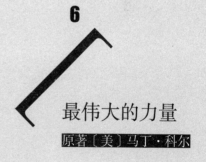

6

最伟大的力量

原著〔美〕马丁·科尔

关于本书

　　《最伟大的力量》是一本激励自我的经典作品，是马丁·科尔最有名的作品之一。曾被翻译成十几种语言在许多国家和地区发行，总销量已超过 5000 万册之多。

　　该书的作者马丁·科尔在全美享有极高的声誉，曾荣获《纽约时报》等各大报纸最畅销图书奖。他几乎走遍了美国各地，为人们去疑解惑，帮助千千万万的人勇敢地面对各种挫折与失败，并想方设法帮助人们解决难题。更重要的是，他留下了像《最伟大的力量》这样的好书，在未来的日子里帮助更多的人去面对困难，寻找属于自己的幸福生活。

　　本书将帮助你认识自己身体内部所潜藏的最伟大的力量——选择的力量；并教你如何发现和运用这种选择的力量。

▶
选择需要发现

发现你最伟大的力量

你有一种伟大而令人为之震惊的力量。一旦你充分且恰当地运用了这种力量，它带给你的将是自信而非胆怯；是宁静而非混杂；是处之泰然而非束手无策；是心灵的平静而非痛苦。

这种力量的存在，一旦你意识到了，并着手活用它，将会使你的整个人生得以改变，并使它演变成你所喜欢的样子。于是，一种原本满是忧伤的生活就能够变得充满欢乐，失败也将变为一种幸运。胆怯能够转变为自信。绝望的生活也会变得趣味盎然。

这种伟大的力量，有多少次被我们触摸到了却没有辨认出来？这种伟大的力量，有多少次被我们握在手中却又丢掉了？其原因仅仅是因为我们没有认出它，没有看到它能带给我们的各种利益，没看到它万能的、可造就的影响。它就在我们眼前，我们需要做的就是去认知它、去运用它。它就在这里，我们每个人都能够运用它。

这种伟大的力量到底是什么呢？在向你阐明这一问题之前，先给你讲述一个发生在非洲的故事：

一位探险家来到非洲的荒野之中，他随身带去了一些小饰品，以作为给当地土著居民的礼物。途中，他把两面镜子分别靠在两棵树上，然后和他的随从们一起坐下来休息，谈论一些关于探险的事情。这时，探险家发现，有一个土著人正手执长矛向镜子走来，当他望见镜子里自己的影子，便挥矛朝镜子刺去，仿佛镜子里的影子是他的敌人一样。结果很显然，这面镜子被他击碎了。这时，探险家走到土著人身边，询问他为什么要打碎镜子。这个土著人竟然理直气壮地说："既然他要杀我，我就要先下手杀掉他。"于是，探险家向他解释说，镜子的用途不在于此，并带他来到第二面镜子前。他对土著人说："你看，镜子的用途是利用它，你能看到自己的头发是否梳直了，自己脸上的油彩是否合适，自己的胸部有多强壮，肌肉有多发达。"土著人一脸茫然地点着头。

很多人都是如此，他们的情形和这个土著人不相上下。他们一生与生活抗争，在生命的任何一个转折点上，他们都认为将有一场战斗，而情况也的确如此。他们估计会有敌人，而且果真与敌人撞了个正着。他们预计会困难重重，也的确是事事不尽如人意。"假如不这样发展，它就会那样展开，总之，必定会有什么发生"，对于千千万万没有认识到这种伟大力量的人而言，事情的过去、现在、未来都是一个样。这是因为这种伟大的力量是潜伏着的、是秘密的。数以万计的人一直过着淡泊、平常、困苦的生活，其原因是：一旦这种伟大的力量与他们擦肩而过，他们将永远抓不住它了。你是敌不过生活的。你曾尝试过与它抗争，数以万计的人也曾这样做过，而结果是，你们都败得很惨。那么，答案究竟是什么呢？那就是我们必须在生活中充分理解生活。当然，前提是我们要充分利用生活，做出必要的选择。

我们每个人都能够运用它，什么特殊的训练啊、教育啊，它统统不需要。因为它并不是一种必须具备特殊天资才能成功运用的能力，也不是一种极少部分人特有的能力。利用它，你无须任何财产或者权威。它是一种每个人与生俱来的能力，无论你贫穷也好富有也好，成功也好失败也好，你都具有这种能力。这种能力我们认识得越早，踏上正轨并坚持走下去也就越快。相对地，从此走上正轨并坚持走下去的人越多，在另外一些人心中萌生的希望也就越大。随之，他们也会按照这种健康的生活方式生活下去。

很多人都没有注意到，当他们来到一家鞋店时，他们可以选择买一双黑色的鞋，也可以选择买一双棕色的；当他们来到一家服装店时，他们可以要一件浅色的外套，也可以要一件深色的；当他们听收音机时，他们可以把频率调到这个台，也可以调到那个台；当他们走进冰激凌店时，他们可以吃一个巧克力脆皮，也可以喝一杯凤梨汁；当他们想看电影时，他们可以选择去附近的一家电影院，也可以选择去闹市中心的电影院。是的，只要你做出某一选择，其结果就确实是这样，当你准备买一辆小轿车时，你可以选择某一个特殊牌子的车，也可以选择其他牌子的车。换言之，选择的力量，即是一个人所具有的最伟大的力量。

从容面对人生的选择

一首我们耳熟能详的歌中唱道："曾经在幽幽暗暗反反复复中追问，才知道平平淡淡从从容容才是真。"

面对人生，就让我们以闲看云卷云舒、花开花落的心境，以从容的态度去选择，选择一种气度，选择一种风范，选择一种壮美。

据说古罗马有个皇帝，常派人观察那些第二天就要被送上竞技场与猛兽空手搏斗的死刑犯，看他们在等死的前一夜是怎样表现的，如果发现栖栖惶惶的犯人中有能呼呼大睡且面不改色的人，便偷偷在第二天早上将他释放，训练成带兵打仗的猛将。

无独有偶，据说中国也有个君王，在接见新来的臣子时，总是故意叫他们在外面等待，迟迟不予理睬，再偷偷看这些人的表现，并对那些悠然自得、毫无焦躁之容的臣子刮目相看。

一个人的胸怀、气度、风范，可以从细微之处表现出来。或许，古罗马的那位皇帝以及中国古代的那位君王之所以对那些死囚或新臣委以重任，便是从他们细微的表现中看到了与众不同的潜质，看到了那份处变不惊、遇事不乱的从容。

喜欢看战争片或灾难片的人，都会折服于影片中主人公面对枪林弹雨，面对飓风、地震、洪水、沉船或外星生物的入侵等极度危险、十万火急的非常时刻所表现出的那种沉稳、坚毅，那种从容自若。从容，是傲松之于严冬："大雪压青松，青松挺且直"（陈毅：《冬夜杂咏》）；从容，是义士之于刑枷："我自横刀向天笑，去留肝胆两昆仑"（清·谭嗣同：《狱中题壁》）；从容，是智者之于声色利诱："非淡泊无以明志，非宁静无以致远"（三国·诸葛亮：《诫子书》）。从容，是一种理性，一种坚韧，一种气度，一种风范。从容，才能临危不乱；从容，才能举止若定；从容，才能化险为夷。三国故事里，诸葛亮以"空城计"吓退司马懿十几万大军，他那过人的胆略和超常的镇定、从容，被传为千古佳话。只有从容地面对着人生的选择，不惧怕危难，才能懂得生存的真谛。

在瞬息万变、诱惑四伏的现实社会里，更需要人们保持一种平淡沉稳、从容自若的心态。远离浮躁，从容选择，是一个现代人适应社会环境的基本要求。某公司总裁的用人之道别具一格，他往往在公司职员没有任何思想准备时，对他们进行降职。那些怨天尤人、灰心丧气者被淘汰，而处变不惊、从容应对者最后都备受青睐。逆境，抑或突如其来的变故与危机，都是很好的试金石，通过它能明晰地鉴定一个人素质的优劣。甚至那些养鸟的行家，在选鸟的时候，都要故意去惊吓那些鸟，绝不取那种稍受惊吓就扑扑拍翅、乱成一团的鸟。

只有从容地面对人生的选择，才能使我们不断地摆脱困境，最终获得人生的幸福美满。

▶ 选择握在你手

选择的权利就握在你手中

在有限的生命中，上苍赋予我们许许多多宝贵的礼物，"选择的权利"就是其中一项。

既然上苍将其赐给了我们，我们就有权利思考、行动。一般人总以为只有在决策时才需要选择，其实，即使不是进行决策，我们所做的每件事情也都是一种抉择。

日常生活中会让我们产生压迫感的事情不胜枚举，其中，失去控制感就是最令人头痛的一项。我们之所以会感受到自己拥有控制感，就是因为我们有选择的权利，要是有人剥夺了我们这项天赋权利，就等于要我们不能自主地思考、行动。

正因为这是上苍赋予人类的礼物，所以，无论面对何事，我们都可以自行决定是不是要插手。暂且不管我们做了什么选择，勇于面对事情也罢，逃避现实也好，只要一抉择，我们就会感到那种控制感又回到了自己身上。

很多人老是抱怨自己活在别人的阴影下，什么事都由别人控制着，自己就像傀儡一样任人摆布。殊不知要怎么活是自己选择的，哪能怪得了他人？

人总是有很强的控制感，除了想完全控制自己之外，还想控制别人。无形之中，他人的一举一动均可能侵犯你的权利领域，但是，当碰到这种外来侵犯时，你本身的控制感难道不曾奋起抵御吗？

因此，假如你也有过丧失了控制感的感觉，那么你首先需要做的就是自省一下：自己是不是了解自己的选择权利在哪里？你有没有充分运用它？

想要对自己好一点，就该善用你的选择权，只有这样才能减少压迫感。没人能完全左右自己的命运，但至少应该充分掌握选择的权利。若抉择之后，又全力以赴，成败就不必太计较了。

学会选择，不要被他人所左右

学会选择，不要被他人的论断束缚了自己前进的步伐。追随你的热情，追随你的心灵，它们将带你到要去的地方。

剑桥郡的世界第一名女性打击乐独奏家伊芙琳·格兰妮说："从一开始我就决定，一定不要让其他人的观点影响我成为一名音乐家的热情。"

她成长在苏格兰东北部的一个农场，从 8 岁时她就开始学习弹钢琴。随着年龄的增长，她对音乐的热情与日俱增。但不幸的是，她的听力却在渐渐地下降，医生们断定这是由于神经损伤造成的，而且这种损伤是难以康复的，并且还断定到 12 岁时，她将彻底耳聋。可是，她对音乐的热爱却从未停止过。

她的理想是成为打击乐独奏家，虽然当时并没有这么一类音乐家。为了演奏，她学会了用不同的方法"聆听"其他人演奏的音乐。她只穿着长裤演奏，这样她就能通过她的身体和想象感觉到每个音符的震动，她几乎用她所有的感官来感受着她的整个声音世界。

她决心成为一名音乐家，而不是一名聋的音乐家，于是她向伦敦著名的皇家音乐学院提出了申请。

因为以前从来没有一个聋学生提出过申请，所以一些老师反对接收她入学。但是她的演奏征服了所有的老师，她顺利地入学，并在毕业时荣获了学院的最高荣誉奖。

从那以后，她就致力于成为第一位专职的打击乐独奏家，并且为打击乐独奏谱写和改编了很多乐章，因为那时几乎没有专为打击乐而谱写的乐谱。

格兰妮一直坚持她自己的选择，并没有因为医生诊断她完全变聋而放弃追求。最终，她凭借热情和信心取得了成功，成为世界上第一位专职的打击乐独奏家。

别选择烦恼

有这样一则民间故事：一位老太太的两个女儿都出嫁了。大女儿家卖雨伞，小女儿家卖布鞋。天晴时，老太太发愁，大女儿的伞卖不出去，日子怎么过？下雨时，老太太也发愁，小女儿的布鞋没人要，一家人怎么活？这天气不是晴就是雨，老太太就天天愁，月月愁，年年愁。

村里有位年轻人好心劝老人说："你应该掉过头来想，天晴时想，小女儿可好了，这天气布鞋好卖；下雨时想，大女儿可好了，这天气雨伞热销。"老太太顿然释怀。这以后，老太太天天乐，月月乐，年年乐，日子过得很舒心。

由此可见，选择的角度不同，对问题的看法就会相差很远。尤其是面对生活中的困难和挫折，只要我们不局限于传统习惯，从另外一种角度去看，便会产生截然不同的结果。

在现实生活中，生活的压力、事业的艰辛、家庭的矛盾等因素，很容易引起人们心理和情绪上的起伏和波动，免不了给人们带来烦恼与困惑。不论一个人遇到多么不如意的事情，都不要忘了追求快乐，要给自己选择一个良好的心境。一个人心情好了就会觉得事事如意，许多问题也就迎刃而解了；而消极的人会对所有的人和事感到厌烦，甚至导致思维的迟钝。由此可见，快乐的心境对每个人是多么重要。

对事物的看法没有绝对的对错之分，但有积极与消极之分，而且每个人都必定要为自己的看法承担最后的结果。消极思维者对事物永远都会找到消极的解释，并且总能为自己找到抱怨的借口，最终得到消极的结果。接下来，消极的结果又会强化他消极的情绪，从而使他成为更加消极的思维者，形成恶性循环。所有的这一切正如叔本华所言："事物的本身并不影响人，人们是受到对事物看法的影响。"即使我们不能改变环境，至少我们可以改变内心的想法和看待事物的态度。我们不能改变自己的容貌，但可以展现笑容；我们不能控制他人，但可以掌握自己；我们不能预知明天，但可以利用好今天；我们不可能屡战屡胜，但可以尽心尽力。只要我们选择积极的思维，就能够抛开烦恼，取得意想不到的收获。

▶ 选择的重要性

选择具有神奇的力量

不管你信仰什么，你都具备选择的力量。你能选择鞋、服装、广播节目、电影、汽车、伴侣等等。你有这种能力，没有任何来自你本人之外的东西能迫使你作出这些决定。你作了决定是因为你作了选择。你作出了这样的选择，是因为你希望它是这样。如果这是个糟糕的选择，那么，当然我们希望有个什么人或什么东西可以让我们去责怪。于是，有人就说："这是上帝的旨意。"但是，是这样吗？你可能很熟悉那句老话："自助者，天恒助之。"不管有关上帝的那些传说我们信还是不信，或者到底能够相信多少，上帝确实赋予了每一个男人和女人自主的权利，换句话说，是选择的权利。

奥里森·马登在他的《世界上最伟大的事情》一书中，讲述了一个病得很重的小男孩的故事。这个男孩快要死了，他的父母为此感到非常伤心，但是医生确实已经是束手无策了。有一天，一个上了年纪的、笃信宗教的人走进这座房子，他发现这里的每个人都显得非常沮丧。他问这些人为什么都是一副无精打采的样子。他们告诉他，他们年幼的儿子得了重病，这小家伙很可能会死掉。这位虔诚的老人问他们孩子在哪儿，他们便指给了他那间卧室。老人走进卧室，将手放在小男孩的头上，说："我的孩子，上帝爱你，你难道不知道吗？"说完，他走出了卧室，很快便离开了这家人。他走了之后，那个病得很重的小男孩从床上跳了下来，在整座房子里跑来跑去，喊着："上帝爱我……上帝爱我！"他不再是一个病人，而是重新变得健康。

这是一个极好的例子，它向人们展示了当一个人选择相信上帝爱他的时候，会发生什么样的事情。毫无疑问，这个小男孩曾经做过一些错事——当然不是应该用死亡来惩罚的事情，但很显然他以为上帝在惩罚他。然而，一旦他意识到上帝爱他，他的病就没了。这个小男孩运用了那种巨大的力量——选择的力量，从而复苏了生命，并使他的家庭免去了许多悲伤。

这个世界上没有什么会主动伤害我们，只有我们自己错误的选择。如果我们选择吃得太多并因此生病的话，该怪谁呢？如果我们选择将车开得太快以至于它最终失去控制的话，该怪谁呢？如果我们选择使自己性格龌龊，令人讨厌，该怪谁呢？如果我们要把钱带进棺材，成为"坟墓中最富有的人"，却使自己成了病人的话，该怪谁呢？如果我们没有学会怎样生活，该怪谁呢？其实这不能怪任何人。这都是由于我们没有正确地运用上帝赋予我们的最伟大力量——选择，这样我们便伤害了自己。

中国古代有一位智者，他以有先知能力而著称于世。有一天，两个年轻人去找他。这两个人想愚弄这位智者，于是想出了下面这个点子：他们中的一个在右手里藏一只雏鸟，然后问这位智者："我的右手有一只小鸟，请你告诉我这只鸟是死的还是活的？"你想想，如果这位智者说"鸟是活的"，那么拿着小鸟的人会将手一握，把小鸟弄死，用这种方式来愚弄智者。如果他说"鸟是死的"，那么那个人只需把手松开，小鸟就会振翅而飞。两个人认为他们万无一失，因为他们觉得问题只有两种答案。他们在确信自己的计划滴水不漏之后，就起身去了智者家，想跟他玩玩这个把戏。他们很快见到了智者，并提出了准备好的问题："智慧的人啊，你认为我手里的小鸟是死的还是活的？"其中一人问道。智者久久地看着他们，最后微笑起来，回答说："我告诉你，我的朋友，这只鸟是死是活完全取决于你的手！"

不是吗？你的人生由你自己决定，你事业的成败也完全是由你自己决定，你就是作决定的人。当你作出一个崭新、认真且坚定不移的决定时，你的人生在那一刻便会改变。有了决定就可以解决问题，有了决定便能带来无穷的机会与快乐，有了决定就能使事业成功，它是一种能把梦幻化为实际的神奇力量，是使无形转变为有形过程的催化剂。

　　当你明白了决定的意义时，便会晓得这种力量早就蕴藏在自己身上，它不是有权有势的人的专利品，而属于所有的人。当你手握本书时就可以支配这个力量，只要你敢于拿出主见，请问你今天是否愿意为自己的未来作出决定？

　　艾德是一个很"平凡"的人，14岁时因感染小儿麻痹症而头部以下瘫痪，必须靠轮椅才能行动，但他却因此而有"不平凡"的成就。他使用一个呼吸设备，白天得以过正常人的生活，但晚上则有赖"铁肺"。得病之后他曾几次差点丧命，不过他可从不为自己的不幸而伤心难过，反而期望有朝一日能帮助有相同病症的患者。

　　你知道他是如何做的吗？他决定教育大众，不要以高高在上的姿态认为肢体残疾的人无用，而应顾及他们生活中的不便处。在他十余年的推动下，社会终于注意到了残疾人的权利。如今在美国，各个公共设施都设有轮椅专用的上下斜道，有残疾人专用的停车位，有帮助残疾人行动的扶手，这都是艾德的功劳。艾德是第一个颈部以下瘫痪而毕业于加州大学柏克莱分校的高才生，随后他担任了加州州政府复建部门的主管，是第一位担任公职的严重残疾人士。

　　艾德的事迹是一个极佳的例子，说明了肢体上的不便并不能限制一个人的发展，重要的是他是否决定要结束这样的不便。他的一切行动只不过源自一个单纯但有力量的决定，如果换成你，打算为自己的人生作出什么样的决定呢？

　　有很多人或许会说："好吧，我也愿意为将来作个决定，问题是我不知道该怎样做决定？"

　　只因为不知道方法便不敢作决定，往往会失去实现梦想的机会，结果一生便会过得平淡乏味。在此请你记住，不知道怎么作决定并不重要，重要的是你要决心找出一个办法来，不管那是个什么样的办法。只要你做出选择，你便会发现，它可以给你带来神奇的力量。

选择决定人生

在人生的航程中，你必须有这样的选择：你是任别人摆布还是坚定地自强，是总要别人推着你走，还是驾驭自己的命运，控制自己的情感。

每个人都会经常面临选择，这就好比生老病死构成了人的根本处境和命运一样。政治因素、社会因素、经济因素、心理因素、伦理道德因素、法律因素，还有文化和哲学因素……统统都纠结、交错在一起，共同参与，决定了一个重大的选择点。所有重大的选择，无一例外都是上述诸因素的"合力"结果。一次选择即是一个人的人生价值观念的一次大暴露。不仅是意识层的暴露，更是潜意识层的暴露。因为潜在动力更具有决定作用。

人的本质是在他所选择、追求的对象上充分显示出来的。你选择什么，追求什么，你的本质就是什么。这是一点也不含糊的，灵敏度、准确率极高的"指示剂"。

选择伴随着我们的一生，也决定了我们一生的成败和优劣。选择仿佛是我们的身影，仿佛是竖立在我们人生曲折道路上的一块块路标。

人生哲学研究表明，出生不是很重要。因为它是偶然发生的、非选择性的。人生的真正起点是主动选择。唯有主动选择才能有你的"自我"，有你的"自我表现"机会，你才能成为你自己的主体。

贝多芬就公开蔑视家庭出身，高度赞美选择。在他看来，公爵之所以成为显赫人物，仅仅是由于出生这一纯属偶然的机会造成的，而贝多芬之所以成为贝多芬，全在于他自己的选择，全在于他自己的坚强意志、奋斗和努力。

在我们的一生中，几次关键性的、决定我们一生成败和优劣的选择集中表现在事业和爱情上。

所谓的选择，即命运的选择，事业和爱情的选择。

在我们的一生中，事业的选择并不是一次性的，也不是一锤定音。

第一次选择当然最重要。它一般发生在高中毕业的时候，当你既酷爱弹钢琴又迷恋于物理学，在报考音乐学院和物理系之间作决定性选择的时候，你一定深感痛苦。因为你两样都爱，都想把它们抓住不放，决不甘心放弃其中一样。最好的选择方案可能是读物理系，把弹钢琴作为业余爱好，成为你终生快乐、安慰的源泉。但即便是进了大学物理系，也会面临选择。比如在理论物理和实验物理之间进行选择。也许，最富有戏剧性的选择是当你读到三年级的时候，你突然对诗歌和小说创作产生了极大兴趣，这种兴趣竟超越了对物理学的兴趣。这次在文学和物理学之间开始了新的选择，这时需要极大的勇气，因为你要抗住来自外界的强烈舆论和环境的压力。

听从你的内在声音吧，新的选择会使你不断"发现自己"。

人生的一大悲哀，莫过于别人在替自己选择，那岂不成了被人操纵的机器？掌握自己的命运，要靠自己正确的选择。只有成功的选择，才能造就成功的人生，这似乎已成为人生不成文的一条定理。

抓住人生选择的关键时期——青年时期，一个人今后从事哪种职业，会走什么样的道路，其大势多半在这期间即已确定。当然，也有例外。但无论如何，一个人在青年时期所作的选择，尤其是内心的选择，无疑将影响其终身。选择是自由的，也是痛苦的。对那些聪明能干，具有多种潜能的人来说，目标不明、举棋不定的痛苦尤为深刻、强烈；选择须是明确的、果敢有力的。心理上稍有怯懦就会给今后的人生道路留下难以扫除的障碍，而一旦克服了这种软弱，也许会对将来的发展有意想不到的影响。这方面，率先打破音乐与绘画界限的德国表现主义画家克利，可以说是个很有意思的典型。

克利（1879—1940）出生于欧洲的花园之国瑞士。他的父亲是音乐教授，母亲是歌唱家。克利从小就喜欢音乐、绘画和文学。他的天赋很好，具有多方面的艺术才能。11岁时，克利就被特邀参加巴赫作品的演奏，成了颇有名气的小提琴手。克利在音乐上的发展，明显比他在其他艺术领域要顺当得多、快得多。然而，没有想到的是，他对绘画的爱好像着了魔一般。

克利想，音乐的伟大时代已经过去了，绘画才刚刚开始，新的艺术语言将首先从现代绘画中产生。克利不肯放弃绘画。18岁时，在大学预科班学习的那段时间，克利在诗歌创作方面又显露了他与众不同的才华。对他来说，要成为一名领衔的诗人或作家是完全有可能的。丰富的艺术才华，对克利来说可能太多了。在选择的时候，克利感到惶惑、痛苦，不知如何是好。

　克利并不是缺乏主见和勇气的人。他一边学习音乐，一边钻研绘画艺术。预科班结束后，克利不顾家人的反对进了慕尼黑皇家学院学习绘画。他怀着满腔热情去探索沟通音乐与绘画的途径。克利发现，音乐与绘画，前者诉诸听觉，后者诉诸视觉，差异太大了，根本就没有沟通的可能。而德国的古典音乐和惊人的德国现代绘画之间几乎没有什么一致的地方，克利感到困惑不解。

　大学毕业后，克利感到精神上无法解脱，便离开了德国，去意大利旅游。他想从现实中逃出，安静地考虑一下。在意大利，他不断反省，觉得自己还和音乐有缘分。这个想法对他来说是个安慰。回国后，克利抛开了绘画，投身于音乐之中，他先后担任了波恩和苏黎世管弦乐团的第一小提琴手，在音乐上获得了一系列成功。27岁那年，他娶了一位音乐家做妻子。在音乐这条路上，克利一切都很顺利。他的道路看来已经铸定了，不可能再改变了。然而，就在他的音乐生涯走向黄金时代时，就在他要彻底告别画坛时，就在他的音乐事务最繁忙的那些日子里，克利忽然看见了眼前的一点亮光，看到了音乐与绘画的联结点。克利首先发现：声音是音乐的基本元素，色彩是绘画的基本元素。声音与色彩，表面上是风马牛不相及，而本质却是一致的。

　克利断然中止了他的音乐生涯，全身心地投入到了音乐与绘画的理论研究中。他进一步发现，音乐与绘画在节奏上是相通的。绘画的色彩中有明显的音乐性，而音乐的声响中也有绘画的色彩感，绘画的音乐性表现在绘画色彩的节奏上，音乐的色彩感，也是通过音乐的节奏表现出来的。节奏是克利终于抓到的沟通两门艺术的第一个关节点。他开始深入研究塞尚和康定斯基的绘画理论，开始建构一种崭新的绘画语言。他看到了音乐与绘画融合的光明前景，重新拿起画笔，开始了极富诗意和音乐性的、纯净的绘画创作。经过十多年的摸索，克利终于找到了一条独特的艺术创作道路，开拓了现代绘画的世界，成为表现主义绘画的经典画家。

　你看，选择的力量结出了奇异的艺术花朵。我们每个人的人生都会面临很多次选择，好好把握你的人生吧，抓住选择的有利时机，你的生命就会因此而开出美丽的花朵，结出丰硕的果实。

选择比什么都重要

当我们慢慢长大、成熟，我们会逐渐明白很多我们不曾发现的真情与关爱，当然这需要我们从选择中去发现、去体会，因为选择比什么都重要。

在乔治的记忆中，父亲一直就是瘸着一条腿走路的，他的一切都平淡无奇。所以，他总是想，母亲怎么会和这样一个人结婚呢？

一次，市里举行中学生篮球赛，他是队里的主力。他找到母亲，说出了他的心愿。他希望母亲能陪他同往。母亲笑了，说："那当然。你就是不说，我和你爸爸也会去的。"他听罢摇了摇头，说："我不是说爸爸，我只希望你去。"母亲很是惊奇，问："这是为什么？"他勉强地笑了笑，说："我总认为，一个残疾人站在场边，会使得整个气氛变味儿。"母亲叹了一口气，说："你是嫌弃你的父亲了？"父亲这时正好走过来，说："这些天我得出差，有什么事你们商量着去做就行了。"

比赛结束了，乔治所在的队得了冠军。在回家的路上，母亲很高兴，说："要是你父亲知道了这个消息，他一定会放声高歌的。"乔治沉下了脸，说："妈妈，我们现在不提他好不好？"母亲接受不了他的口吻，尖叫起来："你必须要告诉我这是为什么！"乔治满不在乎地笑了笑，说："不为什么，就是不想在这时提到他。"母亲的脸色凝重起来，说："孩子，这话我本来不想说，可是，我再隐瞒下去，很可能就会伤害到你的爸爸。你知道你爸爸的腿是怎么瘸的吗？"乔治摇了摇头，说："我不知道。"母亲说："那一年你才2岁，你爸爸带你去花园里玩，在回家的路上，你左奔右跑，忽然，一辆汽车疾驰而来，你爸爸为了救你，左腿被碾在了车轮下。"乔治顿时呆住了，说："这怎么可能呢？"母亲说："这怎么不可能？不过是这些年你爸爸不让我告诉你罢了。"

两人慢慢地走着。母亲说："有件事可能你还不知道，你爸爸就是布莱特，你最喜欢的作家。"乔治惊讶地跳了起来，说："你说什么？我不信！"母亲说："你爸爸也不让我告诉你。你不信可以去问你的老师。"乔治急急地向学校跑去。老师面对他的疑问，笑了笑，说："这都是真的。你爸爸不让我们透露这些，是怕影响你的成长。但现在你既然知道了，那我就不妨告诉你，你爸爸是一个伟大的人。"

两天以后，父亲回来，乔治问父亲："你就是大名鼎鼎的布莱特吗？"父亲愣了一下，然后就笑了，说："我就是写小说的布莱特。"乔治拿出一本书来，说："那你先给我签个名吧！"父亲看了他片刻，然后拿起笔来，在扉页上写道：赠乔治，选择其实比什么都重要。布莱特。

多年以后，乔治成为一名出色的记者。这时，有人让他介绍自己的成功之路，他就会重复父亲的那句话：选择其实比什么都重要。

选择你的财富

财富源于选择

没有人不渴望拥有财富，谁都渴望有朝一日可以对自己说："现在，我再也不用为没钱担心了。"于是，人们就设计了很多的计划与方案，试图用各种不同的方式发家致富，但这些努力最终都没有换来成功。最后，他们全都丧失了信心，开始相信自己根本没有那种能力，不可能做到那个令人羡慕甚至嫉妒的位置上。而问题就在于，他们虽然尝试了各种各样的方法，但就是没有尝试改变自己的思维，而改变思维是通向成功的唯一途径，此外别无他法。

财富源于人类心灵对大自然的挖掘，或简单笨拙地挥舞铁锹斧头，或复杂醉心地探索艺术的最终秘密。其实在思想和所有生产活动之间，有着维持双方联系的紧密纽带。那就是，完善计划的制订意味着繁重体力劳动的节省。尽管大自然在提供所有力量的同时也伴生着阻碍，但是人的智慧却致力于调节盈亏，平衡供需，不断进行优化组合，指导有效工艺的实践，同时创造了更多的价值。其实在美术、演讲、歌咏或记忆的再生产方面又何尝不是这样。

财富根植于心灵对自然的应用过程之中，而致富之道不在于有辛勤劳动的习惯，更不在于节俭储蓄的美德，它恰恰在于清醒的头脑、周密的计划，在于及时的行动、适当的目标。某人的优点是身高臂长，健步如飞；而另一个人却更为高明，他能从地理的差异与市场发展趋势中解析出潜在的土地需求，因此及早在上风上水的地方平整土地，坐等抛售，于是他一觉醒来已经变成富翁。

蒸汽机的威力与100年前相比并没有显著增长，可是它得到了更好的应用。

100多年前，有个聪明的人熟知蒸汽机的广泛用途，他也看到密歇根州的小麦和牧草白白地烂在地里，于是，蒸汽机和磨面机械被他有机地结合起来。机器声依然像以往那样"扑扑"地吼叫着，扩展着，可是这一回它使得密歇根州开始向饥饿的纽约和英国提供面粉。

厚厚的煤层自洪荒以来一直被埋在地底下，直到有人用镐头和绞车把它从地下挖出来。从此它作为一种可以转移的气候，把赤道的热量送往拉布拉多和极地，于是我们称它为黑钻石，因为每一筐煤炭都蕴藏着能量和文明。自从瓦特和史蒂芬森发现每半盎司煤炭即可把两吨货物牵引一英里后，运煤的火车和轮船很快就使高纬度的加拿大变得像加尔各答一样温暖宜人，随之而来的便是当地工业实力的大幅提升。

当贩夫把南方的水果运进北方的城镇时，其价值比留在树枝上、掉落在地上的那些要贵上100倍。商人的本领就是把货物从盛产之地运送到它稀缺的地方，实现供需的动态平衡。

通过正确运用这种选择的无穷力量，你一定能够很快地改善自己的财政和金融的不良状况。

许多人根本不懂得如何正确地运用这种巨大的力量。

财富积累的脉络在日常生活当中清晰可见：当你拥有结实的屋顶，它能够抵挡风雨的侵袭；当你打了一眼尚佳的水井，它能供给人们大量清甜的水；当你置备两套外衣，便可以在汗湿之后及时更换。当你有干柴可烧，有双芯油灯照明，有一日三餐充饥，有干活的工具，有可读的图书，有一匹马或一列火车载你穿过大地，甚至有一条船去航海，并且，靠着这些工具和附属物品，你能在各个方面尽可能广泛地增强自己的威力，这就好比你增添了手脚、眼睛、血液、时间，以及知识和善意。圣人之所以为圣人，是善假于物的结果。

要使自己拥有财富的思维

假如我们能改变自己关于经济状况的想法，那么其他的变化也会随之出现。所以，我们应该去选择有意义的、健康的财富思维。

通过正确使用选择这种伟大的力量，你肯定能让自己的财富状况发生变化。许多人都没有正确地使用这种力量，从而导致他们成为自己最不愿面对的那种东西的奴隶。

曾经有个青年人，他生活艰难得如同在苦海中挣扎。有很长一段时间，他都没有工作，最后，他找到一份一点儿都不让人感到骄傲的工作。这个青年人已经结婚并有了一个孩子，但他只能违心地说："我不想挣大钱。"每一天，他都尽量节省几个钱存起来，以便他的孩子长大后可以去读书。他放弃去繁华市中心而选择看街道放映的露天电影，因为这样他能节省两角五分钱；他从不去好一点儿的饭店吃饭，因为那里的花费比较贵；他买东西时，只选择省钱的那种；他也不能带家人外出度假，因为他没有钱。但他还是违心地说："我不想挣大钱。"

由此观之，对数以万计的人深陷在贫困之中，你还会感到奇怪吗？他们选择让自己继续在贫困中生活，但却没有意识到这一点。他们没有意识到选择的巨大力量。从来没有人会因为生活节俭而被别人指责。很多人只能精打细算地过日子，否则他们就没法过下去。这些人完全可以选择这种巨大的力量，他们本可以用生活中那些美好的东西来充实自己的大脑。

但是，我们每天都会听到有人在抱怨："我很想买那件东西，但我没有钱，我要省钱。"

这是事实，但不能这么说，假如你继续说"我没有钱"，那么，"没有钱"将会伴你一辈子。选择一种上进的思想，例如，"我得买下它，我要拥有它"。当要买下它、拥有它的思想出现在你的脑海时，你就逐步地确立了期待的想法，于是你的生活就出现了希望。千万不要毁灭自己的希望。假如你毁灭了它，你就会将自己带进一种无聊、困惑、失望的生活中去。

杰姆是一位十分能干的年轻人，但他却不能挣到一点儿钱，尽管任何事他都做得很成功。人们都不明白这到底是怎么回事。杰姆很有上进心，长相也不错，很讨人喜欢，无奈他一年又一年的奋斗都是徒劳的。在金钱方面，他没有收获。后来，杰姆请求一位智者为他指出问题的症结所在。他对智者说："我能做好任何事情，除了挣钱之外。"智者为他指点了迷津，当他明白出现在自己身上的问题其实很简单，只不过是自己对关于赚钱的思维选择不对的时候，一切都改变了。他再也不说："我能做好任何事情，除了挣钱。"他开始说："我能做好任何事情，包括挣钱。"以后的几年里，年轻人的财务状况发生了明显的改变，他开始赚到钱，逐渐在财务上让人刮目相看。现在，人们都认为他已经是个富翁了。这个年轻人本来很有可能终生面临一个困惑，即能做好任何事情却赚不到钱。但他一旦明白这一切都是因为自己选择了错误的想法，他立即积极地改变了这种想法，于是，他的财务状况也随之发生了变化，开始朝好的方向发展。选择的力量能够给人带来更好、更有效的赚钱方式。

对于财富也要懂得放弃

对于饥饿的人来说，选择金钱可以拯救生命；对于贪婪的人来说，选择金钱等于自杀。

有这样一个很有哲理的故事：

在一间很破的屋子里，有一个穷人，他穷得连床也没有，只好躺在一张长凳上。

穷人自言自语地说："我真想发财呀，如果我发了财，决不做吝啬鬼……"

这时候，上帝在穷人的身旁出现了，说道："好吧，我就让你发财吧，我会给你一个有魔力的钱袋。这钱袋里永远有一块金币，是拿不完的。但是，你要注意，在你觉得够了时，要把钱袋扔掉才可以开始花钱。"

说完，上帝就不见了。在穷人的身边，真的有了一个钱袋，里面装着一块金币。穷人把那块金币拿出来，里面又有了一块。于是，穷人不断地往外拿金币。穷人一直拿了整整一个晚上，金币已有一大堆了。他想："啊，这些钱已经够我用一辈子了。"

到了第二天，他很饿，很想去买面包吃。但是，在他花钱以前，必须扔掉那个钱袋。于是，他拎着钱袋向河边走去。

他又开始从钱袋里往外拿钱。每次当他想把钱袋扔掉时，总觉得钱还不够多。

日子一天天过去了，穷人完全可以去买吃的、买房子、买最豪华的车子。可是，他对自己说："还是等钱再多一些吧。"

他不吃不喝地拿，金币已经快堆满一屋子了。同时，他也变得又瘦又弱，头发也全白了，脸色蜡黄。

他虚弱地说："我不能把钱袋扔掉，金币还在源源不断地出来啊！"

终于，他倒了下去，死在了长凳上。

这个故事告诉我们：金钱不是绝对的好东西，只有当人们能够合理地利用它，它才会造福于人，否则，一时的贪心也可能招致身败名裂。因此，对于财富，我们也要懂得放弃！

选择你的环境

选择你的人生环境

每个人刚刚降临到人世时，就遇到前人所创造出的现成的社会环境。对于这种既成的事实，人们是无法选择的。人们面临的社会环境有大环境和小环境之分，社会大环境是指整个社会环境及其发展趋势、水平、性质和状态。人与社会大环境有着极为密切的关系，人只能在一定的社会大环境中活动，但这决不等于说人只能消极地适应社会大环境。在一定程度上人是可以改变社会大环境，创造和发展社会大环境的。

马丁·科尔在其著作中谈的最多的是社会小环境。社会小环境是指个人直接接触的生活范围，如家庭、学校、住区、单位及社交活动的范围等。社会小环境对个人的影响是明显的，个人离不开社会小环境。在社会小环境内，家庭成员的思想、政治观点、道德、文化教育程度及经济生活水平，学校的教育水平、教学质量、学风、校风、系风、班风的情况，单位的文明建设、科技教育、政策措施、人员的组成、物质条件、居住环境的风气，以及个人接触的社会成员等，都在不同程度上直接或间接地影响着个人的一生，社会小环境对个人的影响集中表现在人的社会化过程中。

家庭是个人所接触的第一个社会小环境，家庭是个人人生旅途的大本营。个人从生理成长、心理发展到生活技能的学习和积累上，都要紧密地依靠家庭。家庭是指导儿童踏入生活的第一所学校；家庭里的一切物品是孩子面临的第一个世界；家庭里的欢声笑语、悲啼哭泣，是孩子耳闻的最初音响；家庭里的父母兄妹，是孩子接触的第一个群体；家庭里的一言一行是孩子学习的第一个典范。家庭对于儿童来讲具有重要的教育职能，家庭教育的优劣往往影响人的一生。家庭不仅有教育的职能，还可以给人带来温暖，可以给人以心理上、精神上的满足。

学校是人社会化的重要场所，是影响个人的极为重要的社会小环境。学校对人进行社会化，是有目的、有系统、组织性较强的场所。学校不仅传授给学生一定的文化知识，而且培养学生的行为规范。教导、培养行为规范是社会化的一个重要内容。学校的作用之一就是要把各种类型的社会行为规范教给学生，使学生在自己的一生中都能自觉地遵守。在人的一生中，需要学习的行为规范很多，而且大多是在学校中学到的。

此外，一个人所接触的社会成员对其影响也是很大的。所谓"近朱者赤，近墨者黑"。与生活的强者来往将给你力量，与品德高尚的人来往将给你品德，与学者来往将给你知识，与正直者来往将给你勇气，与聪明者来往将给你智慧。相反，与市侩来往你得到的是庸俗，与无为者来往你得到的是消沉，与强盗来往你得到的是残忍和肮脏。总之，与好人来往你将得到真善美，与坏人来往你将得到假恶丑。

社会小环境对人的社会化有着巨人的影响，对人的个性发展也有着极为重大的影响。社会化对于个人来说，既是发展人的社会性的过程，也是完善人的个性的过程。人的个性是在社会化的过程中形成的。通过社会化，人们学习了基本的生活技能，养成了一定的生活习惯，接受了社会的生活目标和社会规范，确立了一定的世界观、人生观、价值观。在社会化过程中，人们接触社会的各个方面，直接参与社会生活，逐渐地形成一定的兴趣、能力、性格。人的个性受先天素质、个人经历、家庭背景、学校教育等影响，同时也受社会大环境的影响。

在人的继续社会化和强制教育的再社会化的过程中，社会大环境的影响更大一些，而社会小环境对人的个性的影响则更具体一些。

马丁·科尔认为，社会大环境与社会小环境共同构成了个人成长所必需的人生环境，个人受人生环境的影响和制约。但是个人也不是完全消极地受制于人生环境，而是能够能动地反作用于人生环境。总之，每个人都是你自己的人生环境的主人，都应当以主人的姿态去选择、去影响、去净化、去改变你的人生环境。

选择你的工作环境

想提高工作效率，就必须选择舒适一点的工作环境。

照明设备不佳，直接影响工作效率。尽管头脑清晰，如果眼睛疲劳，效率一样不好。

其实，不光是照明设备，只要是目光所及，都会影响到自己的感觉及心理反应。譬如，工作场所的墙壁不适合漆红色系之类刺激的颜色。当然，太暗的颜色也不好，最好是具有安定情绪作用的色调。虽然有人认为，淡青、淡蓝之类寒色系的环境适合脑力工作，不过，寒色系看起来沉重，令人感到忧虑。然而，整面白苍苍的墙壁容易让人联想到医院，感觉不太好，同时也容易使眼睛疲劳，所以柔和的肉色系，感觉上较为舒服。当然这要看各人偏好。

想要提高工作效率，留意工作环境也是很重要的。

"适材适所"是用来形容工作环境的，也就是说工作内容不同，工作环境自然就要变动。譬如，需要参考许多资料的工作，自然就要在参考资料随手可得的地方。否则，缺乏参考资料，即使再认真，效率一样低下。这个道理虽然人人都懂，但奇怪的是，仍然有很多人弃之不顾，尽是做些没有效率的事情。

有很多作家喜欢将自己关在饭店或旅馆内写稿。如果能把必备资料带齐，住进旅馆，由于不受干扰，可以长时间埋头苦干，自然就可以完成许多工作。

不过虽说如此，并不是所有的工作都能在旅馆里面完成。因为，办公室或家里的参考文件及资料，不可能全部搬到旅馆里面。所以，即使为了远离噪声而住进旅馆，仍然要分清楚什么事可以在旅馆做，什么事不能。

反过来说，如果有机会投宿旅馆，一定要事先考虑能做哪些工作，先做好准备。

总之，任何一个工作环境都有其特定的性质，我们必须事先了解其优点及局限，然后根据所要完成工作的性质，去选择或改变你的工作环境，好让环境能为效率服务。

选择你的生活环境

或许我们没有能力去创造一个适合自己的生活环境，但可以去选择一个这样的生活环境。

我国古代有一位儒学大师叫孟轲，他小时候家住在一片坟地附近，于是他常常去看人家举行葬礼，久而久之，孟轲就和一些小孩去玩埋葬祭祀的游戏。孟母觉得这个环境对孩子的成长很不利，于是就把家搬到了一个集市的附近。他家的周围这一次换成了商店和小货摊，整天耳边充斥着叫卖声，孟轲又开始和别的孩子玩做生意的游戏。孟母觉得这种环境对孩子的成长更不利，于是又一次举家搬迁。这一次，孟母把家搬到了一所学校附近定居下来。从这以后，孟轲开始受读书人的影响，渐渐地在琅琅读书声中得到了熏陶，懂得了读书做人的道理，努力读书，终于成了一代儒学大师。

这就是至今传为美谈的"孟母三迁"的故事，生活环境虽是外因，但有时也能起到关键作用。石头里蹦不出小鸡，但鸡蛋如果离开适宜的温度也不会孵出小鸡，在冰天雪地中它会冻裂，在开水中会烫熟，哪能再变成小鸡呢？对于生活环境的重要性，我国古代就有精辟的论述，如"近朱者赤，近墨者黑""蓬生麻中，不扶自直；白沙在涅，与之俱黑"。

我们要善于选择对自己有利的生活环境，俗话说得好："树挪死，人挪活。"候鸟还懂得随气候变化而迁徙呢。

我们不可以控制环境，但可以控制想法

每个人都生活在社会环境中。我们都知道，外部环境总是时好时坏。有的人甚至在情况好的时候都活不下去，更不要说情况糟的时候了。这主要是因为他们没有运用这种最伟大的力量——选择的力量。当困难到来的时候，许多人都往后退缩，心里充满失意与落魄，等着政府采取措施来改变这种状况。而有一部分人则会运用这种最伟大的力量——选择的力量，这种人即使在困难时期也能取得成功。许多最伟大的事业都是在所谓的困难时期开创并建立起来的。为什么呢？因为这些事业的创始人拒绝迷信所谓的困难时期，无论如何他们总是要朝前走，最终他们成功了。在困难时期，我们也会遇到环境好的时候所不可能遇到的有利条件，如创办一个企业并让它发展下去需要的钱较少；或是很容易就找到帮手，价钱也不贵；或是竞争不是那么激烈。

每一个有些许常识的人都懂得一个道理：自己不能控制周围的环境，当然，

除非你正好做了政府的首脑，因为那样的话，你也许可以发号施令，对周围的环境进行有效的控制。我们虽然控制不了环境，但我们能够控制自己内心的想法，而且通过对自己内心想法的控制，通过对这种最伟大的力量——选择的力量的运用，我们可以对周围的环境进行间接的控制。

罗桑是一位著名的工程师，同时也是英国最伟大的科学家之一。在他所著的《生活理解》一书中，他向我们讲述了一则有关英国一个军团的故事。在威特利斯上校的带领之下，这个团曾经在第一次世界大战期间没有损失一个人。军官与士兵们的默契配合使这种空前绝后的奇迹成为可能。他们经常地、非常有节奏地背诵并且重复《诗篇》第91条中被称作是"保护诗篇"的文字。这个例子是选择的力量之伟大的深刻见证。请永远也不要忘记，选择的力量，是人类所拥有的最伟大的力量。

世界上到处都是满怀失望的人们，稍微有点儿勇气的人不需要打什么硬仗就可以获得成功。

现实生活中，平凡者居多，伟人只是少数。失败和成功其实有时候仅仅取决于你的想法，成功者经常运用最积极的方式去思考，用最乐观的精神和最辉煌的经验来支配和控制自己的人生。失败者恰恰相反，他们的行动和人生是受过去的种种失败与疑虑所引导和支配的。在困难面前，成功者仍然抱以积极的想法，用"一定会有办法"等积极的意识来鼓励自己，于是不断地想办法，不断前进，直至成功。遇到困难，失败者往往会选择容易倒退的道路，想着"我不行了，我还是退缩吧"，最终陷入失败的深渊。

这就是选择的力量。我们虽然不可以控制我们的环境，但却可以控制我们自己的想法。那么，为什么你不选择积极的想法呢？

▶ 选择你的幸福

选择与放弃决定幸福

　　造成自己心理障碍，影响一个人的幸福的，有时并不是物质的贫乏和富有，而是一个人选择与放弃的心境。如果让自己的心浸泡在后悔和遗憾的往事中，痛苦必然会占据你的整个心灵。

　　一位治疗精神病的医生有多年的临床经验，在他退休后，撰写了一本医治心理疾病的专著。这本书足足有 1000 多页，书中有各种病情描述以及针对这种病情的药物、情绪治疗办法。

　　有一次，他受邀到一所大学讲学，在课堂上，他拿出了这本厚厚的著作，说："这本书有 1000 多页，里面有治疗方法 3000 多种，药物 10000 多样，但所有的内容，归结起来只有 4 个字。"

　　说完，他在黑板上写下了"如果，下次"。

　　这位医生说，造成自己精神消耗和折磨的不过是"如果"这两个字，"如果我考进了大学""如果我当年不放弃她""如果我当年能换一种工作"……

　　医治方法有数千种，但最终的办法只有一种，就是把"如果"改成"下次"，"下次我有机会再去进修""下次我不会放弃所爱的人"……

　　钱钟书在《围城》中讲过一个十分有趣的故事：天下有两种人。譬如一串葡萄到手后，一种人挑最好的先吃，另一种人把最好的留在最后吃。但两种人都感到不快乐。先吃最好的葡萄的人认为他的葡萄越来越差，第二种人认为他每吃一颗都是吃剩下的葡萄中最坏的。

原因在于，第一种人只有回忆，他常用以前的东西来衡量现在，所以不快乐；第二种人刚好与之相反，同样不快乐。

为什么不这样想，我已经吃到了最好的葡萄，有什么好后悔的；我留下的葡萄和以前相比，都是最棒的，为什么要不开心呢？

这其实就是生活态度问题，它决定了一个人的喜怒哀乐。

如果一个人不懂得去选择也不懂得去放弃，那他就永远也不会感到幸福。

选择成就人生的幸福

幸福，寻找它的人多，得到它的人少。人们常常以为，在金钱、财产和人际交往中能够找到幸福。可是他们忘了，幸福并不是得到什么，它是心灵在感受到自我价值时所处的一种状态。那些每天带着期望去生活的人，那些在生活中感到快乐和满足的人，可以说，都是幸福的宠儿。幸福是自然的，它不需要创造；不幸才是由我们内心的恐惧、焦虑、紧张造成的。多数人只是在短暂爆发的时刻才感觉到片刻的幸福，而事情过后，他们又重新回到日常的状态。

那些把自己的喜怒哀乐完全寄托在外物之上的人，幸福的大门永远不会向他们打开。希望自己幸福吗？这完全取决于你自己的选择！当然，你可以让外界事物来决定你的幸福，但你也可以因为自己所做的一切而感到幸福。即使生活中发生了各种不幸，也并不会妨碍你去选择幸福。你的生命还在，你的呼吸未停，你还可以看这本书，从中汲取养料，生活中还有很多让你幸福的事。即使你暂时还无法做到其他事情，但至少，你还拥有把握幸福的能力。

要相信自己，一切都是你能做到的。你是独一无二的，你必然会有非凡的成就。在你内心深处的某个地方，你在热烈地渴望成功，而且，你也具备了这样的能力。从今天起，你要做的，就是先改变自己的人生观，改变你对自己的看法。

要去想象、去憧憬幸福，每天都要这么做，让自己的生活拥有目标，拥有一个个巅峰；要保持内心的宁静，要相信自己，没有什么是你不能做的，没有哪种人是你不能成为的。事实上，只要你意识到无论什么时候，你都可以实现幸福，那么，实际上你就已经无时无刻不在幸福之中了。

不要活在过去，我们要把握的是今天、明天，我们需要的是未来的幸福。你的态度就决定了你的幸福，如果你消极悲观，处处不满，整天唉声叹气，那你永远也进不了幸福的门。

要相信自己配得上幸福，重要的是这种信心，有了信心，也就有了幸福。抛开你从前对生活那套愤世嫉俗的观点，鼓励自己继续往前，去接受变化，去拥抱原本就属于你的幸福，去做希望和成功的忠实信徒。这一切，需要的只是勇气，而这种勇气就在你心里，唤醒它，抓住它，你就会拥有更美好的生活。

不要自己画地为牢，作茧自缚，要让新鲜的空气进入你的内心，不要在那肮脏单调的巢穴里坐等生命的流逝。一个对自己所做的事情感觉不到丝毫乐趣、意义的人，是不可能产生幸福的感觉的。要记住，首先是选择，有了选择就有了幸福的可能；它是动力、轮船，会把你带到想去的地方。

生活不是日复一日的重复，你今天所做的，完全可以和昨天不同，你永远有用不完的机会。

而幸福，首先就意味着寻找机会、把握机会。如果觉得现在的一切并不能带来成就感，并不能让你满意，那么为什么不选择去改变它呢？去寻找你的目的、你的意义，然后就去全身心地投入吧。在这点上不必吝惜时间，因为它带给你的将是幸福。逼迫自己去面对选择，接受选择，幸福就在你的掌握之中。

世界上最幸福的人，是那些克服了艰难险阻、忍受了长期煎熬，但始终在斗争、在坚持的人。没有经历苦难波折，没有经历生死搏斗，就不可能有幸福。

想一想自己过去曾走过的路程，自己克服的那些阻碍，在挫折和奋斗中自己得到的教训。想一想，自己最幸福的时刻，难道不正是经过努力坚持，终于攻克重重难关的时刻吗？不是自己开始还心有怯意，最终却出色地完成了一项任务的时刻吗？或者，不是自己本来都以为不能坚持、以为苦难不会结束，最终咬咬牙却挺过去的时刻吗？

生活中我们随时随地都会遭遇各种挑战。我们越是能够将不利变成机遇，就越有可能过上幸福的生活。你的生活将变成一场没有间歇的盛大庆典，所有机会来临的时刻都是你的节日。没有什么能够约束你思考、行动的自由，没有什么能限制你去发展这些方面的能力。你完全可以去享受生活的种种乐趣，你唯一需要的，是给自己去接近、达到、创造幸福的机会。

是选择成就了人生的幸福！

幸福可以长存

在认清并且意识到自己拥有了一种最伟大的力量——选择的力量以后，几乎每一个人都会感到自己现在的生活比以前要快乐得多。很多人都在拥有了这一点点幸福的感觉后，就牢牢地抓住这一点儿幸福不撒手。但也会有些人，一旦发现自己内心产生了快乐与幸福的感觉就惊奇万分，总是怀疑是不是有什么地方出了问题，同时也怀疑这种感觉是否具有持久性。这样的人是不会得到幸福的。

百老汇曾上演过这样一出戏：戏中的女主角（当时刚刚度完蜜月回来）走上了舞台，说道，她感觉自己太幸福了，以至于"她想幸福得死掉"。请你想象一下，有这样一个人，她不懈地追求幸福，现在她终于获得了幸福，她却"想幸福得死掉"。这种对人类所拥有的最伟大的力量——选择力量的滥用是多么可怕和让人担忧呀！那么，我们觉得自己亲眼所见的幸福少得可怜，这有什么大惊小怪呢？拥有幸福的人感觉到的是一种强烈的恐惧感，以至于他们根本无法把握住幸福。他们甚至是在刚刚获得幸福的一刹那便失去了它。

有这样一个年轻人，他向我们讲述了他的不幸经历：我曾和一位年轻姑娘谈恋爱，我们对彼此颇有好感，决定订婚。订婚时我们觉得非常幸福，于是决定用婚姻将这种幸福推上顶点，我们结婚了。我们商量着买下了一幢虽小但很可爱的公寓房子，实际上，所有的朋友都嫉妒我们的房子。我妻子出去工作，我也出去工作。我们有一辆车，在银行里存了一点儿钱，我们确实像生活在人间的天堂一样。但是，在我和朋友聊天时，他们似乎都觉得这种生活不会长久。他们会对我说："看看琼斯两口子，刚结婚的那几个月他们多幸福呀！再看看现在，他们却有了那么多的麻烦和烦恼！看看史密斯一家，他们一度也曾很快乐，但那是结婚的头几个月。你再看看现在他们生活得多不快乐！"这样的话我听得太多了，以至于我觉得他们过的是一种正常生活，而我和我太太过的是一种不正常的生活。我们这种人间天堂般的婚姻生活就像一只气球一样，随时都会破碎。我每次和一个持"这种生活太美好了，所以不能持久"的人聊过之后，回家时我都会向我的妻子讲些类似的话。"亲爱的，我们的生活是不是太美好了？这种日子大概长不了。我们简直就像生活在天堂里一样。这样的生活不太可能继续下去。"没过多久，这样那样的事情就开始发生了。我妻子失去了工作，我也失去了工作。我们不得不卖掉我们的车，不得不放弃那幢漂亮的小公寓。我们不得不回家和我母亲一起生活。而最糟糕的是，我妻子自己也成了母亲。

他愤愤不平地说："假如每次你刚把形势扭转过来，就会发生点儿什么事把一切又毁掉，那么，活着还有什么意义呢？"他想自杀。他想："如果这就是生活的话，我可以现在就将它结束掉。"

《人生的游戏和游戏规则》和《你的话就是你的魔杖》两本书的作者弗罗伦斯·S.希恩女士在她的著作中写道：没有任何东西会因为过于完美而不能长存！

如果你能正确地运用自己的选择能力，世上就不会有任何能够毁掉你生活的事情发生。如果你能运用自己的潜力，选择相信美好的东西也能长存，那么生活中一切美好的东西就会更加美好，甚至比你想象中的还要好。虽然这听起来难以想象，但这一切都是真的。这就是让事情向良好的方向发展的秘密。而且，碰到事情发展得异乎寻常地顺利且没有任何阻挠时，你也要坚信这一切都是正常的。

星星不会撞到月亮，月亮也不会撞到太阳，太阳更不会撞上地球。既然高速运行的星星、月亮、太阳都不会相撞，那我们的生活为什么不能一帆风顺？为什么一定要相信生活中必会有一些不协调的因素产生呢？只要能合理运用选择的力量，我们就有理由相信生活会变得一帆风顺且不会和别人有任何摩擦。

只要你能驾驭选择的力量，你的生活就会越变越好，且美好得出乎你的想象。

有人曾经说过这样的话："人间天堂其实就在我们的生活里，问题是很多人根本没有去利用它。"无论你身处何地，你都会遇到这样一些人，他们本来生活得挺美好的，后来却不幸遇到了麻烦，而且麻烦一直困扰着他们。这就是他们没有充分运用选择的力量的结果，他们不相信幸福可以长存，于是就真的遇到了麻烦。

因此，无论何时，无论何地，都要让自己坚信：幸福是可以长存的！

选择自己的幸福

幸福往往就在你的某次选择之间。

当你听到这一说法时，你也许觉得很奇怪，人怎能选择自己的幸福？事实确实如此，美国第十六任总统亚伯拉罕·林肯曾经说过："我一直认为，如果一个人决心想获得某种幸福，那么他就能得到这种幸福。"

一对年轻夫妇，他们住在美国南部的一个小城市里，其邻居是一对年老的夫妇。妻子几乎瞎了，并且瘫痪在轮椅中，丈夫身体也不是很好，他整天待在屋子里照料自己的妻子。

一年一度的圣诞节快要到了，这对年轻夫妇决定装饰一棵圣诞树送给这两位老人。他们买了一棵小树，将它装饰好，带上一些小礼物，在圣诞前夜把它送了过去。老妇人感激地注视着圣诞树上闪烁的小灯，伤心地哭了。她的丈夫也一再说："我们已经有许多年没有欣赏圣诞树了。"在以后的日子里，每当他们拜访这两位老人时，他们都要提起那棵圣诞树，对这对年轻夫妇来说，也许他们只是做了一件很小的事情，但他们把最大的幸福送给了他人，因而自己也从中获得了巨大的幸福。这种幸福是一种十分深厚的感情，而且也一直留在他们的记忆中。

对于我们每个人来讲，生活可能是幸福的、满足的，也可能是不幸福的。而你有权选择其中的任何一种。决定你选择的因素只有一点，你是接受积极心态还是消极心态的影响，而这个因素至少也是你所能控制的。

因此，拿出你的勇气，选择你自己的幸福生活吧，这是上帝赋予你的权利。

7

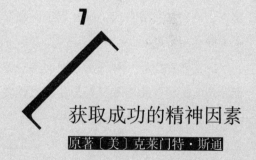

获取成功的精神因素

原著〔美〕克莱门特·斯通

\ 积极的心态　正确的思考

\ 自我的控制　合作的精神

\ 总结性经验　创造性见识

\ 普遍性规律

关于本书

虽然许多人都认为《获取成功的精神因素》是美国保险业巨子克莱门特·斯通的作品，但美国人汤姆·巴特勒·鲍登却在他的著作《一生要读的50本成功经典》中指出《获取成功的精神因素》是克莱门特·斯通和"成功学之父"拿破仑·希尔的合著。

《获取成功的精神因素》是希尔完成《思考致富》多年后与克莱门特·斯通共同创作的，其中包含了许多因为阅读《思考致富》而改变了人生的人的故事，如澳大利亚游泳冠军道恩·弗雷泽。《思考致富》是一部励志书，是对美国最成功的人士展开20年研究后完成的，而《获取成功的精神因素》更为全面，指导人们在生活的各个领域中如何取得成功。

拿破仑·希尔和克莱门特·斯通都是研究成功学的伟大学者。不过，在他们合写的这本书里，他们决定把"积极的心态"作为重点。他们在对成功人士展开数年研究之后发现，这是所有成功人士的共同特点。

成功者都抱有一种根深蒂固的"事情能做成"的哲学态度，而其他人则往往抱有相反的想法，只顾害怕，没有信心。成功人士总是想："如果……会怎么样？"然后为自己确定艰巨的目标。他们对失败采取了不同的态度，往往把它看作一种反馈，而不是对自己的不利看法。

希尔和斯通发现的另一个成功因素是，他们"花费了更大的气力"。例如，托马斯·爱迪生做了1万次实验，才发明了白炽灯泡。情况经常是：你只要再多尝试一次，就能取得成功，但消极的心态会导致你在黑暗变成光明之前的一瞬间放弃努力。

希尔和斯通列举了17条"成功法则"，但他们认为，积极的心态是把所有这些法则结合在一起的"黏合剂"。保持积极就是要始终如一地欣然接受生活，经历丰富的人比较容易获得成功、幸福和财富。消极心态只会排斥上天的这些恩赐。一个人的成功原因可能多种多样，但讨人喜欢的性格至关重要，不只是因为别人对你的看法以及他们是否愿意与你打交道，也是因为你的自信。

他们写道："当我们对自己保持积极心态时，当我们对其他人保持宽容善意的心态时，我们就能获取重大成功。"

▶ 积极的心态

积极心态的力量

美国联合保险公司有一位名叫艾伦的推销员，他很想当公司的明星推销员。因此他不断用励志书和杂志培养积极的心态。有一次，他陷入了困境，这是对他平时进行积极心态训练的一次考验。

那是一个寒冷的冬天，艾伦在威斯康星州一个城市里的某个街区推销保险单，但却还没有一次成功。他自己觉得很不满意，但当时他这种不满是积极心态下的不满。他想起过去读过一些保持积极心境的法则。第二天，他在出发之前对同事讲述了自己昨天的失败，并且对他们说："你们等着瞧吧，今天我会再次拜访那些顾客，我会售出比你们售出的总和还多的保险单。"

基于这个信念，艾伦回到那个街区，又访问了前一天同他谈过话的每个人，结果售出了66张新的事故保险单。这确实是了不起的成绩，而这个成绩是他当时所处的困境带来的，因为在这之前，他曾在风雪交加的天气里挨家挨户走了8个多小时而一无所获。但艾伦能够把这种对大多数人来说都会感到的沮丧，变成第二天激励自己的动力，结果如愿以偿。

事业或学业成功的人，往往都能够充分运用积极心态的力量。人人都希望成功会不期而至，但绝大多数人并没有这样的运气或条件，即使有了这些条件或运气，我们也可能感觉不出来。很明显的东西往往容易被人忽略，每个人的积极心态就是他的长处，这是毫不神秘的东西。

亚历山大大帝有一次大送礼物，以表示他的慷慨。他给了甲一大笔钱，给了乙一个省份，给了丙一个高官。他的朋友听到这件事后，对他说："你要是一直这样做下去，你自己会一贫如洗。"亚历山大回答说："我哪会一贫如洗，我为我自己留下的是一份最伟大的礼物，我所留下的是我的希望。"

克莱门特·斯通指出：人的心态会随着环境的变化自然地形成积极和消极两种。思想与任何一种心态结合，都会形成一种"磁性"力量，这种力量能吸引其他类似的或相关的思想。

这种由心态"磁化"的思想，好比一颗种子，当它培植在肥沃的土壤里时，会发芽、成长，并且不断繁殖，直到原先那颗小小的种子变成数不尽的同样的种子。

这就是心态之所以产生重大作用的原因。积极的心态，能够激发我们自身的所有聪明才智；而消极的心态，就像蛛网缠住昆虫的翅膀、脚足一样，束缚住我们才华的光辉。有一首诗对此有着这样的描述：

如果你认为被击败了，

那你必定被击败。

如果你认为不敢，

那你必然不敢。

如果你想胜利，但你认为你不可能获胜，

那么你就不可能得到胜利。

如果你认为你会失败，

那你就已经失败。

柯林·鲍威尔是牙买加移民的儿子，他从布朗克斯的街巷里走出来，最终成长为参谋长联席会议主席、美国最受尊敬的人物之一。在他的畅销书《美国之路》中，他列举了30条自己恪守的生活准则，其中有不少体现了乐观主义的基本价值，很值得我们借鉴。它们包括：

千万不要把事情想象得那么坏，也许明天早晨它就会有转机。

这事儿能做！

不要让任何不利的事实来妨碍你作出一个好的决定。

不要向自己的恐惧退让，也不要轻易向对手妥协。

永远的乐观主义，是一个力量的加倍器。

像鲍威尔这样的乐观主义者，总是相信权力和控制出自他们自身。

成功源于积极心态

培养积极之心是生命中最重要的一环。所谓积极之心，包括所有"正面"的特质，如自信、希望、乐观、勇气、慷慨、机智、仁慈及丰富的知识。对人生态度积极的人，必有远大的目标并为此而不懈努力。

有些人虽然有积极的心态，但是一遇到挫折就会失去信心。他们不了解成功需要用积极的心态去不断尝试，成功正是源于积极的心态。

据说纽约的零售业大王伍尔沃斯的青年时代非常贫穷。他在农村工作，一年中几乎有半年时间是打赤脚的。他成功的秘诀就是使自己充满积极思想，仅此而已。他借来 300 美元，在纽约开了一家商品售价全是 5 美分的店，曾经全天营业额还不到 2.5 美元，不久后便经营失败。以后他又陆续开了 4 个店铺，有 3 个店完全失败。就在他几乎丧失信心的时候，他的母亲来探望他，紧紧地握住他的手说："不要绝望，总有一天你会成为富翁的。"就在母亲的鼓励下，伍尔沃斯面对挫折毫不气馁，更加充满自信地开拓经营，最终一跃成为全美一流的资本家，建造了当时世界第一高楼，那就是纽约市有名的伍尔沃斯大厦。

其实不只是伍尔沃斯，几乎所有白手起家的成功者，无不有一个共同的特点，那就是具有积极的心态。他们运用积极的心态去面对自己的人生，用乐观的精神去面对一切可能出现的困难和险阻，从而保证了他们不断地走向成功。而许多一生穷困潦倒者，则精神空虚，以自卑的心理、失落的灵魂、失望悲观的心态和消极颓废的人生目的作前导，其后果只能是从失败走向新的失败，甚至是永驻于过去的失败之中，不再奋发。

仔细观察比较一下我们大多数人与成功者的心态，尤其是关键时候的心态，我们就会发现"心态"导致人生惊人的不同。

克莱门特·斯通告诉我们，心态在很大程度上决定了我们人生的成败。我们怎样对待生活，生活就怎样对待我们；我们怎样对待别人，别人就怎样对待我们；我们在一项任务刚开始时的心态决定了最后能取得多大的成功，这比任何其他因素都重要。

蒙利根是以上理论的实践者。蒙利根想做薄饼生意，但每一个人都告诉他："你完全缺乏这方面的知识，你没有可能做成功。"但蒙利根对这些议论不以为然，他排除万难，于1962年在密歇根州开设了第一家"多棉劳"薄饼店。30年后，他在全球拥有5000多家分店，成为"薄饼大王"。

实际上，所谓的积极心态，就是一种进取心。这是一种极为难得的美德，它能驱使一个人在不被吩咐应去做什么事之前，就能主动去做应该做的事。

我们创造了自己的环境，心理的、情绪的、生理的、精神的，我们自己的态度决定我们的人生。

积极的心态并不能保证事事成功，但积极心态肯定会改善一个人的日常生活。而相反的心态必败无疑，从来没有消极悲观的人能够取得持续的成功。

也许你现在已经确信一点，积极的心态与消极的心态一样，它们都能对你产生一种作用力，不过两种作用力的方向相反，作用点相同，这一作用点就是你自己。为了获取人生中最有价值的东西，为了获得家庭的幸福和事业的成功，你必须最大限度地发挥积极心态的力量，以抵制消极心态的反作用力。

积极心态可以由你来选择

有这样一则故事：

一位国王的众多大臣之中，有位大臣特别有智慧，而这位大臣也因他的智慧，格外受到国王的宠爱与信任。

智慧大臣拥有一项与众不同的特长，那就是无论何时他都能够保持绝对积极的心态。无论遇上什么事，他总是愿意去看事物好的那一面，而拒绝消极方面。

由于智慧大臣这种凡事积极看待的态度，的确为国王妥善地处理了许多令他犯难的大事，因而备受国王的敬重，凡事皆要咨询他的意见。

国王热爱打猎，有一次在追捕猎物时意外受伤弄断了一节食指。国王剧痛之余，立即召来智慧大臣，征询他对这件意外断指事件的看法。

智慧大臣仍本着他的作风，轻松自在地告诉国王，这应是一件好事，并劝国王往积极方面去想。国王闻言大怒，以为智慧大臣在嘲讽自己，立即命左右将他拿下，关到监狱里。待断指伤口痊愈之后，国王也忘了此事，又兴冲冲地忙着四处打猎。却不料祸不单行，竟带队误闯邻国国境，被丛林中埋伏的一群野人活捉。

依照野人的惯例，必须将活捉的这队人马的首领献祭给他们的神，于是便抓了国王放到祭坛上。正当祭奠仪式准备开始时，主持的巫师突然惊呼起来。

原来巫师发现国王断了一节的食指，而按他们部族的律例，献祭不完整的祭品给天神，是会受天谴的。野人连忙将国王解下祭坛，驱逐他离开，另外抓了一位同行的大臣献祭。

国王狼狈地回到朝中，庆幸大难不死，忽而想到智慧大臣所说，断指确是一件好事，便立即将他由牢中释放出来，并当面向他道歉。

智慧大臣还是保持他的积极心态，笑着原谅国王，并说这一切都是好事。

国王不服气地问："说我断指是好事，如今我能接受。但因我误会你，而将你关在牢里受苦，难道这也是好事？"

智慧大臣笑着回答："臣在牢中，当然是好事。陛下不妨想一想，我若不是在牢中，陪陛下出猎的大臣会是谁呢？"

每件事情都必然有两面性，这位深具智慧的大臣选择了聪明的那一面。那么，我们为什么不学习这位智慧大臣，选择用积极的心态去面对生活呢？

积极心态不是与生俱来的，它可以通过我们的自觉意识来培养。培养积极心态一般可分为以下8个步骤：

（1）多与乐观者在一起，不要浪费时间去阅读别人悲惨的详细新闻。在开车上学或上班途中，听听电台的音乐或自己的音乐带。如果可能的话，和一位乐观者共进早餐或午餐。晚上不要坐在电视机前，要把时间用来和你所爱的人聊聊天。

（2）改变你的习惯用语。不要说"我真累坏了"，而要说"忙了一天，现在心情真轻松"；不要说"他们怎么不想想办法"，而要说"我知道我将怎么办"；

不要在团体中抱怨不休,试着去赞扬团体中的某个人;不要说"为什么偏偏找上我,上帝",而要说"上帝,考验我吧";不要说"这个世界乱七八糟",而要说"我要先把自己家里弄好"。

（3）向龙虾学习。龙虾在某个成长阶段里,会自行脱掉外面那层具有保护作用的硬壳,因而很容易受到敌人的伤害。但它都能够有效地保护好自己,这种情形将一直持续到它长出新的外壳为止。生活中出现变化是很正常的。每次发生变化,总会遭遇到陌生及预料不到的意外事件。不要躲起来,使自己变得更懦弱。相反,要敢于去应付危险的状况,对你未曾见过的事物,要培养出信心来。

（4）重视你自己的生命。不要说:"只要吞下一口（毒药）,就可获得解脱。"不妨这样想:"信心将协助你渡过难关。"由于头脑指挥身体如何行动,因此你不妨从事最高级和最乐观的思考。人们问你为何如此乐观时,请告诉他们,你情绪高昂是因为你服用了"安多芬"。

（5）从事有益的娱乐与教育活动。观看介绍自然美景、家庭健康以及文化活动的录像带。挑选电视节目及电影时,要根据它们的质量与价值,而不是注意商业吸引力。

（6）在幻想、思考以及谈话中,时刻表现出你的健康情况很好。每天对自己做积极的自言自语。不要老是想着一些小毛病,像伤风、头痛、刀伤、擦伤、抽筋、扭伤以及一些小外伤等。如果你对这些小毛病太过注意了,它们将会成为你最好的朋友,经常来"问候"你。你脑中想些什么,你的身体就会表现出来。

（7）在你生活中的每一天里,写信、拜访或打电话给需要帮助的某个人。向某人显示你的信心,并把你的信心传给别人。

（8）把星期天变作培养"良好信心"的日子。到野外郊游,找一两个知心朋友小聚,看一本自己喜爱的书,和家人共进晚餐等,这些美好的情景都能帮助你找回信心。

▶ 正确的思考

突破常规，正确思考

传统的想法会冻结你的心灵，阻碍你的进步，干扰你的创造能力。以下是对抗传统性思考的方法。

要乐于接受各种创意。要摒弃"不可行""办不到""没有用""那很愚蠢"等思想渣滓。

要主动前进，而不是被动后退。

想一想，如果公司的经理们总想"今年我们的产品产量已达极限，进一步发展是不可能的。因此，所有工程技术的实验以及设计活动都将永久性地停止"，用这种态度进行管理，即便是强大的公司也会很快衰败下去。

成功的人就像成功的企业一样，他也总是带着问题而生存的。"我怎么才能改进我的表现呢？我如何做得更好？"做任何事情，总有改进的余地，成功者能认识到这一点，因此他总在探索一条更好的道路。

突破常规不仅要求打破传统思维，建立理性的思维，还要求人们敢于幻想。

每一个人都具有想象力，而想象力正是创造力的源泉。将梦境中所见尽量描绘出来，就是一种想象力的运作；发明一样东西或创造一样东西，也都是在发挥想象力。

想象力丰富的人，好奇心会比别人强十倍。

一个人如果缺乏好奇心，却想做一位出色的实业家，那是相当困难的。好奇心强烈的人，不但对于吸收新知识抱有高度的热忱，并且经常搜寻处理事务的新方法。因此，一个人如果没有了好奇心，就不可能花心思研究新事物，只能是遵循前人的步伐亦步亦趋，更不用说会有惊人的成就出现了。

学会重点思维

从重点问题突破，是成大事者的思考习惯之一，因为没有重点的思考，等于毫无主攻目标。

卡尔森是一个具有重点思维习惯的人。他 1968 年加入温雷索尔旅游公司从事市场调研工作，3 年以后，北欧航联出资买下了这家公司，卡尔森先后担任了市场调研部主管和公司部经理。由于他熟悉业务，并且善于解决经营中的主要问题，这家旅游机构发展成瑞典第一流的旅游公司。

卡尔森的经营才能得到了北欧航联的高度重视，他们决定对卡尔森进一步委以重任。

航联下属的瑞典国内民航公司购置了一批喷气式客机，由于经营不善，连年亏损，到最后就连购机款也偿还不起。1978 年，卡尔森调任该公司的总经理。担任新职的卡尔森充分发挥了擅长重点思维的才干，他上任不久，就抓住了公司经营中的问题症结：国内民航公司所定的收费标准不合理，早晚高峰时间的票价和中午空闲时间的票价一样。卡尔森将正午班机的票价削减一半以上，以吸引去瑞典湖区、山区的滑雪者和登山野营者。此举一出，很快就吸引了大批旅客，载客量猛增。卡尔森任主管后的第一年，国内民航公司即扭亏为盈，并获得了丰厚利润。

卡尔森认为，如果停止使用那些大而无用的飞机，公司的客运量还会有进一步的增长。一般旅客都希望乘坐直达班机，但庞大的"空中巴士"无法满足他们的这一愿望。尽管 DC-9 客机座位较少，但如果让它们从斯堪的纳维亚的城市直飞伦敦或巴黎，就能赚钱。但是原来的安排是 DC-9 客机一般到哥本哈根客运中心就停飞，旅客只好去转乘巨型"空中客车"。卡尔森把这些"空中客车"撤出航线，仅供包租之用，开辟了奥斯陆至巴黎之类的直达航线。

与此同时，卡尔森的另一举措也充分显示了他的重点思维能力，这就是"翻新旧机"。当时市场上的那些新型飞机引不起卡尔森的兴趣，他说，就乘客的舒适程度而言，从 DC-3 客机问世后，客机在这方面并无多大的改进。他敦促客机制造厂改革机舱的布局，腾出地盘来加宽过道，使旅客可以随身携带更多的小件行李。

北欧航联拿出 1500 万美元（约为购买一架新 DC-9 客机所需费用的 65%）来给客机整容，更换内部设施，让班机服务人员换上时尚新装，公司的 DC-9 客机一直使用到 1990 年。靠着那些焕然一新的 DC-9 客机，旅客越来越多，当然，财源也随之滚滚而来。

卡尔森是善于重点思维的典范。成功人士遇到重要的事情时，一定会仔细地考虑：应该把精力集中在哪一方面呢？怎样做才能使我们的人格、精力与体力不受到损害，又能获得最大的效益呢？

那些有成就的人都已经培养出了一种习惯，就是找出并设法控制那些最能影响他们工作的重要因素。这样一来，他们也许比起一般人来会工作得更为轻松愉快。由于他们已经懂得秘诀，知道如何从不重要的事实中抽出重要的事实，他们等于已为自己的杠杆找到一个恰当的支点，只用小指头轻轻一拨，就能移动原先即使以全身的力量也无法移动的沉重工作。

成功是"想"出来的

积极思考是由敢想和会想两个方面构成的，那些成功的人大都因为具备这两方面，所以才有惊人之举，因为敢想才能敢干，会想才能巧成。

当别人失败时，你如果可以从他人的失败中得出正确的方法，并继之以行动，你就有可能成功。当你自己失败了，你也只需转换一个正确的想法，紧跟一个行动，你还是可以获得成功的。

1939 年，美国芝加哥北密歇根大道的办公楼群可以说是惨不忍睹。每一座豪华的大厦里面都是空空如也，没有一丝忙碌的气氛。一栋楼出租了一半就算是幸运的。这是商业不景气的一年，消极的心态像乌云一般笼罩在芝加哥不动产的上空。那时，人们常常能听到这样一些论调："登广告毫无意义，根本就没有钱。"或是："我们没有必要工作了。"然而就在这时，一位抱着积极心态的经理进入了这个景象黯淡的地区。萧条的景象反而给了他一个奇特的想法，他也毫不犹豫地按着这个想法行动了起来。

这个人受雇于西北互助人寿保险公司，来管理该公司在北密歇根大道上的一栋大楼，公司是以取消抵押品所有权而获得这栋大楼的。他开始做这份工作时，这栋大楼只租出了 10%。但不到一年，他就把它全部租出去了，而且长长的待租人名单也已经送到他面前。为什么短短时间内情况会发生这么巨大的变化呢？记者采访他时，他介绍了他对整件事情的思考：我准确地知道我需要什么。我要使这些房间能 100% 地租出去，而在当时的情况下，要做到这点是很难的。因此，我要把工作做到万无一失，必须做到以下几点：

（1）要选择称心的房客。

（2）要激发吸引力：给房客提供芝加哥市最漂亮的办公室。

（3）租金一定要比他们现在所付的房租低 5%。

（4）如果房客能按为期一年的租约付给我们同样的月租，我就对他现在的租约负责。

（5）除此之外，我要免费为房客装饰房间。我要雇用富有创造力的建筑师和内装工，根据新房客的个人好恶来改造装饰每一间办公室，使他们真正满意。

我通过推理得到下列几个方面的认识：

（1）如果一个办公室在以后几年中还不能出租，我们就不能从那个办公室得到收入。我们到年底可能得不到什么收益，但这种情况不会比我们没有采取任何行动时的情况更糟。而我们现在的境况应该更好，因为我们满足了房客的需要，他们在未来的年份中会准时如数地交付房租。

（2）以一年为基数。在大多数情况下，房间只空几个月，就可接纳新的房客。这样，我们就有可能在尽可能短的时间内得到新的租金。

（3）在一所设备良好的大楼里，如果一个房客一定要在他租约期满的一年的末了退租，也比较易于再租。免费装饰办公室也不会得不偿失，因为会增加全楼的股票价值。结果证明，装修后的效果十分不错。每一个新装修过的办公室似乎都比以前更为富丽堂皇。房客都很热心，许多房客花费了额外的金钱。有一个房客在改建施工任务中就花费了22000美元。

不妨让我们对整个过程再回顾一次，从而使我们获得更为清晰的了解及深刻的认识。有一个人面临着一个严重的问题，他手上有一栋巨大的办公大楼，可是这座大楼9/10的办公室都是空闲、未被租用的。然而，在一年内大楼便100%地出租了。现在，就在隔壁，仍有几十座大楼是空荡荡的。而造成这天壤之别的决定性因素就是经理人不同的思考角度及不一样的心态。

一种人说："我有一个问题，那是很可怕的。"

另一种人说："我有一个问题，那是很好的！"

如果一个人能够抓住他的问题尚未显露时的好机会，洞察它并寻求解决的办法，他就是懂得正确思考之要义的人。如果一个人能想出一种有效的想法，紧接着付诸实践，他就能把失败转变为成功。

成功是"想"出来的。只有敢"想"、会"想"，善于思考、思考成功、思考未来的人，才会是成功的候选人。如果一个人善于思考，那么他就可以把别人难以办成的事办成，把自己本来办不成的事情办成。

▶ 自我的控制

自控才能控人

美国石油大王洛克菲勒，擅长运用情绪防卫术来达到自己的目的，他曾经在公堂之上，漂亮地击退了一位名律师。

"洛克菲勒先生，你收到我寄给你的信了吗？"律师拿出一封信，以严肃的口吻问道。

"收到了！"洛克菲勒回答。

"你回信了吗？"

洛克菲勒面带微笑，不疾不徐地回答："没有！"

其后，律师一封又一封地拿出了十几封信，一一询问洛克菲勒，而洛克菲勒也以相同的声音和表情，一一给予相同的回答。

法官偏过头来问洛克菲勒："你确定收到了吗？"

"是的！先生，我十分确定。"洛克菲勒镇静地回答法官。

律师忍不住面红耳赤地怒吼："你为什么不回信？你不认识我吗？"

"我当然认识你呀！"洛克菲勒依然面带着微笑回答。

这时候律师已经控制不住自己的情绪，暴跳如雷地不断咒骂，而此时的洛克菲勒却不动声色，好像对方所讲的事，跟自己一点关系都没有。

最后，法官宣布洛克菲勒"胜诉"。律师因为情绪失控乱了章法，法官认为该律师已无法再辩论下去了。

自控才能控人，洛克菲勒为我们做了一次很好的示范。

自控的习惯有两大优点：一是观察别人的变化，找出破绽；二是免增烦恼，静心做自己的事。

一个人如果没有控制情绪的习惯，随时都有可能失去自己行为的尺度。凡是成大事者，不是让情绪驾驭自己，而是自己驾驭情绪，成为情绪的主人。例如，他们抑制冲动、避免争论、善听批评、开放胸怀、力戒不满。这些控制情绪的习惯，看起来不起眼，实则是人际沟通中不可缺少的。

在任何场合，我们都有可能会遇到不顺心的事情，甚至是羞辱自己的事情。在这种情况下，我们首先要做到的，就是保持克制，然后再根据自己所处的环境，抓住有利时机进行反击。虽然人人都有不易控制自己情绪的弱点，但人并非注定要成为自己情绪的奴隶或喜怒无常心情的牺牲品。

要想维护自己的正当利益，仅采取愤怒一种反应方式是不够的，还应该经由理性思维去找出更好的应对招数或策略。

当一个人对自己有了正确的、全面的了解时，他也同时能以一种理性的方式去思考别人和周围的事物。环境的突变，事件的突发，他都能理智分析，泰然处之。理性的人善于控制自己，他能够很快适应周围的人。由于他的自控能力，别人会更加尊重他。

完美的自控能力

完美的自控能力往往可以帮助一个人成就大事。

牛津皇家学院一间屋子的窗户上写着一句话，说明英王亨利五世曾经在这里住过。这位英勇的年轻国王被描述为："一位征服了敌人也征服了自己的人。"他在阿金库尔战役中打败了敌人，而战胜他自己却需要付出更加艰苦的努力。

乔治·华盛顿可以称得上是世界上最优秀的人了。他头脑清楚、为人热心、处事冷静。他从来不会突然爆发出激烈的感情或者陷入深深的感伤。大多数公众人物的主要缺陷就是感情的爆发或者情绪波动，他们行事匆忙而草率，在压力大的时候他们往往无所适从。他们急不可待地跳上路过的第一匹马，一点儿都没有注意到正有一只蜜蜂叮在它身上，这匹马四处乱踢、心浮气躁。当然，这些人迟早会从马背上摔下来，只是一个时间早晚的问题。当他们看到大家蜂拥而至，对他们赞不绝口时，自己也马上开始变得心浮气躁、盛气凌人，而不是心平气和、实事求是。他们不懂得，现在大家把他们捧到天上，一旦大家认为自己受骗上当，就会毫不犹豫地把他们狠狠地摔在地上，从此他们就可能一蹶不振。华盛顿却从来没有出现过这样的情况。

亚伯拉罕·林肯刚成年的时候，是一个性急易怒、一触即发的人。但后来，他学会了自制，成为一个富有同情心、具有说服力而又有心的人。他曾经对陆军上校福尼说："我从黑鹰战役开始养成了控制脾气的好习惯，并且一直保持下来，这给了我很大的益处。"

完美的自制意味着像罗伯特·埃斯沃那样能彻底地控制自己。他是一个词典编纂者。有一天，他的妻子突然因为某事而大怒，盛怒之下把他大部分词典手稿都扔进了火里，但他只是平静地转身走到桌子前，重新开始工作。

你要衡量一个人的力量，必须是以他能克制自己情感的力量为标准的，而不是看他发怒时所爆发出来的威力。

你是不是从来没有见过什么人遭受到公然的凌辱，只是脸色变得稍微有些苍白，就立刻平静作答的？或者，你有没有见过一个人陷入极度的痛苦，却仍然站得像石雕，一动不动地控制自己的？或者你有没有见过，一个人每天忍受着敌方无望的审讯，而一直保持沉默，没有向他们透露一丝关于内部的信息的？这才是真正的力量。那些拥有强烈的感情却保持贞洁的人，那些非常敏感但内心充满愤慨的男子汉，那些遭遇到挑衅但仍然能控制自己并宽恕别人的人，才是真正的强者，才是精神上的英雄。

有一个作家说："如果一个人能够对任何可能出现的危险情况进行镇定自若的思考，那么，他就可以非常熟练地从中摆脱出来，化险为夷。而当一个人处在巨大的压力之下时，他通常无法获得这种镇定自若的思考力量。要获得这种力量，需要在生命中的每时每刻，对自己的个性特征进行持续的研究，并对自我控制进行持续的练习。而在某些紧急的时刻，能不能够完全控制自己，这在某种程度上决定了一场灾难以后的发展方向。有时，也是在一场灾难中，这个可以完全控制自己的人，常常被要求去控制那些不能自我控制的人，因为那些人由于精神系统的瘫痪而暂时失去了作出正确决策的能力。"

自我控制的能力是高贵品格的主要特征之一。能镇定且平静地注视一个人的眼睛，甚至在极端恼怒的情况下也不会有一丁点儿脾气，这会让人产生一种其他东西所无法给予的力量。

人们会感觉到，你总是自己的主人，你随时随地都能控制自己的思想和行动，这会给你品格的全面塑造带来一种尊严感和力量感，而这是其他任何能力都达不到的。

如何培养超人的自控能力

一个人要成就大的事业，就不能随心所欲、感情用事，而应对自己的言行有所克制，这样才能使微小的错误、缺点得到抑制，不致铸成大错。高尔基说："哪怕是对自己的一点小的克制，也会使人变得强而有力。"德国诗人歌德说："谁若游戏人生，他就一事无成，不能主宰自己，永远是一个奴隶。"要主宰自己，就必须对自己有所约束、有所克制。

自制能力就是在日常生活和工作中，善于控制自己情绪和约束自己言行的一种能力。一个意志坚强的人是能够自觉控制和调节自己的言行的。如果一辆汽车光有发动机而没有方向盘和刹车的调节，汽车就会失去控制，不能避开路上的各种障碍，就有撞车的危险。一个想要有所成就的人如果缺乏自制力，就等于失去了方向盘和刹车，必然会"越轨"或"出格"，甚至"撞车""翻车"。一个人在完成自己工作的过程中，必然要接触各种各样的人，处理各种各样复杂的事，其中有顺心的，也有不顺心的，有顺利的，也有不顺利的，有成功的，也有失败的。如果缺乏自制能力，放任不羁，势必搞坏关系，影响团结，挫伤积极性，甚至因小失大，铸成大错，后悔莫及。这样，当然很难把车开到目的地了。因此，要想取得成功，就必须培养自己的自控能力。

如何才能培养出过人的自制力呢？有以下三点原则：

（1）尽量保持理智

对事物认识越正确、越深刻，自制能力就越强。比如，有的人遇到不称心的事，就发脾气，训斥谩骂；而有的人却能冷静对待，循循善诱，以理服人。为什么呢？古希腊数学家毕达哥拉斯说："愤怒以愚蠢开始，以后悔告终。"因此，对自己的感情和言行失去控制的人，最根本的就是他没有认识到这种粗暴作风的危害性，因而造成了不良影响。

法国著名作家小仲马有过这样一段经历，他年轻时爱上了巴黎名妓玛丽·杜普莱西。玛丽原是个农家女，为生活所迫，不幸沦为娼妓。小仲马为她娇媚的容颜所倾倒，想把她从堕落的生活中拯救出来，可她每年的开销要 15 万法郎，光为了给她买礼品及各种零星花费，他就借了 5 万法郎的债。他发现自己已面临可能毁灭的深渊，理智终于战胜了情感，他当机立断，给玛丽写了绝交信，结束了和她的交往。后来，小仲马根据玛丽的身世写了一部小说——《茶花女》，轰动巴黎，小仲马也因此一举成名。理智使小仲马产生了自制能力，使他悬崖勒马，战胜了感情的羁绊。

（2）培养坚强的意志

苏联教育家马卡连柯说过："坚强的意志，不但是想什么就能获得什么的本事，也是迫使自己在必要的时候放弃什么的本事……没有制动器就不可能有汽车，而没有克制就不可能有任何意志。"因此，反过来也可以说，没有坚强的意志就没有自制能力。坚强的意志是自制能力的支柱。意志薄弱的人，就好像失灵的闸门，对自己的言行不可能起到调节和控制作用。

（3）用毅力控制爱好

一个人下棋入了迷，打牌、看电视入了迷，都可能影响工作和学习。毅力，可以帮助你控制自己，果断地决定取舍。毅力，是自制能力果断性和坚持性的表现。列宁是一个自制能力极强的人，他在自学大学课程时，为自己安排了严格的时间表：每天早饭后自学各门功课；午饭后学习马克思主义理论；晚饭后适当休息一下再读书。他过去最喜欢滑冰，但考虑到滑冰后比较疲劳，容易使人想睡觉，影响学习，就果断地不滑了。他本来喜欢下棋，一下起来就入迷，难以割舍，后来感到太费时间了，又毅然戒了下棋。滑冰、下棋看来都是小事，是个人的一些爱好，但要控制这种爱好，没有毅然决然的果断性就办不到。

常常遇到这样一些人，嘴上说要戒烟，但戒了没几天，就又开始抽了。什么原因呢？主要就是缺乏毅力。没有毅力，就没有果断性和坚持性，自制的效率就不高。可见，要具有强有力的自制能力，必须有顽强的毅力。

合作的精神

合作的重要性

每个人的能力都有一定限度，善于与别人合作的人，才能够弥补自己能力的不足，才能达到自己原本达不到的目的。

清末名商胡雪岩，自己不甚读书识字，但他却从生活经验中总结出了一套哲学，归纳起来就是：“花花轿子人抬人。”他善于观察人的心理，把士、农、工、商等阶层的人都聚集起来，以自己的钱业优势，与这些人协同作业。由于他长袖善舞，所以别的人也为他的行为所打动，对他产生了信任。他与漕帮合作，及时完成了粮食上交的任务。与王有龄合作，王有龄有了钱在官场上混，胡雪岩也有了机会在商场上发达。如此种种互惠合作，使胡雪岩这样一个小学徒工变成了一个执江南半壁钱业之牛耳的巨商。

一个人的力量是有限的，但是只要有心与人合作，取人之长，补己之短，就能互惠互利，让合作的双方都从中受益。

有一句名言：“帮助别人往上爬的人，会爬得最高。”如果你帮助一个孩子爬上了果树，你也因此就得到了你想尝到的果实；而且你越是善于帮助别人，你能尝到的果实就越多。

合作具有无限的潜力，因为它集结的是大家的智慧和力量；竞争的所得是有限的，因为它激发的是个人或少数人的力量。

合作就是个人或群体相互之间为达到某一确定目标，彼此通过协调作用而形成的联合行动。参加者须有共同的目标、相近的认识、协调的互动、一定的信用，才能使合作达到预期的效果。在合作中双方的目标是共同的，所取得的成果也是共享的。

合作应该是件令人快乐的事情，有些事情人们只有互相合作才能做成，不合作他不能得，你也不能得。美国加利福尼亚大学的查尔斯·卡费尔德教授对美国1500名取得了杰出成就的人物进行了调查和研究，发现这些人物有一些共同的特点，其中之一就是与自己而不是与他人竞争。他们更注意的是如何提高自己的能力，而不是考虑怎样击败竞争者。事实上，对竞争者的能力的担心，往往导致自己击败自己。多数成绩优秀者关心的是按照自己的标准尽力工作，如果他们的眼睛只盯着竞争者，那就不一定能取得好成绩。

帮助别人就是强大自己，帮助别人也就是帮助自己，别人得到的并非是你自己失去的。在一些人的固有思维模式中，一直认为要帮助别人自己就要有所牺牲，别人得到了自己就一定会失去。比如你帮助别人提了东西，你就耗费了自己的体力，耽误了自己的时间。其实很多时候帮助别人，并不就意味着自己吃亏。下面的这个故事就生动地阐释了这个道理。

有一个人被带去参观天堂和地狱，以便比较之后能聪明地选择他的归宿。他先去看了魔鬼掌管的地狱。第一眼看去令人十分吃惊，因为所有的人都坐在酒桌旁，桌上摆满了各种佳肴，包括肉、水果、蔬菜。然而，当他仔细看那些人时，他发现没有一张笑脸，也没有伴随盛宴的音乐或狂欢的迹象。坐在桌子旁边的人看起来都很沉闷，无精打采，而且瘦得皮包骨。这个人发现每人的左臂都捆着一把叉，右臂捆着一把刀，刀和叉都有4尺长的把手，使它不能用来吃东西。所以即使每一样食品都在他们手边，结果还是吃不到，一直在挨饿。

然后他又去了天堂，这里有同样的食物、同样的刀叉，然而，天堂里的居民却都在唱歌、欢笑。这位参观者困惑了一下子。他疑惑为什么情况相同，结果却如此不同。在地狱的人都挨饿而且可怜，在天堂的人却吃得很好而且很快乐。最后，他终于看到了答案：地狱里每一个人都试图喂自己，可是一刀一叉以及4尺长的把手根本不可能吃到东西；而天堂上的每一个人都在喂对面的人，且也被对面的人所喂，因为互相帮助，结果帮助了自己。

这个启示很明白：如果你帮助其他人获得了他们需要的东西，你也会因此而得到想要的东西，而且你帮助的人越多，你得到的也就越多。

合作的技巧

美国著名人际关系专家彭特斯在《合作的六大习惯》一书中说："合作的可能性只有一条，即站在同一立场上。"由此可见，合作的技巧十分重要。

现实社会中，有好人缘的人，人们都愿意与他合作，但有时情况却恰恰相反。其实不是是否有个好人缘的问题，而是合作中对合作技巧的掌握是否熟练的问题。一般来说，缺少安全感的人往往坚持己见，一意孤行，处处要别人顺从与附和。他们不了解，合作最可贵的正是接触不同的观点。一致并不代表团结，相同也不意味着齐心；团结才能互补，合作也应该尊重差异。

创造性组合不仅对事业非常重要，对个人也十分重要。凡擅长语言、逻辑，即左脑较为发达的人终会发现，有些需要创造力来解决的问题，理性是无能为力的。唯有运用久已闲置的右脑，使右脑主司的直觉与左脑相配合，协调运作，才能解决更多的问题。只有创造性的合作，才能获得合作的成果。

董子是一位有志向的青年。她是精装图书的推销商，主要从事美术设计图书的推销。每个礼拜，她都要去拜访京城几位著名的美术家。这些人从来不拒绝见她，但也从来不买她的书。他们总是仔细地翻看董子带去的图书，然后告诉她："很遗憾，我不能买这些图书。"

经过多次失败，董子感到有些奇怪。于是她就去一位学习心理学与人际关系学的朋友那儿请教。这位朋友仔细问了她推销的经过后对她说："你把他们给镇住了，所以他们不敢买。"

董子应该是个很敬业的姑娘，她原来就有较为不错的美术功底，但她说话缺少技巧。每次推销时，她总是很热情地告诉对方："这部画册你一定没有见过，它是现代最……图书。"朋友告诉董子："你不妨把书送上门，让他们自己去品评。"

董子意识到过去的方法有错误。于是她又带着几本画册经朋友介绍，去了一位新客户家中。到了那里后，她并不忙着推销图书，而是左顾右盼，用心欣赏这位美术家朋友的绘画作品。对一些模糊的地方，她总是及时提出来请教这位美术家。

这位美术家来了兴致，不知不觉中，两人已经聊了两个多小时。最后，董子请教这位美术家道："以您这么多年的美术设计经验，您能否帮我看一下这几本书，看看它们中到底哪一本儿更实用、更权威。"

因为时间不早了，两人约定第二天再见面。第二天，董子再去取书时，这位美术家已经认认真真地打了一份评价意见。字数不多，但是很中肯。董子谢过了这位美术家，这位美术家主动告诉董子："我自己想订购几本这种画册。另外，我和我的几个朋友都联系了一下，他们也愿意看一看。"

董子听了很感激，并在这位美术家的帮助下，连续又推销出了好几套大型画册。

董子后来说："以前我只忙着介绍图书，总认为他们没见过的就一定是他们需要的。现在我才明白，如果虚心请教他们，他们会觉得你是把他们当专家来看待。他们会觉得这些图书是通过他们自己的眼光鉴别出来的。用不着我去向他们推销，他们自己就会买。"

合作的技巧其实很简单，就看你是否愿意去掌握它。如果总觉得自己如何了不起，而不去考虑别人的感受，是不会受到别人喜欢和欢迎的，当然就不会有"人缘儿"。

合作有三大技巧，即求同存异、善用肢体语言、做一个倾听者。掌握了这些技巧，你就可以为你自己营造一个好的合作氛围。

如何培养自己的合作精神？

合作的好处颇多，那么，该怎样培养自己的合作精神呢？

（1）认识到你需要别人的帮助

你不是生活在真空中，你不能在与世隔绝、孤立无援中实现自我价值。把健康的竞争和合作紧密结合起来，将有助于实现你的人生抱负。

（2）把合作看成一个成功的策略

如果你能把合作看成一个成功的策略，你就能分享别人的信息和反馈的好处。

与零和理论相反，并非每一次竞赛都产生失败者，最好的结果就是双赢。通过从合作中受益，你就能成功地实现你所选择的目标，并帮助你周围的那些人也成功地实现他们的目标。

（3）学会重视别人

不一定要做到认为每个人都比自己重要，但至少要认为别人和自己一样重要。最有影响力的人往往是这样对待别人的。

（4）学会欣赏别人

人都有一种强烈的愿望——被人欣赏。欣赏就是发现价值或提高价值，我们每个人总是在寻找那些能发现和提高我们价值的人。

欣赏能给人以信心，能让对方充满自信地面对生活。欣赏能使对方感到满足，使对方兴奋，而且会有一种做得更好，以讨对方欢心的心理。如果一个员工得到经理的欣赏，他肯定会尽力表现得更好；而如果是一个小孩得到别人的欣赏，那他的表现会令人大吃一惊。

如果你具备了以上四种素质，就不愁找不到合作的对象了。

▶
总结性经验

巧妙地"移植"成功经验

我们每个人的精力和时间都是有限的，我们不能也没必要要求自己事事都去亲身实践，虽然这样得出的经验比较直观、可信。我们完全可以通过巧妙地"移植"，来获取我们需要的成功经验。

把其他事物的特长和功能合理地移植过来，达到创造的目的，这一思维过程便是移植的过程。事物都是普遍联系的，巧妙地利用这种内在联系或相关联系，把现有知识或成果引入新的领域，往往能促使人们以新的眼光、从新的角度去发现新的事实，产生新的动力。

移植就是通过举一反三，把在某个领域里取得的经验移用到其他领域中去，把别人的学问转化为对自己有用的知识。移植法是类比法的进一步延伸。为了转移经验，首先要善于发现不同问题的相似之处，以他山之石攻己之玉，就能取得意外的成果。

外科医生李斯特常常痛苦地看到许多动过外科手术的病人不是死于手术，而是死于手术后的化脓溃烂。这是什么原因呢？有一次，他看到法国化学家巴斯德的一个实验报告：经过高温处理的瓶子里的肉汤，只要与外界严密隔离，就不会发生腐烂。巴斯德的原意是要证明生命不能自发地产生，但是他的发现却使李斯特在另一方面受到了启发。李斯特想：肉汤发生腐烂，肯定是外界能引起腐烂的因素进入的缘故；伤口化脓，不也是同样的道理吗？于是他把巴斯德的经验移用到医疗领域里来，发明了外科手术的消毒法，成千上万病人的生命由此而得到拯救。

　　美国发明家威斯汀豪斯想要发明一种能够同时使用于整列火车的制动装置，但一直不得门路。后来在一本专业杂志上偶然看到一则开凿隧道的报道，得知那里使用的凿岩机是由压缩空气驱动的。威斯汀豪斯从中得到启发，利用压缩空气的原理发明了气动刹车装置。这也是移植经验的一例。

　　如果你学会了巧妙地"移植"别人的成功经验，那么你便可以在成功的进程中发展飞速。

学会积累经验

　　获得经验的途径除了"移植"，最重要的就是积累。

　　经验是我们从实践中得到的认知，是一笔非常宝贵的精神财富。通过对经验的分解，我们会重新得到新的东西，经验不断地累积，我们的见识就在不断地增长。

　　对于经验，我们是不需要给它穿上任何外衣的。相反，我们要经常一层层剥离它，最好是在经验的果核里，得到经验以外的东西。经验不是我们在空想的世界里得到的，最好的经验是在艰苦的劳作中逐渐产生出来的汗水结晶。

　　我们要善于在失败中寻找经验，虽然为了得到经验你会创伤遍体，但创伤的内部却包含着许多有价值的东西。而这些有价值的东西常常又是成功中所缺少的一种厚重元素。

　　我们要学会主动挖掘经验，经验往往是在弱者与强者之间的撞击中产生。因而，作为弱者要勇于向强者挑战，在挑战中获取新知；而作为强者也要积极地向弱者学习，在弱者身上提取失败的原因。

　　经验是通往成功的捷径之一。经验就像一个终日忙碌的铺路人，为你走出思维狭小的通道，铺垫着经过曲折打磨过的石子。

　　我们不要唯经验而经验，经验是在不断更新的，我们要在不断更新的经验中，向更新的领域进取。

　　当经验是一潭死水时，我们务必远离它——墨守成规的经验只能让我们做一个循规蹈矩的人；而活水里产生的经验是永远取之不尽、用之不竭的。

　　经验需要经过一段酿造过程，不少的经验是要不断地被淘汰的。我们需要运用智慧的头脑提取经验里的精华，哪怕100条经验里只有1条有价值的经验，我们也不要滥用99条无用的经验去充实我们的生活。而将这一条条有价值的经验积累起来，日久天长，我们同样会收获颇丰。

创造性见识

不要局限于前人的成就

亚历山大大帝非常厌恶自己的父亲——菲利浦国王。他的父亲太飞扬跋扈了，他必须通过反抗才能掌握自己的命运。亚历山大明白自己必须和父亲走相反的道路才能站住脚跟。

许多大人物的子女只知道继承父亲的财富，而亚历山大则想着要取得比自己的父亲更大的成就。他要让后人赞扬的是他而不是他的父亲。

亚历山大开始公然反对自己的父亲，有一次，菲利浦大醉之后要用剑攻击儿子，但是，他因为酒醉而跌倒了。亚历山大指着他的父亲说道："从这一桌走到另一桌都要跌倒的人，怎么能从欧洲打到亚洲呢？"

亚历山大 18 岁的时候，菲利浦被人谋害了，全国各地都起来反叛。他指挥军队平息了叛乱，重新统一了帝国，建立了自己的国家。

亚历山大没有满足于这一成就，他在巩固了希腊之后，又将眼光转向了他父亲一直没有征服的波斯。征服了波斯就意味着征服了亚洲，他的名望就能够超过他的父亲。

亚历山大最终战胜了兵力占绝对优势的波斯人。对待这样巨大的成功，他表示：现在的胜利已经过去了，更大的胜利还在将来，他要把帝国的边界扩展到世界的每一个角落。

亚历山大是不断进取的人的代表，他有着声名显赫的父亲，但是他不是想着继承父亲的遗产和成就，而是在荣耀与权力方面成功地超越了父亲。如果亚历山大不想着超越自己的父亲，他永远不可能取得比他父亲更大的成就。年轻人要创造自己的世界，就不能遵循前人的脚步，一味遵循传统只能失去一切。

不要遵循前人的道路，做事必须有自己的风格，让自己和别人不同，这样才能超越前人所取得的成就。不要在前人的光环下生活，那样只会让你局限于他们的定式而很难有所突破。奥古斯丁对这一原则了解得更是透彻。他继承了恺撒大帝的帝位，但他知道自己在行事方面难以超越恺撒，因为恺撒创造了超现实的经典。因此，奥古斯丁走了和恺撒完全不同的路子：他主张回归罗马的朴素风格，奥古斯丁在安静中表现了宏大的气势。

著名的美军将领麦克阿瑟将军在第二次世界大战期间担任美军统帅。他的一位助手让他看看以前将军创下的各种先例的书，说："这些书或许会让你从中借鉴到什么东西，因为它们都是极为成功的案例。"麦克阿瑟说："一共有多少本这样的书？""6本。"助理回答。麦克阿瑟说道："太好了，你赶快把这6本书都找来。"等到助手把书都找来，麦克阿瑟把它们都扔到火里去了。他说："我不需要什么先例，我有我自己的想法。出现新问题就要用新手段解决，先例只能让我平庸。"

这一原则可以指导你突破前人的影响，取得成就。现代社会需要新人，而新人面对的最大难题就是前人施加的压力和他们认为应该遵守的准则。遵循这个原则，不仅不会损伤你的才能，还能让你在新的位置展现出你的才能。拿破仑三世能够成为法国第一位总统，依靠的就是他的叔叔拿破仑的声望。但是成就帝业之后，他并没有满足于继承过去，而是展示自己完全不同的东西，而且尽量避免别人把他与拿破仑相比。他知道，一旦比较，自己就会处于下风。

因此，只和前人不相上下是不够的，因为先行者已占尽风光。若把前人的光环驱散，就要突破前人所取得成就的局限。

学会用远见的目光观察事物

远见是深思熟虑的产物，它能预见到千里之外的大事，因而，有远见的人，是不会为眼前利益的得失去斤斤计较的。

透过远见的目光，我们会发现智慧精灵的影子。远见是步入成功的准备，像扬起的帆，随时都在收集风的力量。远见以它卓越的风采，给了我们一个无比美妙的想象空间，同时也给我们播种下了金秋收获的种子。

远见往往是与一个人的胸怀紧密相连的。胸怀大志者，远见赋予他的行动往往是默默无言的。

远见的手里，握着数不清的猜测，直到最终我们才明白，远见所揭示的命运结局，大多会出乎我们的意料。

远见造就了伟人。在出现先知先觉的远见之前，应首先出现先知先觉的人。

远见是一种看不见的精神力量，它使我们在遇到困难时，始终保持着旺盛的斗志。

远见是从来不会跟小人计较的，它告诉我们这样一个道理：把眼光放得远一点，我们就能自始至终掌握智慧的神灯，走进宇宙心灵的深处。

远见所展示的是我们的胸怀，它是衡量我们眼光的标尺；你有多宽广的胸怀，远见的目光就会把智慧的光亮投到多宽广的地方。

远见是成大事者必备的一种素质，因此我们必须学会用有远见的目光观察事物，这需要有宽广的胸怀与渊博的知识做后盾。

培养你的创造性素质

发现你的创造才能，需要你了解创造过程是如何进行的，在此基础上要相信创造能产生结果。当我们年轻时，我们大多数人在生活中是喜欢冒险的，因为我们想追求新的生活体验，愿意在有活力的环境中成长。但是，随着年龄的增长，我们曾经喜欢的这种充满朝气的生活会逐渐衰败，最终成为僵化刻板的、能预测的模式，就像雕塑家手里的湿泥巴慢慢变硬，被雕塑成各种各样的形象一样。

要想恢复我们早年充满活力、有创造性的生活，首先要认识到我们的生活能够被改变。如果我们看不到有超越目前生存状况的可能性，那么，就不可能有任何改变。你不能追求你看不见的东西。其次要通过选择打破习惯，改变常规，体验新经历，以使你的生活再次充满活力。

对于有创造性的观点来说，没有固定的程序或公式，因为，创造性的观点是超越思考的既定方式达到未知和创新领域的。

既然创造性的观点没有固定的模式，那么，我们就能从事一些活动促使创造性观点的诞生。

在这个方面，提出创造性的观点与园艺活动很相似。为了料理好你的花圃，你需要准备土壤，播种种子，确保充足的供水、光照和养料，然后耐心地等待创造性观点的破土而出。以下是培育你的创造性素质的几种方法：

（1）对创造性的环境进行全面和深入的探讨。

（2）专心致志地工作。

（3）摆脱固有的成见，使你的大脑松弛下来，促使创造性思想的产生。

（4）为创造性思想的酝酿成熟留出时间。

（5）创造性思想一出现就要及时抓住它们，并进行跟踪。

（6）发现或营造一个有益于表现创造性思想的自然或社会环境。

▶
普遍性规律

成功的一般规律

克莱门特·斯通认为，奋斗，失败，再奋斗，再失败，再奋斗……直至最终的成功，这就是成功的一般规律。这一规律可以从以下几方面来理解：

（1）失败是实现成功目标之前必经的环节。任何一项事业的成功都不可能一帆风顺、一蹴而就，因为一切真正有意义的事业的每一点一滴的进展都需要战胜许多困难，解决许多问题和矛盾，需要付出艰辛的努力，其间难免失误、难免失败。没有失败就不会有成功，不克服失败就不能到达成功的目的地。

（2）奋斗是超越失败、将成功的希望转化为现实的必要劳动。成功只接待勤奋的劳动者，而将懒汉、空谈家、只想坐享其成的人拒之门外。失败是在所难免的，要超越失败，只有靠奋斗。只有坚持不懈地顽强奋斗，才能发现失败的根源和克服失败的途径及方法，才能把克服和预防失败的方案、措施付诸实施。成功的希望只是一种主观的愿望，任何主观愿望都不会自动地转化为现实，而是要经过奋斗这一必要劳动。世界上没有一种真正有价值的东西，可以不经过奋斗的艰辛而获得。成功之花需要奋斗者辛勤劳动的汗水去浇灌。

（3）成功是通过奋斗与失败的多次循环而实现的。奋斗，失败，再奋斗，再失败，再奋斗……直至成功，奋斗与失败的每一次循环，都将人的认识提高到一个新的水平和高度，都向成功迈进了一步。在现实生活中，通过奋斗与失败的一次循环就实现成功的事是很少的。因为一个正确认识的形成，往往需要经过实践，认识，再实践，再认识的多次反复才能完成。在多次反复的过程中，每一次反复都包含着错误和失败。一项事业越艰巨复杂，工程越浩大，越具有探索性、创新性，奋斗与失败的循环次数就越多，有的甚至要经过成百上千次乃至成千上万次循环才能享受到成功的喜悦。

懂得成功的一般规律，把握奋斗、失败与成功的辩证关系，将有助于增强奋斗的自觉性，提高奋斗的成功率。

胜利时更要谨慎

如果被一时的胜利冲昏了头脑，那是极其危险的事情。

公元前 559 年，居鲁士做了米底亚和波斯国的国王。他打败了利比亚的统治者克里苏斯；征服了爱奥尼亚群岛及其他较小的王国；顺利歼灭了巴比伦，成为世界之王——居鲁士大帝。

之后，他又准备进攻由女王汤米莉丝领导的马萨格它族。他根本不把马萨格它族放在眼里，并认为自己是打不败的超人。如果他能够打败马萨格它族的话，他的帝国就会更加幅员辽阔了。

几年后，居鲁士朝着宽广的阿瑞各斯河进攻。他们一过河，就在河边安营扎寨，并放上肉和烈酒，然后留下最弱的兵士守营，将其他军队撤回西岸，马萨格它军队很快就攻占了营地。胜利的士兵被现场留下来的不可思议的宴席所吸引，他们大吃大喝，一个个酩酊大醉。当晚居鲁士的军队返回营地，俘虏了沉睡的士兵，其中包括年轻的史帕戈皮西斯，也就是女王汤米莉丝的儿子。

女王知道发生的事情后，送信给居鲁士，斥责他用诡计打败她的军队。她说："如果你们离开我的国家，释放我的儿子，我将把1/3的土地让给你。否则，我会让你得到应有的回报。"居鲁士对她的话置之不理。

不久，女王的儿子因为无法忍受屈辱而自杀了。儿子的死讯令汤米莉丝极其悲痛。她召集王国内可以征调的所有军队，以报仇的狂热激励他们奋起反抗，和居鲁士的部队展开猛烈而又血腥的战斗，终于战胜了居鲁士。

史卷上到处充斥着盛极一时的帝国的遗迹，以及那些无法学会停下来巩固自身胜利者的尸体。的确，没有比胜利更令人陶醉的事了，但是胜利往往是最危险的事。处于胜利带来的冲动和兴奋状态中，傲慢与自负会推动你越过原来立下的目标，一旦走得太远，你所制造的对手将会多过你所击败的对手。因此，不要被胜利冲昏了头脑，策略和审慎的计划是成功的基础。"立下目标，到达时就停步"：这是许多取得最终胜利者的座右铭。

我们应该接受理智的引导，一时的兴奋可能会导致致命的结果。当我们获得成功时，应该更加小心谨慎。

人人都期待着胜利，然而面对接连不断的胜利，往往很难做到心有所止，这是人本性的缺陷，明智的人能够控制这种缺陷。胜利的果实得来不易，大多数人还一心想着要不断扩大胜利的成果，却不懂得如何巩固，结果只能是刚刚得到的也失去了。

世界上一切事物的发展都遵循这样的规律：事物只要尚未达到至善的境界，它们就会一直不断地得到补益；一旦达到至善的境地，它们就会趋于衰落。因此，应该学会"心有所止"，只有这样，你才能控制事态的发展，让自己立于不败之地。

8

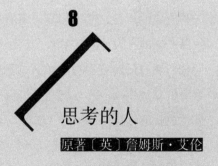

思考的人

原著〔英〕詹姆斯·艾伦

\ 思考决定性格　\ 思考影响健康
\ 成功源于思考　\ 梦想来自思考
\ 平静才能思考

关于本书

本书作者詹姆斯·艾伦（1864—1912）是英格兰著名作家，被誉为"人生哲学之父"。他由于家境逆转，15岁时便辍学回家，38岁时辞掉一切工作，来到英格兰西南部海边的农庄。受托尔斯泰的启发，詹姆斯·艾伦过着一种清贫、自律的简单生活，并在此时写下了一些不朽的著作。48岁时，他神秘地去世，成为英国文学史上的不解之谜。

《思考的人》这部书的主题为"思想是编织大师"，它创造了我们的内在性格和外在环境。这部著作深入探索了自励作品的中心思想。詹姆斯·艾伦的贡献是抓住了我们所有人都认同的一个假设，即因为我们不是机器人，所以我们能控制自己的思想，并揭示它的谬误。由于我们当中的大多数人都相信，心灵是同物质分开的，所以我们认为思想能够被藏起来，并使其失去力量；这使得我们在思考问题时采用的是一种方式，而在行动时却是另一种方式。但是，艾伦相信，同有意识的思想相比，无意识的思想所产生的行为是同样多的。艾伦还得出了一个令人震惊的结论："我们对自己渴望得到的东西并不感兴趣，我们感兴趣的是我们本身就是的东西。"成就之所以诞生，是因为你作为一个人，是外在成就的化身；你不是"获得"了成功，而是"变成"了成功。思想和物质之间不存在沟壑。

这本书的逻辑是无懈可击的：伟大的思想创造伟大的人物，消极的思想诞生痛苦的人物。对一个沉溺于消极思想、无力自拔的人来说，世界看起来就好像充满了混乱和恐惧。另外，艾伦注意到，当我们抑制自己的消极和具有破坏性的思想时，"整个世界就对我们温柔起来，准备向我们伸出援助之手"。

我们不但对自己热爱的事物感兴趣，而且对自己恐惧的事物也感兴趣。为什么发生这种情况呢？艾伦的解释很简单：那些受到我们注意的思想，不管是好思想还是坏思想，都会进入潜意识，成为现实世界中后来发生事件的动力。正如爱默生所评论的："一个人就是他自己整天所思所想的。"

《思考的人》自首次出版大约100年后，仍然继续获得读者的热烈褒评。其文风朴实无华，不事虚夸，很具有吸引力。同时，我们对作者了解甚少，这个事实使他的著作在某种程度上更增添了魅力。

▶ 思考决定性格

性格决定成败

　　成功是每个人从事任何一项活动乃至人生所希望达到的境地，成功地做一件事、成功地度过人生是每个人的愿望。

　　成功地做事、成功地度过人生固然跟我们付出的努力有重大关系，但很多时候，我们付出了巨大的努力，估计也应该成功，但事实上，我们并没有成功。其中的原因有很多，会有客观的原因，诸如遇到了困难；也会有主观的原因，比如我们的性格。

　　对任何人而言，做任何事情都与性格有关，是性格在决定着我们对事对人的态度，是性格在决定着我们为人处事的方式，是性格在决定着我们是否能争取到新的机会等，以至于有人认为"性格就是命运"。性格何以对成功如此重要呢？这是因为它和德、识、才、学等因素一样，同是构成一个人内在因素的重要组成部分。一般来说：德，反映着一个人的思想品质和道德风貌，决定着个人的发展方向。识，反映着个人判断事物、分析事物的准确性和深刻程度。才，反映着个人在能力素质上的强弱程度。学，反映着一个人知识的广度和深度。而性格，则反映着个人的胸襟、度量、意志、脾气和性情，影响着个人的精神状态，决定着个人的行为特征。这五方面因素，共同组成一个人的内在素质。而任何人对自己行为的指导和支配，都是由其整个内在素质共同起作用的，其中任何一方面的缺陷都会使整个内在素质遭到削弱。

　　现代许多科学家认为，只要充分发挥每个人自身的才能与潜力，大部分人都有可能成为科学家和发明家。然而事实上，能够有所发现、有所发明、有所创造的人太少了。造成人们才能被埋没的，有多方面的原因，而不良性格就是其中一项。

一个人要把自己的才能充分发掘出来，必须具备一定的优良性格。

人们经过对有创造能力的科学家研究发现，这些人都具有不同常人的性格特征，这些性格特征表现为：

（1）具有恒心、韧劲和能力的持续性。他们都能长期从事极为艰苦的工作，甚至在看来希望渺茫的情况下，仍然坚持到底。

（2）儿童时代就具有顽强的追求知识的欲望。他们幼小时常常对难以想象的新奇东西看得入迷。不管要挨多么严厉的训斥，受好奇心的驱使，总想去试试。

（3）具有鲜明的自立、自主的独立倾向和独创性格。留心周围的事物和见解，但不轻易相信，凡事有主见，不以别人指示的方法作为自己工作的准则。

（4）有雄心，肯努力，不甘虚度一生，想为世间留下一点卓著的业绩。

（5）充满自信。敢于坚持自己的意见，同时和他人展开热烈的争论，而且在争论中常常有居于支配地位的倾向。

（6）精力充沛，干劲大。工作中始终充满着力量。

凡是在科学上有所成就，智力、才能得到充分发挥的人，都有其一定的性格方面的条件。优良的性格，是保证我们的智力、才能得到充分发挥的必不可少的条件。如果忽视性格修养，让许多不良性格支配自己，即使有较高的智力和才能，也会被不良性格所压抑而发挥不出来。在日常生活中，在我们的周围，因性格的缺陷而导致才能被压抑的人和事，是相当普遍地存在着的。

没有雄心抱负，甘愿随波逐流，追求现实的安乐和享受，是压抑智力、才能的性格特征之一。许多人未能获得成功，往往并不是不能干，而是不想干。他们思想懒惰，追求舒适，宁愿在安闲中过日子，而不愿作长期的艰苦努力。这样，他们的智力、才能就被懒惰这把锈锁锁住了，天赋再高，智力再好，也因得不到充分发掘而被白白地浪费掉。

严重的自卑感，是压抑智力、才能的性格特征之二。有的人本来在某些方面很有发展潜力，但由于不相信自己，瞧不起自己，因而认识不了自己的才能与潜力，即使露出了具有真知灼见的思想萌芽，也因为自我怀疑而遭到自我否定。一个对自己的能力缺乏自信的人，永远不会提出大胆的设想和独到的见解。

容易依赖和顺从，易受暗示，容易接受现成的结论，是压抑智力、才能的性格特征之三。有的人天赋、智力、素质不错，如果把自己的思想机器充分开动起来，独立思考，就可以提出许多自己的独到发现和见解，但由于性格易受暗示，容易顺从，有了现成的观点和结论，就全盘接受，不愿再去动脑筋想，使自己的思想机器很少有充分开动的时候，当然也就提不出多少自己的独到发现和见解。

缺乏毅力，意志薄弱，也是压抑智力、才能的一种不良性格。有的人在从事某项研究之初，曾表现出很大的热情和才华，但若遇到十几次、几十次的挫折和失败，便心灰意冷，"收兵回朝"，不想再干了，结果也造成了自己智慧和才能的埋没。

其他如兴趣容易转移，注意力不能长久地集中于一个目标；虚荣心强，目光短浅，总想在细小事情上胜过别人而忽视对事业的追求等，也都是压抑智力、才能的不良性格特征。显然，不认真进行性格自我修养，克服上述妨碍聪明才智充分发挥的不良性格，就会增加成功的阻力和困难，使自己难以成为出色的人才。

人人都可以改变自己的性格

人们通常认为所谓的性格是一种神秘的东西，但事实上并非如此。我们平时所说的某人有"良好的性格"，实际上是指他已经发挥出他自己创造性的潜力，并且能够表达他"真正的自我"。

"良好的性格"与"抑制的性格"是一枚硬币的两面。有不良性格的人不会表达出创造性的自己，他抑制了自己，铐住了自己，上了锁并且将钥匙丢掉。"抑制"这个词，字面上的意思是指停止、避免、禁止、约束。"抑制的性格"会约束真正自我的表达：基于某种理由，他害怕表达自己，害怕成为真正的自己，而将"真正的自我"囚禁在内心的监牢里。抑制的症候有很多，种类也很繁杂，如害羞、胆怯、敌意、神经过敏、过分罪恶感、失眠、紧张、易怒、无法与人交往等等。

困扰是抑制性格的人在各方面活动的特征，而他真正的基本的困扰在于他无法"成为自己"，在于他无法适当地表达自己。但是这个基本的困扰很可能渗入他所做的每一件事情里面。

"抑制的性格"会阻碍人们获得成功，"良好的性格"则能促使人们走向成功。而性格不是深藏于人体内的不可改变的天性，关键要看人们是否具备坚定的决心与毅力。

思考塑造了我们的性格

詹姆斯·艾伦曾说过："当一个人在思考时，他就因此而存在。"这句话不仅指出人所存在的全部意义，也指出人在生活中所面临的环境和条件。毫不夸张地说，人应该是在思考中挺立起来的。人的性格其实就应该是他思维的集中。

如同植物从种子里面萌芽一般，人的行为也都是发自内心的。行为的出现和思维是难以分开的。不仅是那些精心策划实施的行为，就连那些无意识或自发性的行为，也是和思维分不开的。

如果说思考像一棵树的话，那么行为就是它的花，而欢乐和痛苦就是它的果实。人们所收获的果实都是他们自己培植的，虽然有的甘甜、有的苦涩。

思考塑造了我们。我们的存在建立在思考的基础之上。假如一个人心存不善，那么痛苦就会伴随着他，就如同车子下面的轮子。假如一个人的思想纯洁高尚，那么他必将与欢乐共存。

在思维的世界中，因果是并存的，有因就有果，如同我们所看见的一样。高贵的品质应该是长期坚持神圣思考的产物，而不是上帝的恩赐或偶然的机遇；同样，卑鄙下流的性格也是类似行为的产物，是长期进行卑鄙思考的最终结果。

人类所有的发明和毁灭都是自己完成的。人们能在自己思维的兵工厂里创造或毁灭自己的武器，也能创造或毁灭为自己带来快乐和幸福的武器。通过诚实的思考，人们能作出正确的选择，从而走向完美和神圣，而不正确的思考往往会给人带来没有理性的行动。还有更多的不同性格在这两个极端之间，而人正是这些性格的主人和缔造者。

对一个拥有爱和理性的生命来说，他是自己思想的主人，他完全有权利决定自己该进入哪种境遇。人类本身就具备创造和改变的力量，因此，他有能力使自己成为自己想要的形象。

人类永远都是自己的主人，无论是在孤立无援或是虚弱不堪的时候，他们都能主宰自己。事实上，当一个人处于堕落和颓废的时候，他就相当于一个对家庭不负责任的愚蠢主人。当他开始醒悟并浪子回头的时候，他就会辛勤地去寻找生命的意义，他就能成为机智聪明的人，并且会理智地思考，引导自己为充满希望的事业而奋斗，这时他就成了清醒的主人。要想做到这一切，你必须找到自己思想的规律，而发现思想规律的基础是必须去不断地实践探索，对经历的事情进行分析。

人们只有通过不懈的努力，才能发现钻石和金子。同样的道理，人们也只有肯对自己的内心深处进行挖掘，才能找到与自己的生命有关的真理。他会意识到他就是自己性格的主宰，是自己生活的主宰，是自己命运的主宰。要证明这一点很简单，只要有意识地对自己的思想进行观察、控制和改造，同时仔细分析自己的思想对自己和他人生活环境的影响，然后再耐心地把实践与分析结果联系起来，去印证生活中的每一件小事，哪怕是一些经常发生的琐事，就可以不断地学习知识。通过这种途径学到的知识是理解、智慧和权力。人们经常说："大门只会对那些勇敢叩门的人敞开，只有努力探索的人才能找到真理。"实践告诉我们，只有通过坚持不懈地努力，人们才能踏入幸福的大门。

思考影响健康

健康是生命之源

健康是生命之源。失去了健康，生命会变得黑暗与悲惨；失去健康会使你对一切都失去兴趣与热忱。能够有一个健康的身体，一种健全的精神，并且能在两者之间保持美满的平衡，这就是人生最大的幸福。

不良的健康状况对于个人、对于世界所产生的祸害到底有多大，没有人能够计算出来。在现实生活中，一些有作为、有知识、有天赋的人往往被不良的健康状况所羁绊，以至于终身壮志未酬。许多人都过着一种不快乐的生活，因为他们自己意识到，在事业上他们只能拿出一小部分真实力量，而大部分力量却因为身体不佳而力不从心。由此，他们对自己、对世界就产生了消极思想。天下最大的失望，莫过于理想不能实现。他们感觉到自己有很大的精神能力，但是却没有充分的体力作为后盾。自己感觉虽有凌云壮志，却没有充分的力量去实现，这是人世间最悲惨的一件事情。

许多人之所以饱尝"壮志未酬"的痛苦，就是因为他们不懂得常常去维持身心的健康。经常保持身心健康，是事业成功的保障，是保障工作效率的重要前提。一个整天埋头于工作，而生活中毫无娱乐的人，往往会在事业上趋于衰落，因为他缺乏各种不同的精神刺激和养料。

一个只专注于工作而很少休息、没有娱乐，甚至毫无休息与娱乐细胞的人，他的动作一定不会像一个有休息、娱乐头脑的人那样自然、那样有力。不时地变换工作环境，无论是对于劳心者或劳力者，都是十分有益的。我们经常看到很多人未老先衰，他们对于生活老早就觉得枯燥乏味，就是因为他们娱乐太少。"单调"是生活的最大摧残者。

成就大事业的人，往往不是那种整日整年埋头苦干，你一见到他就发现他总是忙忙碌碌的。有这样一位大公司经理：他每天在办公室中只逗留两三个小时，他经常出外旅行、休息，以更新他的身心。他充分意识到，只有经常保持身心的清新、健康，才能在事业上达到最高的效率。他不愿像许多人一样，在过度的工作中摧残自己的身心，拖垮自己的力量。因此他在事业上取得了成功。他不在办公室则已，只要一进办公室，就立刻能生龙活虎般地处理事务。由于他身心健康，所以办事十分敏捷而有力。他的工作进行得如同数学一般精确。他在三个小时内工作的成绩，要超过别人八九个小时甚至夜以继日工作的结果。

"只工作而不娱乐，使得杰克成为一个笨孩子。"这句话最为确切地表达了工作与娱乐的关系。人们有着强烈的娱乐本能，这是事实。这句话也表明娱乐一事，应该在我们的生活中占有相当重要的位置。现在许多雇主都习惯于强迫雇员花过多的时间在工作上，这表明，他们还不懂得娱乐可以使人的身心趋于健全、可以提高工作效率的道理。

许多人似乎以为"自然"是很好说话，是可以行贿的。我们可以破坏健康法则，可以在一天内做两三天的工作，在一次宴会上吃两三天的食品，我们可以用各种方式糟蹋我们的身心健康，然后请教医师，光顾药房，以作为补救。由此，多数人的生活都循环往复于糟蹋身体、医治身体上了。其结果是：胃口不良、精力衰微、神经衰弱、失眠、精神抑郁不宁。

不良的身体，衰弱的精神，真不知造成了天下多少悲剧，破坏了天下多少家庭。身体和精神是息息相关的。一个有一分天才的身强体壮者所取得的成就，可以超过一个有十分天才的体弱者所取得的成就。我们需要有一个健康而强壮的身心，这是可以做到的，只要我们能够过一种有节制、有秩序的生活，只要我们能控制自己的思想，使其向积极的方向发展。

健康是成功的资本

健康是别人夺不走的资本，拥有这笔资本，你就能获得更多的财富，使你终生受用不尽。健康对你的生活和工作都起着重要的作用。

"我每天过得越来越好！"有些人每天在醒来和就寝前都要把这句话朗诵好几次。对他们来说，这句话并不是华而不实的语言表达，而是说明健康来自积极的心态。对于健康，很多人的体验是，积极的心态会给身体带来好处，消极的心态则可能引发疾病。一个人心存消极思想，这是一件十分危险的事。现实生活中，到处都有人因为他们内心的挫折、仇恨、恐惧或罪恶感，而给自己的健康造成伤害。因此，要保持身体健康的秘诀是，首先要摆脱所有不健康的思想。我们必须洁净自己的心灵，为了身体的健康，先除去心中的消极念头。

常有人提起，愤恨不满的情绪会引发疾病。如果一个人在他的工作岗位上屡屡失意，他的心理就会向身体发出"生病"的心理暗示，借此来逃避现实。

一位政坛元老曾说过，"有两件事对心脏不好：一是跑步上楼，二是诽谤别人。"这两件事不仅对心脏不好，而且对人的身体也有很大的影响。所以，学会宽容很重要，你会发现，体谅别人会起到奇妙的治疗效果。

许多家报纸曾报道过这样一则新闻：有一名男子在过马路时不幸被车子撞倒而丧命。验尸报告说，这个人有肺病、溃疡、肾病和心脏衰弱。可是，他竟然活到了84岁。给他验尸的医生说："这个人全身是病，一般情况下，30年以前就该去世了。"有人问他的遗孀，他怎么能活这么久？她说："我的丈夫一直确信，明天他一定会过得比今天更好。"

还有人认为，在运用积极心态方面，多使用积极的表述，也有利于身体健康。语言文字是有影响力的。你的思想是积极还是消极，会影响你内在的各种器官的健康情况。

曾任美国精神治疗协会会长的卡特博士在谈到一个人所持的肯定态度对健康的影响时，甚至反对人们使用像"我今天不会生病"这样的说法。他认为那只是半积极的态度，应该改为"我今天觉得比昨天好"，这才是非常积极的陈述，因而是一种引导健康的想法。卡特博士说："肯定的态度是以科学的事实为基础的，这些事实来自生物学、化学、医学等。正确地运用肯定的态度将有助于改善你的健康，延长你的寿命，使你精力充沛，倍感幸福，从而在各方面取得成功，并且还能替你保持一件最主要的东西——心灵的平静。"

你的身体和思想是合一的，实际上是一个"身心"，你的"身心"和自然是合一的。你的身体和思想的健康是不可分的，任何影响到你健全思想的因素，同样会影响你的身体；反之亦然。同时，你的身心健康也会受到自然法则的规范，它对于你身心的规范和对于树木、山脉、鸟和昆虫的规范并没有什么不同。因此，想要了解保持身心健康的方法必须先了解自然界的法则，你必须和自然力和谐相处而不是要和它对抗。人的心智是伴随着身体存在的，由于你的身体受到大脑的控制，所以，想要得到健康的身体就必须具备积极的心态、健全的意识。必须在工作、娱乐、休息、饮食和研究方面，都能培养出良好而且平衡的健康习惯。

为了保持健康的意识，应从良好的生理健康，而不应从病态或不健全的角度进行思考。无论你的思想集中在哪个方面，它都能使这方面的事情成真，包括经济上的成就和身体上的健康。为了使自己能以积极的态度培养及保持健全的意识，使你的内心远离消极思想和消极影响的因素，你就必须创造和保持平衡的生活状态。

工作之后娱乐，思想活动之后从事体力活动，严肃之后保持幽默。如果能持之以恒，必能保持良好的健康状况和快乐的心情。如果你能以积极的心态生活，就能得到健全的思想和健康的身体，有了健康的体魄之后，我们才有机会享受到成功时刻的喜悦！

健康服从于思想的指引

身体是思想的奴仆，它服从于思想的指引，无论想法是特意选择或是自动表现的。如果一个人有罪恶思想的压力，他的身体就会迅速地衰落至疾病与腐朽。如果一个人有愉快、美好思想的指挥，也会受到青春与美丽的祝福。

疾病与健康像环境一样，深深地根植于我们的思想之中。有缺陷的思想会通过有疾病的躯体表现出来。众所周知，恐怖的想法杀死一个人的速度不亚于一颗子弹。事实上，这些想法也一直不停地消磨着成千上万人的生命。那些生活在对疾病的恐惧中的人，是心理上有疾病的人，焦虑会迅速地侵蚀身体的锐气，从而使身体无法抵御疾病的入侵。不纯洁的思想会很快破坏人的神经系统，即使这些想法并未变成实际行动。

坚强、纯洁和快乐的思想会使身体充满活力与魅力。身体是一种精致可塑的器具，它会非常迅速地对思想作出反应。已成习惯的思想会对身体产生一定影响，可能是好的，也可能是坏的。坚强、纯洁与快乐的思想，还会把活力与优雅注入身体。我们的身体是一架结构精巧、反应灵敏的仪器，对心里产生的欲望能够迅速作出反应，而这欲望将会影响到身体。好的思想产生好的影响，坏的思想自然会伤害身体。

只要心里存在杂念，人们血管里就会流淌污秽的、有毒的血液。健康的生活和强健的身体来自纯净的心灵，病态的生活与衰弱的身体则源于不洁的思想。所以，思想是人们言行、外表乃至整个人生的源头。源头纯净，那么它所产生的一切也会是纯净的。

思想的纯洁可以使人养成洁净的习惯，被称为圣人却不能养成洁净的习惯算不得圣人，而能够经常净化自己思想的人根本不会受疾病的侵害。如果想让身体健康起来，就应该美化和纯净自己的思想。心中的怨恨、妒忌、失望、沮丧，会使你的健康遭到损害，你的快乐将会消失。愁苦的面容并不是偶然出现的，而是常常焦躁忧虑导致的。满脸的皱纹都是因怨恨、暴怒与自大而生出的。

就如同只有自由的空气和灿烂的阳光充溢在你的房间里，你才拥有一个甜蜜、舒爽的家一样。只有那些充满欢愉、美好和宁静的思想，才会让你拥有强健的体魄和明朗、快乐、会心的笑容。有的人脸上刻画出坚定的信念，有的人脸上写满了怒气……谁都能看出这些皱纹的差别。那些光明磊落的人，光阴宁静而平和地在他们身上流逝，岁月在自然而然中成熟老去，如同一轮西斜的落日。

在驱除身体病痛方面，愉悦的思想能达到一个好医生所能够提供的效果；在赶走悲哀与伤心的阴影方面，良好的祝愿和真实的幸福能起到最好的安抚效果。长期处于邪恶、愤世嫉俗、怀疑与妒忌的思想环境里，就好比把自己禁锢在自己建立的牢笼里。如果能够快乐地面对人生，凡事往好的方面想，用积极愉快的态度对待一切，耐心地去发现别人的优点，这些会帮你打开通向幸福的大门。怀着平和的思想看待一切事物，将会为你带来永恒的安宁。

要谨记：我们的健康服从我们思想的指引。明白了这一道理，相信你就能够明白使自己时刻保持积极思想的重要性了。

成功源于思考

成功思想的锤炼

　　成功者不允许别人任意否定或侮辱自己，也从不无故自己贬低自己。成功者在任何场合，都期望有一个良好的气氛。他同在场的每一个人握手问好，向他们说积极向上的话语。问候别人之后，他可能谈起他取得的某项成绩，或把自己想到的一个鼓舞人心的想法及正在进行的某个新项目提出来征求大家的意见。成功者不掩盖事实，乐意把自己的成就介绍给他人，并引以为傲。那么，如何才能具有像成功者一般的思想呢？

　　（1）以成功者的姿态自居。对自身能力抱有信心的人比缺乏这种信心的人更有可能获得成功，尽管后者很可能比前者更有能力、更加勤奋。重要的是坚信自己必定会获得成功。即使在尚未达到目标之前，也应以成功者的姿态出现。如果你希望自己有朝一日获得成功后，要让太太戴镶有钻石的耳环或金手镯，那么从今天起你就设法戴上这些象征成功的东西。

　　它们会使你此时此地就感觉到成功，也会使你在别人面前显得是个成功者。事实上，这是一种增强自信心的方式。

　　（2）做白日梦想象成功。花点时间想象一下，如果你登上事业高峰，生活将是什么样子。不妨做点白日梦，想象你坐在总经理办公室里的情景，想象随之而来的巨额报酬和发号施令的权力。然后，回头再想想，在通向总经理办公室的道路上，你经历过的每一个阶段，所有你已经达到并超越的前期目标。在白日梦里，想象自己达到某种近期目标，会有助于你保持心情舒畅，有助于你在每个阶段都充满信心——强有力的自信心。

还有一种同样有效的做白日梦的方法，称为"形象化设想"。这种方法很简单，每天只花 20 分钟做一做，就能有所收益。

第一步，想象自己是一个成功者。比如，想象自己坐在豪华的办公室或会议室里，正在对手下的一批管理人员训话。他们专心致志，聆听你的每一句话。

第二步，闭上眼睛，全身放松，尽可能地在脑子里构想上述情景，使你的成功者形象进一步具体化或者说视觉化。这样持续 10 分钟，眼睛要始终闭着。如果我们走神，图像就会消失。但即使这样也没关系，只要图像能再次出现就行了。图像中的某些细节，可能会发生变化，这意味着你的主司直觉的右半脑正在修正想象中的成功形象，使其更为现实。

经过一星期左右的这种"形象化设想"练习，你会发现自己的某些态度或行为已开始发生变化。可能是变得比较果断、比较轻松或比较热情了。不管怎么说，这种变化表明你的直觉正在引导你慢慢地接近你想象中渴望的成功。

（3）贮存积极心态于大脑。每个人都会遇到许多不愉快、令人尴尬、使人泄气的事情。但成功者与失败者会以两种截然不同的态度来处理同一事件。失败的人常把这些不愉快的事深深地埋在心底，他们不停地想着这些事，怎么也摆脱不了这些事的纠缠，到了夜晚，他们更是为这些事烦恼。自信的成功者则完全采取另一种方法，他们会强迫自己："我再也不要想它了。"成功者善于只把积极的想法存入大脑。

存在大脑中的消极的、不愉快的思想，会使你感到忧虑、沮丧和情绪低落。它使你停滞不前，而眼睁睁看着别人奋勇前进。因此，应该拒绝回忆不愉快的情形和事件。你应该这样做：当你一个人的时候，回忆愉快、积极的经历。把好消息全部存入你的大脑，这样做将提高你的自信心，给你以良好的自我感觉，也将帮助你的身体良性运转。

这里有一个使你的大脑产生积极作用的极好办法。每天睡觉前，你把自己的积极思想储存在大脑里，数数你幸运的事，想想你觉得愉快的事：你的妻子、你的孩子、你的朋友、你良好的健康状况，回忆你取得的哪怕是小小的成功与胜利，把所有使你愉快的事都回忆一遍。

如果你能够持之以恒，相信有一天，这些积极的、愉快的、成功的思想终会在你的大脑里生根、发芽的。

反思使你步入成功之旅

这个世界上，每一个人都会犯错误，可怕的并不是犯错误，而是犯同样的错误。赫拉克利特曾经说过："人不能两次踏进同一条河流。"人也不该犯同样的错误。善于反思的人就不会使自己两次犯相同的错误。

如果你不幸犯了错误的话，就必须找出犯这样错误的原因，这需要你反思。如果你能找到问题的根源，就能够真正改善你目前生活的质量，从而大大提高成功的概率。

你应该常常分析，自己做错的最大的一件事是什么，当你可以明晰地研究出这个原因的时候，就应该马上采取改进措施。不管你有多么成功，你一定要不断地问你自己，这一次为什么会成功，成功最大的原因是什么，汲取此次经验并加以重复运用。

本杰明·富兰克林是美国历史上最能干、最杰出的外交官之一。当富兰克林还是毛躁的年轻人时，一位教友会的老朋友把他叫到一旁，对他尖刻地说："你真是无可救药，你已经打击了每一位和你意见不同的人。你的意见变得太尖刻了，使得没人承受得起。你的朋友发觉，如果你不在场，他们会自在得多。你知道得太多了，没有人能再教你什么。"这位教友指出了富兰克林的刻薄、难以容人的个性。而后，富兰克林渐渐地改正了他的这一缺点，变得成熟、明智。由于他领会到即将面临社交失败的命运，所以一改以前傲慢、粗野的习性。后来，富兰克林说："我立下条规矩，决不正面反对别人的意见，也不准自己太武断。我甚至不准自己在文字或语言上的措辞太自主。我不说'当然''无疑'等，而改用'我想''我觉得'或'我想象'一件事该这样或那样。"这种方式使他渐渐成为事业的强者。

很多人只能集中精神一天、两天，或者是一个星期、一个月、一年、两年，成功者却能一辈子集中精神，全力以赴。这即是成功者与一般人的差别，他的注意力集中、专注某事的态度同别人不一样，对目标的信心、决心、毅力和坚持到底的精神，和别人不一样。通过对成功者的研究，你会发现，他们都有这样一个特质：能不断地分析自己做对的事情，以及做错的事情，并且不断地改进。

如果你是对的，就要试着温和、巧妙地让对方接受你；如果你是错的，就要迅速而真诚地承认，这种态度远比争执有益得多。一个有勇气承认自己错误的人，可以获得别人更多的尊重。

艾柏·赫巴是著名的作家，他的文学风格是很独特的。他经常用尖酸的笔触来抨击那些让他不满的人，这种做法经常闹得满城风雨。艾柏·赫巴也有犯错误的时候，但最为可贵的是他善于处理这种事件，即勇于承认自己的错误，这经常使他的敌人变成他的朋友。例如，当一些愤怒的读者写信给他，表示对他某些文章不以为然，结尾又痛骂他一顿时，赫巴便如此回复："回想起来，我也不完全同意自己。我昨天所写的东西，今天就不见得满意，我很高兴地知道你对这件事的看法。如果我真的有些地方出错的话，请你下次在附近时，光临我处，我们可以互相交换意见，遥致诚意。赫巴呈上。"赫巴用这样一种方式，避免了不少争斗，而且往往使那些激愤者成为要好的朋友，使一时的争斗变成了永久的友谊。

如果你能够及时发现你的错误，并及时总结经验，避免下次再犯同样的错误，当你可以这样做的时候，下一个成功的人士，一定是你。

成功过程中的思考因素

詹姆斯·艾伦说："一个人的思想往往决定他所能取得的成就和所能达到的高度。"在一个公正规范的世界里，如果没有平衡那就意味着毁灭，人们应该增强对这个世界的责任心。怯懦或勇敢，纯洁或不纯洁都是人们自己选择的而非别人强加到头上的，所以只有自己才能改变自己。人们所处的环境是由自己选择的，而不是别人决定的，所以只有自己才能把握住自己的幸福。

一个人即使非常强壮，他也不能改变一个虚弱的人，除非虚弱的人自己决定要改变。弱者只有通过自己的不懈努力，才能使自己由虚弱变得强壮，使自己也拥有曾经非常羡慕且只有强者才有的力量。

只有自己才能改变自己所处的环境。人若想出人头地，飞黄腾达，就必须先使自己的思想升华到更高的境界，如果拒绝对自己的思想水平进行提高，他将永远在怯懦和悲观的境界里徘徊。

人要想取得成就，哪怕是世俗的物质成就，都必须使自己的思想脱离低级趣味。成功虽然并不需要以放弃人的本性作代价，但却要求必须牺牲其中的一部分。假如一个人满脑子全是低级趣味的思想，那么他肯定不能清晰地思考，也不能理智地工作。他不可能发现和发挥自身的潜在力量，所以他会处处失败，最严重的是，他还不能像正直的人那样能控制自己的思想，无法承担责任或控制局面，没有能力独立应付发生的事情。实际上，他是被自己所选择的思想拖垮的。

没有牺牲就没有进步和成就，衡量世俗中人所取得成就的尺度，应包括他摒弃的兽性思想，只有如此，他才能全身心地投入到自己的计划中去，才能增强自己的毅力、坚定自己的信心。他的思想境界高了，他的魅力和勇气也会与日俱增，他的成功才会更伟大，他的成就才会更高。这个世界对那些贪婪者、虚伪者和恶毒者其实是无比厌恶的，虽然表面上不是这样。其实这个世界青睐高尚者和大公无私者，人类历史上所有的伟人都证实了这个观点。如果个人也想证实这个观点，那么他就必须坚持自己正确的思想，使自己的思想越来越高尚。

智力上的成熟是追求知识或探索自然与生命的结果，虽然这些成熟有时候好像与人们的野心和虚荣心有关，但实际上它们并非是野心和虚荣心，而是长期坚持奋斗、不断提高个人思想的自然结晶。

精神上取得的成就实际上就是实现理想。思想崇高的人和心地善良纯洁的人都会养成高贵无私的品德，而且这种品质还会不断地升华。这就像太阳在正午最高，月亮会出现满月的道理一样。

无论哪种形式的成熟，它都是因为有了正确的理想。人通过自我控制和正确积极的思考，思想才能得到升华。而低俗无聊、懒散颓废的思考，会使人走向堕落。

一个在世界上取得了巨大成就的人，或者在精神领域里拥有极高地位的人，一旦他放纵自己，允许傲慢、自私、无理的思想再次出现在脑子里并任其发展，那么他必将回到失败的困境中。

所有的成就，不管是商场上、精神领域里还是智力上，它都是正确思考的结果，都具有同样的游戏规则和行动规律，它们之间唯一的区别是奋斗的目标各不相同。

▶

梦想来自思考

做从来不敢想的大梦

这世上有许多人可能从来都未想到过改善自己的生活。

重量级拳王吉姆·柯伯特有一次在跑步运动时，看见一个人在河边钓鱼，一条接着一条，收获颇丰。奇怪的是，柯伯特注意到那个人钓到大鱼就把它放回河里，小鱼才装进鱼篓里去。柯伯特很好奇，就走过去问那个钓鱼的人为什么要这么做。钓鱼的人答道："老兄，你以为我喜欢这么做吗？我也是没办法呀！我只有一个小煎锅，煎不下大鱼啊！"

很多时候，当你要树立一番雄心壮志时，就很可能像那个钓鱼的人一样习惯性地告诉自己："算了吧，我想的未免也太过了，我只有一个小锅，可煮不了大鱼。"你甚至会进一步找借口来劝退自己："更何况，如果这真是个好主意，别人一定早就想过了。我的胃口没有那么大，还是挑容易一点的事情做就好，别把自己累坏了。"

研究人员在一所著名的大学中选了一些运动员做实验。他们要这群运动员做一些别人无法做到的运动，还告诉他们，由于他们是国内最好的运动员，因此他们会做到的。

这群运动员被分成了两组，第一组到了体育馆后，虽然尽力去做，但还是做不到。第二组到体育馆后，研究人员告诉他们第一组失败了。"但你们这一组不同，"研究人员说，"把这个药丸吃下去，这是一种新药，会使你们达到超人的水准。"结果第二组运动员很容易地完成了那些困难的练习。

"那是什么药丸？"第二组的运动员问道。

"不过是些普通的粉末而已。"研究人员回答。

第二组之所以能完成不可能的运动是因为他们相信自己能够做到。如果你相信自己能做到，那么你就真的能够做到。

年轻人的一个通病是梦想过于平淡，大多数人都喜欢选择低标准。但是，如果一个人缺乏精益求精的精神，那他想要取得高层次的成功便会很困难。

伯尼·马科斯是新泽西州一个贫穷的俄罗斯人的儿子。亚瑟·布兰克生长在纽约的中下层街区，在那儿，他曾与少年犯为伍。他15岁时，父亲去世。布兰克说："在我的成长过程中，我一直确信生活不是一帆风顺的。"

1978年，马科斯和布兰克在洛杉矶一家五金零售店工作时，双双被新来的老板解雇了。第二天，一位从事商业投资的朋友建议他们自己办公司。马科斯说："一旦我不再沉浸在痛苦中，我便发现这个主意并不是妄想。"

现在，马科斯和布兰克经营的家庭库房设备公司，在美国迅猛发展的家用设备行业中处于领先地位。马科斯说："当你绝望时，你有人生目标吗？我问了55名成功的企业家，40名都肯定地回答'有'！"

你周围有许多人都明白自己在人生中应该做些什么事，可就是迟迟不拿出行动来。根本原因就是他们缺少一些能吸引他们的梦想。若你就是其中之一，那么，从现在开始就应该去学会怎么挖掘出从未想到的机会，进而付诸行动，以实现那些从来不敢想的大梦。

有这样一则令人难忘的真实故事，主人公是一个生长于旧金山贫民区的小男孩，从小因为营养不良而患有软骨症，在六岁时双腿变成"弓"字形，小腿更是严重萎缩。然而在他幼小的心灵中一直藏着一个除了他自己没人相信会实现的梦，那就是有一天他要成为美式橄榄球的全能球员。

他是橄榄球传奇人物吉姆·布朗的球迷，每当吉姆所在的克里夫兰布朗斯队和旧金山四九人队在旧金山比赛时，这个男孩便不顾双腿的不便，一跛一跛地到球场去为心中的偶像加油。

由于他穷得买不起票，所以只有等到全场比赛快结束时，从工作人员打开的大门溜进去，欣赏最后剩下的几分钟。

13岁时，有一次他在布朗斯队和四九人队比赛之后，终于在一家冰激凌店里有机会和心中的偶像面对面地接触，那是他多年来最期望的一刻。他大大方方地走到这位大明星的跟前，朗声说道："布朗先生，我是你最忠实的球迷！"

吉姆·布朗和气地向他说了声谢谢。这个小男孩接着又说道："布朗先生，你晓得一件事吗？"

吉姆转过头来问道："小朋友，请问是什么事呢？"

男孩以一副自若的神态说道："我记得你所创下的每一项纪录，每一次的布阵。"

吉姆·布朗十分开心地笑了，然后说道："真不简单。"

这时小男孩挺了挺胸膛，眼睛闪烁着光芒，充满自信地说道："布朗先生，有一天我要打破你所创下的每一项纪录！"

听完小男孩的话，这位美式橄榄球明星微笑着对他说道："好大的口气！孩子，你叫什么名字？"

小男孩得意地笑了，说："我的名字叫奥伦索·辛普森，大家都管我叫奥伦。"

奥伦索·辛普森日后的确如他少年时所说的那样，在美式橄榄球场上打破了吉姆·布朗创下的所有纪录，同时更创下一些新的纪录。

为何梦想能激发出令人难以置信的能力，改变一个人的命运？为何梦想能够使一个行走不便的人成为传奇人物？要想把看不见的梦想变成看得见的事实，首先要做的事便是制定目标，这是人生中一切成功的基础。目标会导引你的一切想法，而你的想法便决定了你的人生。

詹姆斯·艾伦说："我们会成为什么样的人，会有什么样的成就，就在于先做什么样的梦。"

允许改变自己的梦想

每个有志向的人都会有自己的梦想，并会为实现梦想而不断努力。而我们往往会遇到这样一个问题：在追求梦想的过程中，发现自己真正追求的是另一个梦想。如果遇到这种情况，该怎么办呢？

一个梦想常常会引导出另一个梦想，你必须允许自己转变。我们都听说过某个人在某个领域内达到巅峰之后，继续在另一个似乎完全不相关的梦想上追求另一个高峰。这样做很棒，同时希望你也能接受这种转变，因为他既然能成就这个梦想，那么他很可能也会在另一个梦想上有出色的表现。

假如一个大公司里经理级的人才，决定转行自己经营一份小生意，或开一家家庭式旅馆呢？无论他决定做什么，都很可能成功。

假如一位领有执照的会计师，决定从事神职工作，或者一名牧师想做技工，如果这真是他们衷心企盼的事情，那么我们的建议是——作出改变的决定！

成功的定义与方向在于你想要什么，而这个愿望随时可能改变，因此你对成功的定义也会有所不同。

同时，你必须认清一件事：你可以比你想象中拥有更多选择。人们常常陷入抉择的困扰中，误以为自己只有1、2、3三种选择，或仅能在自己所想的选项中作出决定。但事实上，在任何情况下，我们都有无数的选择，包括我们未曾想过，或从来没有人想到过的各种可能，不要错过更新更好的梦想。

那么，你该如何辨别这个新梦想究竟是个潜在的危机，还是一个值得追求的新方向呢？检查一下你对它的企图心有多强烈，这真的是你想要的吗？它是不是此刻你生命中最渴求的事情呢？这个新的梦想能持续多久？它会不会增长，还是几天之后就会消失的一个念头呢？你对这个梦想看得比上一个更清楚吗？接着再客观地审视这个梦想。它是不是符合你对自我以及你与生俱来的使命的认识？它是否违背了你所信仰的真理？如果这个新的梦想和你的价值观背道而驰，那么这个梦想也不会长久。给你的梦想一点时间，它可能会有新的发展。

梦想和目标都需要时间慢慢培养。如果你能让梦想自由发展，给它更多的空间，它就更有可能带领你走到一个自己不曾预期的方向。

不要太快抓住你的梦想，给梦想一点时间，让它在你心中沉淀。当你发现它再度出现时，跟着你的梦想一起前进。

我们可以将自己的梦想和目标写在纸上，但是一个真正符合我们人生使命感的梦想，则不需要靠白纸黑字来声明。这个梦想和目标会成为我们的一部分，我们会无时无刻不想着、思索着它们。我们无法躲藏，也不能逃避，我们永远不能脱离这个梦想。梦想永远在那里，它是我们的生活重心，也是我们活力的源泉。

心怀梦想，才能实现梦想

只有心怀梦想的人，才能在现实生活中实现他的梦想。

"我不行！"这三个字是否已经帮你推开了无数的任务和挑战？但它同样也带走了机遇。今天，请你告诉自己："我能行！"只要相信自己能行，你就能够做好别人交给你的事，能够达到期望的高度。当然，生活中没有什么是可以随随便便得到的，如果你不努力，你永远不会知道成功是什么滋味。

平淡的梦想很容易实现，但我们要把目光放得长远些。这个世界上最坚不可摧的就是自己的意志以及追寻梦想的信心。"我能行！"是一句含有无限力量的话，人们相信自己能做到什么，就能做到什么！有时候理想与现实的距离就是那么小，重要的是你一定要相信自己能行。在这一点上，或许安利公司总裁查德·德沃斯先生的经历可以告诉我们一些什么。

德沃斯小时候就有创业和闯出一番天地的理想，读高中时，他认识了一位朋友——杰·范·安德尔，他们经常在一起讨论对人生的看法。

"二战"结束后，他和安德尔回到家乡。他们眼光敏锐，很快就发现航空业是未来的热门行业。于是他们借了一架飞机，准备开一家航空学校，但那时他们两个都不会飞行，而更麻烦的是，在生员招满的时候，小机场的跑道还没有完工。但这些都没有打击他们的信心，他们很快雇用了有经验的飞行员来当教员，又买了些浮筒，还架了一个浮动码头，让飞机在水上起飞，在浮动码头上降落。

这个小航空公司非常成功，收入也很不错，这给他们带来了极大的信心。后来他们又买了十几架飞机，逐渐拓展业务，最后他们的公司成了州最大的航空公司。正是那么一个小小的开始，成就了以后的安利在全世界发展了 50 万家个体分销商。

这些都说明了一个基本的问题：只要努力尝试，就会有所收获。要想让梦想成为现实，就得给梦想一个机会，你不去尝试怎么知道你不行呢？战争的炮声还没有打响的时候就当逃兵，这实在是太悲哀了。只要了解了自己的怯懦，就无须再怯懦任何事情，力量和经验只有通过不断的实践才能得到增长。其实，在我们的内心深处，我们也知道自己能够做到，因而行动的渴望也会时时催促着你去开始，那么你还等什么呢？开始行动吧！记住，不要去在意别人说什么，不要让别人的口水浇灭了你梦想的火苗！

一个人有了一份新活儿时，他会开心地觉得自己身上有一股力量正在激荡，好像年轻了许多，有了更多的精力，看到了更好的挣钱机会。于是他拾起原本丢失的梦想，振奋精神，准备迎接更高的挑战，而这时，他的周围却刮起了一片冷言冷语："这样是不行的！""都不看看自己多大岁数了，还是安分点好！"每个人都想把自己认为最安逸最保险的方法告诉你，但是，那些都不是你想要的生活，别听他们的。只要你有梦想，你就还年轻。只要你勇敢地去尝试，你就给了自己一个梦想成真的机会。别让那个每天只躺在沙发里翻翻报纸的家伙打消你对自己的期望和信心，别让那个整天窝在家里、每月等着救济金的人告诉你生活是怎么回事。如果你心中已经燃起了梦想的火苗，那就马上行动吧。试一试，你就会发现生活将发生美妙的改变。

▶
平静才能思考

平静的益处

平静，你注意到了吗？单是看着这两个字，就足以让你开始有放松的感觉。平静，单是听到这两个字，就能缓和你的情绪，感觉平静一点儿。平静，单是想着这两个字，就可以开始让你解放。你准备好了吗？平静，是蕴含巨大力量的字眼，就算不去解释它的意义，都可以马上对人们发挥明显的作用。

这就是文字本身的力量，那么平静本身是否具有力量呢？我们真的需要平静这个东西吗？它对我们有好处吗？它可以让我们的生命更丰富吗？

在了解平静可以带来的一些好处之前，必须先说明"平静"的定义。平静并不是一种懒散、没有生气的状态，而是一种内在平静的心灵状态。这种状态，可能出现在比赛前的杰出运动员、激烈比赛中的武术选手，以及其他各行各业的人身上，包括演员、拳击手、音乐家、外科医生、商业人士与心理学家，这些人在投入自己的专业领域时，会努力让自己达到这种平静状态。这就是平静的意义。也就是在从事日常生活的活动时，只要保持平静的感觉，就可以拥有控制、维持秩序的能力，还可以让你从忙碌的生活中得到更多满足感与更多成就。

一旦你知道如何随意达到平静，就可以帮助你在遭遇困难时重新找回幸福的感觉，也可以让你更能从容面对生活中的压力和挫折，还可以让你感受到生活中的美好。即使你处在一个充斥世界性经济问题、人口爆炸、陨石可能撞上地球、恐怖分子、臭氧层出现破洞等各种问题中，你都能够坦然面对。

这样看似完美的心灵状态，只要你学会如何随时随地达到并维持内在平静，

285 ◀ 第八章

就可以得到。

平静的最大好处往往被许多想尽办法消除压力的人忽略，那就是，达到平静的过程本身就是一种乐趣。

我们生活在一个过度刺激的社会，广告与消费者至上的观念，使我们误以为生命中最大的价值在于刺激。那些广告、行销手法与媒体使我们相信，如果没有刺激，我们就会觉得人生不完整。

我们的生活在"刺激"与"放松"这两种状态之间来回变换，而多数人都在寻找这两者的平衡之道。而今日，多数人的生活重心普遍集中在刺激的一面，人们竟然是借着寻求刺激来达到放松，这不是很荒谬吗？他们之所以这样做，是因为有越来越多的说法声称刺激的活动是一种放松形式。这个逻辑简直是怪异到家，而且扭曲了事实！

没错，这是一种矛盾的说法。刺激应该是放松的反面，只有真正的放松才算是放松，刺激是用来让感官与神经系统兴奋高亢的东西；相反，放松却是用来让这些感官和神经系统平静的东西。你看出这其中的差别了吗？我们在日常生活中追求的刺激程度已经有越来越高的趋势，一早起来你会打开收音机，在慢跑时听随身听，电脑的屏幕保护程式动画，口味辛辣的午餐，搭车回家时看杂志，晚上收看电视节目，睡觉前听音乐。我们完全忘记了人类生活的另一面：我们是人类，而不是包着人皮的机器。同时由于追求刺激的风气大盛，导致在现代社会里，没有刺激的生活反而被视为较差的生活。

我们过着忙碌不休的生活，难道也要将这种生活方式传授给自己的子女吗？现在，让我们给自己一段可以放慢脚步的时间，享受放松时的美好与快乐。让自己放松，你就会觉得很舒服。你是否时常回顾过去轻松休闲、没有刺激的经验？当时你是否会想：我真的很喜欢这种感觉。你是否时常单独在空旷的海滩或安静的公园里散步。是否曾经回想这个星期内所做过最快乐、最有深度的活动？你是否曾经在派对上或电视节目进行到一半时离开而来到花园的树下？

只要开始回想这些事，你就会发现，让自己平静的过程本身就是一种乐趣，它不是娱乐，也不是一种感官刺激，但是，它确实是一种乐趣。

因此，你应该让自己保持这样一个观念：达到平静本身就是一种乐趣。它不是一件烦琐的差事，也不是义务，更不是你必须时时谨记在心的格言或规则，它就是一种乐趣，一种单纯且无罪的乐趣。确实是这样，完全放松与安详的状态是一个人所能够拥有的最有收获、最能激励人心的经验。

你应该开始了解，就算意识上还没有了解，潜意识里也应该能够体会，达到平静是让你快乐的最简单有效的方法。当你快乐时，当然不会觉得有压力或是焦虑不安，如果你早就知道这件事，现在的你感觉不知会有多轻松。

学会平静

"平静"对人有极大的益处，心灵的平静是世间的珍宝，它是自我控制的杰出体现。要想心境安宁，就需要灵魂纯洁，这就意味着历尽世事后的淡泊以及对事物看法的成熟改变。

人在碰到棘手事情时能保持多大程度的镇定，是与他的内涵息息相关的，惊讶、生气、发怒，所有这一切都于事无补，只有永远保持安静祥和的态度，才能使你有一副正常的头脑来思考怎样解决问题。当一件大事发生时，懂得控制自己的人会在暗中传送精神力量，周围的人会依靠他的力量站立，这样的人将会成为人们眼中的英雄。处事不惊的人总给人以大气的感觉，总是受到人们的尊敬。他就像是海边的礁石，对海水的冲刷毫不抱怨；他就像是伫立风中的白杨，挺拔俊朗。

"平静"是体现人们人生修养的重要内容，它是春天里清朗的歌声，是成长后收获的果实。平静和其他道德一样珍贵，它的价值远远胜过财富。在名利场里钩心斗角，或为几块金币、几亩田地同别人争白了头发，到头来也只不过是一日三餐和最后的七尺坟地。与平静的生活相比，这种生活是多么让人不屑一顾。

有人曾这样说过："我们会结识这么一些人，他们勤奋、努力地工作，但是脾气暴躁，生活也因此而变得混乱不堪。他们无法欣赏美好的事物，通常只顾匆匆赶路，却忘了欣赏路边的风景，从而葬送了自己幸福平静的生活，破坏了他本该拥有的幸福。在我们身边，我们所能碰到的真正能享受平和宁静生活的人真是越来越少了。"

是的，在当今这个忙碌的社会里，人们会因各种各样的鼓动而狂躁不安，会因自我控制能力的弱化而情绪波动，会因焦虑和多疑而饱经风霜。只有那些明智的人，才会掌控并引领自己朝原本需求的方向走去。

经历了沧桑世事的人们，无论你们在哪里，在做什么，要往哪里去，都请你们记住：在生活的沙漠中，总会有一些花朵为你绽放，总会有一片绿洲等你去发现，请你偶尔放慢脚步，好好欣赏吧。因为更多的时候，幸福是躲在平静背后的一道风景。

用平静化解危机

有一位飞行员接受了一项特殊的任务，不是扔炸弹，也不是运输客人，而是空运一只老虎。

这是一只成年老虎，脑门的"王"字极有霸气。它很不服气被关在大铁笼子里，总是不高不低地吼叫几声。

飞行员觉得很有趣，他在前面开飞机，身后就是老虎的铁笼子。和百兽之王进行如此近距离的交流，这种情况还真是不多见。

飞机在天空飞行着，飞行员又回过头去瞧老虎。"天啊！"他不禁一哆嗦，老虎离他只有几步之遥，正在向他逼近。该死的铁笼子，竟然没有关严。

危急之中，他没有大叫也没有乱跑，因为他知道即使他这样做了也无济于事，相反，他睁大了眼睛，狠狠地和老虎对视着，像一头发威的雄狮。

奇迹出现了，老虎和他对视了一会儿，竟然自己又走回到笼子里。飞行员化险为夷，是他的平静心态救了他一命。遇事沉着冷静，是每个人都希望的，但是对心理状态的把握，却需要人的情商。

如果你想赢，那么你就先赢了一半。不能控制自己，不能赢得自己，那怎么能赢别人呢？强者总是试图永远保持自我控制能力，这种能力显示出真正的人格魅力。

平静的心态在关键时刻甚为重要，所谓镇定自若，就是平静心态的最佳境界。

詹姆斯·艾伦曾经这样说："我发现，凡是情绪比较浮躁的人，在关键时刻都不能作出正确的决定，因为成功人士基本上都比较理智。所以，我认为一个人要获得成功，首先就是要控制自己浮躁的情绪，使自己变得平静下来。"

9

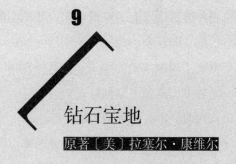

钻石宝地

原著〔美〕拉塞尔·康维尔

\ 财富就在脚下 　\ 财富就是力量

\ 财富依附机遇 　\ 财富依靠自信

\ 财富需要技巧

关于本书

　　本书的作者拉塞尔·康维尔曾经沿着底格里斯河（在今天的伊拉克境内）旅行，他在巴格达雇了一位向导前往海湾。这些河上的向导就像理发师一样喜欢说话。不过，康维尔坚称，这位向导讲的故事很容易证实。他从向导口中听到这样一个故事：

　　印度河边住着一个名叫哈菲兹的人。他拥有一座栽满果树和鲜花的农场，以及花不完的钱、美丽的妻子和儿女。他很富有，因为他很满足。但后来，一位老僧侣前来拜访他，在一天晚上向他讲述了世界是怎样形成的，包括所有岩石、土地、稀有金属和宝石的形成。他告诉哈菲兹，如果他有几颗钻石，那他拥有的就不是一座农场，而是许多座农场了。哈菲兹认真地听着。突然之间，他对自己迄今为止在生活中所获得的一切不再感到满足了。于是他变卖了所有财产，四处游历寻找钻石，走遍波斯和巴勒斯坦，又来到了欧洲。几年后，他的钱花光了，他穿着破烂的衣衫到处游荡。海上的巨浪卷来，他承受着海水的冲刷，最终倒下再也没有爬起来。而购买了他的农场的人，有一天在农场的溪流中发现了闪闪发光的沙子，那是一颗钻石。事实上，哈菲兹的农场是有史以来最丰富的钻石矿脉之一，戈尔孔达矿蕴藏的不是一英亩或两英亩，而是遍地的钻石。

　　《钻石宝地》其实是康维尔举办的一次广受欢迎的演讲的文字记录。他在书中讲述了现实生活中的类似故事：你的财富就在自家后院里或者近在你眼前，你却傻乎乎地长途跋涉去寻找它。他认为，大多数人与他们的潜在自我相比是微不足道的，因为他们不愿承认（或者没有想到）自己具有尚未发掘的伟大力量。康维尔说："人们夸赞别人具有种种能力，却没有发现自己也具有这些能力。乡镇和城市遭人厌恶，是因为本地的居民对它们大加诋毁。"

康维尔的主旨是，我们不应走入误区，认为所有的伟人和杰出企业都存在于别的地方。想想看，亨利·福特在自家的农场里开始设计并制造汽车，在他长大的地方建起了著名的福特工厂。密歇根州的迪尔伯恩没有什么特别之处，是他让这个地方不同寻常，他从未离开过自己的家乡。伟大的投资家沃伦·巴菲特决定不把家搬到华尔街去，他留在了内布拉斯加州的奥马哈，在那里赚取了巨额财富。

《钻石之地》也许像是另一个时代的产物，但康维尔是美国土生土长的励志演说家，他的讲话现在仍然能给人以启发。这本书很短，半个小时就能读完，你也许愿意时不时地想起其中的两个道理。这些道理极为简单，但如果记住就大为有用：

（1）不必把目光放到你本人和你周边的环境之外去寻找财富的种子。

（2）服务精神是成功的关键。不要单纯销售商品，要弄清人们真正想要什么。这需要超乎寻常的思考和观察。

▶ 财富就在脚下

寻找你的财富

穷人和富人的差别就是，穷人不善于寻找财富，而富人之所以能够致富，就在于他们终生都在孜孜不倦地寻找财富。穷人之所以贫穷，不是因为所有的财富已被瓜分完毕，这个世界上没有了任何致富的机会。

不错，现在要想进入某些行业确实已经很困难，你可能被拒之门外。但是，东方不亮西方亮，总会有另外的行业带给你机会。

的确，如果你做了许多年仍然是一个大集团中的一名普通雇员，也许就很难再圆自己的老板梦。但是，同样肯定的是，如果你开始按照正确的方式做事，就会不再局限于这份工作，相反，你会更加积极地进取，走上适合自己的致富道路。比如，你可以去开一家小店，零售经营。身处不断发展的社会中给从事零售行业的个体经营者提供了非常好的机会，致富并不是一件困难的事情。但你可能会说，我没有资金。请不要用这种消极的想法束缚自己。今天也许是这样，但明天呢？我们已经说过，只要你能够利用好选择的力量，就必定能够得到自己希望的。

人类社会一直在发展，我们的需求也在不断变化。不同阶段、不同时期，机会的浪潮会向不同方向涌动。

如果你能够顺势而为，而不是逆机遇的潮流而动，你就会发现，机会总是无处不在。现如今，我们能够看见的供应已经相当富足，我们尚未看见的供应更是取之不竭。所以丝毫不必担忧，没有人会因为大自然资源的匮乏而受穷，也没有人会因为供应的短缺而受穷。

大自然确实是取之不尽的财富宝库，财富的供给永远不会枯竭。当原有的建筑材料消耗殆尽时，更多的新材料就会被生产出来；当土地渐渐贫瘠、农作物难以生长时，更多的土壤会被改良和开发。即便有一天，地球上所有的金银矿藏都开发穷尽，你也不必担心。人类社会发展到那时，很可能已经不再大规模需要这类东西。如果不是这样，那么我们也应该坚信，更多的金银将会以新的形式被创造出来，并蕴藏于世界的某个角落，等待人类去开发。

人类作为整体也符合致富的规律。人类，作为生物界的一个物种，其整体总是越来越富裕；而个体的贫穷，完全是因为他没有努力地去寻找。

生命固有的内在动力，总是驱使自身不断追求更加丰富多彩的生活。智慧的天性就是寻求自我的扩张，内在的意识总会寻求充分展示的机会。宇宙并非静止，它是巨大的活体，它不断追求永恒的进化与发展。

大自然正是为生命的进化而形成，亦为生命的丰富多彩而存在。因此，大自然中蕴藏着生命所需的充足资源。我们相信，自然界的真谛不可能自相矛盾，自然界也不可能使自己业已显现的规律失效。因此，我们更有理由相信，地球上资源的供应永远不会短缺。

记住这个事实：谁也不会因为大自然的短缺而受穷。财富的权力就掌握在你的手中，只要你肯努力去寻找，终将得到属于你的财富。

金子就在自家门口

许多人都梦想创立自己的事业，却苦于找不到突破口，不知道从何入手或该干什么。其实机遇就在你的手中，金子就在自家门口。这一点从麦凯布的创业经验，就可以得到证实。

当吉姆·麦凯布作为一个心理学家的生活结束时，他和他做辩护律师的妻子决定开创一项新的事业。麦凯布喜欢看电影，因而开一家录像带出租商店便成了第一选择。但是，在他们所居住的地区大部分商店也有出租电影录像带的业务，他们特意去查找电影目录看到底出租什么好，结果发现许多商店都在出租奥斯卡获奖电影及世界各地的优秀影片的录像带，其中也有一些不同寻常的电影，即被许多人称为"演出大失败"的影片。这对夫妻喜欢这些在一般商店里看不到的电影录像带，并认为别人也可能喜欢。

当他们的"录像天地"在弗吉尼亚开张时，除了在柜台上摆放了常见的好莱坞电影外，还储备了许多稀奇古怪的电影，并打出了"保证供应城内最糟的电影"的招牌。结果，生意出奇之好，顾客蜂拥而至，均闻名来租通常电影院不愿上演的影片。

由于市场反应良好，麦凯布夫妇又开辟了一项新业务，通过免费电话向全美出租"最糟电影"录像带，一年生意达 50 万美元。吉姆·麦凯布说："我们发现了一个活动空间，并在竞争中获胜。我们的经验是，小经营者必须使自己与别人有所不同。"

安全刀片大王吉利，未发明刀片以前是一家瓶盖公司的推销员。他从 20 多岁时就开始节衣缩食，把省下来的钱全用在发明研究中。但过了近 20 年，他仍旧一事无成。

1985 年夏天，吉利到保斯顿市出差。在返回的前一天买了火车票。第二天早上，他起床迟了一点，正匆忙地用刀刮胡子，旅馆的服务员急匆匆地走进来喊道："再有 5 分钟，火车就要开了。"吉利听到后，一紧张，不小心把嘴巴刮伤了。吉利一边用纸擦血一边想："如果能发明一种不容易伤皮肤的刀子，一定大受欢迎。"这样，他就埋头钻研。经过千辛万苦，吉利终于发明了现在我们每天所用的安全刀片。他摇身一变成为世界安全刀片大王。

许许多多成功的范例，都是由现实生活中的小事所触发的灵感引起的。

克鲁姆是位美国印第安人，他是炸马铃薯片的发明者。1853 年，克鲁姆在萨拉托加市高级餐馆中担任厨师。一天晚上，来了位法国人，他吹毛求疵总挑剔克鲁姆的菜不够味，特别是油炸食品太厚，无法下咽，令人恶心。

克鲁姆气愤之余，随手拿起一个马铃薯，切成极薄的片，骂了一句便扔进了沸油中，结果好吃极了。不久，这种金黄色、具有特殊风味的油炸土豆片，就成了美国特有的风味小吃而进入了总统府，至今仍是美国国宴中的重要食品之一。

千万别小看你自己无意中的小主意。

美国大西洋城有一位名叫约翰·彭伯顿的药剂师，煞费苦心研制了一种用来治疗头痛、头晕的糖浆。配方搞出来后，他嘱咐店员用水冲化，制成糖浆。有一天，一位店员因为粗心出了差错，把放在桌上的苏打水当作白开水冲了下去，没想到一冲下去，"糖浆"冒气泡了。这让老板知道可不好办，店员想把它喝掉，先尝一下味道，还挺不错的，越尝越感到够味。由此，闻名世界、年销量惊人的可口可乐就被发明出来了。

有时候，机遇会自己找上门来，就看你能不能发现。

日本大阪的豪富鸿池善右卫门是全国十大财阀之一。然而最初他不过是个东走西串的小商贩。

有一天，鸿池与他的用人发生摩擦。用人一气之下将火炉中的灰抛入浊酒桶里（那时的日本酒都是混浊的，还没有今天市面上所卖的清酒），然后慌张地逃跑了。

第二天，鸿池查看酒时，惊讶不已地发现，桶底有一层沉淀物，上面的酒竟异常清澈。尝一口，味道相当不错，真是不可思议。后来他经过不懈的研究，认识到石灰有过滤浊酒的作用。

经过十几年的钻研，鸿池制成了清酒，这是他成为大富翁的开端，而鸿池的用人永远不会知道，是他给了鸿池致富的机会。

这样的例子还有很多，只要你善于观察、勤于思考，就会发现身边的机会很多。

住在纽约郊外的扎克，是一个碌碌无为的公务员，他唯一的嗜好便是滑冰。纽约的近郊，冬天到处会结冰。冬天一到，他一有空就到那里滑冰自娱，然而夏天就没有办法在室内冰场滑个痛快。去室内冰场是需要钱的，一个纽约公务员收入有限，不便常去，但待在家里也不是办法，他深感日子难受。

有一天，他百无聊赖时，一个灵感涌上来："鞋子底下安装轮子，就可以代替冰鞋了。普通的路就可以当作冰场。"

几个月之后，他跟人合作开了一家制造这种鞋子的小工厂。做梦也想不到，产品会一问世就成为世界性的商品。没几年工夫，他就赚进100多万美元。

机遇只垂青于那些勤于思考的人。不然，有那么多人刮胡子、用铅笔，而发明安全刀片、带橡皮头铅笔的却只有一人。

世事洞明皆学问，人情练达即文章。金子就在自家门口，只要勤于思考、勤于寻求，你的未来就不是梦。

理好财，到处是财富

在善于观察市场的商人看来，随处都是财富，都可加以充分利用，从中挖掘资源。清朝著名商人胡雪岩的眼中就到处是财富，因为他把出人头地的过程看作是财富的积累过程。

胡雪岩为生丝生意逗留上海，他在上海的基地是裕记丝栈。这天他到裕记丝栈处理生意上的事务，顺便在丝栈客房小歇。他躺在客房藤椅上，本想考虑一下自己生意上的事情，无意中却听到隔壁房中两个人关于上海地产的谈话。

这两个人对于洋人情况及上海地产开发方式都相当熟悉，他们谈到洋人的城市开发方式与中国人极不相同，中国人常常是先开发市面再行修路，市面起来了，走的人多了，便有了路。但以这种方式进行市面开发，有一个很大的弱点：往往等到要修筑道路、扩充市面的时候，自然形成的道路两旁已经被摊贩挤占，无法扩展。而洋人的办法是先开路，有了路便有人到，市面自然就起来了。如今上海的市面开发就是这种办法。在谈到上面的情况之后，其中一人说道："照上海滩的情形看，大马路，二马路，这样开下去，南北方面的热闹是看得到的，但其实，向西一带，更有可为。眼光远的，趁这时候，不管它苇荡、水田，尽量买下来，等洋人的路一开到那里，乖乖，坐在家里就能发财。"

两个不相识的人的这一番谈话，使胡雪岩一下就躺不住了。他立即雇了一辆马车，拉上陈世龙一起，由城墙往西，去实地勘察，而且在查勘的路上，就拟出了两个可供选择的方案：第一，在资金允许的情况下，趁地价便宜，先买下一片，等地价上涨之后转手赚钱；第二，通过古应春的关系，先摸清洋人开发市面的计划，抢先买下洋人准备修路的地界附近的地皮，这样转眼之间，就可发财。

不用说，胡雪岩眼睛盯到上海的地产生意上，又是一下子为自己发现了一个绝对可以大发其财的资源。

胡雪岩说："凡事总要动脑筋。说到理财，到处都是财源。"这应该是他的经验之谈。不用说，做生意离不开理财。生意人的理财，大体应该包含两个方面的内容：一方面是指资金的合理使用和管理，以求达到增加企业盈利、提高经营效率的理财目的。比如，定期进行必要的财务审计和财务分析、研究库存结构和资金周转情况、精打细算减少开支、压缩非经营性资金的占用等，都属于这一方面的理财。另一方面则是指不断为自己开拓财源，用现代经济学术语来说，就是准确发现投资热点，扩大投资范围。

在现实生活中，不只是生意人，就是普通人如果能够在居家过日子中理好财，那么他所具有的财富就可以增值。

▶ 财富就是力量

金钱可以给人带来幸福

金钱可以做坏事，也可以做好事，关键在于用之有道，金钱除了满足基本生活需要外，还可用于慈善事业。

在 19 世纪和 20 世纪之交，许多曾使美国工业蓬勃发展的大人物开始陆续离开人世，他们的庞大家产将落在谁的手中，不少人都极为关心。人们预料那些继承人大多数将难守父业，会白白地把遗产挥霍掉。

人们以极大的热情关注着"石油大王"洛克菲勒的儿子小洛克菲勒。1905年《世界主义者》杂志发表了一组题为《他将怎么安排它？》的文章，开场白这样写道：

人们对于世界上最大的一笔财产，即约翰·D.洛克菲勒先生的财产今后的安排非常感兴趣。这笔财产在几年之中将由他的儿子小约翰·戴·洛克菲勒来继承。不言而喻，这笔钱影响所及的范围是如此广泛，以致继承这样一笔财产的人完全能够利用自己的财力去彻底改革这个世界……要不，就用它去干坏事，使文明推迟 1/4 个世纪。

此时，老洛克菲勒在晚年最信任的朋友牧师盖茨先生的勤奋工作和真诚的建议下，已先后把上亿美元巨款，分别捐给学校、医院、研究所等，并建立起庞大的慈善机构。对所建立的慈善机构，老洛克菲勒虽然进行了大量投资，但在感情上对这种事业，他还是冷漠的。他更看重赚钱这门艺术，怎样从别人口袋里把钱赚到自己手中，是他毕生工作，也是他生活的唯一动力。

这就给小洛克菲勒提供了一个机会，他同时也牢牢地把握住了这个机会。小洛克菲勒曾回忆说："盖茨是位杰出的理想家和创造家，我是个推销员——不失时机地向我父亲推销的中间人。"在老洛克菲勒心情愉快的时刻，譬如饭后或坐汽车出去散心时，小洛克菲勒往往就会进言，果然有效，他的一些慈善计划常常会得到他父亲的同意。

在12年的时间里，老洛克菲勒投资了4亿多美元给他的4个大慈善机构：医学研究所、普通教育委员会、洛克菲勒基金会和劳拉·斯佩尔曼·洛克菲勒纪念基金会。在投资过程中，他把这些机构交给了小洛克菲勒。在这些机构的董事会里，小洛克菲勒起了积极的作用，远不只是充当说客而已。他除了帮助进行摸底工作，还物色了不少杰出人才来对这些机构进行管理指导。

1973年，美国政府通过一项法律，把资产在500万美元以上的遗产税率增加到10%，次年又把资产在1000万及1000万美元以上的遗产税率增加到20%。即使这样，老洛克菲勒20年中陆续转交到小洛克菲勒手里的资产总值仍有近5亿美元，小洛克菲勒捐款的数字差不多同他父亲的相等。老洛克菲勒给自己只留下2000万美元左右的股票，以便到股票市场里去消遣消遣。

这笔庞大的家产落到小洛克菲勒一人身上，大得令他或其他任何人都吃喝不完，大得令意志薄弱者足以成为挥霍之徒，但他从来都把自己看作是这份财产的管家，而不是主人，他只对自己和自己的良心负责。

从走出大学以后的50年中，小洛克菲勒是父亲的助手，然后全凭自己对慈善事业的热情和眼力花去了82200万美元以上，按照他的看法用以改善人类生活。他说："给予是健康生活的奥秘……金钱可以用来做坏事，也可以是建设社会生活的一项工具。"

他所赞助的事业，无论是慈善性质还是经济性质，都范围广大且影响深远，而且在投资前都经过了仔细调查。

"我确信，有大量金钱必然带来幸福这一观念，并未使人们因有钱而得到愉快，愉快来自能做一些使自己以外的某些人满意的事。"说这话的人是老洛克菲勒，但彻底使之变为现实的却是他的儿子小洛克菲勒。对小洛克菲勒来说，赠予似乎就是本职，就是天职，就是专职。在他把金钱捐赠给需要它的人并给他带去幸福的时候，金钱又何尝没有给他带去幸福呢？

感受金钱的存在

钱，究竟是什么？为什么对人们这么重要？大多数人想到钱的时候，只想如何赚钱、花钱、存钱，却很少仔细思考金钱的真正意义。

大多数人认为金钱只不过是纸钞和硬币，这完全不正确。纸钞和硬币本身没有任何意义，它们的力量是人类所赋予的。它们只是代表物，表现人们同意的价值。

你可别把钱与日元、英镑、德国马克、美元或政府公债混为一谈。不同的货币，只表示你在使用这种货币的国家，可以换取同等价值的食物、衣服或房子。如果你认为钱是货币，就误解它了。

钱不是物体，而是一个观念、一种想法、一种沟通方式、一种生活物的交换形式，纸钞和硬币本身不是钱，它们只是钱的表现。了解这层关系后，钱的意义才能彰显出来。

钱，像个千面女郎，不同的人对钱有不同的感受。下列几种观点，是一般人对钱的基本看法：

（1）钱是保障。钱可以使你远离阴冷、贫穷、残酷的世界。没有钱，你将会处于失败者的阵营；没有钱，你将无法掌握自己的命运。如果你在银行有一大笔存款，又有稳定的职业，那你当然觉得有保障。

（2）钱是困扰。有些人一想到钱，就觉得头痛。如果你操心如何赚更多的钱，担心如何保有到手的钱，终日忧心忡忡，那么，钱对你而言，的确是个困扰。

（3）钱是力量。在现实社会里，有钱显然可以获得尊敬和忠诚。富裕的人较之一般的人，可以轻易满足物质上和生活中的欲望。

（4）钱是一种承诺。金钱交易包含两个意义：第一，我们认同交易对象的价值；第二，我们交付的金钱，其价值不会改变，可以由一个人转移到另一个人手中。从第二个观点看来，钱可以说是一种承诺。

（5）钱是动力。就某种程度而言，钱可以造成社会上的互动关系。钱并非独立于社会之外，也不是独立于你我之外。一个人是否富有，与他的身份、职业有密切关联。一个人和钱打交道，正是发挥他生命动力的时刻，就这个观点而言，一个人所拥有的财富，可以代表他的生命力。

以上这些观点并非绝对，不是每个观点对所有人都适用。每个人都可以依据自己的想法，选择适合自己的对金钱的概念。但是有一条极为重要，财富要靠努力去创造，金钱要自己拼命去挣，而不能有其他获取之道。这是一条不可违背的法则，谁违背了，谁就得付出比金钱还昂贵的代价。

一切从爱钱开始

无论如何，如果不爱钱，就得不到财富。因为爱钱，视钱如命，钱才会逐日增加。钱怎么会躲在不爱钱的人的手中？而一个浪费、不懂得爱惜金钱的人，就算钱跑入怀里，也会很快地逃走。

人际关系中，如果我们讨厌某个人，自然不希望与他接触，他或许也有这种感觉，也避免和我们交朋友。类似的人际关系不正说明财富的问题吗？只有我们内心深处真正渴望富有，才能摆脱贫困，也会得到财富。先有喜欢，然后才有接近的机会。就像谈恋爱一样，对于自己心仪的人，我们都会想办法与他见面，或是想象着彼此见面时的欢乐情景。

商场上，有钱经常能使谈判顺利，事业因而蒸蒸日上。所以，生财之道，就是要先"爱钱"。这是相当重要的。

乔·坎多尔弗出生在美国肯塔基州的瑞查孟德镇，1960 年，当他的第一个孩子米切尔降生时，每周 56 美元的收入使这位数学教师的家庭生活出现了困难，他开始觉得钱是多么重要了。

在坎多尔弗就读于迈阿密大学时，一家人寿保险公司曾向他出售过保险；现在，这家公司寄希望于他向大学生们推销各种保险。在基本通过资格测验后，保险公司录用了他，并答应每月付给他450美元，条件是他必须在未来的三个月中出售10份保险或赚取10万美元的保险收入。这对于只是个数学教师的坎多尔弗来说，真是太难了。但是，他太需要钱了，同时他的妻子也很支持他，他努力熟悉每一件与人寿保险有关的事。为了奋斗，他在警察局以每月35美元租了间小屋，并把妻子送回娘家。他给自己制订好一份计划，可事情与他预料的大不相同，在工作的第一天，他花了16个小时与7人谈生意，却没有一个成功的，他停食一天以示惩罚。但他没有灰心，不断的努力使他在第一个星期就获得了92000美元的销售额。同年12月，坎多尔弗再次与保险公司签订了6个月代理商的合同。同时，作为对坎多尔弗的鼓励，公司付给他18000美元的酬金和奖励金。从那时起，坎多尔弗就知道了他这辈子应该干什么，他找到了终身的职业。

为了干得更好，每天坎多尔弗要比别人多干几个小时，别人的一年相当于他的一年半。坎多尔弗不仅延长工作时间，还能有效地利用时间。坎多尔弗在他的工作时间内，从不干没目的的事。就连他每天吃饭均有意义：如果他与某人一起吃饭，则某人或许是一位顾客，或许是一位能有助于坎多尔弗赚钱的人；如果他单独一人吃饭，则他或许在接电话，或许在阅读与他的经营业务有关的资料。一天之内他对人说的话均与工作有关系，他所阅读的每本资料都直接或间接地与他的经营业务有关。他把自己的经验告诉一位曾向他询问如何使销售额翻番的年轻人，结果，那个年轻人的销售额增加了3倍。

坎多尔弗恨不得把吃饭、睡觉的时间都用来工作，他说："我觉得人们在吃睡方面花费的时间太多了，我最大的愿望是不吃饭、不睡觉。对我来说，一顿饭若超过15～20分钟，就是浪费。"皇天不负苦心人，1976年，坎多尔弗的销售额达到了10亿美元。

坎多尔弗在谈到自己的成功时说："我成功的秘密相当简单，为了赚到钱，我可以比别人更努力、更吃苦，而多数人不愿意这样做。"坎多尔弗的故事，足以说明，只要你需要钱，爱钱，对财富充满强烈的欲望，你就会为了实现你的欲望而比别人更努力、更吃苦，最终拥有别人意想不到的财富。

美国纽约医学院精神病学教授山姆·詹纳斯，曾对数百名不靠家庭而致富的百万富翁进行调查。结果发现，这些白手起家的富翁，在某些性格上均有共同性。于是，他认为，任何人只要能培养这种"通性"，都可以赚取大笔金钱。

他概括出来的这种"通性"包括四个方面：第一，就是你必须对金钱充满浓厚的兴趣，甚至有一种强烈的欲望。第二，必须一心一意为工作卖力，每星期做满 7 天，每月 30 天，每年 360 天。第三，必须要有极大的忍耐性和坚毅精神，不因工作偶遇挫折而气馁，永远坚持自己既定的信念。第四，必须不因为工作的贵贱而取舍，只要有钱赚又不是为非作歹的，一般人不屑干的工作，都乐于接受。

因此，如果你真的想获取财富，那么就让你的金钱欲望强烈起来，就从"爱钱"开始吧！

财富依附机遇

贫富之间的距离就是机遇

人与人之间本没有距离，却因机遇被利用的积极与否，而形成了三六九等。

克朗宁先生本来在波士顿一家百货公司里当打字员，工作辛苦，薪水却不多，一个月才 2000 多美元，仅够一家 8 口人勉强糊口，不致挨饿。但不幸的是，克朗宁却意外地卷入到一桩纠纷之中，失业了，他们一家的生活，现在只有靠他妻子替人家洗衣服来维持了。

有一天，他在教两个大孩子认字，忽然来了一阵风，把桌上的纸吹走了，掉得满地都是纸张。他气恼万分，蹲下身去把纸张逐一捡起来，叠成一摞。他忽然想到，假如用一个小夹子把这些纸夹起来，不就不会被风吹走了吗？

这样的夹子，不是没有。可是市面上卖的夹子体积都很大，用起来不方便。如果有人发明出一种轻便的夹子把纸张夹住，那是多好的事啊。

有一晚，他刚刚用铁线替他太太编好一个篮子，剩下一些零碎、长短不齐的铁线丢在桌子上。他随手拿起一条，漫无目的地摆弄着，时而扭向东，时而扭向西。这时，他的丈母娘在给孩子们讲一个民间故事，最后附上的几句格言，深深撞击了他的心：

"太阳下的每个灾祸，

必有法子补救，或者没有法子补救。

若有，去寻求补救。

若无，不要有内疚。"

他重复着这几句话，想到自己的失业，孩子们的失学，太太的操劳，丈母娘的眼泪，他也想到那个夹文件的小夹子。忽然，他灵机一动，就把那根小铁线扭成一个回形夹子，把它夹在一沓纸张上，拿起来一看，居然把纸张夹得牢牢的。

他一兴奋，又扭起第二个，扭得更美观些。再扭第三个，当然又更进一步。他不由得想到：如何能够把这些铁线夹子扭得更快、更好。想了好几天，扭了好几十次，他终于想出制造"万字夹"的方法来了。

他和妻子商量了好一会儿，希望他太太能想办法向人家借来 2000 美元，试着制造这种万字夹出售。他的妻子勉为其难地答应了他的要求。几番奔走，才向人家借来 2000 美元。他就用这 2000 美元制造成一架小型的手摇机器，买进了几十磅铁线，开始制造万字夹了。

制好以后，他又亲自拿着万字夹到各文具店推销。因为是新产品，不知道销路如何，所以大多数文具店不肯代销，只有少数商店勉强答应代销。

没想到，由于是新产品，而且用起来确实很方便，买的人倒不少，订购万字夹的文具店越来越多了，有不少店主还亲自跑到贫民区去找他要货。

8 年后，克朗宁成为拥有 8 家大工厂的万字夹大王。

人的一生中，总会遇到各种各样的机遇。在你穷困潦倒时和你已经有所成就时，机遇来临的意义是不一样的，所谓机遇与挑战并存。虽然说机遇能改变人的处境，能将人从谷底带到顶峰，但并不是所有人都能在机会来临时有效利用好。人们往往在犹豫不决中丧失良机，在踌躇不定中错失良机，于是，在事后扼腕长叹，时不待我。

这里给每个人都提个醒，别为失去的朝阳哭泣，否则你将错过今晚美丽的星空。人生事实上就是一连串的选择，当一个机会消失后，并不意味着世界末日的来临，随之必定会有新的机遇出现。如何把握和利用好眼前的机遇，才是一生中最重要的事情。

如果只是迷恋以前的成功经验，停步不前，那么你迟早会遭受失败的痛苦。

在美国有一个叫艾迪的人，他非常聪明而且有才干。刚大学毕业不久，就创办了一份成功的报纸。后来，在麦戈文竞选总统期间，他负责麦戈文设在北纽约州的新闻办公室的竞选宣传工作。在麦戈文竞选失败后，艾迪决定放弃自己的报纸生涯，转入写作。然而写作的生活并不是轻松愉快的，他要来回奔波，又没有医疗保险，没有退休金，办公条件更是糟糕。于是，他想尽早结束这种谋生方式。

后来，艾迪听说了杀人蜂的新奇故事，这种蜂生产的蜂蜜多而且甜。机会似乎就在眼前，在这时，艾迪连自己是谁都忘记了，一心构想着自己的公司，决定由自己负责策划、采蜜、包装、推销等一切工作。

然而，不幸的是他又一次失败了。因为他一开始没有明确的目标和周密的计划，没有在开发新产品之前做好市场调查，又没有从事经济活动的任何经验。失败是不可避免的。

机遇能让你财源滚滚，同时也能让你一无所有，在贫富之间本没有距离，有的只是你对机遇的运用。

机遇 + 胆识 = 巨额财富

机遇与我们的生活、我们的事业密切相关。在商业活动中，时机的把握甚至可以决定你的成就。而胆识却是把握时机的一种手段，是让机遇变为财富的一种方法。哈默与威士忌酒的故事，就是凭机遇与胆识创造巨额财富的故事。

哈默一生中最活跃的 25 年是 1931 年从俄国回来后开始的。这 25 年里，他得心应手，在他发生兴趣的任何行业里都取得了成功。除了从事艺术品的买卖外，他还做过威士忌和牛的生意，从事过无线电广播业、黄金买卖以及慈善事业。有些时候，他像杂技演员玩球那样，同时玩几个或者所有的球。

当富兰克林·罗斯福正逐渐走近白宫总统宝座的时候，哈默的眼睛虽然盯在销售自己的艺术品上面，可是他的耳朵却在倾听着四面八方。他听到一个清晰的信号，一旦"新政"得势，禁酒法令就会被废除，为了满足全国对啤酒和威士忌酒的需要，那时将需要数量空前的酒桶，而当时市场上没有酒桶。

自从 1920 年实行禁酒法以来，市面上很少需要酒桶。可是现在情况不同了，到处都嚷嚷着要酒桶，特别是要经过处理的白橡木制成的酒桶。哈默博士非常清楚什么地方可以找到制作酒桶用的桶板。

除了俄国还能到哪里去找呢？他在俄国住了多年，清楚地知道苏联人有什么东西可供出口。他订购了几船桶板，当货轮抵达时，他发现对方没有执行订货合同，他们运来的不是成型的桶板，而是一块块风干的白橡木木料，需要加工才能制成桶板。但哈默只是开始感到有些沮丧，他在纽约码头俄国货轮靠岸的泊位上设立了一个临时性的桶板加工厂。酒桶从生产线上滚滚而出之时，恰好赶上废除禁酒法令。这些酒桶被那些最大的威士忌和啤酒制造厂以高价抢购一空。

然而他的财富之路也并不是一帆风顺的。时逢战争期间，全国对酒的需求量很大，使得他所有的酿酒厂在谷物市场开放期间都加班加点生产，而此时政府却宣布禁止用谷物生产酒。哈默只好改为生产用土豆酒掺和的各种牌子的混合酒。

但后来政府对用谷物酿酒又开禁了，市场上再也没有人买他的新牌混合酒了。顾客要的是名牌纯威士忌酒，至少要窖存四年以上的陈酒。在这表面看来是灾难性的时刻，多亏他哥哥哈利的一个电话，也多亏他弟弟维克托采取了不拘泥于时代的办法，才使他在灾难中得救。

哈利电话中讲的是酒的价格问题。他刚刚光临过一家纽约的酒店，这次光临使他开了眼界。他在酒店里以典型的维护他兄弟利益的态度要买一瓶丹特牌酒。掌柜的说他们不经营这个牌子的酒，实际上，在开始时，哈默的这种产品也只限于在肯塔基州和伊利诺伊州出售。于是，哈利就要买一瓶老祖父牌威士忌酒，价格是一样的，当时卖7美元，这种酒也是肯塔基州生产的酸麦芽浆做的。但是掌柜的并未从货架上取下一瓶老祖父牌，而是做了一件威士忌酒店老板不常做的事情：他把手伸到柜台底下，从下面拿出一瓶1/5加仑装的贴有天山牌商标的酒来，把这种未经许可非法生产的私酒满满斟上一杯。

"你尝尝这个，"他对哈利说，"我们不能把这酒放在货架上，我们把它存放在柜台底下，只卖给我们的老顾客。我们一般要顾客买几瓶别的酒，才给他搭一瓶天山牌酒。"

哈利品尝了一下，觉得味道和丹特及其他最高级的陈年威士忌不相上下。

"你这酒卖多少钱？"哈利问掌柜的。

"4.49美元。"掌柜压低声音推心置腹地说。

哈利随即把这个情况打电话告诉了哈默，这消息无异像是在卖酒业里投了一颗炸弹。也真是巧合，哈默老早就准备在陈年威士忌酒业里搞个大的突破。他已经决心把 1/5 加仑装的四年威士忌陈酒的价格每瓶降低到 4.95 美元，这个价格至少会使爱喝烈性威士忌酒的人感到高兴。

当时零售价 1/5 加仑装每瓶 7 美元，他每年卖 2 万箱，每箱赚不到 20 美元。他决定把酒的价格大幅度降低，降到每箱只赚很少的钱，但他的目的是几年之内把销售量增加到每年 100 万箱。他的这一决定把那些一心想把哈默排挤出酿酒行业的老资格竞争对手弄得目瞪口呆，非常沮丧。

正在此时哈利的电话来了，告诉他当时市场上已经有一种质量相当好的烈性威士忌酒，偷偷摸摸地只卖 4.49 美元，这个价格是掺有 35% 谷物酒精的威士忌酒的价格。哈默打电话给他的副总经理库克，这时库克正准备要发动一场广告宣传，那是哈默和他事先商量好的。

"把所有的广告都改一下，"哈默指示说，"新价应改为 4.45 美元。"

"那可不行。"库克争辩说。

"谁说不行？"哈默反问。

"我说不行，"库克说，"没有人按照混合酒的价格卖过纯威士忌酒，这没有先例。"

"生意经恰恰就在这里，"哈默解释说，"这正是我们要这么做的原因，酒客们会自己对自己说：'嘿，我既然可以用买一瓶混合酒的价格买一瓶纯威士忌，我还买混合酒干什么？'花同样的钱可以喝到真正的陈年老酒，为什么还要去喝含有 65% 酒精的货色呢？"

就这样，酒瓶上有凸起字迹"肯塔基威士忌酒的皇冠宝石"的特制丹特牌酒就在全国出售了。

而这时，哈默的弟弟维克托又耍了一套富有艺术性的把戏。他购买了很多哈布斯堡王朝的皇冠和珠宝（后来在哈默艺廊出售），举行了一次巡回展览。这实际上是一次为推销丹特牌酒而做的广告。他邀请当地的妇女名流在各种义卖集会上戴上这些珠宝做表演。报刊的专栏里常常出现触目惊心的画像：奥地利哈布斯堡王室的一只冕状头饰歪戴在只值 4.49 美元的威士忌酒瓶上。

只用了两年工夫，丹特牌酒就从地区性的名牌货一跃而成为美国第一流的名酒。每年销售 100 万箱的目标也同时达到了。哈默无疑也成了首屈一指的富翁。

总结起来，哈默的富有得益于他非凡的胆识。他具有独到的眼光，善于捕捉机遇，加上他敢为别人先的胆识，从而才使他获得了巨额财富。

机遇就是财富

一个摆冷饮摊的贫苦青年，经过近 30 年的奋斗，竟拥有了大小餐馆近 1000 家、员工 3 万多人、年营业额在 4 亿美元左右的大企业，这虽不是空前绝后的成就，但也绝不是大多数人能够办得到的。

创造这一奇迹的是梅瑞特公司的创办人约翰·梅瑞特，从他的几个创业事例中，你也许可以发现不少"把握机遇"的诀窍。

1927 年 6 月，梅瑞特带着他的新娘来到华盛顿，在这里与他的合伙人开起了一家冷饮店。事实上，这个店只是在一家面包店里占了一角而已，根本不能算是店，只不过是个冷饮摊，而且只卖汽水。

由于全球经济衰退，没多久，他们的冷饮店被迫关门。他的新冷饮店开在一家面包店隔壁，来来往往人很多，不管将来是做什么生意，都是很理想的位置。所以尽管关门歇业了，他还是照样付房租，由此也可以看出他要做生意的决心。这一天，正是晚上下班的时候，隔壁面包店的生意特别好，大有应接不暇之势，受此启发，他与妻子爱丽丝决定再开一家快餐店。

他推出的热食品，有辣椒红豆、墨西哥薄饼、夹烤肉三明治等，以爱丽丝所学的制法来说，的确称得上是"秘方"，再加上梅瑞特用标语式的字句一渲染，就更显得奇妙无比了，这正迎合了美国人喜好新奇的心理。此外，他还以强调"热"来表现特色。他煮了一大锅玉米汤，不时地掀锅盖，热气从锅里涌出来，缭绕在店面上空，给人一种热气腾腾的感觉。尤其在冬天，这一招特别吸引人。

同时，这种小店，炉灶是跟店面连在一起的。他把炉灶做成白色的，爱丽丝穿着时髦的衣服，围了条白色围裙，站在炉边烤肉，还真是一幅很美的画面。

在夫妇两人齐心合力的经营下，小吃店的生意忙了起来，大有应接不暇之势。怀有雄心大略的梅瑞特，一看发展的时机来临，立即着手准备扩展的计划。先由太太亲自主持训练厨师，他自己则一有空闲就到外面去勘察地点，以备将来增设分店。

这时候，美国经济仍在不大景气的阴霾笼罩下，豪华的餐厅一家接一家地倒闭，这种大众化的小吃店，却成为饮食业的一枝独秀。再加上梅瑞特夫妇经营的小吃店别具特色，生意就更加兴隆了，到了1932年，梅瑞特公司所属的小吃店已增加到7家。

从事商业活动的经营者，必须具备根据社会变化而变化的新思维和新观念，绝不能对日新月异的社会变化产生恐惧，相反，还应有一套切实可行的应变计划，以备不时之需，使自己能够敏锐地把握住生活中那些稍纵即逝的机遇。美国的一位百万富翁说："机遇并不会自动地转化为钞票，其中还必须有其他因素。简单地说，你必须能够看到它，然后你必须相信你能抓住它。"

要想有效地把握机遇，必须克服以下障碍：

（1）不要回避创造性的工作。一般人有一种意向，愿意选择常规的工作，以代替创造性的活动。事实上，他们不厌其烦地接受简单的任务，就是为了避免在发生紧迫问题时，精神受到压力，或者造成情绪紊乱。

（2）故步自封，犹豫不决。不顾一切地要解决自己的问题，但囿于各种固有的解决方法，结果还是束手无策。这种犹豫迟疑的思想倾向，在企业家中不难找到。

（3）过分专注、紧张。当一个企业家的精神陷入某一问题的泥潭之中，比如他的事业正处于生死攸关的时候，他会变得迟钝呆板。他会丧失正确观察事物、洞察其相互关系的能力，从而作出错误的决策或根本做不出任何决策来。

（4）个人素质的障碍。有些人做不出决策只是因为，他们觉得没有决策可做。阻碍他们获得进展的原因是，他们智力有限、记忆贫乏、思想僵化以及自身的积极性不高等等。

只有克服这些障碍，并有效地把握住机遇，才能使机遇转化为财富。

▶ 财富依靠自信

自信是财富之本

一个人的成就，决不会超出他自信所能达到的高度。如果拿破仑在准备率领军队越过阿尔卑斯山的时候，只是坐着说："这件事太困难了。"无疑拿破仑的军队永远不会越过那座高山。所以，无论做什么事，坚定不移的自信心，是达到成功所必需的因素。

有了坚强的自信，往往能使平凡的男男女女干出惊人的事业来。胆怯和意志不坚定的人即使有出众的才干、过人的天赋、高尚的品格，也终难成就伟大的事业。

坚强的自信，便是伟大成功的源泉。不论才干大小、天资高低，成功更多地取决于坚定的自信。

相信能做成的事，一定能够做成。

有许多人这样想，世界上最好的东西，不是他这一辈子所应享有的。他认为，生活上的一切快乐，都是留给一些命运的宠儿来享受的。有了这种自卑的心理后，当然就不会有出人头地的念头。许多青年男女，本来可以做大事、立大业，但实际上竟做着小事，过着平庸的生活，原因就在于他们自暴自弃，胸无大志，缺乏自信。

曾有人对一家著名保险公司的雇员进行调查和统计，结果发现：老雇员中自信乐观的人出售的保险额比起那些缺乏自信的人要多出37％；新雇员中自信乐观的人出售的保险额，也要比那些缺乏自信的新雇员多20％。后来，美国大都会人寿保险公司根据这一情况，在招聘保险员时，有意雇用那些业务能力测试未必非常出色，但在乐观自信测试中成绩较好的人。他们的这种做法后来真的收到了极好的效果，公司的业绩因此而提高了 10% 以上。

拉塞尔·康维尔曾经在演讲中这样说道：信心是生命和力量；信心是奇迹。

信心是创立事业之本。只要有信心，你就能移动一座山。只要你相信会成功，你就一定能成功，这是因为：信心是心灵的第一号化学家。当信心融合在思想里，潜意识会立即感受到这种震撼，把它变为等量的精神力量，再转送到无限的智慧领域之中促成成功思想的物质化。

与金钱、势力、出身、亲友相比，自信是更有力量的东西，是人们从事任何事业最可靠的资本。自信能排除各种障碍、克服种种困难，能使事业获得完满的成功。唯有自信，才是财富之本。

自信才能得财

红顶商人胡雪岩有句名言："立志在我，成事在人。"这跟带有宿命论色彩的"谋事在人，成事在天"有本质的差别，一个成功的商人必然有"立志在我，成事在人"的大自信。胡雪岩正是具备了这种非凡的自信。

胡雪岩创办阜康钱庄，从外部环境来说，当时由于太平天国起义，国家正处于战乱之中，而且太平天国活动的主要区域，也正是长江中下游地区的东南一带。而当时国内的金融业主要还是山西"票号"的天下，在东南地区后起的宁绍帮、镇江帮经营的钱庄业，无论业务经营范围，还是在商界的影响，都远逊于山西票号。从自身条件看，胡雪岩此时除了在钱庄学徒的经验外，实际上是一无所有。但他踏入商界后的第一件事情就是创办了自己的钱庄，即使此时还是两手空空，也要热热闹闹先把招牌打出去。此时的胡雪岩所凭借的就是他的那份大自信。他相信凭自己钱庄学徒的经验，凭自己对于世事人情的了解，凭自己精到的眼光和过人的手腕，当然也凭借已入官场可做靠山的王有龄的帮助，他足以支撑起一个第一流的、可以与山西票号分庭抗礼的钱庄。就凭着这股子自信，他开钱庄的愿望实现了。

在他的生意面临全面倒闭的危急时刻，他却不肯做坑害客户隐匿私产的事情。因为他相信自己虽败不倒，胡雪岩曾经豪迈地说："我是一双空手起来的，到头来仍旧一双空手，不输啥。不仅不输，吃过、用过、阔过，都是赚头。只要我不死，我照样一双空手再翻过来。"这更是一种能成大事者的大自信。

一个有大成就者必须具有这样的大自信。当然，我们并不能以为只要有了自信就一定能够成功，有大自信就必定有大成功。能不能真正获得成功，确实还需要许多方面的条件，比如主体是否真正具备能成就大事业的能力、是否具备某种必不可少的成就一番事业的客观情势，也就是人们通常所说的地利、天时或时势、机遇。但是，不可否认，有没有相信自己能够成就一番事业的自信，无论如何是一个人能否成就一番事业的必不可少的前提条件。

自信方能自强。能自信，才能有知难而进的勇气，才能有临渊不惊、临危不惧的英雄本色。说到底，一个人的自信心，实际上是他能为某个高远的人生目标废寝忘食、奋力拼搏的内在支撑。

成功的大商人在掌控商道的过程中，都是欲望强烈且十分自信的人，靠实力证明自己的才能。一个人活在世上，只有显得自信，才能让人佩服。这是胡雪岩要做一流大商贾的性格特点。的确，人有大自信才会有大志向，才能有大成功，这是一个方面。与此相关的，除立志自信之外，还要有认准方向就不畏艰难、锲而不舍地干下去的决心和毅力。换句话说，也就是做事要有恒心，要有韧性。任何事除非不做，看准了，决定做而且开始做了，就一定要坚持不懈地做下去，一定要做出个样子来。这也是一个渴望有大成功的人必备的素质之一。

自信就会致富

如果我们展示给人的是一种自信、勇敢和无所畏惧的印象，如果我们具有那种震慑人心的自信，那么，我们的事业就可能会获得巨大的成功。

如果我们养成一种相信自己必胜的信念，那么在别人看来，我们就会比那些丧失信心或那些给人以软弱无能、自卑胆怯印象的人更有可能赢得未来，更有可能成为一代富有者。换句话说，自信和他信几乎同等重要，而要使他人相信我们，我们自身首先必须展现自信和必胜的精神。

深圳一传媒曾以"孩子们眼中的钱"为题做了一项调查，孩子们的金钱梦令人震惊。在"你这辈子想赚多少钱"的问题上，14.58%的人想赚亿元以上，16.67%的人想赚1000万以上，27.08%的人在100万以上。

该调查结果公布后，有人认为这是世风日下的表现：连小小的孩子也钻到钱眼里去了；有人认为现在的小孩过于狂妄，说话做事不切实际。谁能说孩子的梦想就不能实现呢？时光倒回去20多年，我们谁能想到今天的中国会有数百万计的百万富翁、上千个亿万富翁呢？现在不是实实在在地出现了吗？何况随着社会的发展，致富的机会更多，财富的增长速度更快。丁磊还不到30岁，创造网易不过数年，但在美国上市后其个人身家就超过1亿美元；李泽楷也不过30多岁，却可以创造一个千亿元的电信帝国神话；更有甚者，一个大学都没有读完的比尔·盖茨，身家却可以上千亿美元，一个公司的价值就超过全中国所有的上市公司。从全球范围内财富拥有者最多的美国来看，过去15年来美国造就的亿万富翁比有史以来的总和还要多。

这不是画饼充饥，也不是望梅止渴。充分的自信和坚忍不拔的意志，是事业取得成功的一个重要条件。俗话说："这个世界是由自信心创造出来的。"可见，树立坚定的自信对一个人成功的重要性。生活在机遇和挑战无处不在的21世纪的今天，欲有所作为、有所建树，坚定的自信心更是不可或缺的重要因素。

包玉刚一条破船闯大海，当年曾受到不少人的嘲弄。包玉刚并不在乎别人的怀疑和嘲笑，他相信自己会成功。他抓住有利时机，正确决策，不断发展壮大自己的事业，终于成为雄踞"世界船王"宝座的华人巨富。

回顾一下他成功的道路，他在困难和挑战面前所表现出的坚定信念，对我们每个人都有有益的启示。

包玉刚不是航运家，却信心十足。他看好航运业并非异想天开，他根据在从事进出口贸易时获得的信息，坚信海运将会有很大的发展前途。经过一番认真分析，他认为香港背靠大陆、通航世界，是商业贸易的集散地，其优越的地理环境有利于从事航运业。37 岁的包玉刚正式决心搞海运，他确信自己能在大海上开创一番事业。于是，他抛开了他所熟悉的银行业、进口贸易，投身于他并不熟悉的航海业，当时人们对他的举动纷纷讥笑讽刺。的确，对于穷得连一条旧船也买不起的外行，谁也不肯轻易把钱借给他，人们根本不相信他会成功。他四处告贷，但到处碰壁，尽管钱没借到，但他经营航运的决心却更加强了。后来，在一位朋友的帮助下，他终于贷款买来一条 20 年航龄的烧煤旧货船。从此，包玉刚就靠着这条整修一新的破船，扬帆起锚，投身于航运业了。

他的成功不也正是告诉我们"自信就会致富"这一道理吗？

▶
财富需要技巧

掌握获得财富的学问

致富其实是一门精确的学问，它就像数学和物理学一样。致富的学问中包含着基本的定律和法则。任何人，一旦掌握并遵循了这些法则，就能获得致富的技巧，就能拥有金钱和财富。

只要你这么做了，即使出于无意，你都能致富；相反，那些不能掌握这些法则的人，无论他们多么能干和努力，也摆脱不了贫穷。

那么这些法则到底是什么呢？下面我们将从若干不同角度加以说明，你便能从中进一步理解这条至关重要的法则。

（1）致富不依赖于周围的环境。否则，富翁的邻居也应该成为大亨。如果环境起到决定性的作用，我们就应该看到，要么是全城、全国皆富，要么是全城、全国皆贫。而事实却是，在现实社会中我们处处能够看到，环境相同、职业相同的人意见天上地下。即使是比邻而居的两人，也会处境迥异。同处一地同操一业的两人，一人富裕另一人却贫穷。这些都说明环境并非问题的关键所在。虽然环境可能造成一些职业间的优劣差别，但是，做着同样工作的人，也会有穷有富。这完全是因为，不同的做事方式，才是导致贫富不同的真正原因。富裕是按照正确方式做事的结果。

（2）致富并不取决于一个人天赋的高低，而是依赖于他是否能够以正确的方式做事。世界上有许多才华横溢的人依然贫穷，而资质平庸的富人并不鲜见。仔细研究那些已经富裕起来的人，我们不难发现，他们的天资与才学其实没有多少超乎寻常之处，不过就是平均的水平。这足以表明，是否能够致富并不取决于这些人天赋的高低。寻常人也能以正确的方式做事，并且，只要你这么做了，无论有意无意，你都会成为一个富有的人。

（3）致富不是勤俭节约的结果。许多省吃俭用的人依然贫穷，而大手大脚的人也常常能够致富。

（4）致富不在于你是否能做一些别人无法去做的事情。职业相同的人常常做着几乎相同的事情，但有人能够致富，有人却贫困一生，甚至负债累累。致富的真正原因究竟是什么？其实，这些现象都在证明我们反复指出的一条基本法则：致富是按照正确的方式做事的结果。

既然致富就是一个人按照正确的方式做事的必然结果，那么它就如同因果随形一般自然。任何人，无论男女，只要按照正确的方式做事就能致富。所以我们说，致富之道是一门精确的科学，内含自身严谨的逻辑。可能有人会问，这种正确的方式是否非常难以掌握，以至于只有少数人才能熟练运用？

其实不然，只要你拥有普通人的智力水平，就可以掌握并运用它。天资聪慧的能发财，迟钝木讷的也能发财；学识渊博的能赚钱，才疏学浅的也能赚钱；身强体健的能致富，体弱力单的也能致富。当然，要想致富，你不能没有起码的学习和思考能力。我们说过，致富并不依赖于环境。但是，虽然环境不是问题的关键所在，但它对致富的过程还是具有一定的影响。比如，显然你不要指望在撒哈拉大沙漠的深处能够成功地经营生意，那里荒无人烟，自然也就不会有任何客户。致富需要与人打交道，需要在有人聚集的地方进行。如果人们乐于以你期望的方式进行交易，事情就好办得多。这就是环境对致富过程所具有的影响，但也仅此而已。

所以，如果在你居住的城市里有人发了财，你为什么就不能发财呢？如果在你生活的国家里有人致富了，你为什么就不能致富呢？在这里要再一次强调，致富与你选择什么行业或是职业并无多大关系。各行各业都有富人，各行各业也都有穷人，关键在于你是否以正确的方式做事。

当然，从事喜欢的行业或是做一份适合自己的工作，更便于你有最佳的表现。

所以，如果你具有某种才能，那么最好去从事需要这种才能的工作，这对你当然是最有利的。

（5）你所具有的资金的多寡并不能决定你是否能够致富，当然如果你具备了一定的资金，财富的增加确实会变得比较容易和迅速。但是，资金的多寡同样不是影响致富的关键问题，没有人会因为缺乏资金就不能致富。致富过程本身就是由穷变富，一个穷人，不太可能拥有什么资金。相反，一个拥有资金的人，其实已经不再是穷人，他更多应该考虑的是如何用好资金，而不是如何致富。

所以，无论你现在多么贫穷，即使没有任何资金，也不必担心富裕与你无缘。关键是你要按照正确的方式做事。如果你这么做了，今天没有资金，明天也会拥有。其实，获得资金的过程就是整个致富过程的一部分，也是按照正确方式做事的必然结果之一。

即使你是这个世界上最穷的人：没有朋友、没有资源，不能对任何人产生影响，还背负着巨额债务，即使如此，如果你学会遵循以下所述的法则行事，同样能够获得富裕的结果。这不是什么奇迹，因为致富是一门精确的科学，如因与果如影随形般自然。

将鸡蛋分装在不同的篮子里

有这样一个故事，讲的是一个非常聪明的农夫，要进城去卖鸡蛋，但进城的路非常颠簸难走，他为了不让鸡蛋在路上打破，于是将一篮子鸡蛋分装在很多个篮子里。结果到达城里之后，打开篮子，发现只有一个篮子的鸡蛋破了，其余都完好无损。

这个小故事告诉了我们一个道理，就是应该将我们的财富分装在不同的篮子里，投资在不同的领域，以寻求最大的回报。

美国超级富豪霍华·休斯是一个精明的生意人。他在50年间，个人拥有的财产竟增长了20亿美元以上。他能如此发达，来自他那独特的经营方法，化整为零的多方面分散经营法。换句话说，就是他不局限于经营一个企业，而是同时经营多个企业；不采取"高度集中"的经营方式，而是采取极其分散的经营方式。对于他这种方式，当时许多人认为太危险，因为资金太分散，没有那么多时间和精力去照顾全部事业，将会有一些事业崩溃。然而，休斯的头脑与众不同，他有自己的行事方式。他认为，多种企业同时进行，就能使"平均率"为我所用。在这种方式下，也许有一项事业会失败，但其他事业得到机会就可能成功。那么，总的成功率仍然要高得多。

他在经营休斯机床公司的同时，开始向好莱坞的各个公司投资，虽然开始拍的第一部电影亏了本，但他接着拍的三部电影却大赚，因此他取得了一家好莱坞制片公司的全部控股权。与此同时，他的注意力又转移到商业中的另一个领域开办飞机修理厂，进而变成飞机制造厂，后来发展成为休斯飞机公司，再后来又变为环球航空公司，成为世界上有名的航空公司。休斯所取得的成功，无不借助于他分而治之的制胜之术。

同样在今天，说起和路雪、力士、奥妙等品牌，可以说是家喻户晓、妇孺皆知。然而，对于这些名牌产品的生产厂家联合利华公司，许多中国人还是陌生的。

联合利华创建于1885年，由英国和荷兰的垄断资本共同经营，总部设在伦敦与鹿特丹，其子公司与分支机构遍布全球，拥有员工3万余名，拥有各种各样的产品，包括食用油脂、乳制品、速冻食品、化学制品、塑料、纸张等，它的产品几乎遍及全球各个角落。20世纪90年代，在世界排名第10位，是仅次于瑞士雀巢公司的第二大食品公司。

联合利华是一家有着100多年历史的老牌公司，它之所以能够经久不衰并成为"世界食品工业之王"，与它的经营方针和管理体制是分不开的。商品多样化和商标多样化是联合利华经营管理上的一大显著特点，也是它最巧妙的经营之道。联合利华的许多名牌产品走俏世界，但没有冠以统一的联合利华的商标，都以独立的形象出现在消费者面前。这样，商品、商标的多样化避免了单一、呆板的形象，给消费者以丰富多彩的感觉，满足了人们好奇的心理。同时，也避免了一种商品品牌牵连公司其他商品的风险，它的每一类产品，都有几种到几十种不同品牌，使公司始终处于"东方不亮西方亮"的有利位置。

由此可见，这种规划财富，将财富分而投之，进行分散经营的战略是非常可行的。这样做无非有两种结果：一是东方不亮西方亮，保险；二是遍地开花，赚钱。

借别人的钱来获得更多的财富

西方生意场上有句名言：只有傻瓜才拿自己的钱去发财。

美国亿万富翁马克·哈罗德森说："别人的钱是我成功的钥匙。把别人的钱和别人的努力结合起来，再加上你自己的梦想和一套奇特而行之有效的方案，然后，你再走上舞台，尽情地指挥你那奇妙的经济管弦乐队。其结果是，在你自己的眼里，会认为不过是雕虫小技，或者说不过是借别人的鸡下了蛋。然而，世人却认为你出奇制胜，大获成功。因为，人们根本没有想到，竟能用别人的钱为自己做买卖赚钱。"

现代社会，许多巨额财富的获得，都是建立在借贷基础上的。就是说，要发大财先借贷。

没有本钱怎样发大财呢？借贷是行之有效相当成功的手段。当然，借钱就得付出利息，但你不要害怕，你利用别人的钱来赚钱，你赢得的部分，可能远远超出了你所付的利息。

美国船王丹尼尔·洛维格的第一桶金，乃至他后来数十亿美元的资产，都是借鸡生的"金蛋"。可以说，他整个事业的发展是和银行分不开的。

当他第一次跨进银行的大门，人家看了看他那磨破了的衬衫领子，又见他没有什么可做抵押的，自然拒绝了他的申请。但是他并没有就此灰心丧气。他又来到大通银行，千方百计总算见到了该银行的总裁。他对总裁说，他把货轮买到后，立即改装成油轮，他已把这艘尚未买下的船租给了一家石油公司。石油公司每月付给的租金，就用来分期还他要借的这笔贷款。他说他可以把租契交给银行，由银行去向那家石油公司收租金，这样就等于在分期付款了。

别的银行听了洛维格的想法，都觉得荒唐可笑，且无信用可言。大通银行的总裁却不那么认为。他想：洛维格一文不名，也许没有什么信用可言，但是那家石油公司的信用却是可靠的。拿着他的租契去石油公司按月收钱，这自然会十分稳妥。

洛维格终于贷到了第一笔款。他买下了他所要的旧货轮，把它改成油轮，租给了石油公司。然后又利用这艘船作抵押，借了另一笔款，从而又买了一艘船。

洛维格的精明之处就在于，他利用那家石油公司的信用来增强自己的信用，从而成功地借到了钱。

这种情形持续了几年，每当一笔贷款付清后他就成了这条船的主人，租金不再被银行拿走，而是顺顺当当进了自己的腰包。

洛维格的事业发展到一个时期以后，他嫌这样贷款赚钱的速度太慢了，于是又构思出了更加绝妙的借贷方式。他设计了一艘油轮，在还没有开工建造，还处在图纸阶段时，就找好一位顾主，与他签约，答应在船完工后把它租给他。然后洛维格再拿着船租契约，到银行去贷款造船。

当他的这种贷款"发明"畅通后，他先后租借别人的码头和船坞，继而借银行的钱建造自己的船。他有了自己的造船公司。就这样，洛维格靠着银行的贷款，爬上了自己事业的巅峰。

最精明的商人当数像洛维格这样，能够借别人的钱来谋取自己财富的智者。

10

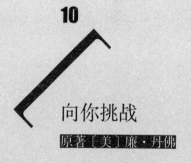

向你挑战

原著〔美〕廉·丹佛

\ 挑战你的冒险精神 \ 挑战你的做事能力

\ 挑战你的身体素质 \ 挑战你的思维方式

\ 挑战你的社交恐惧 \ 挑战你的管理个性

关于本书

　　廉·丹佛（1860—1941），伟大的演讲家、作家和成功学导师，他的作品被无数人誉为"心灵的圣经"。

　　《向你挑战》是廉·丹佛的代表作，这是一部与人类命运息息相关的书，在这本书中作者对处于不同环境、不同阶层的人都倾注了极大的责任心与热情。他其实是想证实在这个世界上的每一个人都有自己特殊的天分，都可以通过自身的努力，取得成功。他向我们提出了这样的挑战：做自己的主人，收复灵魂、重塑意志；做世界的主人，在任何情况下都拥有财富与坚守情操。

　　这是一部曾经激励和改变过无数人命运的著作，它指导着成千上万的男男女女走上了成功之路。

　　在书中，作者向我们展示了挑战自我的神奇力量。它将让你的人生进入前所未有的成功状态，让你变得更加自信，变得对一切更富有激情，让你在困境中获得可以战胜一切的勇气。

▶
挑战你的冒险精神

敢于去冒险

对于一个对什么都没有兴趣，且缺乏热情而安于现状的人来说，冒险是成功的开始，是唯一可以解救他的东西；对于一个小有成就的人来说，冒险会使他的投资获益匪浅。诚然我们不能认为冒险就会成功，但可以肯定的是那些连骑马都学不会或不敢报考学位的人是没有前途的。

一旦你明白冒险意味着充实的生活，并且将带给你幸福和快乐，你就会愿意开始这次旅行。

这个世界上有很多人得过且过、自我感觉良好，在他们看来，随波逐流地过一辈子是件愉快的事，自我约束是世俗的观点，自我放纵即是自我表现。阻力最小的路线造就了扭曲的人生。鲤鱼跃龙门是逆流而上，所以才能激起千层浪。

确实，许多人都愿意选择比较简单的方式，过平静的生活。每当问他们为何不过一种更富有更开阔的生活时，他们往往会因自己的这种"修养"而引以为傲。其实这是种错误的想法，常人所说的"修养"仅仅是苟且偷安、无所作为，真正的修养是充满生命活力的斗争。

胆小的人不会去想怎样充实并提高自己，也没有机会品尝到胜利所带来的震撼与幸福。"一战"期间，在一座无人的荒岛上，一位上尉在偷袭对手撤回时受伤了。敌方狙击手和机枪手组成一个交叉火力网，向任何敢于前来营救那受伤不轻的上尉的人挑战。部队司令挑选两名志愿者来承担这项营救伤员的危险使命。司令之所以选中这两个人是由于其光荣的履历及其在部队长期服役中所表现出来的"魔鬼般的斗志"。夜里他们潜行至荒岛上，匍匐前进，在枪林弹雨中救回了他们的上尉。这两个人都能够勇于面对险境，并出色完成任务，最终获得了特殊的荣誉，这些都来源于他们敢于冒险的精神。待在战壕中不会特别危险，但永远不会得到荣誉。

日常生活中，要想过得有质量，是需要有冒险精神的。如果在原地不动，裹足不前，时常会使遭遇困难的人显得精神紧张，感到束手无策，而且也会带来很多身体上的症状。

针对上述情况，廉·丹佛建议："彻底研究状况，在心里想象你可能采取的各种行动方向与每一种可能产生的后果。选择一种最可行的，然后放手去做。如果我们一直要等到完全确定之后才开始行动，一定成不了大事。每种行动都可能中途受阻，每个决定也都可能夭折，但是我们千万不可因此而放弃了所要追寻的目标。必须有每天冒险遭遇错误、失败，甚至屈辱的勇气。走错一步永远胜于'原地不动'，你向前走就可以矫正你的方向；若你抛了锚、站着不动，你的导引系统是不会牵着你向前走的。"

如果我们满怀信心地去行动，我们就有获得成功的机会。那些拒绝创造生活、拒绝勇敢行动的人，只有在酒杯里寻求勇气，要想成功是永远不可能的。

要有艰苦地得到你所需要之物的意愿，不要将自己廉价出售。美国陆军精神病学顾问阿伯斯说："大部分人不知道自己到底有多么勇敢。事实上，许多人都有隐藏的英雄本色，但他们却缺少自信，从而虚度一生。如果他们知道自己有深藏的资源，就一定能帮助自己解决问题，甚至解决重大的危机。"你已经拥有这些资本，但是必须勇敢地付诸行动，使它们有机会发挥功能，你才能体会出你确实拥有它们。

积极培养你敢于冒险的习惯。对任何事情都要怀着勇气去做，采取大胆的行动，不要等到危机来临时才想成为大英雄。

没有冒险就没有成功

有这样一则寓言：

一个小男孩将一只鹰蛋带回他父亲的养鸡场，他把鹰蛋和鸡蛋混在一起让母鸡孵化。于是一群小鸡里出现了一只小鹰。小鹰与小鸡一样过着平静安适的生活，它根本不知道自己与小鸡有什么不同。小鹰慢慢地长大了。一天，它看见一只老鹰在养鸡场上空自由地展翅翱翔，十分羡慕，感觉自己的两翼涌动着一股奇妙的力量，心想："要是我也能像它一样飞上天空，离开这个偏僻狭小的地方该多好呀！可是我从来没有张开过翅膀，没有飞行的经验，如果从半空中坠下岂不粉身碎骨吗？"

经过一番紧张激烈的内心斗争，小鹰终于决定甘冒粉身碎骨的风险，也要展翅高飞一下。小鹰成功了，它飞上了高高的蓝天，这时它才发现：世界原来这么广阔，这么美妙。

小鹰的成功，几乎展示了每一位冒险家成功的历程。在现代社会里，有些人本来很有能力，完全能像鹰一样翱翔蓝天，但他们却缩手缩脚、患得患失，缺乏冒险的勇气和精神。这样的人最后只会像小鸡一样，一辈子待在平庸的岗位上，默默无闻，而且总是与成功失之交臂。

人生本身就是一场冒险。那些希望一生宁静、平安的人不敢冒险，也不会冒险，当然也就难以成功。

不冒点儿风险，哪来出人头地的机会呢？很多时候，成功的机会是同风险叠合在一起的。要想抓住成功的机会，就得冒一点儿风险，否则，就会丧失许多可能是人生重大转折的机会，从而使自己的一生平淡无奇，毫无建树。当然，敢于冒险的人并不一定个个成功，但成功者当中，很多是因为他们敢于冒险。

有一次，摩根旅行来到新奥尔良，在人声嘈杂的码头，突然有一个陌生人从后面拍了一下他的肩膀，问："先生，想买咖啡吗？"

陌生人自我介绍说，他是一艘咖啡货船的船长，前不久从巴西运回了一船咖啡，准备交给美国的买主。谁知美国的买主却破了产，不得已，只好自己推销。他看出摩根穿戴考究，一副有钱人的派头，于是决定和他谈这笔生意。为了早日脱手，这位船长说，他愿意以半价出售这批咖啡。

摩根看了货。经过仔细考虑，他决定买下这批咖啡。当他带着咖啡样品到新奥尔良的客户那里进行推销的时候，大家都劝他要谨慎行事，因为价格虽说低得令人心动，但船里的咖啡是否与样品一致却还很难说。但摩根觉得，这位船长是个可信的人，他相信自己的判断力，愿意为此而冒一回险，便毅然将咖啡全部买下。

事实证明，他的判断是正确的，船里装的全都是好咖啡。摩根赢了。

他买下这批货不久，巴西遭受寒流侵袭，咖啡因减产而价格猛涨了两三倍。摩根因此而大赚了一笔。

对大多数人而言，自行创业是很冒险的，而且不只是财务上的风险。约翰·洛克菲勒在19岁时，与人合开了一家公司，经营谷物和牧草，他们所有的资金加起来只有4000美元。但公司开业不久，农田便遭到了霜害，作物几乎颗粒未收，农民们不能把谷物、牧草等农产品拿来，许多同业的公司纷纷倒闭，洛克菲勒的公司也面临着无生意可做，即将关张的困境。

此时，有不少农民找上门来，要求用来年的谷物收入作抵押，付给他们定金。洛克菲勒认为，这对公司来说是一个难得的发财机会，于是马上作出决定，答应了农民们提出的要求。然而他全部的家当只有4000美元，要支付大笔的定金，钱从哪儿出呢？当地有一位银行总裁，名叫汉迪，与洛克菲勒都是虔诚的教徒，平日双方有一定的接触和了解，洛克菲勒于是决定向汉迪求助。

他向汉迪开诚布公地说明了情况，得到了这位银行家的同情和支持。汉迪生平头一遭在对方没有任何抵押品的情况下，凭着对朋友的信任，以"圣父、圣主、圣灵"的名义，向洛克菲勒贷出了2000美元。

有了这笔贷款，洛克菲勒顺利地实施了自己的计划，他们第一年的营业额就达到了45万美元，获纯利4000美元，而洛克菲勒本人也由公司的"二把手"，一跃成为坐第一把交椅的人物。

美国只有少数人是百万富豪，因为只有18%的家庭，一家之主是自己开公司的老板或专业人士。美国是自由企业经济的中心，为什么只有这么少的人敢于自行创业？许多努力工作的中层经理，他们都很聪明，也接受过很好的教育，但他们为什么不自行创业？为什么不去找一个根据工作业绩发给薪水的工作呢？这是因为他们害怕风险。但是，从某种意义上说，风险愈大，机会愈大。

由贫穷走向富裕需要的是把握机会，而机会是平等地铺在人们面前的一条通道。具有过度求安稳心理的人常常会失掉一次次发财的机会，机会稍纵即逝，过度的谨慎就会失去它。

也许你听过这个笑话，有天晚上，机会来敲某人的门，当这个人赶忙关上报警器，打开保险锁，拉开防盗门时，它已经走了。这个故事的寓意是，如果你活得过于谨慎，你就可能错失良机。

我们身边的许多富有人士，并不一定是比你会做，而是他比你敢做。哈默就是这样一个敢做的人。

1956 年，58 岁的哈默购买了西方石油公司，开始大做石油生意。石油是最能赚钱的行业，也正因为最能赚钱，所以竞争尤为激烈。初涉石油领域的哈默要建立起自己的石油王国，无疑面临着极大的竞争风险。

首先碰到的是油源问题。1960 年石油产量占美国总产量 38％ 的得克萨斯州，已被几家大石油公司垄断，哈默无法插手。沙特阿拉伯是美国埃克森石油公司的天下，哈默难以染指……如何解决油源问题呢？

1960 年，当花费了 1000 万美元勘探基金而毫无结果时，哈默再一次冒险地接受一位青年地质学家的建议：旧金山以东一片被某石油公司放弃的地区，可能蕴藏着丰富的天然气，并建议哈默的西方石油公司把它租下来。

哈默千方百计筹集了一大笔钱，进行了这一冒险的投资。

当钻到 860 英尺（262 米）深时，终于钻出了加利福尼亚州的第二大天然气田，估计价值在 2 亿美元以上。

哈默成功的事实告诉我们：风险和利润的大小是成正比的，巨大的风险能带来巨大的效益。

要想成功就必须具备坚强的毅力，以及拼着失败也要试试看的勇气和胆略。

当然，冒风险也并非铤而走险，敢冒风险的勇气和胆略是建立在对客观现实科学分析的基础之上的。

顺应客观规律，加上主观努力，力争从风险中获得效益，是成功者必备的心理素质。这就是人们常说的胆识结合。

培养你的冒险精神

任何领域的领袖人物，他们之所以能够成为顶尖人物，正是由于他们勇于面对风险。美国传奇式人物、拳击教练达马托曾经一语中的："英雄和懦夫都会有恐惧，但英雄和懦夫对恐惧的反应却大相径庭。"

如果你发现自己总也不敢冒风险，而是常常躲避它，下面几点建议也许能帮助你发掘一些人人皆有的这种冒险精神。

（1）努力实践理想。

一家大印刷公司的一位会计员曾找公司总经理谈话，说她的理想是要成为公司的审计长，或者创办她自己的公司。虽然她连中学都没毕业，而且又是个新移民，但她却毫不畏惧。但公司经理却提醒她："你的会计能力是不错，这一点我承认，但你应该根据自己的受教育程度，把目标定得更加切合实际些。"经理的话使她大为光火，于是，她毅然辞职追寻自己的理想去了。

后来怎样呢？她成立了一个会计服务社，专为那些小公司和新移民提供服务。现在，她设在北加州的会计服务社已发展到了五个办事处。

其实，我们谁也不知道别人的能力到底有多少，尤其是在他们怀有激情和理想，并且能够在困难和障碍面前不屈不挠时，他们的能力限度就更难预料。

（2）一步一步地走下去。

一位颇有经验的滑雪教练，带领一群新手到陡坡上教他们滑雪。站在滑道顶端的边缘，他们从顶端一眼望到底端，这样难免使他们感到坡陡路险，从而产生畏难情绪。为了帮助这些学员克服畏难情绪，教练反复告诉他们，不要把整个滑雪过程看成是从山顶到山下，而应将其分解开来，先想着怎样滑到第一个拐弯处，再想着滑到第二个拐弯处。这样做转移了他们的注意力，他们纷纷把注意力放在目前自己能够做到的事情上，而不是目前做不到的事情上。他们转了几道弯之后，信心便增强了。无须更多的激励，他们便能顺利滑下去了。

这个方法对你同样有帮助，刚开始做一件事时，不要把注意力放在你所面临的全盘事务上。先了解一下第一步该怎样走，而且要确保这第一步你能顺利完成。

这样一步一步地走下去，你就能走到你所期望到达的光辉顶峰。

（3）不要说"不要"。

有时，当面临某一新情况时，人们往往会回忆过去的失败，从而花太多的时间往坏处想。有一位年轻的女律师，不久就要出席法庭审判，这是她当律师后第一次出庭为人辩护。因此，她感到特别紧张不安，甚至夜不能眠，她只好求助于心理医生。心理医生问她希望给陪审团留下一个什么样的印象，她回答说："我不要被人看作无经验，太年轻，或是太幼稚，我不要他们怀疑到我这是第一次出庭为人辩护，我不要……"

这位女律师掉进了"不要"的陷阱里。"不要"是一种消极的目标，"不要"会使你不想怎样却偏会怎样，因为你的大脑里会产生一些不好的图像，并对其作出反应。

心理医生告诉这位女律师：斯坦福大学所做的一项研究表明，大脑里的某一图像会像实际情况那样刺激人的神经系统。举例来说，当一个高尔夫球手在告诫自己"不要把球打进水里"时，他的大脑里往往会浮现出"球掉进水里"的情景，这样球便会真的落入水中。所以，在遇到令你紧张的情况时，要把注意力集中在你所希望发生的事情上。

心理医生再次询问那位女律师，问她希望出现些什么情况。这次她回答说："我希望被人认为业务精通，充满自信。"

心理医生建议她试想一下"充满自信"的感觉，她认为，那意味着满怀信心地在法庭上走动，口中说着充满说服力的语言，用眼睛同证人和陪审员保持紧密的联系，说话时声音清晰洪亮，使整个法庭上的人都能听清。她还想象了精彩结案的辩词和己方胜诉的情景。经过这种积极的图像设想演练，几星期之后，这位年轻的女律师最终赢得了她第一次出庭辩护的胜利。

如果你谨记以上三条原则，你会发现自己慢慢变得勇敢了起来。

掌握技能，提高你的做事能力

技能一般是指由训练而巩固的行为方式，训练有素则成技。通常，一个人某方面的能力与该方面的技能密切相关。技能是能力的载体，是能力的一种基本外现形式。掌握了一定的技能，便可以提高你自己的做事能力。

技能主要通过实践训练而来，因此，这就涉及操作能力或称动手能力。动手能力可视为实行能力、完成能力。会动脑，善于提出想法，形成构想与方案，要靠思维与想象，但要兑现，就得看操作能力如何。技能主要指具有一定的操作能力，一个人某方面的技能良好，实际上是指他在这方面的操作能力强。

技能是人们认识、利用和改造世界必不可少的手段之一。这是因为：

（1）技能可以大大提高活动效率，因为与有意识的动作比较起来，拥有技能的动作更容易完成，消耗的精力更少，任务也完成得更好。

（2）技能使人的精力从对细节的关注中解放出来，从而可以把意识集中到活动中最重要的任务与内容上，使人们在活动过程中有更多的创造性。例如，初学驾驶汽车的人，必须按照预定的顺序注意每一个驾驶动作，但即使如此，还时常发生错误。当他的驾驶动作熟练以后，某些动作就从意识中解放出来，变成自动化的动作。因此，他无须再考虑怎样开机器，向哪个方向转动方向盘，如何刹车等，就能轻松敏捷地、一个接一个地完成全部驾驶动作。在这种情况下，他才有条件考虑如何选择更有效的途径和方法，创造性地完成动作，以进一步提高动作的质量，出色地完成既定任务。"熟能生巧"就是这个意思。技能动作中"自动化"的成分愈大，动作就愈完善，动作效率就愈高。

技能是人们进行正常的工作和生活所必备的条件之一，它对人们学习和工作的影响是积极的、显而易见的，同时也是巨大的。

技能是能力的隐形资本，是能力的主要依托。掌握一定技能在学习与工作中均会达到事半功倍的效果。从目前情况看，电脑与外语的应用技能可以说是最重要的技能。随着信息时代的到来，网络社会日益形成，网络成为获得知识的主渠道，虚拟图书馆将成为每个人的"私人书库"。同时，电脑还是我们工作与研究的辅助工具，可以大幅度地提高研究与工作的能力和效率。随着世界一体化进程的加快，"地球村"的到来，世界各国的经济、文化、科技将融为一体，掌握一定的外语应用技能，才能更好地吸收全人类优秀的文明成果，丰富知识储备并完善知识结构；才能在未来社会里左右逢源，如鱼得水，应对自如。

许多学科与专业对操作技能的依赖性很强，从业者能力的形成与提高很大程度上取决于其相应操作技能的状况。在这些领域中有所建树者必须具备较高的操作技能。动手术是外科医生医术水平的重要标志，也是他们提高医术水平的重要途径。一个外科医生，如果只看不做，不进行一定强度的操作技能训练，就永远不能成为一个好医生。科技论文的写作技能也是科研工作者的重要技能，一方面，通过论文进行对外的学术交流，可提高自己的专业科研能力；另一方面，通过论文的输出，可以使自己的学术水平与科研能力得到同行与社会的认可，能力价值得以实现。缺乏技能有时会使能力的输出与发挥大打折扣。教学效果是衡量教师水平的重要标志，而教学效果往往与教师的教学方法（技能）密切相关，良好的教学技能往往能收到良好的教学效果。有许多教师，知识渊博，科研水平也不错，但却缺乏授课技能，因此，不能成为受欢迎的老师。

掌握一种技能，实际上就是拿到了一张通行证，据此便可以将自己的知识能力通过一种有效的途径应用到自己的事业中去，从而迎来事业的成功。

做事要快而敏捷

兵家常说："用兵之害，犹豫最大也。"实际上，日常做事也是如此。犹豫不决，当断不断的祸害，不仅仅表现在战场上，现代社会的商业战略又何尝不是如此呢？商战之中，机不可失，时不再来，如果犹豫不决，当断不断，那你在商场上只会一败涂地，无立身之处。因此，斩钉截铁、坚决果断，已成为当代企业家的成功秘诀之一。当然，这里说的当机立断，首先指的是认准行情、深思熟虑后的果敢行动，而不是心血来潮或凭意气用事的有勇无谋。宋人张泳说，"临事三难：能见，为一；见能行，为二；行必决，为三。"当机立断的另一方面，并非仅仅指进攻和发展。有时，按兵不动或必要的撤退也是一种果敢的行为，该等待观望时就应按兵不动，该撤退时就要撤退，这也是一种当机立断的行为。

最让人感慨的当是"夜长梦多"这一俗语了。夜长梦多指的是做某些事，如果历时太长，或拖得太久，就容易出问题。

"夜长"了，"噩梦"就多，睡觉的人会受到意外的惊吓，反而降低了睡眠的效果。同理，做事犹犹豫豫、久不决断，也会错失良机。

《六韬·文韬·兵道》中有"兵为凶器"的说法。意思是说，不在万不得已时，不得出兵；但是，一旦出兵就得速战速决。"劳师远征"或"长期用兵"，每每带来的都是失败。

拿破仑穷兵黩武，征战欧洲，不可一世，后来却有了"滑铁卢"之悲剧；希特勒疯狂侵略他国，得到的却是国破身亡。这都是由于他们没有认清战争的害处，他们不懂得"夜长梦多"的真正外延。

中国人向来讲究不温不火，从容自若，慢条斯理的做事态度，即便是大难临头，"刀架脖子上"也能泰然处之。能够做到如此者，才算得上气宇大度的君子。然而，这并不是说中国人就喜欢做事拖拉，或不善于抓住战机。事实上，中国人在追求和谐、宁静、优雅的同时，无时不在潜心于捕捉机遇。

有一种"无为而治"的政治哲学，从表面上看，它似乎也是优哉游哉的处世信条，但就其内涵，远非字面那么浅显。所谓"无为"并不是单纯的"不为"，而是"阴谋诡计"之极为，它无时不在宁静的外表下进行频繁的权术操作。

打个比方，一个车轮以无限的速度旋转，似乎就看不到它在旋转了，抑或看到的是倒转，"无为"就是这种状态，"无为"才能"无不为"。因此，做事不能太犹豫不决，而应快速决断；不要再徘徊、踌躇，做事快而敏捷者才能够成就大事业。

利用他人获得信息

你的做事能力不仅表现在你自身所具有的果断精神及丰富技能上，而且表现在你能否利用他人获得信息方面。

1944 年，德国突然对伦敦发动大规模的空袭，2000 多发炸弹从天而降，整个伦敦即将遭受不可预知的灾难。

然而不知什么原因，德军总是错失目标。想要攻击桥梁和繁华街道的炮弹总是提前掉下来，在人口较少的郊区爆炸，为什么会出现这种情况？

原来德军在瞄准目标时，依赖的是在英国安插下的谍报人员的情报，然而这些间谍提供的情报是英国的谍报员巧妙编造过的错误资讯，他们故意把这些情报泄露给德国人，而德国人并不知晓。

利用别人获取信息等于为自己增加了一只眼睛，给别人提供假信息等于让别人成了独眼龙。获取和得到之间，差距就明显地拉大了。

利用别人获取信息是一个危险但却简单便捷的方法，在这个过程中，如果你能够掌握为你工作的人，那么这个过程就会有一个完美的结局。因此，重要的是选择一个对你真正忠诚的人成为你的耳目。

与对手对抗的过程中信息和情报至关重要，你探测对方的同时，对方也在探测你。给予对手假情报，能让你获得更大的先机。英国首相丘吉尔说："真相可贵，但真相要认真防卫。"在防止对手看穿你的真相的同时，如果你还能了解对手的真相，那么你就一定能取得胜利。

有的时候，激怒别人也不失为一种绝好的办法。人们在盛怒之下容易失去控制，他们会控制不了自己的内心而把真实想法说出来。而这些真相正是他们的致命伤。

德国哲学家叔本华十分认同这一方法，他认为恼怒可以使对手无法控制自己的言行。强烈的情绪反应会让他们暴露真相，而这些正是对付他们的最好工具。

获得信息的另外一种途径就是测验对方。古波斯国王寇司罗斯二世以机巧而闻名，他经常测验他的朝臣。有一次，他发现两位朝臣变得十分亲密，就暗中告诉其中一位朝臣："你那个亲密的朋友可能是叛国者，很快我就要将他处决。你千万要保守秘密，因为我最信任的人就是你。"然后他察言观色，看第二位大臣和以前相比有没有变化，他就可以因此而断定第一位大臣是否保守了秘密。如果第二位大臣还和原来一样，他就会奖赏第一位大臣。如果第二位大臣有所变化的话，那么肯定是第一位大臣泄露了秘密，他就会将两位大臣统统逐出宫去。

这种做法可以不动声色地考验一个人的品格。虽然有一些阴险，但是可以把隐患消灭在萌芽状态。

当然，这里所说的"利用他人获得信息"的做事能力，并不是指如何去算计别人，而是通过他人更快地学习更多知识的一种能力。

▶ 挑战你的身体素质

失去健康就失去了一切

拥有健康并不能拥有一切，但失去健康却会失去一切。健康不是别人的施舍，健康是你自己对身体的珍爱。

很少有人能够彻底明白健康与事业的关系是怎样的重要，怎样的密切。人们的每一种能力、每一种精神机能的充分发挥，与人们的整个生命效率的提高，都有赖于身体的健康程度。

健康的体魄可以使一个人具有勇气与自信，而勇气与自信是成就大事的必备条件。体力衰弱的人，多是胆小怕事、优柔寡断者。

要想在人生的战斗中得到胜利，一个最重要的条件，就是每天都能以精力饱满的身体去应付一切。对于那整个生命所系的大事业，你必须付出你的全部力量才能成功。只发挥出你的一小部分能力从事工作，那一定是干不好的。你应该用你旺盛的斗志以及健康的身体去从事工作，工作对于你，是趣味而非痛苦；你对工作，是主动而非被动。假如你因生活不知谨慎而造成精疲力竭，那么再去从事工作，你的工作效率自然要低下。在这种情形之下，成功是难以得到的。

许多人就失败在这一点上：想从事工作，成就事业，无奈体力却不支。一个活力缺乏、神经衰弱、心理动摇、情绪波动的人，自然永远不能成就什么了不起的事业。

聪明的将军一定不会在军士疲乏、士气不振时，统率他们应付大敌。他一定要秣马厉兵，充足给养，然后才肯去参加大战。

在人生的战斗中，能否取得胜利，就在于你能否保重身体，能否保持你的身体于"良好"的状态。一匹有"千里之能"的骏马，假如食不饱、力不足，在竞赛时恐怕要败给平常的马。

　　一个具有一分本领却体力旺盛的人，可以胜过一个体力衰弱却有十分本领的人。

　　一个人如果有大志，有彻底的自信，而同时又具有足以应付任何境遇、抵挡任何事变的健康体魄，那么他一定能够从那些阻碍体弱者成功的烦闷、忧虑、疑惧等种种精神束缚中解脱出来。

　　健康的体魄可以增强人们各部分机能的力量，而使其效率、成就较之体力衰弱的时候大大增加。强健的体魄，可以使人们在事业上处处取得成效、得到帮助。

　　凡是有志成功、有志上进的人，都应该爱惜、保护自己的体力与精力，而不使其有稍许浪费于不必要的地方，因为体力、精力的浪费，都将减少我们成功的可能性。

　　世间有不少有志于成大事的人，因没有强健的体魄为后盾，而导致壮志未酬身先死。然而世间又另有大批的人，有着强壮的身体却不知珍惜，任意浪费在无意义、无益处的地方，而摧毁了珍贵的"成功资本"。

　　假如美国的罗斯福总统，当初对于身体不曾加以注意与补救，他的一生，恐怕是要成为一个可怜的失败者的。他曾经说："我从小就是一个体弱多病的孩子。但我后来决意恢复我的健康，我立志要变得强健无病，并竭尽全力来做到这点。"

　　健康的维护，有赖于身体中各部分的均衡运转，而"成功"的取得，又有赖于身体与精神两方面的均衡发展。所以我们必须尽一切努力，以求得到身体上的平衡，而身体上的平衡达到以后，则精神上的平衡也就容易达到了。人们得疾病的部分原因，是由于身体各部分的发展不均衡。例如，对于某一部分细胞不需要过度的刺激与活动；而有一部分细胞，则嫌刺激、活动太少。均衡的发展才是正道。

　　身心不断地活动，是祛病健身的最好方法。要维持健康，必要的活动绝对是前提。人体中的各部分机体如不经常活动，绝不可能保持健康。有一位著名的英国医师曾说，人要想长寿，就必须在除了睡眠时间以外的所有时间内使脑部不断活动。每个人必须于职业之外找一种正当嗜好。职业给他以生活资本，嗜好则给他以生活乐趣，可以使他在愉快、高兴的心情下，活动其精神。"行动"的意义等于"生命"，而"静止"则等于"死亡"。

生命在于运动

人们早已发现，身体健康受损引起的各种生命障碍，皆因人体对外部环境不适应所致。为了保证机体内部与自然界的变化相适应，必须始终处于运动状态。正如一句话所说的那样，"生命在于运动"。

这是古希腊伟大思想家亚里士多德早在公元前 300 年就提出的名言，它深刻寓意了运动对身体健康所起的重要作用。后来，医学和生理学关于"适者生存"的理论明确地说明：人的健康状况和工作效率，不仅取决于全身各器官、系统的功能以及它们之间的相互协调，还取决于整个身体对自然和社会环境的适应能力。怎样才能获得这种"适应能力"呢？经人们长期探索，终于得出这样一个结论：获得对环境的适应能力应是长期锻炼的结果，不同人对环境适应能力的差异，除受制于不同的生活环境外，与体育锻炼也息息相关。

古人提倡"十二时中，行立坐卧，不离这个——道"，即在 24 小时内，时刻要以锻炼为道，才能杜绝病源。

美国著名心血管专家肯尼思·库柏博士指出，只要参加运动就一定会受益。对脑力劳动者尤其是如此。据统计，1968 年美国有 24％的成人开始运动，在此后的 15 年里，美国心肌梗死死亡率下降 37％，高血压死亡率下降 60％，人的平均寿命从 70 岁增至 75 岁。可见，运动是健康的"添加剂""健脑剂"。

你的身体是否健康，取决于你是否经常进行运动。

身心健康的纲领

洛克菲勒很注意保持身心健康，他尽量争取长寿。以下是洛克菲勒为达到这个目标而实行的纲领：

（1）每周的星期天去教堂参加礼拜，并将自己所学到的记下来，以供每天应用。

（2）每天争取睡足 8 小时，午后小睡片刻。这样适当的休息可以保证体力的充沛，并且可以避免对身体有害的疲劳。

（3）保持干净和整洁，使整个身心清爽，坚持每天洗一次盆浴或淋浴。

（4）如果条件允许的话，可以移居到环境宜人、气候湿润的城市或农村生活，那里有益于健康和长寿。

（5）有规律的生活节奏对于健康和长寿有益无害。最好将室外与室内运动结合起来，每天到户外从事自己喜爱的运动，如打高尔夫球，呼吸新鲜空气，并定期享受室内的运动，比如读书或其他有益的活动。

（6）节制饮食，不暴饮暴食，要细嚼慢咽。不要吃太热或太冷的食物，以避免不小心烫伤或冻坏胃壁。总之，诸事要和缓、含蓄。

（7）要自觉、有意识地汲取心理和精神的维生素。在每次进餐时，都说些文雅的语言，并且可以适当同家人、秘书、客人一起读些有关励志方面的书。

（8）要雇用一位称职的、合格的家庭医生。

（9）把自己的一部分财产分给需要的人共享。

洛克菲勒通过向慈善机构捐款，把幸福和健康带给许多人的同时，也赢得了声誉，更重要的是自己也得到了幸福和健康。洛克菲勒将其生命和金钱都视为做好事的工具，他最终达到了自己的目标，获得了健康与幸福。

挑战你的思维方式

非线性思维

有这样一个笑话：

一群游客到一个类人猿遗址参观，他们向遗址博物馆年轻漂亮的女解说员询问该类人猿的年龄。

她回答："迄今已高达 60 万零 1 岁。"

游客很诧异："你怎么知道得如此准确？"

她得意地说："因为我去年刚到这里工作时，博物馆馆长对我说，类人猿的年龄是 60 万岁。"

这个笑话嘲讽了一种简单的线性思维模式，也就是思考问题时直来直去，不懂得动脑子。事实上，世界上的事情都是复杂的，简单的线性思维会让人忽视假象背后的真实。

线性思维经常出现在新闻报道上。媒体往往根据线性思维的惯性，依据当时的事实表象进行简单化新闻的片面报道，或强调夸大某个数字，或突出多种变化中的一个，从而误导读者。

而某些新闻评论家在对未来变化和发展趋势进行预测时，也总是喜欢把媒体上有关这一发展变化的点点滴滴新闻信息相加在一块，然后分析评估，从中找出事物变化的趋势，并作出自己的预测。这种根据新闻事件的累加作出的线性预测，疏忽了不同发展趋势、变化的相互作用，忽视了某些意想不到的因素。因此，这种预测常常会"见木不见林"。比如，没有一家美国媒体会预见到"9·11事件"；

再如，在财经报道中，经济的运行常常是非线性的发展，对互联网经济的发展与预测，就让很多媒体以及专家学者大跌眼镜。

但是，经济学家和记者们却常常在报纸和电视上试图精确预测经济的未来发展，比如，谈话节目、股市分析节目、财经报道栏目等等。媒体作这种精确的预测，是想满足观众的期望，可是事件最终的变化往往否定了评论家们的展望和预测。因此，当我们评论刚刚在报纸或电视上看到的新闻报道时，不妨用混沌理论或复杂性的思维模式。我们要对全球媒体关于政治、军事和经济等重大问题的报道持一种怀疑的态度，从而锻炼自己独立思考的能力。

把非线性思维，即多方考虑、复杂理性的思维运用到新闻评论中，将有助于我们理解新闻事件发展的复杂性，同时有助于我们了解事实的真相。

利用你的逆向思维

成功的契机，往往在于思维的逆向。

北宋政治家司马光小时候机智过人。有一天他和几个小朋友在花园里玩，一个小朋友不小心掉进了大水缸，小朋友们一时便都慌乱了起来，有的大喊："来人啊，救命啊！"有的拼命想把落水的小伙伴拉出来，无奈水缸太深，只是白费力气。这时，只有司马光急中生智，他拿起一块石头，将水缸砸破，水流走了，那位小朋友也得救了。

我们不难看出，孩子掉下水缸后，大多数孩子是按常规思维救人的，即使人离开水；而司马光采取的则是逆向思维，即使水离开人。结果顺利救出落水的小伙伴。

正是凭着"逆向思维"，司马光才得以化险境为安全，其事迹也成为千古流传的教育精品。

显然，逆向思维的明显特点就是不按常规办事，不循规蹈矩，显示与众不同的独特性，善于从不同角度去思考问题。拥有逆向思维的人，当他们的思维在一个方向受阻时，他们马上会改换新的方向，借助于他们思维的结果分析统摄，巧妙组合，从而找出新的突破口。而那个"新的方向"往往正是常规思维的"死角"。因为常规思维往往表现出一种定式，墨守成规，按常规办事，往往只有一个思维角度，一个常规方向。

这显然是两种旗帜鲜明的对立，然而，逆向思维往往只有当它被诉诸语言文字时，才会受到人们的关注，而且通常是，离开语言文字回到真实的生活中时，便又很快被忘了。现实生活就像一台庞大的消化机器，逆向思维一放进去，就容易被消融得一干二净。对于逆向思维，常规思维似乎有着极强的同化作用。常规思维有着那么强大的力量，作为一种"定式"、一种"常规"，其本身就证实了它的历史悠久、根深蒂固。它绝非只是个体的问题，而往往与整个民族、整个社会的文化传统息息相关。那些常规定式，往往正是世代传统的沉淀，而这也正是其具有强大力量的根源。正因为这强大的社会历史后盾，它的地位坚固得难以轻易动摇。

当我们仔细探寻那些世代相传的纽带时，便发觉教育是其中最重要的传送工具。所以，我们这些经过教育与社会磨炼的大人才会不时惊奇于孩子的睿智，并由此便以为自己又发现了一个天才。而事实上，又有多少孩子成人后能继续以其神奇的智慧而著称于世？正如司马光这一被公认为思维奇特的孩子，长大后却成为历史上有名的保守派，极力反对王安石变法，其反差之大，着实让人惊奇。所谓的逆向思维，在孩子步向成熟时，却反而神不知鬼不觉地萎缩了。这不能不说是一个"悲剧"。

这也是我们这个社会的悲剧，作为一个社会，它无法不拥有一系列的规范，而这便是"常规"的社会基础，便是所谓的"框框"。而我们的"逆向思维"便是要在这严密的框框中寻找立足之地。无疑，这是一项难度极大的工作，若不是刻意追求，我们难脱"常规"之手掌心。因此，具有"逆向思维"的人往往就会在社会中有所作为、有所成就。

逆向思维就像天边绚烂的彩虹，无论它在什么时候、什么地方出现，升起的都是人们发自内心的赞叹与向往。

而在当今社会，逆向思维早已成为各界人士推崇的对象，尤其是在当今最热门的工商业界，它更是备受关注。经济学家和管理学者口中的所谓利润来源、创新，实际上便是对逆向思维的一种诉求。创新要求人们把握住别人所忽略的机会，它不同于发明。通俗一点说，它只是对一些现存的东西加以利用，而这些现存东西的价值通常是无法为常规思维所察觉的。所以，人们对企业家的首要要求便是能创新。因为，创新就是利润，而对企业家本身而言创新就是成功。

所以，逆向思维无论在日常生活中，还是在竞争激烈的工商界，都有其独特而巨大的价值。启发并运用自己的逆向思维，无疑是一个迈向成功的法宝。

换一种思维，换一片天地

有时，只要你肯换一种思维方式，你就会发现摆在你眼前的困难也会因此而变得不值一提。

A公司和B公司都是生产皮鞋的，为了寻找更多的市场，两个公司都往世界各地派了很多销售人员。这些销售人员不辞辛苦，千方百计地搜集人们对鞋的各种需求信息，并不断地把这些信息反馈回公司。

有一天，A公司听说在赤道附近有一个岛，岛上住着许多居民。A公司想在那里开拓市场，于是派销售人员到岛上了解情况。很快，B公司也听说了这件事情，它唯恐A公司独占市场，赶紧也把销售人员派到了岛上。

两位销售人员几乎同时登上海岛，他们发现海岛相当封闭，岛上的人与大陆没有来往，他们祖祖辈辈靠打鱼为生。他们还发现岛上的人衣着简朴，几乎全是赤脚，只有那些在礁石上采拾海蛎子的人为了避免礁石硌脚，才在脚上绑上海草。

两位销售人员一到海岛，立即引起了当地人的注意。他们注视着陌生的客人，议论纷纷。最让岛上人感到惊奇的就是客人脚上穿的鞋子。岛上人不知道鞋为何物，便把它叫作脚套。他们感到纳闷：把一个"脚套"套在脚上，不难受吗？

A看到这种状况，心里凉了半截，他想，这里的人没有穿鞋的习惯，怎么可能建立鞋的市场？向不穿鞋的人销售鞋，不等于向盲人销售画册、向聋子销售收音机吗？他二话没说，立即乘船离开海岛，返回了公司。他在写给公司的报告上说：

"那里没有人穿鞋，根本不可能建立起鞋的市场。"

与A的态度相反，B看到这种状况时却心花怒放，他觉得这里是极好的市场，因为没有人穿鞋，所以鞋的销售潜力一定很大。他留在岛上，与岛上人交上了朋友。

B在岛上住了很多天，他挨家挨户做宣传，告诉岛上人穿鞋的好处，并亲自示范，努力改变岛上人赤脚的习惯。同时，他还把带去的样品送给了部分居民。这些居民穿上鞋后感到松软舒适，走在路上他们再也不用担心扎脚了。这些首次穿上鞋的人也向同伴们宣传穿鞋的好处。

这位有心的销售人员还了解到，岛上居民由于长年不穿鞋的缘故，与普通人的脚形有一些区别。他还了解了他们生产和生活的特点，然后向公司写了一份详细的报告。公司根据这些报告，制作了一大批适合岛上人穿的皮鞋，这些皮鞋很快便销售一空。不久，公司又制作了第二批、第三批……B公司终于在岛上建立了皮鞋市场，狠狠赚了一笔。

同样面对赤脚的岛民，A公司的销售员认为没有市场，B认为大有市场，两种不同的观点表明了两人在思维方式上的差异。简单地看问题，的确会得出第一种结论。而后一位销售人员却能够及时换一种思维角度，从而从"不穿鞋"的现实中看到潜在市场，并通过努力获得了成功。

因此，面对同一个市场，只要能换一种思维角度就会看到不同的前景，就能把不利的因素转换成有利的条件。

有位秀才第三次进京赶考，住在一个以前曾住过的店里。考试前两天他做了三个梦，第一个梦是梦到自己在墙上种白菜；第二个梦是下雨天，他戴了斗笠还打伞；第三个梦是梦到跟心爱的表妹脱光了衣服躺在一起，但是背靠着背。

这三个梦似乎有些深意，秀才第二天就赶紧去找算命的解梦。算命的一听，连拍大腿说："你还是回家吧。你想想，高墙上种菜不是白费劲吗？戴斗笠打雨伞不是多此一举吗？跟表妹都脱光了躺在一张床上了，却背靠背，不是没戏吗？"

秀才一听，心灰意冷，回店收拾包袱准备回家。店老板非常奇怪，便问："不是明天才考试吗，今天你怎么就要回乡？"

秀才把算命先生的解梦说了一番，店老板乐了："哟，我也会解梦的。我倒觉得，你这次一定要留下来。你想想，墙上种菜不是高种吗？戴斗笠打伞不是说明你这次有备无患吗？跟你表妹脱光了衣服背靠背躺在床上，不是说明你翻身的时候就要到了吗？"

秀才一听，觉得更有道理，于是精神振奋地参加考试，居然中了榜。

另外，还有一个类似的小故事讲道，两个秀才去赶考，路上遇到一口棺材。一个想：今年的赶考又完蛋了，遇到棺材多不吉利；另外一个却想：今年我时来运转了，路上遇到棺材，棺材棺材，升官发财。整个考试过程中，两个人的头脑中都在想着棺材的事情。考试结束后，两个秀才都对自己的家人说："那口棺材真灵。"

换一种思维方式，把问题倒过来看，就能使你在做事情时找到峰回路转的契机，同时赢得一片新的天地。

►
挑战你的社交恐惧

认识社交恐惧

社交恐惧是人际交往中的最大障碍，是一种缺乏自信的表现。刚步入社会的青年往往会出现社交恐惧的情形，这种恐惧的内容其实有两方面：一是自身，如身体疾病、残疾等，或自己具有某些缺点；二是社会，担心自己的才华能力是否适用于社会，在社会中会不会遭到排斥，能否与他人和谐相处，自己是否会寂寞、孤独。

人生天地间，天灾人祸在所难免，一味地恐惧不仅有些杞人忧天，就是真有灾难降临，也于事无补，徒然地耗损了自己的身心。恐惧不会带给人乐观和信心，只能让人觉得生活黯淡，心灵更加忧伤。恐惧属于不良的心理反应，它妨碍了正常的人际交往，将人与人之间的心理距离越拉越远。

社交恐惧的产生，主要是由于缺乏自信、性格懦弱所致。人们往往很在意自己身上的缺点，一旦发现自己的不足，就会感觉颓丧、萎靡，遇事便缩头缩脑起来。人类的惰性和人性的懦弱，使其不敢正视自己的弱点，反而采取逃避的态度，用"我不行"来堵塞一切进取之路。这种想法和态度是十分有害的，既不利于个人身心的健康成长，也有碍于工作、事业的发展，于国于家以及个人都是没有好处的。

必须打败这种恐惧，并战胜这种恐惧，才能扫除社交障碍，顺利发展人际关系。那么，我们应如何去做呢？

首先要精神饱满，充满自信。要想克服社交恐惧，必须振作精神，树立信心，让自己的生命充满活力。对一个人而言，想做成一件事并不难，难就难在有无精力，有无信心。做成一件事，就会积累一点信心，不断地去做，随着成功的积累，信心也必然增强。

其次要善于发现自己的长处，积极地予以肯定。任何人都有他的长处，你也不例外。由于社交恐惧，你已不能正视自己了，只要你睁开眼睛看一看，就会发现自己其实也不错。你不仅待人和蔼，而且还很守信，这就是长处。你应该为自己的这一发现而感到高兴和欣慰，不断地发现，不断地努力，你就会越来越自信。

克服社交恐惧

美国总统罗斯福是一个与人交往的能手。在早年还没有被选为总统的时候，有一次参加宴会，他看见席间坐着许多不认识的人。如何使这些陌生人都成为自己的朋友呢？他稍加思索，便想到了一个好办法。

罗斯福找到了一位自己熟悉的记者，从那里把自己想认识的人的姓名、情况打听清楚，然后主动走上前去叫出他们的名字，谈一些他们感兴趣的事。

此举使罗斯福大获成功。以后，他运用这个方法为自己后来竞选总统赢得了众多的有力支持者。

懂得怎样无拘无束地与人结识，是我们必备的一个社会生存技能。这能使我们扩大自己的朋友圈子，并使生活变得更丰富。而罗斯福所用的那种主动与陌生人打招呼并保持联系的办法，正是许多大人物都普遍采用的做法。

不过，这对一般人来说做起来并不容易。在现实生活中，许多人似乎都有一种"社交恐惧症"，其集中表现就是不愿主动向别人伸出友谊之手。

美国一位著名记者怀特曼指出，害怕陌生人这种心理，我们大家都会产生。例如，在聚会上我们想不到有什么风趣或是言之有物的话可说的时候；在求职面试中拼命想给人留下好印象的时候。实际上，无论何时何地，只要我们遇到了素不相识的陌生人，心里都会七上八下，不知道该怎样打开话匣子。

然而，仔细想想，我们的朋友哪一个不是原来的陌生人呢？正因如此，所以怀特曼又说："世界上没有陌生人，只有还未认识的朋友。"假如运气好的话，和陌生人的偶遇还会发展成为终生不渝的友谊。因此，我们必须有效克服"社交恐惧症"，这是与陌生人交往的最大障碍。

要想克服"社交恐惧症"，首先要克服的就是自卑感。哲人说："自卑就像受了潮的火柴，再怎么使劲，也很难点燃。如果一个人总是表现得犹犹豫豫、缩手缩脚，别人自然也会认为他真的很无能，不愿和他交往。

自卑不仅会使一个人陷于孤独、胆怯之中，而且会造成心理压抑。受这种心理的支配，人们就会越来越不敢主动去和陌生人交往，在社会上越来越封闭。

克服自卑感的方法有很多，最有效的就是对自己进行"心理暗示"的办法。比如，在和陌生人交往感到恐惧时，你不妨想一想：我的社交能力虽然还不够好，但别人开始时也是这样的；不管做什么事，开始时都不见得能做好，多做几次就会更好了，其实大家都是这样的。问题的关键在于，你必须敢于走出与陌生人交往的第一步。实践出真知，练习多了，你就不会再感到害怕、胆怯、腼腆、羞涩了。这样就会使自己的社交能力大大提高。

其实与陌生人交往的最大障碍，就是自己的"心理障碍"。只要你回忆一下别人主动与你交谈时内心的激动，就会明白认识与被人认识都是令人愉快的事情。

你可能有过这样的经历：在一个相互都不熟悉的聚会上，90%以上的人都在等待别人与自己打招呼，他们也许认为这样做是最容易也是最稳妥的。但其他不到10%的人则不然，他们通常会走到陌生人面前，一边主动伸出手来，一边作自我介绍。

主动向别人打招呼和表示友好的做法，会使对方产生"他乡遇故知"的美好感觉和心理上的信赖。如果一个人以主动热情的姿态走遍会场的每个角落，那么，他一定会成为这次聚会中最重要最知名的人物。

有人说，大人物与小人物最主要的区别之一，就是大人物认识的人比小人物多得多。而大人物之所以能够认识更多的人，就是因为他们总是乐于和陌生人交往。从这一点看，做一个大人物并不难，只要你能主动把手伸给陌生人就可以了。

当你尝试着向陌生人伸过手去，并主动介绍自己时，你就会发现这比被动站在那里要轻松、自在多了。一旦这种做法成为习惯，你就会变得更加洒脱自然，你的朋友会越来越多，事业也会越来越兴旺发达。而你的"社交恐惧症"也会被克服的。

管理者不能墨守成规

你要想在这个社会上有所作为，就必须努力培养并发展你的管理个性，使自己成为一个成功的管理者，无论是在生活方面或是工作方面。作为管理者最重要的便是决不能一意孤行、墨守成规、一成不变，这和企业的领导者一样，只有通过坚持不懈的创新，才能使企业有市场、有生命力，才能使企业获得成功。同时，领导者自己也能获得应有的回报和创新魅力。

多半的部属，往往不知企业的工作规则。因此，管理者经常质问部属："目前公司有哪些条文规定？请你加以说明。"管理者以为：若不这样，部属在精神上根本不会关心到这个问题，更甭提以这些规则为基准来从事他的工作。若真是这样，那么这种领导只是在做表现工作，却忽略了真正的内涵。

规则的制定，其目的多半是在对一些暧昧不明的事项，经过明确判断，定出一些共同的标准。因此，它是具有时间性的，同时，也是为适应时代、环境而制定出来的，而绝非是千古不变的定律。当时代变更、环境变迁时，这些规则必然会跟着失去合理性或时间性。因此，使规则切合实际的需要，这才是领导工作最重要的一环。

假使管理者墨守成规，对任何规则都不加改善，即使表面上看起来妥善完备的规则，实行起来结果往往也会不甚理想。规则是人制定的，但往往规则一定，就会回过头来把人套住。也就是说，规则当初被制定时，是大家绞尽脑汁想出来的；但经过一段时间后，就与实际需要脱节，而产生种种缺陷。若要加以修正，则需花费相当多的时间和精力，因此，人们只好继续墨守成规，成为规则下的牺牲品。所以，一个管理者必须时时注意自己所定的规则，是否有不合情理之处或不切实际的地方。一旦发现有这种情形，就应当拿出魄力，不畏艰难，切实地加以改革，这一点是千万不可忽略的。

另外，墨守成规必然导致管理者满足于现状，满足于已有的成绩，从而不思进取，无所作为。因此，管理者必须要不满足于既有成绩，这样才能百尺竿头，更进一步。

对于一个合格的管理者来说，不管你的企业或你的生活现在获得了如何大的进展，都不可自满于目前的成果，因为自满会使自己的思想工作停滞不前。管理者应切记"无论何时都应该展望未来，而不应墨守成规"。

带着心去管理

一个成功的管理者当然要对部下推心置腹，以心交心，即带着心去领导。唯有这样，你的成功才会神速，飞黄腾达方指日可待。

在常见的用人招数中，威逼利诱、软硬兼施利用率较高。但聪明的管理者们，常常三思而后行。威逼只能使人屈从于现实利害关系；利诱能诱惑人的心态，使人财迷心窍；软硬兼施往往使人疲于周旋，屈从就范，而非心悦诚服，阳奉阴违就是常见的结果。

因此，带着心去管理乃是效用最大的用人之术。

现代社会竞争激烈，人们每天工作繁忙，为表现出色，自然要多投入精力，而若遇上个善于玩弄花招、耍弄权术阴谋的管理者，谁还会安心工作。这势必使其胆战心惊，唯恐遭主管算计，本来不多的精力还要拿出一分防备管理者，这样的公司如何发展。

要想使你的事业有所发展，你就必须带着心去领导。其实带着心去领导并不十分困难，有一定的方法可循。

（1）信任部下，赞赏鼓励。

对部下要以诚相待，对其能力和人品要表示信任。在部下取得成绩时，赞赏鼓励，使其感到自己的劳动并未白费。对部下坦诚相待，才能换回部下的一片忠心。

（2）在部下最困难时，拔刀相助。

平时要关心部下，但有时一千句鼓励比不上在他最困难时举手之劳的帮助，这时正是以最小的代价去换取部下最大忠心的绝好时机。这一臂之力足以使他感激一生。部下必会为你死心塌地地卖命。

（3）对部下的生活多加关心。

上班时，自然公事公办。但聪明的管理者应学会利用闲暇时间来达到攻心的目的。周末与部下打打牌；部下生日时送一份小礼物；部下生病时，送去一束康乃馨，这些平常的生活举动都会起到意想不到的效果。

总之，严格要求自己、热情宽待部下的管理者才是一个好领导。

发展你的管理个性

个性是指一个人天生就具有而其他人没有的那种东西，当然它也能通过后天来培养。在社交和生活方面，有些人的确要强一些，但是这并不代表你就不能发展你自己的个性了。有许多成功人士，他们未成名前都是很腼腆、不善言谈的，但后来由于他们自身的努力，他们发展了自己的个性，变得能站在面向千人的讲台上侃侃而谈了。而作为一个管理者，最重要的便是能够当众演讲。

从现在开始，就注意发展你的管理个性吧！因为，这是你取得成功的基础。

将发展管理个性看作是一次特殊的挑战吧！你平时花了很多的时间来跳舞、打牌，现在这些技能都能派上用场了，你可以用它们来发展你独特的个人魅力。

你可以在书上、报纸上读到各种各样的伟人事迹，你有没有产生过一种想法：取代他。你可以想想你从小到大超越的一切，你的心中一直都有的催人向上的力量。当然，你未必能一次成功，但这不代表你将来也不能取得成功。开始行动吧，狂妄一些又有什么不可以呢？

从理论上说，个性是一种难以琢磨的东西，但是也有人对它作了精妙的注解。著名女作家海伦就用来自不同源头的水解释了三种不同的个性。

第一种个性像山涧中一股清澈的溪流，它一路歌唱着奔向大海，无论我们从哪个地方捧起一捧，都是清澈的。有些个性就是这样，它的存在能让人感到舒心，它能鼓励人们和它一起快乐向前。拥有这种个性的人在前面引路，人们就跟在后面。他们微笑着带动其他人微笑，他们和别人一起分享他们的欢乐。

第二种个性则像一汪泉水，与欢快的小溪相比，它就要显得安静多了，但是从它的深处会涌出清凉甘甜的泉水。在这种沉稳的性格中，蕴含着至深的力量，当他与别人分享时，人们也会得到快乐。

最后一种个性就像是城市里随处可见的人造喷泉，它由精美的卵石铺成，周围还铺满了大理石，华丽精美。它和一个水量充足的蓄水池相连，通过蓄水池，它能给人们带来清凉的泉水。但不幸的是在连接处出了点问题，喷泉看上去依然很美丽，下面的水也依然清洁充足，但是喷泉再也没法喷水了，它失去了原来的作用。

管理个性是通过内心来发展的，但身边的一些小事却也能影响你的管理个性。比方说经常走在街上有太阳的那一边，太阳所释放的热量和能量也能进入你的身体，它的光辉反映在你的脸上，并通过你传给你身边的其他人。再比方说，你洗脸时不要从上往下洗，而应该从下往上带着微笑洗。

发展管理个性的方法极为简单，但简单的东西往往容易被人忽视。仔细观察那些伟大人物，你就不难发现他们都有某些共同的特征。比如说，他们都有一颗同情心，都能帮助并理解胸怀大志、希望有一番作为的年轻人；他们都自觉地发展一种领袖的能力和气质，这不仅反映在大事上，从他们对待小事的态度上也能看出来。伟大的成功学导师廉·丹佛给我们讲述了他的经历："我与一位伟大的人物一起散步时，他总是及时地提出对某些事情的看法，提出一些问题激发我，让我思考。通过这些问题，他带我进入一个新的世界。"

不妨试试看，就像那些伟大人物一样，多付出一些，学会喜欢他人，并发现他们感兴趣的东西，每个月选择几个不熟悉的人，带给他们一些小小的感动。在你得到许多朋友的同时，一个更富有魅力的你就将展现在人们面前。这期间我们要做的，便是简单、脚踏实地、认认真真地认识别人，充实自己，不断发展自己的管理个性。

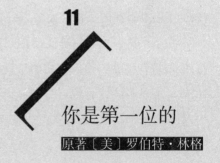

11

你是第一位的

原著〔美〕罗伯特·林格

关于本书

本书的作者罗伯特·林格是美国著名的畅销书作家，曾写过7本书，其中3本成为曾排名第一的畅销书。他的著作《你是第一位的》曾高居《纽约时报》畅销书排行榜首位长达1年之久！他的读者有数百万，他的书被译成几十种语言。他的鲜明特点是思想深邃精辟、深谋远虑，文笔简洁清晰、幽默诙谐。他自称为"龟先生"，常常以自我否定的方式叙述自己的苦难经历。林格先生本人多次出现在澳大利亚和美国的脱口秀节目中，介绍他的文章也常刊登在《华尔街日报》《时代》《人民》《财富》《纽约时报》等著名报刊上。

《你是第一位的》的主旨是，把自己放在第一位，这是一个普遍的现实。说好的一面，它能让你自己受益，也许同时能让某个人或更多人受益；说不好的一面，它只能让你自己受益，但不会干扰其他人。即使不好，其实也会对别人有益，因为它让地球减少了一个潜在的负担，而多了一个幸福的人。

在本书中，作者以非正统的思想和令人惊异的方式，帮助人们处理日常生活中待人接物的难题。作者不迷信传统，也不简单说教，而是告诉读者他自身的经历和实在有效的方法，从而想让大家都过上一种快乐多、烦恼少的幸福生活。

▶ 跨越视野的障碍

把目光放在你向往的地方

罗伯特·林格曾说过:"视野跨栏就是你的第一步,在你追求更愉快的生活时,必须要清除这一道障碍。"而要跨越你的视野障碍,就必须时刻把你的目光放在你向往的地方。

在赛车训练学校的课堂上,教练老师对罗宾说道: "在赛车时你最需要当心的一件事,就是当车轮打滑时要怎么办。碰到这种情形其实处理方法很简单,那就是把目光放在你想去的主向,可千万不要像大多数人那样一心只想车子别撞上栏杆。"你一定听过这样的事,某人一路上顺顺当当地快速开着自己的跑车,可是不知怎么回事,车子突然失去了控制。在高速公路上,差不多要好几英里才会有一个电话亭,可是这失控的车子往往就偏偏撞上去。究其原因,乃是当车子失控时,驾驶人会力图避免碰上什么,结果越是盯着不想撞上去就越是会撞去。原因就在于,我们行动时乃是朝着我们想象中所摆放的位置前进。

当老师说完上述道理后,就对罗宾说: "现在我们要进行车轮打滑的反应训练,我这里有一台电脑,当按其中一个按钮时,有一边车轮就会腾空,造成车子失控而乱滑。这时候你可别盯着路旁栏杆,而要盯着希望车子驶去的方向。"

罗宾满怀自信地答道: "没问题,我听清楚了你所说的!"

头一次驾着车出场,罗宾一路上尖叫个不停。随后,老师就按了那个按钮,而车子便突然打滑并失控,而罗宾的眼睛却不由自主地盯着路旁的栏杆。眼看着车子就要撞上去,罗宾心里害怕得要命。就在这千钧一发之际,老师把他的头扳向左侧，逼着他看向应当要去的方向。虽然车子还是不时打滑，而罗宾也一直担心会撞上栏杆，可就是硬被老师逼着只看车子应当去的方向。最后，罗宾终于把意识摆对方向，而方向盘也顺势转向。当训练结束时，罗宾停好了车子，重重地吐了口气。

林格曾指出：当生活中发生了什么问题，要把精力放在寻求解决你害怕的问题的方案上。

而凡事至少有三种解决方法。

对事情只有一种解决方法的人，必陷困境，因为别无选择。

对事情有两种解决方法的人容易陷入困境，因为他制造了左右两难、进退维谷的局面给自己。

有第三种解决方法的人，通常会找出第四、第五种，甚至更多的方法。

有选择就是有能力。所以，有选择总比没有选择好。至今不成功，只是说明至今用过的方法都得不到想要的效果而已。没有方法，也只是说已知的方法都行不通而已。

其实世界上尚有许多我们过去没有想过，或者尚未认识的方法。只有相信尚有未想到的有效方法，才会有机会找到它并使事情改变。

不论什么事情，我们总有选择的权利，而且不止一个。为何不使自己成为第一个找到方法的人呢？

你的成功受你视野的限制

有时，你所能达到的成功会受到你的视野的限制。

一次重量级拳王吉姆·柯伯特在做跑步运动时，看见一个人在河边钓鱼，一条接着一条，收获颇丰。奇怪的是，柯伯特注意到那个人钓到大鱼就把它放回河里，小鱼才装进鱼篓里去。

柯伯特很好奇，就走过去问那个钓鱼的人为什么要那么做。渔翁答道："老兄，你以为我喜欢这么做吗？我也是没办法，我只有一个小煎锅，煎不下大鱼啊。"

其实，小煎锅之于那个渔翁，就像视野之于我们。很多时候，我们会有一番雄心壮志，但却习惯性地告诉自己："算了吧。我想的未免过迁了，我只有一个小锅，煎不了大鱼。"

我们甚至会进一步找借口来劝退自己："更何况，如果这真是个好主意，别人一定早就想过了。我的胃口没有那么大，还是挑容易一点的事情做就行了，别累坏了自己。"

戴高乐说："眼睛所到之处，是成功到达的地方，唯有伟大的人才能成就伟大的事。他们之所以伟大，是因为他们决心要做出伟大的事。"教田径的老师会告诉你："跳远的时候，眼睛要看着远处，你才会跳得够远。"

一个人要想成就一番大事业，就必须树立远大的理想和抱负，就必须有广阔的视野，不追求一朝一夕的成功，耐得住寂寞和清贫，能按照既定的目标，始终坚持下去，到最后，就一定会获得成功的。

在《庄子集释》上，有这样一段记载：任国的公子决心要钓一条大鱼。一天，他做了一个特大的钩，用很粗的黑丝绳做钓线，用50头牛做钓饵。一切准备完后，他蹲在会稽山上，开始了等待。整整一年过去了，他却一条鱼也没有钓到。但任国公子并不泄气，每天照旧耐心地等待。

终于有一天，一条大鱼吞了他的鱼饵，大鱼很快牵着鱼线沉入水底。过了不大一会儿，又摆脊蹿出水面。几天几夜后，大鱼停止了挣扎，任国公子把大鱼切成许多块，让南岭以北的许多人都尝到了大鱼肉。

与任国公子相比，那些成天在小沟小河旁边，眼睛只看见小鱼小虾的人，是无论如何也钓不到大鱼的。

有一句话这样说："取乎上，得其中；取乎中，得其下。"就是说，假如目标定得很高，取乎上，往往会得其中；而当你把目标定得很一般，很容易完成，取乎中，就只能得其下了。

由此，我们不妨把眼光放得高一些，因为远景所产生的动力更容易让人在每天清晨醒来，不再迷恋自己的床榻，抱着十足的信心和动力去面对新的挑战。

苹果电脑的主要创始人乔布斯，他的成功和他的目光高远是息息相关的。

他出生于 1955 年，家境一般；他从小聪明，智慧过人；他读书很勤奋，善于思考，曾以优异的成绩考上大学，但由于经济拮据，几乎是半工半读，靠自己在业余时间做工来赚取生活费用。但即便如此，因经济所迫，他在 1974 年不得不中断了大学学业，未毕业就离开了大学校园。

乔布斯中断学业时，年仅 19 岁。他在雅达利电视游戏机械制造公司找到了一份工作，然而他的志向并不在此。当时，微电脑刚问世不久，在美国加利福尼亚的库珀蒂诺镇，一些业余爱好者正在组织"自制电脑俱乐部"。乔布斯虽然没有读完大学，但他已经掌握了不少知识，而且他在业余时间刻苦钻研，对电脑技术颇感兴趣。此时，他经过认真思考，认为要干出一番事业，电脑行业是最好的选择。在当今世界科技发达之时，个人用电脑更是发展的方向。

于是，他下决心要独闯天下，在研究和开发个人电脑方面大干一番。

他把自己的想法告诉了自己的朋友沃兹尼雅克。沃兹尼雅克也和乔布斯一样，因经济所迫放弃了音乐学业，到一家仪器公司当了设计员。他们平时很要好，志趣相投，乔布斯说了自己的想法后，他俩一拍即合。于是，两个人立即着手筹备。

但可怜得很，他们俩手头上都没有钱，东拼西凑加起来就只有 25 美元。25 美元何其微乎其微啊！然而他们就是用这一点钱，买了一片微处理器。乔布斯把父亲的修车房作为工作室，两人便干了起来，这简直就像是两个小孩子在玩游戏。然而，他们就是凭着这 25 美元的资本起家，经过废寝忘食的奋斗，终于试装出一台单板微电脑。把它和电视机连接使用，可以在电视屏幕上显示出文字和简单的图形来。

他们为自己取得的这一小成果而感到高兴，便把这台个人用微电脑送到"自制电脑俱乐部"展示，受到热烈称赞和欢迎。他们信心十足，接着就试制出一小批公开出售，谁知竟然非常抢手，有一家电脑商店竟一次向他们订购了 350 台，这给他们带来了成功的机会。

从此，他们雄心勃勃，把自己一切可以变卖的东西全都卖掉，换取了 2500 美元的资本，再向当地的一家商店买了一批零件，用 29 天的时间，就创立了一个小小的微电脑公司。为了纪念乔布斯在半工半读的岁月里曾在一个苹果园里工作过，他们把公司命名为"苹果电脑公司"。后来，"苹果电脑公司"成为美国一家大电脑公司，而乔布斯则被誉为"电脑神童"，是个人电脑的开发鼻祖。

在公司里，乔布斯是负责人，又是工程师、设计员、工人、推销员。只有他们两个小青年，工作人员毕竟太少了。而且，他们对于做生意也毕竟还不熟悉。乔布斯立即想到，要想使公司大有发展，必须广集人才，而目前迫切需要的是会做生意的人才。他想起自己推销第一批产品时认识的麦库拉。麦库拉当时在仙孩半导体公司供职，是一位经验老到的推销能手。

乔布斯怀着"三顾茅庐"的热情，再三邀请麦库拉入伙。麦库拉看到这位年轻人很有创新精神，终于答应应聘，并且拿出 25 万美元作为投资，成了苹果电脑公司的一个股东。接着，他们几经研究、试验，对原有产品重新进行设计，制造出了一种体积小、价格低、适合于个人和家庭使用的电脑，命名为"苹果二型"。这种电脑一上市就声名鹊起，该公司不起眼的标志——一个咬掉一大口的苹果，霎时红透了半边天。乔布斯迅速扩大规模，大量增加生产，公司员工由最初的3人，到 20 世纪 80 年代初便发展到 3200 多人。1977 年，公司营业额为 77 万美元，纯利润为 42 万美元。到 1981 年，公司营业额竟达 335 亿美元，4 年间增长了 432 倍。从这以后，苹果电脑公司进入了黄金时代，成了知名度颇高的电脑公司。

也许，你现在跟乔布斯他们创业时一样，身上的资金少得寒碜，碰到的困难也很多，但只要你树立正确的方向，敢于梦想"成功"，你的行动便会引领你走向财富之巅。

跨越视野的界限，才能最大限度地运用自己的能力

有一则古老的格言："成功不是锦上添花，而是变废为宝。"

只要一失败，人们最容易做的事就是：趴下来，抱怨自己缺乏能力，抱怨自己命运坎坷；只要一失败，人们最容易忘记的就是：人生并非为失败而来，而是为成功而来。不幸的是，不少人已经沉浸在这种消极的思想中：自己就是不行，只能一事无成。由此丧失了活力，在生活中漫无目的地游荡，没有了目标，没有

了生活的意义。

你如果无法跨越自己视野的界限，就像推着小推车收瓶子。捡破烂的人，一旦认为自己只能干这个，那么他就会一辈子推着晃晃悠悠的小车子走街串巷收破烂。

其实，每个人的能力都是无限的，但只有跨越视野的界限，他才能够最大限度地运用自己的能力。

有个人曾给自己十分景仰的人写了一封信，赞美伟人的卓越成就。他收到的回信说："不，我的朋友，你错了，我只不过是个普通人，没有过人的特殊能力。在大多数事情上，我仅仅略高于一般水平，有些方面我还不如一般人。这当然是受我的身体情况限制，我没法跑，只能走，我也肯定不擅长游泳。要说有什么还可以的话，那就是我骑马的技术还不错，但也不是什么了不起的骑手。我的枪也打得不怎么好，原因是视力太差，必须离猎物很近才能瞄准目标。所以你看，从身体条件来说，我只不过是普通人。从文字水平来说，我也没有优秀的写作能力。我这辈子写的东西倒不少，可我总是像奴隶一样苦干，才能写出点东西来。"

这个人究竟是谁？他把自己说得如此普通，却做了那么多令人钦佩的事情。他就是西奥多·罗斯福。按照他对自己的评价，他没有杰出的才能，那他是如何运用自己的才能的呢？这个问题让我们百思不得其解。以普通的能力获得杰出的成就，秘密何在？为什么能力有限的人，却做出了有口皆碑的伟业？

如果把"天赋"看成"能力"的同义词，那么如何最大限度地利用我们的能力就显而易见了。第一个建议是盘算一下我们所有的能力。我们有什么天赋？我们的强项有多少？我们的性格倾向是什么？通过盘点，我们也许会发现自己有哪项才能，有哪些发展的潜力，从而确保获得令人满意的成功。有位母亲问自己的孩子："汤姆，今天下午你是愿意跟我去买东西呢，还是愿意去看望玛丽阿姨？"小家伙答道："要是我能自己做主，那我宁可去游泳。"如果我们能做主，我们会怎么对待自己的能力呢？我们会作出什么选择呢？和睿智的朋友、律师、银行家商量？也许职业咨询机构能给你些帮助！也许我们应该去参加几项职业技能考试，看看我们的水平。这样的咨询和分析对我们确定方向、判断自己的能力会很有帮助。

盘点一下我们的能力，就应当问问自己，我的能力能否做到？海军上将理查德·贝理德曾是北极探险队的一员，他深深爱上了北极，对每次的远征都念念不忘，时常回忆自己的探险经历。他想把毕生献给北极探险，可是因为这种探险的次数少之又少，他的雄心抱负看来不切实际。贝理德无法实现自己的愿望，于是变得郁郁寡欢，对什么事都不满，牢骚满腹。坦白地说，他把自己变成了人人讨厌的人。那么除了北极探险，就不能想想自己的社区？还有，邻居有没有什么需要，要不要帮助？能不能把那些不谙世事、躁动活跃的少年组织起来，建立少年俱乐部，避免他们乱闯惹祸？或许还可以发挥自己的才能，带领童子军行军！他肯定会给这些正在成长的孩子，点燃羡慕的火焰，培养他们即便在极地探险也能克服困难的素质。它们是勇敢、合作、无私、正直。这些素质综合起来，不正好可以培养孩子征服未来的素质吗？

如果我们自己也渴望充分利用自己的能力，那也有必要用考试来检验一下。我们的抱负实际吗？可行吗？如果不是的话，我们应该明智地将热情导入其他的渠道，去探寻为我们敞开的其他机会。一开始，也许你会发现有重重路障，但它们慢慢会变成指引我们的一道道路标。

还有个建议是最大限度地利用我们的能力。成功需要远见和勤奋，需要思考和关注。细致的准备是我们发挥能力不可或缺的过程。世界上尚未发现的最伟大的资源就在我们每个人的身体里面，发挥自己的能力是我们的责任。

有人获得了晋升，得到了重要职位，取得了重大发现，甚至还走进了总统办公室。妒忌的人会说："这家伙，真走运，他总是平步青云，一路直上，命运怎么就那么青睐他呢？"可是，现实生活中的幸运、机遇、突破和成功几乎没什么关系。所谓的"幸运"，通常在"有所准备"碰上"机遇"的那一刻才会出现。也许会有一段时间，被命运、被机遇"拉"着走的人会占一会儿上风，但最终还是"推"着机遇走的人会代替被机遇"拉"着走的人。成功不依赖于我们出生时星相是否吉祥，而依赖于我们每天在努力的石磨上洒下的一滴滴闪亮的汗水。

居里夫人的女儿为母亲写了一部传记，描述了居里夫人在发现镭的漫长征途中执着不懈的拼搏。居里夫人和丈夫彼埃尔都对镭的存在确信不疑。于是，他们在简陋的试验室里开始了漫长而艰苦的奋斗。那是一段充满困惑和失落的日子，所做的一切都是为了提炼出镭。两个人以惊人的耐心，面对成吨成吨的沥青混合物残渣，把它们分成一公斤一公斤的样本。他们相信一定能从里面提炼出镭。然而，实验却一次又一次地以失败告终。我们在根据这部传记改编的电影中可以看到，他们的第48次实验又没有成功。居里先生终于崩溃，陷入了绝望。

他叫喊着："不行了，没办法了！绝对不行了！也许还要再花上一百年才能成功，但我们这辈子是看不见镭了！"可是，居里夫人好像更有韧性。她回答说："要是还要花一百年，那真太可惜了。不过只要咱们还活着，就不能稍有松懈。"

正是由于这样的使命感，环绕着镭的迷雾终于在一个晚上散开了。那天晚上，居里夫人和生病的孩子在一起待了一会儿。孩子睡着了，她对丈夫说："咱们下去，去那儿看看怎么样？"她的声音里甚至还有一丝乞求，不过这是多余的，因为，彼埃尔像她一样着急。两人穿过街道，走到自己的实验棚。彼埃尔正要打开门，"别开灯，"居里夫人对彼埃尔说，然后她又笑了笑，加了一句，"还记得吧，那天你对我说：'真希望镭有种美丽的颜色'。"

说着，两人走进大棚，一道无法描述的美丽蓝光照亮了黑暗。他们执手相对，一句话也说不出来，就这么看着这苍白、闪烁光线的神秘来源——镭。没错，他们的镭，是对他们的坚毅和耐心的奖赏。

可是，又有多少人走来走去，匆匆走过？没有一个目标和使命，随意漂流，浪费了能力，拒绝了成就和自我的实现，自然也就失去了与自我实现相关联的满意和喜悦。

这些人之所以没能发挥出他们的能力，就是因为他们无法超越自身视野的障碍，总认为自己能力差，那么当然就事事不行了。

▶ 跨越现实的障碍

认清事实

在法律制度的领域中，有一项被称为"证据法"的原则，这项法律的目的就是取得事实依据。任何法官都可以把案子处理得对一切有关系的人同样公平，只要他能根据事实来作判决；但他也可能冤枉无辜的人，只要他故意回避事实，根据道听途说的消息来作判决或下结论。

"证据法"根据它所适用的对象与环境的不同而有所不同，只有那些既能增进你自己的利益，又不对任何人造成损害的证据，才是以事实为基础的证据。你只要以这部分证据去作判断，就不会出错。

但是目前有许多人错误地把事情的利害关系当作事实。他们愿意做一件事，或是不愿意做一件事，唯一的原因是能否满足自己的利益，而未曾考虑到是否会妨碍其他人的权益。

在事情对他们有利时，他们表现得很"诚实"；但当事情对他们似乎不利时，他们就会不诚实，还会为他们的不诚实找到无数的理由。

而那些已取得成功的伟大人物，他们都会制定一套标准来指引自己，并时时遵从这套标准，不管这套标准是否能立即带来利益，甚或带来不利的情况。因为他们知道，这些标准终将使自己达到成功的最高峰。老哲学家格劳秀斯说："人类的事物都是在一个轮子上旋转，由于这种特殊的设计，因此没有任何人能够永远保持幸福。"已取得成功的人是充分了解这段格言的正确性的。

你最好在心理上做个准备，使自己了解，要想成为一个思想方法正确的人，必须具备顽强坚定的性格。因为要达到思想方法的正确，有时受到某种力量的暂时性惩罚，对于此事实，无须否认。但是，同样地，由于思想方法正确所将获得的补偿性报酬，整个合计来说，是如此庞大，因此，你将会很乐意地接受这项惩罚。

在我们追求事实真相的过程中，经常需要借助他人的知识与经验，通过这种途径收集事实之后，必须很小心地检查它所提供的证据，以及提供证据的人。而当证据的性质影响到提供证据证人的利益时，我们更有理由详细审查这些证据，因为和所提出的证据有关系的证人，通常会向诱惑屈服，而对证据予以掩饰或改造，以保护这项利益。

由此可见，事实是躲在错综复杂的事件背后的一项隐性因素。因此，要想透过错综复杂的事件认清事实，就必须具有非凡的观察能力，同时还需要具有惊人的耐心。

正视现实

事件的深层内核是事实，而生活的具体表现是现实，事件的事实构成了生活的现实。我们既然能够认清事件的事实，那么也必然有勇气正视生活的现实。而有许多人，尤其是青年学生，往往以理想主义看待生活现实，这就容易使自己生活在理想与现实的隔离层之中，与社会环境格格不入；或者一遇到较为恶劣的环境就要反抗，就要改造，操之过急，意气用事。这两种倾向都是极为有害的。

其实，从来没有单纯的理想环境，在今天的现实社会，也是鱼龙混杂、泥沙俱下。是非曲直的观念、黑白好坏的界限在现实生活中是极其复杂微妙的。光明与黑暗是两头小，生活中很大一块是黑白混杂的灰色地带。这就是说，对一个人来说，任何一个环境都有其两重性：既是一片沃土，又到处荆棘丛生；既有利于你的发展，也有对你不利的一面。

我们必须接受这个不可改变的生活现实。在这个问题上，我们不应当只从消极的方面去看，认为要寻求自由发展就不能接受环境和条件这个框架的限制；而应当从积极的方面去认识，接受框架的限制并不是不能成长发展，不能自我实现。

换句话说，就是要把适应环境、接受框架的限制看作是理所当然、合乎规律的事情。我们可以从以下三个方面理解这句话：

（1）约束与成长，限制与发展，表面上是对立的概念，非此即彼。但其实，任何自由发展与追求，都有一定的目标、范围、过程和途径，而绝非天马行空，任意纵横。"天高任鸟飞"，够"任意"了吧？可是超过了一定的高度和范围，任何鸟都飞不成的。显然，任何事物的运动和发展都意味着必要的制约。这个制约不仅是指遵守必要的法规和制度，而且是指一个人要有自制、自律和自主的控制力。法国作家雨果说得好："知道在适当的时候管制自己的人，才是聪明的人。"

许多人之所以沉沦、堕落、失足、犯罪，并不是没有良好的心愿和品质，也不是由于困境的逼迫不得不去偷去抢、去胡作非为，而往往是因为他们缺乏自制力，太放纵自己。放纵的结果不仅伤害了别人，也伤害了自己。一个人只有先学会控制自己，才有可能去控制别人，去突破环境的局限。

（2）框架的限制如同地球的引力一样必不可少。一定程度的制约和局限是必不可少的，应当接受和遵守的，如法律和规章。但过度的社会制约和环境局限是需要突破和摆脱的，不突破不摆脱就谈不上自由发展。人的正当选择和行为不必担心法规的制约，如经营企业要照章纳税，行车走路要遵守交通规则，人际交往要以礼待人、信守诺言，贸易协作要遵守协议、执行契约等等。这些行为规范就像地球的引力一样天经地义，不可缺少。我们时刻受到地球引力的"制约"，并不觉得别扭；相反，若是摆脱了必不可少的"引力"，成为太空人，反倒无法适应。

这就是常言所说的没有规矩不成方圆。从根本上说，规矩所限制的不是人的发展，而是人的涣散。为了严明纪律、严肃风纪，中国羽毛球队有一回把男子单打头号主力正式除名。因为他多次违反队规，屡教不改，这的确是件令人遗憾的事。但年轻的中国羽毛球队如果没有严明的纪律、严格的管理和严肃的队风，是不可能从低谷中奋起的，可以说这是该主力队员不能接受框架限制、一贯放任自流的结果。这也是一个深刻的教训。

（3）为了自我发展也需要自我控制。一个人不仅在面对"越轨出错"的问题时需要自我控制，接受必要的制约，在面对"进取发展"的计划时，也要善于自我控制，注意从实际出发。志向应当远大，思路尽可能开阔，但实际行动必须脚踏实地，稳扎稳打。这就好比饮食不能过量，美味不可贪多，营养过剩同营养不良同样会影响身体健康。在事业上操之过急，抓得过多，也会"欲速则不达"。

接受了框架的限制，怎么还能寻求自由发展、突破环境的局限呢？如果不是以消极心态去消极适应，而能以积极心态去积极适应，是一定能够做到的。

如今我们作为现代人就要既异想天开，又脚踏实地；既可适当享受，又能艰苦奋斗；能上能下，能进能退；外圆内方，刚柔相济；具有一种强劲而灵活的品格。这就好比人穿衣服，你穿上礼服，打扮一新，当然漂亮。但在许多环境下，你不必也无法穿礼服；你破衣烂衫，邋里邋遢，没个样子，谁会看得上你呢？而唯有牛仔裤可以两者兼顾，它的最大特点是无论什么人在什么场合、什么季节、什么活动都可以穿，在欧美各国除了婚礼外，连进教堂都可以穿牛仔裤。牛仔裤可谓适应性强，耐磨性高，它能够体现坚持却又不乏灵活的自我形象。所以，我们要做个有"牛仔裤精神"的人，走到哪里，都能做一个宠辱不惊、自强不息的人，一个能在框架的限制中寻求自由的人。这就是正视现实的结果。

接受不可避免的事实

许多不快的经历，我们是无法逃避、无法选择的，我们只能接受已经存在的现实，做自我调整。如果一味抗拒不但可能会毁了自己的生活，而且也许会使精神崩溃。

一位很有名气的心理学教师，一天给学生上课时拿出一只十分精美的咖啡杯。当学生们正在赞美这只杯子的独特造型时，教师故意装出失手的样子，咖啡杯掉在水泥地上成了碎片，这时学生中不断地发出惋惜声。教师指着咖啡杯的碎片说："你们一定会为这只杯子感到惋惜，可是这种惋惜也无法使咖啡杯再恢复原形。今后在你们生活中无论发生什么不可挽回的生活现实，请记住这破碎的咖啡杯。"

这是一堂很成功的素质教育课，学生们通过摔碎的咖啡杯懂得了：人在无法改变失败和不幸的厄运时，要学会接受它、适应它。

荷兰阿姆斯特丹有一座15世纪的教学遗迹，在它的大门旁有这样一句让人过目不忘的题词："事必如此，别无选择"。

生活中总是充满了不可捉摸的变数，如果它给我们带来了快乐，当然是很好的，我们也很容易接受，但事情往往并非如此。有时，它带给我们的会是可怕的灾难，这时如果我们不能学会接受它，让灾难主宰了我们的心灵，那我们的生活就会永远地失去阳光。

美国著名的心理学家威廉·詹姆士曾说："心甘情愿地接受吧！接受现实是克服任何不幸的第一步。"

汉斯小时候曾和几个小伙伴在密苏里州的老木屋屋顶上玩，他们爬下屋顶时，在窗沿上歇了一会儿然后跳了下来。汉斯的左手食指上戴着一枚戒指，往下跳时，戒指钩在钉子上，扯断了他的手指。

汉斯尖声大叫，非常惊恐，他想他可能会死掉！但等到手指的伤好后，汉斯就再也没有为它操过一点儿心。有什么用呢？他已经接受了不可改变的生活现实。

后来汉斯几乎忘了他的左手只有4根手指。

有一次，汉斯在纽约市中心一座办公大楼的电梯里，遇到一位男士，汉斯注意到他的手由腕骨处切除了。汉斯问他这是否会令他烦恼，他说："噢！我已很少想起它了。我还未婚，所以只有在穿针引线时觉得不便。"

我们每个人迟早要明白这个道理，那就是我们只有接受并配合不可改变的现实。"事必如此，别无选择"，这并非容易的课程，即使贵为一国之君也应该经常提醒自己。英王乔治五世就在白金汉宫的图书室里挂着这句话："请教导我不要凭空妄想，或作无谓的怨叹。"哲学家叔本华也曾表达过相同的想法："逆来顺受是人生的必修课程。"

显然，环境不能决定我们是否快乐，我们对事情的反应反而决定了我们的心情。耶稣曾说："天堂在你心内，当然地狱也在。"

我们都能渡过灾难与悲剧，并且战胜它。也许我们察觉不到，但是我们内心都会有更强的力量帮助我们渡过。我们都比自己想的更坚强。

已故的美国小说家塔金顿常说："我可以忍受一切变故，除了失明，我绝不能忍受失明。"

可是在他 60 岁的某一天，当他看着地毯时，却发现地毯的颜色渐渐模糊，他看不清图案了。

他去看医生，得到了残酷的事实，他即将失明：有一只眼差不多全瞎了，另一只也接近失明，他最恐惧的事终于发生了。

塔金顿对这最大的灾难如何反应呢？他是否觉得："完了，我的人生完了！"完全不是，令他惊讶的是，他还蛮愉快的，他甚至发挥了他的幽默感。这些浮游的斑点阻挡了他的视线，当大斑点晃过他的视野时，他会说："嗨！又是这个大家伙，不知道它今早要到哪儿去！"完全失明后，塔金顿说："我现在已接受了这个现实，也可以面对任何状况。"

为了恢复视力，塔金顿在一年内得接受 12 次以上的手术。他放弃了私人病房，而和大家一起住在大众病房，想办法让大家高兴一点。当他必须再次接受手术时，他提醒自己是何等幸运："多奇妙啊，科学已进步到连人眼如此精细的器官都能动手术了。"

平凡人如果必须接受 12 次以上的眼部手术，并忍受失明之苦，可能早就崩溃了，塔金顿却说："我不愿用快乐的经验来替换这次的体会。"他因此学会了接受，并相信人生没有任何事会超过他的容忍力。

面对不可避免的现实，我们还应该学着做到像诗人惠特曼所说的那样："让我们学着像树木一样顺其自然，面对黑夜、风暴、饥饿、意外与挫折。"

一个有 12 年养牛经验的人说过，他从来没见过一头母牛因为草原干旱、下冰雹、寒冷、暴风雨及饥饿，而会有什么精神崩溃、胃溃疡的问题，也从不会发疯。

面对现实，并不等于束手接受所有的不幸。只要有任何可以挽救的机会，我们就应该奋斗。但是，当我们发现情势已不能挽回了，我们最好不要再思前想后，拒绝面对。要接受不可避免的现实，唯有如此，才能在人生的道路上掌握好平衡。

▶ 跨越团队的障碍

小心生活中团队的陷阱

这里所说的团队，是指任何一个团体，不管它声称自己的目标是什么样的。生活的宣言是要强行推进一个主张，或是消除现存的一个主张，或打破现在的局面。你也许已经参与了一个这样的团体，可却没有意识到它的危害性。但是，它事实上极有可能成为你追求更好生活的绊脚石。

生活中的团体并非都是具有阻碍性的，就目前的社会状况而言，只有一小部分这样心存不轨的团队组织。它们总是让自己显得合理合法，因此单从表面现象来看，你是无法认清它的真面目的。所以，在生活中你要时刻注意，小心掉入这样的团队陷阱中。

人们似乎有一种倾向，总是要想尽各种办法把自己的生活复杂化。假如做什么事情有两种方法：一种是简便的方法，另一种是复杂的方法。人们经常会选择复杂的方法。为什么会这样？

也许原因很简单，就是因为这样做不合理，而大多数人并不愿过一种理性的生活。

一项运动、一种事业或者一次团体的行动，无论哪一种都会形成一个障碍，使你的生活复杂化。但是，如果你明白团体行为的概念是不现实的，如果你有很强的自律精神，你便可以抵挡住非得卷入其中的威胁性压力。那么，这样的团体行为就不一定能影响到你的生活。要做到这一步，我们必须仔细分析这样的团体行为，看看它都是由什么东西构成的。

所有团体都给一些人贴上标签，这就是应该远离团体的充足理由。但是，跟一般的归类与贴标签不一样的是：团体都是有组织的，而且因为有正式的名字，就摆出很吓人的姿势。一个共同的事业，不管是理性的还是非理性的，都会把涉及其中的人联合在一起。这会产生一个问题，就是说，有很多人错误地认为，因为你支持一个事业，所以其领导人就会替你说话，于是你就自愿牺牲掉自己的很多个性，主动参与到某个团体的行动中去。

如果不参与进去，一个团队组织就不可能对人产生危害，但是，这样的团队组织时常会搞出热门的活动。例如，麻将俱乐部是一个完全无害的俱乐部，只要其成员坚持在俱乐部成员之间玩牌就行。但是，如果他们走火入魔，突然觉得自己有责任让全世界所有的人都来玩麻将，并且发动一场很大的运动，通过一些施压手段招募新的成员，这就一下子变成了一个团队陷阱。

一个团队也许会无休止地宣称，它将如何准备帮助你成为一个更幸福的人。但是，它的宣言是没有意义的，因为团队行动的前提本身就否决了这种可能性。任何时候，只要你拿出时间，只要你使自己的利益服从于一个团队的利益，你就不仅仅失去了自己的个性，同时还失去了本可以用来解决自己生活中具体问题的宝贵时间。这就是非得要强调未来的一个主要原因，许诺的结果越是远，事情就越是明显——让这个团队永久运转下去才是领导人真实的目标。

当你想要加入社会中的某一个团队时，一定要擦亮眼睛，小心掉入团队的陷阱中。

小心企业中团队的陷阱

团队对于企业来说，是一种先进的组织形态，它也越来越引起企业的重视，许多企业已经从理念、方法等不同的管理层面着手进行团队建设，并对"成功的团队"赋予了极高的期望。然而，企业在保持热情的同时，需谨防掉入"团队陷阱"。

就现在来说，团队适合于这样的情况：工作任务挑战性极高，环境不确定性因素很强，组织成员差异很大且素质很高。

事实上，团队成功率并不是很高，很多团队取得的业绩差强人意，其原因无非是由于企业不自觉地掉入了"团队陷阱"而不能自拔。因此，现代的企业一定要小心"团队陷阱"。

要避免掉入"团队陷阱"，就必须先了解它的主要表现形式。"团队陷阱"主要有以下3种表现形式：

（1）团队的目标迷失

团队作为组织形式之一，是为完成组织目标服务的。然而由于团队面临任务的特殊性和挑战性、环境的不确定性等原因，作为团队指南针的目标往往很难明确。而且，在团队成员参与决策和执行的过程中，往往因为信息不对称、成员价值观和个人利益角度的不同，目标被肢解，最终丧失提高士气的功能。

（2）团队适应性和灵活性丧失

团队的外部环境决定其必须具有高度灵活性和适应性，否则很容易导致团队的行动僵化。

根据某权威机构的研究，总体而言，团队的灵活性比不上工作组。其原因主要有：团队成员差异较大，其动机、态度和个性难以一致；在运作过程中，团队领导和成员的"搭便车"心理以及矛盾冲突使团队对外的注意力下降，团队对外界信息反应速度减慢；团队成员需达成一致的要求也影响了团队的灵活性。

（3）团队合力分裂

团队成员本身具有分力倾向，团队管理稍有松懈，就会导致团队的绩效大幅度下降。根据团队管理经验，团队合力常常受到下列情况的冲击：①领导者变更。②计划不连续。③裁减成员。④管理不当。⑤规则不连续。

认清了"团队陷阱"的面目之后，我们就要竭力避免使自己的企业掉入其中。对于如何避免"团队陷阱"，有如下几点建议供参考：

（1）团队需要强有力的领导者。强有力的领导者能把分力转为合力，贯彻和执行团队目标，使团队成员保持对外部的灵敏度，并迅速作出反应。根据经验表明，团队比其他组织形式更需要强有力的领导。

（2）统一的团队规则。优秀的团队具有统一的管理规则，并能得到所有成员的遵守，成为团队内部统一的语言。

（3）精心管理、细心呵护。团队陷阱产生于微妙之处，所以团队需要管理者和成员的细心呵护。

跨越财务的障碍

有钱不要乱花

巴比伦的繁荣昌盛曾历久不衰。巴比伦在历史上一直以"全世界首富之都"著称于世，其财富之多超乎想象。但巴比伦并非从一开始就如此富裕。巴比伦能够富裕，是因为它的百姓有理财的智慧。凡是巴比伦人都得先学会理财之道。

在这里，巴比伦的首富阿卡德将教给你如何让口袋饱满的简单方法。这是迈向财富殿堂的第一步，第一步走不稳的人，永远别想登上这个殿堂。

阿卡德是一位毫不吝啬的富翁，他愿意把自己获得财富的秘诀免费传授给巴比伦的穷人。他经常开设免费讲堂，在一次课堂上阿卡德问一位若有所思的先生："我的好朋友，你从事什么工作？"

那位先生回答："我是个抄写员，专门刻写泥板。"

阿卡德说："我其实也是个刻写泥板的工人，即使靠同样的劳力工作，我也能赚得我的第一个铜钱。因此，你也有相同的机会获得财富。"

阿卡德又问一位气色红润的先生："能否请你说说，你靠什么养家？"

那位先生说："我是个屠夫。我向畜农购买山羊来宰杀，再将羊肉卖给家庭主妇，将羊皮卖给制作凉鞋的鞋匠。"

阿卡德说："你既付出劳力，又辗转谋利，因此你比我更具有成功的优势。"

阿卡德一一询问每位学员的职业，等他问完，他说："现在，你们可以看出，有许多贸易和劳动可以让人赚到钱。每一种赚钱方式，都是劳动者将劳力转换成金子流入自己口袋的管道。因此，流入每个人口袋的金子多或少，全看你们的本事如何。不是吗？"

大家都同意阿卡德的说法。

阿卡德继续说："假如你们渴望获得财富，那么，从利用既有的财源开始，是不是很聪明的做法呢？"

大家都同意。

阿卡德转身问一位自称是蛋商的小人物："假如你挑出一个篮子，每天早晨在篮子里放 10 个鸡蛋，每天晚上再从篮子里取出 9 个鸡蛋，最后将出现什么结果？"

"总有一天，篮子会满起来。"

"为什么？"

"因为我每天放进篮子里面的鸡蛋比拿出来的多 1 个。"

阿卡德笑着转向全班："你们当中有人口袋扁扁的吗？"

大家起初听了觉得好玩，继而大笑，最后戏谑地挥动着他们自己的钱包。

阿卡德接着说："好了，现在我要告诉你们摆脱贫穷的守则。就照着我给蛋商的建议去做。在你们放进钱包里的每 10 个硬币中，顶多只能用掉 9 个。这样你的钱包将开始鼓起来，它所增加的重量，会让你抓在手里觉得好极了，且会令你的灵魂感到满足。

"不要因为听来太简单而讥笑我所说的话。我说过，我将告诉你们我致富的方法，而这便是我的第一步。我曾经同你们一样口袋空空，且憎恶自己没钱；钱包里毫无分文，我的许多欲望便无从满足。但是当我开始往口袋里放进 10 个硬币，只取出 9 个之后，我的口袋开始膨胀起来。你们的口袋也必如此。

"现在，我再说一个奇妙的真理。这就是当我的支出不再超过所得的 9/10 以后，我的生活仍然过得很舒适，不比从前匮乏。而且不久之后，铜钱比以前更容易攒下来。凡将所得储存一部分而不花光的人，金子将更容易进他的家门。同样的道理，钱包经常空荡荡的人，金子是进不了门的。

"你们最渴望得到哪一种结果呢？你们每天最感到满足的事岂不是拥有珍珠宝石、锦衣玉食，且能毫不在意地享受任何物资吗？或者拥有实质的财产、黄金、土地、成群的牛羊、商品和利润丰厚的投资？你从钱包取出的那些铜板会带来前一项满足，你存入钱包的那些铜板则会带来后一项满足。"

解决钱包空空的方法就是：每赚进 10 个铜板，至多只花掉 9 个。

一个人若不看紧口袋，口袋里的钱可能就流失了。因此我们应该把小额的钱储存起来，守住它，直到有一天我们挣了大钱。

在你借钱给任何人之前，最好确认一下借钱者的偿债能力和信誉如何，免得你辛辛苦苦积攒的钱，成了白白送给他人的礼物。

在你借钱给别人做任何投资之前，你最好先透彻了解一下该项投资的风险如何。

不要太信任你自己的智慧，而将财富投入陷阱。最好与这方面经验丰富的人多商量。你可以免费获得这类忠告，且可能立即获得与你原先设想的投资利润相等的回报。事实上，这些忠告真正的价值在于能保证你免受损失。

守住你的钱袋，有钱不要乱花，避免不必要的损失，它能使你鼓胀的口袋不致变空。只做安全的投资，或是做可以随时取回资本的投资，或是不致收不到合理利息的投资。

会赚钱也要会用钱

人们 70% 的烦恼都跟金钱有关，大部分人都相信，只要他们的收入增加 10%，就不会再有任何财政的困难。在很多例子中确实如此，但是令人惊讶的是，有更多例子则并不尽然。收入增加之后仍感觉烦恼的也不是少数，多赚一点儿钱也没有能解决他们的财务烦恼。

罗伯特·林格认为，这并不是因为他们没有足够的钱，而是他们不知道如何支配手中已有的钱。

那么，我们应该如何展开预算和计划，避免出现财务危机，做一个会赚钱也会用钱的人呢？

我们不妨试试以下规则：

（1）花钱做记录。做记录会让你把每一分钱的去处都弄个一清二楚，然后我们就可依此作一预算，以便以后消费时有所侧重。

（2）拟出一个真正适合你的预算。而这个预算必须按照个人的需要来拟定。预算的意义，并不是要把所有的乐趣从生活中抹杀，它真正的意义在于给我们物质安全感。就很多情况来说，物质安全感就等于精神安全和免于忧虑。

（3）少花钱多办事。聪明地花钱并使所花的金钱产生最高价值，这是所有大公司都追求的目标，我们为何不这样做？

（4）不要因为你的收入增加而大肆扩大消费。我们都希望获得更高的生活享受。但从长远方面来看，到底哪一种方式会带给我们更多的幸福？强迫自己在预算之内生活，或是让催账单塞满你的信箱，以及债主猛敲你的大门？如果我们把增加的收入花得太快，恐怕我们会比以前更不快乐。

（5）教导子女养成对金钱负责的态度。如果你有就读高中的儿子或女儿，而你希望他们学习如何处理金钱，就请学会上述的做法。

（6）如果你是家庭主妇，你在拟好开支预算之后，发现仍然无法弥补开支，那么你可以选择下述两种情况之一：你可以咒骂、发愁、担心、抱怨，或者你可想办法赚一点额外的钱，怎么做呢？想赚钱，只需找人们最需要而目前供应不足的东西。

（7）不要赌博。美国一名赌赛马的老手曾说过，根据他对赛马的所有认识，他无法从赌赛马中赚到钱。然而，每年却有众多的傻子，在赛马中赌下无数的钱。这位赌赛马老手同时说，如果谁想毁灭他的敌人，再也没有比说服这位敌人去赌赛马更好的方法了。

（8）如果我们无法改善我们的经济情况，不妨宽恕自己；如果我们不可能改善我们的经济情况，也许我们可改进心理态度。记住，其他人也有他们的财务烦恼，只是我们不知道而已。

历史上最著名的人物也有财务烦恼。林肯和华盛顿都必须向人借贷，才能起程前往首都就任总统。

要是我们得不到我们所希望的东西，最好不要让忧虑和悔恨来困扰我们的生活。让我们原谅自己，学得豁达一点。

让我们记住，即使我们拥有整个世界，我们一天也只能吃三餐，一次也只能睡一张床。即使是一个挖水沟的工人也可如此享受，而且他可能比洛克菲勒吃得更津津有味，睡得更安稳。

要养成节俭的习惯

如果你养成了节俭的习惯，那么就意味着你具有控制自己欲望的能力，意味着你已开始主宰你自己，意味着你正培养一些最重要的个人品质，即自力更生、独立自主，以及聪明机智和创造能力。换句话说，就意味着你有了追求，你将会是一个卓有成就的人。

洛克菲勒垄断资本集团的创始人约翰·戴维森·洛克菲勒，1839年出生于一个医生家庭，生活并不宽绰，艰难的生活使他养成了一种勤俭的习惯和奋发的精神。他在16岁时，决心自己创业。虽然他时常研究如何致富，但始终不得要领。一天，他在报纸上看到一则广告，是宣传一本发财秘诀的书。洛克菲勒看后喜出望外，急忙按照广告注明的地址到书店购买这本"秘籍"。该书不能随便翻阅，只有买者付了钱后，才可以打开。洛克菲勒求知心切，买后匆匆回家打开阅读，岂知翻开一看，全书仅印有"勤俭"二字，他又气又失望。洛克菲勒当晚辗转不能成眠，由咒骂"发财秘籍"的作者坑人骗钱，渐渐细想作者为什么全书只写两个字，越想越觉得该书言之有理，感到要致富必须靠勤俭。他大彻大悟，从此不知疲倦地勤奋创业，并十分注重节约储蓄。就这样，他坚持了5年多的打工生涯，节衣缩食，积存了800美元。经过多年的观察，洛克菲勒看清了自己的创业目标——经营石油。经过几十年的奋斗，他终于成为美国石油大王。

19世纪时，石油商人成千上万，最后只有洛克菲勒独领风骚，其成功绝非偶然。有关专家在分析他的创富之道时发现，精打细算是他取得成就的主要原因。洛克菲勒在自己的公司中，特别注重成本的节约，提炼每加仑原油的成本计算到第三位小数点。他每天早上一上班，就要求公司各部门将一份有关净值的报表送上来。经过多年的积累，洛克菲勒能够准确地查阅报上来的成本开支，销售及损益等各项数字，并能从中发现问题，以此来考核每个部门的工作。1879年，他写信给一个炼油厂的经理质问："为什么你们提炼一加仑原油要花1分8厘2毫，而东部的一个炼油厂干同样的工作只要9厘1毫？"就连价值极微的油桶塞子他也不放过，他曾写过这样的信："上个月你厂汇报手头有1119个塞子，本月初送去你厂1万个，本月你厂使用9527个，而现在报告剩余912个，那么其他的680个塞子哪里去了？"洞察入微，刨根究底，不容你打半点马虎眼。正如后人对他的评价，洛克菲勒是统计分析、成本会计和单位计价的一名先驱，是今天大企业的"一块拱顶石"。

节俭不仅适用于金钱问题，也适用于生活中的每一件事，从合理地使用自己的时间、精力，到养成节俭的生活习惯。节俭意味着科学地管理自己和自己的时间与金钱，意味着最明智地利用我们一生所拥有的资源。

节俭不仅是积累财富的一块基石，也是许多优秀品质的根本所在。节俭可以提升个人的品性，厉行节俭对人的其他能力也有很好的助益。节俭在许多方面都是卓越不凡的一个标志。节俭的习惯表明人的自我控制能力，同时也证明一个人不是其欲望和弱点的不可救药的牺牲品，他能够支配自己的金钱，主宰自己的命运。

我们知道一个节俭的人是不会懒散的，他有自己的一定之规。他精力充沛，勤奋刻苦，而且比起那些奢侈浪费的人更加诚实。

节俭是人生的导师。一个节俭的人勤于思考，也善于制订计划。他有自己的人生规划，也具有相当大的独立性。

美国有位作家以"你知道你家每年的花费是多少吗"为题进行调查，结果是近62.4%的百万富翁回答知道，而非百万富翁中则只有35%知道。该作家又以"你每年的衣食住行支出是否都根据预算"为题进行调查，结果竟是惊人的相似：百万富翁中编预算的占2/3，而非百万富翁只有1/3。进一步分析，不作预算的百万富翁大都用一种特殊的方式控制支出，亦即造成人为的相对经济窘境，如将一半以上的收入先作投资，剩余的收入才用于支出。

这是巧合吗？不是的！这正好反映了富人和普通人在对待金钱上的区别。节俭是大多数富人共有的特点，也是他们之所以成为富人的一个重要原因。他们养成了精打细算的习惯，有钱就拿去投资，而不是乱花。

许多年轻人往往把本来应该用于发展他们事业的必备资本，用到雪茄烟、香槟酒、舞厅、戏院等无聊的地方。如果他们能把这些不必要的花费节省下来，时间久了一定大为可观，可以为将来发展事业奠定一个经济基础。

不少青年一踏入社会就花钱如流水一般，胡乱挥霍，这些人似乎从不知道金钱对于他们将来的事业的价值。他们胡乱花钱的目的好像是想让别人夸他一声"阔气"，或是让别人感到他们很有钱。

有些人收入不高，但花起钱来却毫不吝惜。他们会为了买只有富人才买得起的小古玩和衣服，把所有的钱都花光，等到想做点事情时却身无分文。

存下每月赚来的辛苦钱，先撇开暂时的物质诱惑，为你的长远目标努力。开始时你可能毫无收获，但一段时间后必能满载而归。

▶ ## 跨越爱情的障碍

在爱情里不能太自我

认为另一半的付出是理所当然的人，是太自我的人。爱情中的恋人有时会盲目，容易分不清方向和对错。如果一个以自我为中心的人走进爱情，他很可能依然我行我素，容易变得自我。

一个以自我为中心的人，不会爱别人，不会为别人着想，更不会激励对方成长，这样的人在当今社会不在少数。他们在情感上会很苛刻，爱与幸福似乎和他们无缘，因为他们要求整个地球围着他们转，而他们不把对方当作对象，而是当作控制的俘虏。他们不会在爱情中成长，因为他们不会从对方身上吸收营养，而是向对方施展魔法。

一个以自我为中心的人，实际上是一个"画地为牢"的人。因为他想让世界随着他的愿望变黑变白，随着他的悲欢变美变丑。在情感世界里，他的情绪就是太阳，想出来就晴天，不想出来就是阴天，一切随心变。对方不能有自我，更不能有自由。

其实自我本来是一个褒义词，它要求每个人有主见。许多文人墨客多在挥洒自我个性，展现自我风采，成为一大文豪，如李白、辛弃疾、鲁迅等。在爱情生活中，拥有自我的品格本也无可厚非，它可以表现出自己的风格和特色，使两人的爱情生活更加绚丽多姿，丰富多彩。在《流星花园》中杉菜和道明寺其实都是很有自我个性的人，道明寺的专横和无理，杉菜顽强反抗的个性都让人记忆深刻。但他们有一点让人感动的是他们的爱是互动的，并不是一方围着另一方转，而是双方在共同的付出中寻找平衡的支点。一个人太自我很容易陷入自己的生活中，成为井底之蛙，看到的只是自己的问题与成就，而忽略了别人的感受和成长的需要。然而爱情是双方面的，从来不是一个人的事，它不像写文章，可以我行我素、自成一格，而是要建立在共同的生活之上。

很显然，我们变得自我的程度有轻有重，但对爱情生活都是有害的。一种是无意识全自我，认为对方就该为你付出，他的付出是理所当然的，你的事情就是他的事情。还有就是受中国封建家庭传统的影响，男人认为女人做家务是她分内的事，女人每天面对的是：灰尘每天都会堆积，水槽里永远都有东西要洗，衣服一天两天就会塞满洗衣机，镜子会脏，地板上有无数细小的头发，窗子在都市里迅速脏掉，空调要清洗，冰箱会有异味……于是女人会经常唠叨，最后双方因为无谓的吵架，陷入生活琐事中而伤了感情。还有一种是有意识的半自我，就是认为我已经为你牺牲了很多，现在就是你该为我付出的时候了。在现实中，这种例子很多。

有一点我们必须明白：自我和自主是不一样的。自我只是考虑自己，完全不顾对方的存在，甚至认为对方是为了自己而存在的，对方的性格脾气、兴趣爱好、事业追求要完全和自己相适应，否则就要求对方改变以适应自己；而自主是要求自己有独立意识，不能把自己的一切寄托在对方的身上，自己的问题自己解决，自己的快乐善于拿出来与别人分享，能自主、自强，不要成为对方的负担。自主是爱情生活的催化剂，而自我才是爱情生活的坟墓。我们每个人都要尝试着让自己在爱情生活中保持清醒的头脑，要学会自主，而不能变得自我，太自以为是。

生活自主性很重要，也就是一旦你决定要跟随爱侣的脚步，就要心甘情愿，否则万一情路不顺，怨谁也没用。毕竟健康的爱情关系，两个人都要有足够的自主意识，否则就很容易为小事情而纷争不已。意大利演员索菲亚·罗兰在《女人的魅力》中写道，"如果允许双方都有自主的权利，那么你俩都会觉得生活更加惬意平和"。诚然，男女之间最坚实的情谊是一种你我合作、患难与共、样样均等的共识，对自己的生活及两人共同的生活，完全地参与和完全地负责。过于沉溺于自己的生活，会造成彼此间关怀的不成比例，造成爱情的失衡，最终导致爱情的破裂。

猜疑会使爱情变味

两个人谈情说爱最忌讳的就是互相猜疑，互相不信任，这样是会使爱情变味的。

什么情况下会觉得"爱得很疲倦"呢？我们疲倦时，总有一点心力交瘁的感觉，觉得体力不支，心中亦有放弃的想法。疲倦通常都是在一番忙碌争战之后产生的感觉。爱得疲倦的典型例子便是那些耗费精力、彼此猜忌防范的关系，其中以失信于对方者尤甚。

甲与乙的关系曾经出现第三者，思前想后，乙决定放弃第三者而继续与甲的关系。可是，自此之后，各有心事。甲对乙诸多防范，处处小心察看有没有第三者出现的痕迹，于是，乙打电话时，甲会不自觉地竖起耳朵听，对他的神秘行踪又多方打听猜测。乙也是同样地诸多防范，以免甲吵吵闹闹发脾气，同时亦想保持自己的私人空间。于是，乙会神神秘秘地打电话，在记事簿上使用密码记录约会，永远把钱包、记事簿带在身旁。

其实，他俩是爱对方的，亦非互不信任，这一种互相防范的行为可说是他们的"死穴"，是怎么也冲不过、克服不了的关口。

于是，他们每一天都是这样猜疑着、防范着，爱得越深便越害怕改变现状。甲害怕乙会被另一个第三者侵占，乙又害怕甲再胡乱猜度和吵闹，伤害双方感情。

出现这种情况后，两人都生活在"张力"之下，每天都在戒备状态里，身心疲乏程度可想而知。

互相猜疑使他们的爱情变成了一种负担，如果任其继续下去，最终他们只能发展到分手的地步。

当失恋在所难免

有人说初恋是轻音乐，热恋是狂想曲，那么失恋呢？失恋可能是使人难忘也难眠的小夜曲，据说大街上很流行。尽管谁都不愿意失恋，但失恋是难以避免的。

凡是谈情说爱的，不是统统都能缔结爱情关系和婚姻关系的。

失恋是痛苦的，但在这种痛苦面前，有的人能作出理智的选择，有的人则陷入情感冲动的泥潭。不同的行为，反映了不同的人格，也给生活和事业造成了截然不同的后果。

失恋中，有的人悲痛欲绝，从此一蹶不振；有的人意志消沉，对自己产生了怀疑和否定，甚至走上绝路；有的人化悲痛为力量，发愤图强，干出了一番惊人的成绩。当面临失恋的不幸时，男性的自尊或许会使他表面平静地接受这一事实，而背地里却孤独地发泄自己痛苦的情绪。女性更容易把爱情作为人生的最高追求或生命中心，而且更富有奉献精神。因此，遭遇失恋时，女性的柔弱和痴情常常很难使她忘却痛苦。

不同气质与性格特征的人，对于失恋也各有不同的情感态度和解脱方式。失恋对于一个活泼型、多血质的人来说，可能比较容易接受。当猝遭失恋之锤重击时，他或许会非常敏感地作出反应，情伤意悲，不能自控。但他能很快使自己从痛苦的情绪中解脱出来。而安静型、黏液质的人，情感内向、反应缓慢，无论遭受何种打击，他都能镇定自若。这种人精神上稳定、有自制力，但对于确定的目标却难以转移。因此，失恋对于他们能留下长久的心理隐痛，但失恋也很难对他们的生活信念造成毁灭性的打击。胆汁质的人，失恋很容易引起他们情感的冲动式反应。因为他们的性情暴烈，自我约束能力较差，容易偏激。而抑郁质的人，性格孤僻、情绪反应迟缓，但对情感体验深刻，善于体味别人不易觉察到的细腻情感，因此失恋会使他们的心境更加黯淡，会使他们的生活态度更加消沉，甚至会促使他们走向自我毁灭的境地。

在此，我们尤其不提倡那种失恋后即自我毁灭的做法。《钢铁是怎样炼成的》的作者奥斯特洛夫斯基曾说过："个人问题，恋爱问题，在我的思想里所占的地位很小……即使失恋一百次，我也不会自杀。"失恋虽然使贝多芬付出了昂贵的情感代价，但是他的情感却在神圣的音乐中得到了升华。失恋也曾使罗曼·罗兰陷入情感的困境，但《约翰·克利斯朵夫》却是他在困境中潜心发奋的结晶。失恋能毁灭人，也能造就人，关键在于你如何对待这一问题。

冷静分析失恋原因，能够为我们提供一条消除失恋郁闷的理智途径，但除了理智分析以外，我们还可以用别的方法来消除失恋的阴影。

不少人在失恋以后，情绪沮丧，悔恨、遗憾、愤怒、惆怅、失望等会接踵而来。要减轻心理压力，不能靠长期缄默不语，那有可能使痛苦沉积，严重的还会导致精神抑郁症，而要靠适当的宣泄。选择一个适当的场合与他人，如家人、朋友、老师、同事等，一吐苦衷。你对他们充分地信任，他们是你倾诉心声的对象。你尽情地诉说自己的委屈和不平，他们往往会给你鼓励的目光、同情的话语、中肯的建议和客观的分析；而且，经过诉说你也会感到心里痛快、舒坦了许多。当然，也可以把心中的郁闷之情倾泻于笔端，甚至可以关门痛哭一场。在这里，宣泄也要注意"适度"，无休止的唠叨反而会使人更加消极和颓唐。大哭大痛之后应大彻大悟，展现的应是一个全新的自我。

失恋后，最重要也是最积极的办法就是努力工作，热情地面对生活，以各方面的成就来补偿情感的损失。从这一角度来说，失恋也具有其积极的意义。德国大诗人歌德在 23 岁时深深地爱上一个叫夏绿蒂的少女，而这位少女已经"名花有主"。失恋的痛苦使歌德一时不知所措，但他很快就埋头写作之中，创作出传世小说《少年维特之烦恼》。歌德的成功，就在于及时地以工作热情填补感情上的失落。

再者，我们可以有意识地忘却那段经历。每个人都有记忆，然而记住什么、回忆什么却可以选择。失恋后，我们不应再去回忆过去欢快甜蜜的时光，那只会使心情更加沮丧！有些美好的东西是需要沉淀、需要尘封的，过去的就让它过去吧！

失恋对于一个有着成熟健全人格的人来说，只是人生道路上的一个挫折。面对失恋，他们能够做到失恋不失志，失恋不失德。万不可有什么报复心理，那只能是害人害己。宽容，是失恋者的美德。鲁迅先生曾经说过："不能只为了爱，盲目的爱，而将别的人生要义全部忽略了。"

莎士比亚也曾说过："当爱情的浪漫被推翻以后，我们应该友好地分手，说一声'再见'。"因为人是要往前走的，痛苦终将过去，阳光雨露鸟语花香，这些都不曾从生活中抹去，走出这片阴霾，重树对生活和爱的信心，你会得到心灵的重生。与此同时，你会发现，痛苦能使你眼界开阔，感受加深，以及对自己的感知扩大。你还会发现自己已经摆脱了自我怜悯、急躁的束缚，从而可以重新开始无拘无束的生活了。

► ## 跨越起点的障碍

确立人生的起点

如果把人生比作是运动场上的竞赛，那么，初建期就好像运动员竞赛前的预备活动，而成熟期就是运动员在选择自己的起跑点，创造期就是正式竞赛中的角逐。不同点在于，运动场上的竞赛是练兵千日于瞬间决一雌雄，而人生的竞争则是集千万个瞬间的灵感和运动场上的冲刺比高低。要说哪一个容易哪一个难，不好分辨；但有一点可以肯定：人生漫长的征途上更需要持久的耐力。

人生起点的选择，对于每个人的一生都有重要作用。如果一开始起点就选得准确，总比几经周折年近暮秋还在徘徊之中要好得多。有一部分人在青年时代就功成名就，这得归功于他的人生起点选择得准确。

有的人主张选择人生目标就是自己设计自己。他们说"选择目标，实际上是自己设计自己的过程。自己设计自己，首先要考虑社会的需要、时代的需要，还要考虑自己的所长和爱好"。我们并不完全同意这种主张。因为选择人生目标仅仅是人生设计的一项内容，而不是人生设计的全部内容。人生设计除目标设定外，还包括阶段规划、环境分析、反馈和核心内容的研究等。而目标的选择，仅是确定人生起跑点的前提之一。

该如何确立自己的人生起点呢？用我们的话来说，就是在对自身条件优劣和环境利弊的自觉认识基础上，根据扬长避短的原则，按照社会需要所指示的方向，在环境的最大容许度上确立自己的人生起点。

虽身处顺境，但却能够依据自己对宏观和微观的自觉认识，对本身长处短处的自觉认识，确立一生所从事事业（范围或更具体的特定项目）的目标，这就是在确立人生的起点。有两种情况：一种是在微观环境容许度以内确立，叫作安全性人生起点；另一种是在微观环境容许度之外，依自己对宏观需要的自觉认识确立所从事的目标，叫作风险性人生目标。上述关于人生起点的思想在确立过程中所涉及的因素和判断过程是一致的，不同仅在于担风险还是找安全。

起点需要高一些

"我从楼梯的最低一级尽力朝上看，看看自己能够看到多高。"这是美国五大湖区的运输大王考尔比在最初进入社会做事时所说的一句话。

考尔比一无所有，而他的目标却是那么高远。他是依靠什么来实现自己的希望呢？让我们看看他的发展之路吧。

考尔比非常贫穷，最初在湖滨南密歇根铁路公司担任一个小书记的职务。工作了一段时间后，他发现这个职务有一个致命的缺点，那就是视野过于狭小：除了忠实地、机械地干活以外，没有任何发展前途可言，已不能满足其远大志向了。同时，他也意识到，矮梯子并不一定就稳当，坐在一个矮梯子的顶上最容易跌倒，还不如爬到一个看不见顶的梯子上，一心朝上爬。

于是，他辞掉了这份工作，在赫约翰大使的手下谋得一份工作。大使后来成为国务卿、美国驻英国大使，而在此之前，考尔比就已经想到，他的前一份工作不会有发展，而与赫约翰大使共事则会有很大的造就。

考尔比说："我最初到克利夫兰，不过是想做一名普通水手，这是一种追求冒险的浪漫思想。但我没有当成水手，而是每天与美国最伟大的人物之一接触，深受他的气质感染。"

物以类聚，人以群分。如果永远处在底层，与一些小人物为伍，很难学习到什么东西，而位居高位，则能给自己一个更高的理想，确定自己未来想做一个什么样的人。

如果你并不觉得有什么不满意，便不会想改进你的现状，也就不会有一种前途光明的理想。但是，如果你仅满足于你有理想，只把理想作为实际生活中的一种安慰，那你依旧会碌碌无为。

惰性使许多人丧失了追求的动力，虽然只要多付出一点点努力，就可以有一个更高的起点，可是人们却不愿意付出，甚至抱有这样的疑问：为了得到区区一份工作，真的有必要花那么大的力气吗？

面对这样的提问，正确的回答是：只要某种努力能够为我们带来更高的提升，那么再多的努力也不算多余。有这样一个例子，一位刚刚毕业的年轻人，在母亲的帮助下，精心制作了一份《个人完全推销手册》，仅面试一次就被一家大公司录用了，并且获得了超乎想象的高薪。

需要说明的是，这个年轻人并不是从底层一步步做起而获得了高薪，而是一开始就获得了副经理的职位。

也许有的人还是不理解，仍然认为"没有必要做那么复杂的努力"，那么我们再从另外一个角度进行分析。假设是从一名普通的公司员工一步步做起，那么要得到副经理的职位要花费不下 10 年的时间，所以可以看出，那本《个人完全推销手册》实际上使那位年轻人节省了 10 年的宝贵时光。

从底层做起，一步一步前进，看起来很务实，但是也可能会前途灰暗，不可预期，使自己丧失最初的希望和热情，迷失了方向。我们称之为"陷入固定模式者"，就是指那些每天被一成不变的工作追赶着，马不停蹄的人，他们对自己的工作和生活方式已习以为常，慢慢被这种僵化的生活吞噬掉，最终连从这种生活方式中逃脱出来的愿望都丧失了。

因此，一级也好，两级也好，总之在现有职位上努力向上攀登十分重要，对一个人的长远发展来说也是一件意义深远的事情。只要你能再往上走一级，就有机会将周围模糊不清的东西看得更清晰。

"欲穷千里目，更上一层楼"，起点高一些，风光自然不同。

寻找新的起点

有一位农夫，在他家乡有一条很宽的河。一天，在河对岸的山上发现了金矿，各地的商贾纷纷前来淘金。于是农夫便在河上架起了一座桥，收来往商贾的过路费，从此大发其财。

后来农夫家乡的梨大获丰收，每年都有大批的梨运往各地。当村人都争相栽梨树时，农人却种了大片柳树，然后用柳条编成筐，大受种梨人的欢迎，农夫很快家财万贯了。

后来，一个外商听到了这个故事，大受震动，前来拜访。当外商找到农夫时，他正在自己店门口与对门的店主吵架，因为他店里的一套西装标价800元，同样的西装对门却标价750元。一个月下来，他仅卖出了8套西装，而对门却卖出800套。

外商看到这一情景非常失望，以为被骗了。当他弄清真相后，立刻决定以巨额年薪聘请农夫，因为他得知对门的那个店也是这位农夫的。

聪明的人知道适时地给自己寻找新的资源、新的起点，从而一步步走向成功。但起点也无须高高在上，伸手不及的叫空想。重要的是，把握身边的资源，从而抓住新的机遇。

12

鼓舞人心的剪贴本

原著〔美〕阿尔伯特·哈伯德

\ 信念的力量 \ 真诚的种子

\ 勇敢的心灵 \ 创新的价值

\ 正视你自己 \ 规划好未来

\ 人人有专长

关于本书

本书的作者阿尔伯特·哈伯德是美国著名的成功学家、著作家、出版家。他的思想，上承美国开国元勋富兰克林所主张的勤俭、忠诚的商业精神，下启当代社会学家马克斯·韦伯倡导的财富、进取、成功的新教精神，成为美国民族精神的奠基人之一。他与富兰克林、爱默生、林肯、卡耐基一样，被奉为美国文化的象征和世界青年的偶像。

《鼓舞人心的剪贴本》是哈伯德继《致加西亚的信》后的又一力作。该书出版后，一时洛阳纸贵，影响力很大，哈伯德再一次被证明是一位十分了解读者心理的畅销书作家。本书曾广泛地影响了几代美国人，它被美国各个阶层的人视为寻求个人成功的法则。

这是一本名字显得十分谦逊的书。但是它的内容却可以给人力量，并启迪人们的智慧，使人们的身心得到巨大的振奋。近100年来，哈伯德的《鼓舞人心的剪贴本》得到了很高的评价，被誉为写给地球居民的最佳生活、工作指南。它所倡导的关于真诚、创新等思想观念影响了一代又一代人。

《世界上最伟大的推销员》一书的作者奥格·曼狄诺说："在哈伯德的这本充满智慧和力量的'剪贴本'中，你会发现许多明亮的星星，这些星星会让你有勇气应对前方的任何黑暗。"

▶ 信念的力量

信念可以创造奇迹

在诺曼·卡曾斯所写的《病理的解剖》一书中，讲述了一则关于 20 世纪最伟大的大提琴家之一——卡萨尔斯的故事。这是一则关于信念创造奇迹的故事，它会给我们带来许多的启示。

卡曾斯这样写道：

我们会面的日子，恰在卡萨尔斯 90 大寿前不久。我实在不忍看那老人所过的日子。他是那么衰老，加上严重的关节炎，不得不让人协助穿衣服。呼吸很费劲，看得出患有肺气肿；走起路来颤颤巍巍，头不时地往前颠；双手有些肿胀，十根手指像鹰爪般地钩曲着。从外表看来，他实在是老态龙钟。

就在吃早餐前，他贴近钢琴，那是他擅长的几种乐器之一。他很吃力地坐上钢琴凳，颤抖地把那钩曲肿胀的手指抬到琴键上。

霎时，神奇的事情发生了。卡萨尔斯突然像完全变了个人似的，显出飞扬的神采，而身体也开始活动并弹奏起来，仿佛是一位神采飞扬的钢琴家。

他的手指缓缓地舒展移向琴键，好像迎向阳光的树枝嫩芽；他的背脊直挺挺的，呼吸也似乎顺畅起来。弹奏钢琴的念头完完全全地改变了他的心理和生理状态。当他弹奏巴赫的《Das Wohltemperierte Klavier》一曲时，是那么纯熟灵巧，丝丝入扣。随之他奏起勃拉姆斯的协奏曲，手指在琴键上像游鱼般轻快地滑着。他整个身子像被音乐融解了，不再僵直和佝偻，代之的是柔软和优雅，不再为关节炎所苦。在他演奏完毕，离座而起时，跟他刚才就座弹奏时全然不同。他站得更挺，看起来更高，走起路来双脚也不再拖着地。他飞快地走向餐桌，大口地吃着，然后走出家门，漫步在海滩的清风中。这就是信念所创造的奇迹。

我们常把信念看成是一些信条，而它就真的只能在口中说说而已。但是从最基本的观点来看，信念是一种指导原则和信仰，让我们明了人生的意义和方向。信念是人人可以支取，且取之不尽的；信念像一张早已安置好的滤网，过滤我们所看到的世界；信念也像脑子的指挥中枢，指挥我们的脑子，照着所相信的去看事情的变化。卡萨尔斯热爱音乐和艺术，那不仅会使他的人生美丽、高贵，而且还会带给他神奇的力量。就是信念，让他每天从一个疲惫的老人化为活泼的精灵。说得更玄些，是信念让他活下去。

可以说，信念是一切奇迹的萌发点。

罗杰·罗尔斯是美国纽约州历史上第一位黑人州长，他出生在纽约声名狼藉的大沙头贫民窟。这里环境肮脏，充满暴力，是偷渡者和流浪汉的聚集地。在这儿出生的孩子，耳濡目染，他们从小逃学、打架、偷窃甚至吸毒，长大后很少有人从事体面的职业。然而，罗杰·罗尔斯是个例外，他不仅考入了大学，而且还成了州长。

在就职记者招待会上，一位记者向他提问：是什么把你推向州长宝座的？面对300多名记者，罗尔斯对自己的奋斗史只字未提，只谈到了他上小学时的校长——皮尔·保罗。

1961年，皮尔·保罗被聘为诺必塔小学的董事兼校长。当时正值美国嬉皮士流行的时代，他走进大沙头诺必塔小学时，发现这儿的穷孩子比"迷惘的一代"还要无所事事。他们不与老师合作，旷课、斗殴，甚至砸烂教室的黑板。皮尔·保罗想了很多办法来引导他们，可是没有一个是奏效的。后来他发现这些孩子都很迷信，于是在他上课的时候就多了一项内容：给学生看手相。他用这个办法来鼓励学生。

当罗尔斯从窗台上跳下，伸着小手走向讲台时，皮尔·保罗说："我一看你修长的小拇指就知道，将来你是纽约州的州长。"当时，罗尔斯大吃一惊，因为长这么大，只有他奶奶让他振奋过一次，说他可以成为5吨重小船的船长。这一次，皮尔·保罗先生竟说他可以成为纽约州的州长，这着实出乎他的预料。他记下了这句话，并且相信了它。

从那天起，"纽约州州长"就像一面旗帜，罗尔斯的衣服不再沾满泥土，他说话时也不再夹杂污言秽语。他开始挺直腰杆走路，在以后的40多年间，他没有一天不按州长的身份要求自己。51岁那年，他终于成了州长。

由上述例子可见，不是环境也不是遭遇决定一个人的一生，而要看他对这一切赋予什么样的意义，这不仅会决定他的现在，而且会决定他的未来。人生到底是喜剧收场还是悲剧落幕，是丰富多彩还是无声无息，就全在于这个人持有的到底是什么样的信念。信念就像指南针和地图，指引我们去实现我们的人生目标。没有信念的人，就像少了马达缺了舵的汽艇，不能动弹一步。所以人生在世，必须得有信念的引导。信念会帮助你看到目标，鼓舞你去追求，激励你去创造你想要的人生。

我们对人类行为知道得越多，就越发现信念是影响我们的非凡力量。在美国，曾有这样一宗对精神分裂症的研究案例，一位具有双重性格的女性，她血液中血糖完全正常，但她相信自己患有糖尿病，结果她的生理状况就真的显示出糖尿病的症候。

在类似的实验中，有许多人在催眠状况下接触一个冰块，然后他们被告知一块烧红的金属，结果在其接触身体的部位就真的冒出了水泡。

以上的例子说明了一个事实，那就是信念的影响力量巨大。信念不断地把信息传给神经系统，造成期望的结果。所以，如果你相信会成功，信念就会鼓舞你走向成功；如果你相信会失败，信念也会让你经历失败。

走向成功的第一步，就是知道我们的信念是可选择的。你可以选择束缚你的信念，也可以选择扶助你的信念。成功的秘诀在于：选择能引导你前进的信念，丢掉会扯你后腿的信念。

信念造就你的人生

做人要紧的是心存信念，只要拥有信念，即便是身处寒冬，也能感受到春天的脚步正向你走来；如果没有信念，即便是生活在幸福的天堂，也会过得索然无味。看看我们身边的人，也许他青春年少，也许他身体强壮，也许他学富五车，也许他腰缠万贯，但是，这一切并不能代表他们的心一定是活着的。心已经死了，就算拥有一个健康青春的身体，做人也没有多大意义。只要拥有一个信念，那么心就不会死；心不死，思想就不会死；思想不死，人就永远是活跃的、生动的、前进的。不管我们的人生之路多么阴沉黑暗，我们绝不能容许自己有一丝一毫的动摇。

缺乏信念，会对周围的一切都抱以否定的态度，会觉得一切都是虚无缥缈、毫无意义的，他们享受不到幸福与成功的感觉，久而久之，也会对自我产生否定。如果你总是自我评价过低，如果你总是贬低自己，当你和别人打交道时，就别指望对方会尊重你。因为人们通常不会尊重一个没有生活信念的人。

自我评价过低的人，很少能干成一件事情。你的成就不会超过你的期望。如果你期望自己能成功，如果你要求自己干一番事业，如果你对自己的工作有更大的抱负，那么，与自我贬低和对自己要求不高的人相比，你会更胜一筹。

如果你认为自己处境不利，如果你认为自己不如其他人，如果你认为自己不能获得别人那样的成就，那么你就无法克服前进道路上的重重阻碍。

不断地自我贬低的人，总是认为自己不过是活在尘世间的一条可怜虫的人，总认为自己绝无可能取得任何成就的人，会给别人留下相应的印象。因为你认为自己怎么样，在别人看来你也就是那个样子。

你对自己，对自己的能力、地位、重要性和社会角色的评价，都会在你的表情上显现出来，都会从你的行为举止、言谈交往中显现出来。

如果你感觉自己非常平庸，你就会表现得非常平庸。如果你不尊重你自己，你会将这种感觉写在你的脸上。如果你自我感觉欠佳，如果你对自己总有喋喋不休的意见，那么，除了你将遵照你不断强调的这种认识行动外，你还能希望什么？

还能期待什么呢?

如果你对自己的前途有更清醒的认识，如果你对自己有更大的信心，那么，你会取得丰硕成果的。为什么你要畏首畏尾地追随别人，哭哭啼啼做人家的跟屁虫呢？为什么你总是亦步亦趋地去模仿别人，而不敢求助于你本身的灵魂或思想呢？

信念是人的生命得以闪光的火花，信念的火花一旦熄灭，人的生命就不会再有闪光点了。人的生命如不以信念为寄托，就会逐渐萎缩以至枯槁。

我们知道，平庸的思想远没有高尚的信念所产生的有效力量强大。如果你的信念已形成了高尚的自我评价，你身上所有的力量就会紧密地抱成一团，帮助你实现梦想。梦想总是跟着人的信念走，总是朝着生命确定的方向走。

人的整个生命过程一直都在复制其心中的理想图景，一直都在复制其心中为自己描绘的画像。没有哪一个人会超越他的自我评价。如果有天才相信他会变成一个白痴，并且他一直那么想，那他就会真的成为一个白痴。一个人目前的整体能力是不是很强关系不大，因为他的自我评价将决定他的努力结果，决定他是否能取得成功。一个对自己信心很强但能力平平的人所取得的成就，常常比一个具有卓越才能但信心不足的人要多得多。

一个人生活的意义，生命的意义，全在于信念的意义。信念的核心意义就是：激活人的生命并对生活增强信心。所以，生命的闪光其实是信念的闪光，生命的可贵其实也是信念的可贵。

建立信念的途径

每一个人都是自己思想的产物，信念就是调节我们生活的杠杆。有的人常常轻视自己，在别人眼中他就更渺小；相反，有的人相信自己的人生价值，他们就更容易得到别人的认可，在社会中担负更重的责任。

当你以坚强的信念向成功发起冲击，则成功的可能性会更大；否则，成功的概率将大大缩小，有些人就是在自怨自艾中度过平庸的一生。

著名思想家威杰尔说过："人们之所以能够完成一些看来似乎不能完成的事业，是因为人们一开始就相信自己能够做到。"这段话言简意赅地阐释了信念对于追求成功的巨大作用。因此，建立坚定的信念是一项极为重要的基础性工作。了解产生信念的源头，有利于我们建立信念。这些产生信念的源头包括：

（1）所处环境

环境的优劣好坏，直接孕育出成功的良性循环或失败的恶性循环。如果你所处的是一个幸福美满、无忧无虑的环境，那么你就会自然而然地去模仿美满幸福和轻松自在；如果你生活在一个贫困潦倒、自私粗暴的环境，那么你多半也会模仿贫困潦倒和自私粗暴。伟大的科学家爱因斯坦曾经说过："在社会环境的误导下，很少有人能够表达出公正的意见。最为可怕的是，半数以上公众连公正为何物都不知道。"

在对一百位年轻而出色的运动员、音乐家和学生进行研究、探讨之后，调查者得出了一个令人十分惊讶的结论。他们发现，在这群佼佼者中，绝大多数都不是天赋异禀、在童年就崭露头角的天才人物。他们之所以拥有现在的傲人成绩，是因为受到了悉心的照顾、引导和循循善诱，其才华因此才得以表现并很好地施展。重要的是，在他们还默默无闻的时候，头脑里便被灌输了"他日必当出人头地"的强烈信念。

显而易见，信念的产生并强化，环境起着引导的重要作用。但是，有一点要明确，环境不管优劣，都有双重性作用。过于优越的环境也容易使人缺乏拼搏向上的气概，这对于信念的建立反而有害；不好的环境里也能使有志者产生强烈的昂扬激情，从而树立起与命运顽强抗争的坚定信念。

（2）大胆实践

畏首畏尾是缺乏信心的重要特征。自己有一万个好的想法，却不敢付诸实施，这些好想法就一个也不会实现。但只要有一次成功的实践，你追求成功的信念就会很快建立起来。

立志成为一名杰出的记者，这是安东尼奥在13岁时的美好梦想。在一个清爽空闲的日子里，安东尼奥被报纸上的一则消息所吸引，著名作家霍华德·科塞尔将于近日到本地的一家百货公司签名售书。安东尼奥当时就想，如果自己立志要成为一名记者的话，一鸣惊人的绝好方法就是访问名人，现在难道不是一个千载难逢的绝好时机吗？说干就干，安东尼奥借了一台录音机，请求母亲驱车把他送到了售书场。

到达现场时，科塞尔先生正准备起身离去。在他周围簇拥着一大群手持闪光灯、麦克风的记者，他们巧舌如簧，不依不饶地争相发问。当时的安东尼奥心急火燎，时间紧迫，不容他多作细想。只见他冲上前去，拼命挤入人群。在科塞尔先生面前，安东尼奥用炮珠连发的方式说明来意，恳请对方接受采访，科塞尔先生十分高兴地接受了安东尼奥的请求。从此他坚定了自己成为一名优秀记者的信念。经过刻苦的锻炼及经验的积累，安东尼奥最终实现了他的理想。

（3）知识积累

经验和阅历也是一种知识，另外的知识则可以通过阅读、观赏影视作品得到。知识就是力量，知识就是摆脱逆境、创造美好人生的利剑。不论你身处何种艰难险阻、困苦不堪的恶劣环境，只要你相信知识，你就能够产生拼搏奋斗直至成功的坚定信念。

据说苏联前总统戈尔巴乔夫在40年中所阅读的书多达20万册。我们来计算一下，假如一个人平均一天阅读一本书，那么一年阅读365本书，10年就是3650本书，40年14600本书。要像这样一天阅读一本书的话，如果达到戈尔巴乔夫的阅读量，你需要花费560年的时间。

难怪戈尔巴乔夫说："知识就是力量！我的成功来源于我大量的阅读。"

有了金刚钻，敢揽瓷器活。有了充足的知识和娴熟的技艺，你无论走到哪里都会感到信心十足，成功对于你来说，也就是早晚的事。

（4）成功经验

过去的成功经验是你坚定信念的重要基础。自己到底是能还是不能，最直接最有效的检验方法就是实际去尝试一下。一旦你成功了，能够再次成功的坚定信念就会牢牢地铭刻在心底。

当你刚刚接受一项全新的任务或准备学习一门新的知识和技能时，往往担心会出现失败的结果，信心很容易产生动摇。此时，你应当尽力回忆你过去的成功经历，哪怕是一次小小的成功体验，都能产生巨大的推力。它会告诉你：那件事我都干得很漂亮，这项工作我也一定能成功，从而助你找回自信。

（5）想象成功

想象是你人生最伟大的资源。偶尔的一两次成功，可以有效地改变你的看法，同理，利用假想中的成功，也可帮助你达成梦想。如果你所处的环境死气沉沉、毫无生机与活力，此时的你就可以利用假想，把周围的情况假想成生机勃勃、处处充满着有利时机和优越条件。

你自己则全身心地投入其中，这时的你，心境处于最佳状态，信心十足，就会充满干劲地忙碌着。

这五点是产生信念的源头，同时也是建立信念的途径。只要你充分理解，多加利用，必能建立坚定的信念。

永恒的信念

我们都知道，成功者正是那些坚持自己信念的人。

决定你是否处于最佳状态的最直接因素便是你的信念。当你的心灵只为一种可能的结果所盘踞时，你的心灵将会产生一种魔力。你的思考过程和整个神经系统会将一切的力量都凝聚于这个结果。

能利用心灵的力量让自己的表现更好吗？当然可以。你可以重复地告诉自己："我能做到！我能做到！我能做到！"且在一边重复这句话的同时，想象着你所要达到的表现水准。不要让任何相反的念头窜入你的心里，忘掉它们。胜利者永远只想着胜利。

信念会在许多方面以化学方式影响我们的心理和生理，让我们更确定成功的到来。我们的心理和生理会呈现出最佳的状态：进取心更强、更为专注、注意力更为集中、拥有更多的精力，以及追求胜利的坚强意志和决心。

相信自己会失败的人，总是绝对相信不好的结果一定会发生，所以他们并不缺乏信心。他们的错误在于总是将自己的满腔信心放在不想要的事情上。唯有我们所坚信的思想最后才会落实在我们的生活中，这是因为潜意识只接受我们所相信的事物。若想要了解我们自己现在拥有哪些坚定的信念，我们只需好好去检视一下自己的各个生活层面：我们的健康、家庭、职业、朋友、活动以及所拥有的事物等。

我们的信念是非常重要的。它代表了我们在过去针对自己及世界，以及我们期望或不期望去做的事所做的决定。只要我们不去挑战这些信念，它们的影响就会继续出现在我们的生活中，继续控制我们的思想，并且主导我们的行为，进而决定我们的实际表现。对于我们在既有的生活层面中所表现出来的样子，我们在此方面的潜能仅有小部分作用，事实上，最大的因素是我们那根深蒂固的信念。

我们的每一个中心信念都是一种选择，而新的信念可能会为我们的表现带来一次质的飞跃。因此，到底有哪种方法能让我们改变中心信念，让我们往前迈进呢？这里有6个经过证实的方法，能用以改变我们关于自己及我们的世界的中心信念：

（1）重新思考

这是对于我们长期以来的信念的一次重新评估。找一个你现在所拥有的关于你自己的一个中心信念。例如：

你至今仍坚决地相信："我永远没希望去成为某种人，去做有意义的事，或是去拥有值得拥有的东西，无论如何都不可能。"你一定得好好地问问自己为什么会有这样的想法，这就叫作重新思考。

（2）积极暗示

也就是你的自言自语。停止再告诉自己负面的事，那只会让你更沮丧。以相反的方法去重说一遍同样的话，并注意这将带给你截然不同的效果。把"我没办法公开演讲……"改成"我能公开演讲，因为……"成为你自己的最佳打气者："我是最好的！我是最好的！"当然，你就一定能成为最好的。

（3）重估形象

运用你的想象力。在某件你已知自己很擅长的事上，你是否能想象自己成功的情景？现在，使用同样的程序去想象在某件你想要做好的事上已获得成功的情景。这是一个惊人的事实：

一个栩栩如生、详细的想象对于我们的脑部所产生的影响，会比真实的生活经验多出 10 ~ 60 倍。你能逐步地想象你的成功之路，而我们知道没有任何事会像成功一样成功。

（4）调整生理机能

你的生理机能包括声音腔调、面部表情、肢体语言、肌肉形态以及呼吸方式。你已经发展出有关正面情绪，如快乐、兴奋、平静及自信的生理机能。同样地，你也已发展出负面情绪，如悲伤、烦闷、沮丧、焦虑和自我怀疑的生理机能。你只需选择你想要的特定情绪，然后据此调整你的生理机能。

（5）择善而知

你应该去接触会激发你的动机的书籍、研讨会以及录音带。利用这些你在生活中所能接触到的正面事物来鼓励自己，做一个学习成功的终生学生。

（6）探求成功之道

"三人行，必有吾师。"因此，我们应该去向成功者探求成功之道。你如何发现他们知道什么？你必须一问；二聪明地问；三问对人；四尽可能去问更多的人；五永远保持一个开阔的心胸——让自己成为可被教导的人。去接触其他人、书本、录音带、研讨会，让自己沉浸在正面的环境中。

每一位在成功路上艰难跋涉的人，请相信你内心的力量是获得成功的最有力的武器。只要成功的信念如一，每个人就都会拥有成功的心理基础。

▶ 真诚的种子

真诚的作用

人是很容易被感动的，而感动一个人靠的未必都是慷慨的施舍，巨大的投入。往往一句热情的问候，一个温馨的微笑，就足以唤醒一颗冷漠的心。

20 世纪 30 年代，在德国的一个小镇，有一个犹太传教士，每天早晨总是按时到一条幽静的小路上散步。不论见到谁，他总会热情地打一声招呼：早安！

小镇上一个叫米勒的年轻人，对传教士每天早晨的问候，反应一直很冷淡，甚至连头都不点一下。然而，面对米勒的冷漠，传教士未曾改变他的热情，每天早晨依然向这个年轻人道早安。

几年以后，德国纳粹党上台执政。传教士和镇上的犹太人，都被纳粹党集中起来，送往集中营。下了火车，列队前行的时候，有一个手拿指挥棒的军官，在队列前挥舞着指挥棒，叫道："左、右。"指向左边的将被处死，指向右边的则有生还的希望。轮到点传教士的名字了。当他无望地抬起头来，一下子与军官四目相对了。传教士不由自主地脱口而出："早安，米勒先生。"

米勒虽然板着一副冷酷的面孔，但仍禁不住说了一声："早安。"声音低得只有他们两人才能听到。然后，米勒果断地将指挥棒往右边一指。

传教士获得了生的希望……

由此可见，有时一个人的真诚可以击败许多不幸。因为对于人的生命而言，要生存，只需简单的认识足矣。但对于事业，就需要宽广的胸怀，不屈服的意志，这就是真诚的魔力。

只要真诚，总能打动人

一个人只要真诚，总能打动人。以诚待人，能够在人与人之间架起一座信任的心灵之桥，通往对方的心灵，从而消除猜疑、戒备心理，彼此成为知心朋友。

一个富翁假装生病住进了医院。过了几天，他痛苦地向医生倾诉："很多人都来医院看我。但我看得出，我的亲人们是为分配我的遗产而来的；与我有来往的那些朋友，不过是当作一种例行的应酬罢了；还有几个平素与我不和睦的人，我想他们是听到我病重的消息，来看热闹的……"

医生反问道："为什么你总是苦于测试别人对自己是否真诚，而从来不测试自己是否对别人真诚呢？"

富翁哑然无语。

凡是动了测试念头的，大都是一些疑心很重又自以为是的人。他们怀疑友谊的真诚、亲人的牵念、爱人的忠贞，绞尽脑汁地设计出种种"圈套"让自己最亲近的人去钻。弄得自己痛苦，别人难受。

真诚乃是为人的根本。那些取得巨大成就的人都有许多共同的特点，其中之一就是为人真诚。道理其实很简单，因为如果你是一个真诚的人，人们就会了解你、相信你，不论在什么情况下，人们都知道你不会掩饰、不会推托，都知道你说的是实话，都乐于同你接近，因此你也就容易获得好人缘。

美国心理学家安德森曾经做过一个试验，他制作了一张表，列出550个描写人的品性的形容词，让大学生们指出他们所喜欢的品质。试验结果明显地表明，大学生们评价最高的性格品质不是别的，正是"真诚"。在8个评价最高的形容词中，竟有6个（真诚的、诚实的、忠实的、真实的、信得过的和可靠的）与真诚有关，而评价最低的品质是说谎、装假和不老实。

安德森的这个研究结果具有现实意义。在交往中，人们总是喜欢诚恳可靠的人，而痛恨和提防口是心非、虚伪阴险的人。真诚无私的品质能使一个外表毫无魅力的人增添许多内在的吸引力。人格魅力的基点就是真诚。待人心眼实一点，守信一点，能更多地获得他人的信赖、理解，能得到更多的支持、帮助和合作，从而获得更多的成功机遇，最后脱颖而出，点燃闪亮人生。

心理学研究指出，任何人的内心深处都有"闭关锁国"的一面，同时又有开放的一面，希望获得他人的理解和信任。不过，开放是定向的，即只向自己信得过的人开放。以诚待人，能够获得人们的信任，发现一个开放的心灵，经过努力得到一位用全部身心帮助自己的朋友，这就是用真诚换来真诚。如果人们在发展人际关系、与人打交道时，去除防备、猜疑的心理，代之以真诚，那么就能获得出乎意料的好结果。

以诚待人必须光明正大、坦荡无私，一旦发现对方有什么缺点和错误，尤其是有关他的事业的缺点和错误，要及时地加以指出，并督促其改正。尽管人人都不喜欢被别人批评，但只要你是站在对方的立场上替对方着想，便能得到理解和接受，使彼此的心灵得以沟通，使友情得到发展。

当然，以诚待人，应当知人而交，当你抛出赤诚之心时，应看看站在面前的是何许人也，不应该对不可信赖的人敞开心扉。否则，将会适得其反。

英国专门研究人际关系的卡斯利博士这样指出：大多数人选择朋友是以对方是否出于真诚而决定的。人与人之间融洽的感情是心的交流。肝胆相照，赤诚相见，才会心心相印。岁月的流逝，时代的变迁，并没有减弱"真诚"在友谊宫殿中的光泽。

我们应充满真诚，离开了真诚，则无友谊可言。一个真诚的心声，才能唤起一大群真诚的人的共鸣。要做到对人真诚并不难，重要的是对人感兴趣，并真挚地关心别人。

播种真诚的种子

要使他人喜欢自己，首先你要喜欢他人。这种喜欢必须是真诚的、发自内心的，决不能另有所图。

要做到这一点并非易事。一些人感到喜欢别人比较难，但是只要我们学着真诚地喜爱别人，对别人产生好感就会越来越容易。嘴上说"我喜欢别人"是没用的，它说起来容易做起来难。"喜欢别人"是一种生活方式，也是一种思维模式。能够做到无条件地喜欢别人，便是一种积极的心态。我们在日常生活中必须以一种积极的心态而非消极的心态对待别人。

一个人如果只关心自己，他就是一个自私的人，是一个不被人喜欢的人。要成为受人尊敬的人，必须将注意力从自己身上转移到别人身上。哲学家威廉·詹姆士说："人性中最强烈的欲望便是希望得到他人的敬慕。"这句话对于"别人"也同样适用，他人希望得到你的敬慕。如果你过度地考虑自己，就没有精力和时间去关心和照顾别人。别人得不到你的关心自然也不会去关心你。

要真正地去关心别人、爱护别人，激励他们展现自己最好的一面。正如不求报酬做善事但最终有所回报一样，别人也会加倍地关心你、爱护你、接近你。

一个人的思想是由行动和语言来表示的，行动有时比语言更直接。大多数人只关心他人的话语，却没注意到行动也是一种语言，有时使人与人之间的沟通受到阻碍。

有许多人不知道如何倾听别人的谈话。其实倾听的艺术是受人喜欢的秘诀之一，当别人有事来找我们时，我们常说得太多。我们总是提出太多的建议，其实大多数时候我们最需要的是耐心、宽容和爱护。

受人欢迎的人都拥有一种特质，就是他们懂得如何使别人接受自己。谁做到这一点，谁就能获得别人的喜爱。

如果你经常关心别人，并认为他们很重要，这无疑会使你播下真诚的种子，别人也会因此而喜欢你。

学会真诚待人

真诚是生活中的通行证，真诚能打动人，真诚能赢得一切。

在美国南北战争期间，有位姑娘找到林肯，要求总统为她开一张去南方的通行证。

林肯说："战争正在进行，你去南方干什么呢？"

姑娘说："去探亲。"

"那你一定是个北方派，你去劝说一下你的亲友们，让他们放下武器。"林肯高兴地说。

那姑娘说："不！我是个南方派，我要去鼓励他们，要他们坚持到底，绝不要失去希望。"

林肯很不高兴，"你以为我能给你通行证吗？"

姑娘沉着地说："总统先生，我在学校读书时，老师就给我们讲诚实的林肯的故事，从此，我便下定决心要学习林肯，一辈子不说谎。我不能为了一张通行证而改变自己说话、做事都要诚实的习惯。"

林肯被姑娘诚挚的话语打动了，他在一张卡片上写道："请让这位姑娘通行，因为她是一位信得过的姑娘。"

没有人不喜欢真诚，有了这张通行证，你就会在生活中畅通无阻，一帆风顺。

人与人之间相处的基本原则就是真诚，对待每一个人都一样。生活是一面镜子，你付出多少，就能获得多少。只要你真诚对待每一个人，相应地，每一个人才会真诚地对待你。

完善的人格魅力，其基本点就是真诚，而真诚待人、恪守诚信亦是赢得人心、产生吸引力的必要前提。待人心诚一点、守信一点，能更多地获得他人的信赖与理解，能得到更多的支持与合作，由此可以获得更多的成功机遇。

真心诚意不仅可以解除对方的武装，还可以激起对方的同情之心，因而松懈了他自己的立场"看他那么真心诚意，就接受他的要求吧！"一般人总是会这样想。因为如果拒绝，自己多少也会自责，认为自己太无情了，因而难过半天。这是人性中"善"的作用，是很奇妙也很微妙的现象。

如果每个人多一点真诚，这个世界就会少一点误会；如果每个人多一点真诚，这个世界就会少一点摩擦；如果每个人多一点真诚，这个世界就会多一点和谐；如果每个人多一点真诚，这个世界就会多一点关怀与爱心。

我们应该时刻铭记：真诚是为人之本。

▶ 勇敢的心灵

开放的心灵才会勇敢

开放的心灵才能自由自在，才会变得更加勇敢。

如果你的心灵过于封闭，不能接纳别人新的观念，就等于锁上了一扇门，从而禁锢了你自己的心灵。

一百年前，莱特兄弟尝试飞行时，受到旁人的嘲笑；不久之后，林白成功地飞越大西洋。到现在，如果有人预言人类将移民到月球上，很少有人会怀疑它的可行性。故步自封的人将会受到后世人的轻视。

封闭的心像一池死水，永远没有机会进步。拥有开放的心，你才能充分利用成功的第一原则：一个人只要对自己的信念坚定不移，就没有做不到的事情。思想开明的人，在各行各业都能有杰出的表现，而故步自封的愚者仍然高声喊着："不可能！"你应该善用自己的能力。

你是否常说"我会"及"我做得到"；或者只会说"没办法"，而在此时别人已经做到了。

你必须对自己、对你的伙伴及造物者、对整个宇宙都有信心，只有如此，你才能拥有开放的心。

迷信的时代已经过去了，但偏见的阴影依然笼罩着。好好检讨你的个性，就能够拨云见日。你的决定是否理性并合乎逻辑，且不会受到情绪及偏见的影响？对于别人的言论，你是否专注地倾听及思考？你是否求证事实，而不相信道听途说及谣言？

人类的心灵必须不断地接受新思想的洗礼和冲击，否则就会枯萎。作战时常利用洗脑的方式，改造敌人的思想。彻底孤立一个人，切断书籍、报纸、收音机、电视等所有外界的资讯来源。在此种情况下，智慧因为缺乏营养而死亡，能使一个人的意志力迅速崩溃。

你是否把自己的心灵关在社会及文化的营地之外？你是否有意地阻碍自己所有的成功思想？若是如此，现在就是扫除偏见的时候。让智慧增长，打开你的心，让它自由。唯有如此，你才会获得追求成功的勇气。

净化你的心灵

在当今这个纷繁复杂的社会，简单化是对心灵的一种净化，这经常表现在一种单纯的生活方式上：较单纯的饮食、更有规律的日常作息、更聪明地利用时间、减轻财物上的混乱、减少无谓的参与。换言之，简单化就是轻世俗，增加宁静。

有时我们会渴望拥有简单的生活。当你思慕这样的生活时，内心渴望的具体事物又是什么呢？是隐居乡间以便"避开一切"，还是希望能集中一切精力来面对某些重要的事情？是逃避每天生活所带来的压力和责任，还是希望能抽出一些时间来放松一下，寻求些许快乐？

真正的幸福是发自内心的，选择一种简单的生活就是挣脱心灵的桎梏、回归真我、重新找回纯真的笑容。简单而艺术地生活恐怕是大多数现代人所向往的一种至高境界。

俄国著名作家列夫·托尔斯泰笔下的安娜·卡列尼娜以一袭简洁的黑长裙在华贵的晚宴上亮相，惊艳无比，令周遭的妖娆"粉黛"颜色尽失。

经历了极度的奢靡后，简约主义的设计风格又开始盛行。线条简单，色泽朴素，人们力图以最少的材料达到最大的功能需要。

当我们的生活方式趋于简单化时，我们将更能真诚地对待自己，我们也将更乐于参与各种活动。除了能实现自我的理想之外，更能超越自己，对他人有所贡献。

追求简单的旅程中，我们必须了解自己的需要，必须明白自己贡献出来的东西是什么，而唯有确立这一目标，我们在面临挑战时才能充满勇气。

在这段旅程中，你终将发现，追求简单是你心灵最深处的需求。

自信会使你变得勇敢

一个穷人为农场主搬东西的时候，失手打碎了一个花瓶。农场主要穷人赔，穷人哪里能赔得起？

穷人被逼无奈，只好去教堂向神父讨主意。神父说："听说有一种能将破碎的花瓶粘起来的技术，你不如去学这种技术，只要将农场主的花瓶粘得完好如初，不就可以了吗？"穷人听了直摇头，说："哪里会有这样神奇的技术？将一个破花瓶粘得完好如初，这是不可能的。"神父说："这样吧，教堂后面有个石壁，上帝就待在那里，只要你对着石壁大声说话，上帝就会答应你的。"

于是，穷人来到石壁前说："上帝请您帮助我，只要您帮助我，我相信我能将花瓶粘好。"

话音刚落，上帝回答了他："能将花瓶粘好。"于是穷人信心百倍，辞别神父，去学粘花瓶的技术去了。

一年以后，这个穷人通过不懈的努力，终于掌握了将碎花瓶粘得天衣无缝的本领。他真的将那件碎花瓶粘得像没破时一样，还给了农场主。他想感谢上帝，于是又去了教堂。神父将他领到了那座石壁前，笑着说："你不用感谢上帝，你要感谢就感谢你自己吧。因为是你的自信使你变得有勇气去完成以前你认为不可能完成的事情。你就是你自己的上帝。"

你就是你自己的上帝。只要你有信心，上帝随时会在你身边。

信心是一切成就自己强项的基础。在你自信能完成一件事情的时候，会有一种巨大的力量。

对自己有极大信心的人不会怀疑自己是否处在合适的位置上，不会怀疑自己的能力，更不会担心自己的未来。

处于信心庇护下的人能从束缚、担忧和焦虑中解放出来。你有行动的自由，你的能力就可以自由发挥，而这两种自由对取得巨大的成就是必不可少的。你的精神受到担忧、焦虑、恐惧或无把握感的束缚和妨碍时，你的大脑就不能有效地指挥你去完成工作。同样，当你的身体受到束缚时，你的身体机能也不可能最有效率地开展工作。对绝佳的脑力工作而言，思想的自由是绝对不可少的。不确定感和怀疑心态是集中心志的两大敌人，而集中心志是一切成就的秘密之所在。

信心是一块伟大的基石。在人们作出努力的所有方面，信心都能造就奇迹。在《圣经》中，"你的成功取决于你的信心"这一观念一再得到重申。正是信心使你的力量倍增，更使你的才能增加数倍；而如果没有信心，你将一事无成。即使你是一个强有力的人，一旦你对自己或对自己的才能失去信心，那你就会被迅速地剥夺一切力量，变得不堪一击。

信心是主观和客观之间，或者说是你的灵魂与肉体之间的一个巨大的联系环节。信心能开启守卫生命真正源泉的大门，正是借助于你的自信，你才能发现你是多么勇敢。

你的人生是辉煌还是平庸，是伟大还是渺小，与你自信的远见和力量成正比。

有时候你会不"相信"你的信心，因为你不知道信心为何物。

信心其实是一种精神或心理能力，这种东西不能被猜测、想象或怀疑，但能被感知；它能洞悉全部人生之路，而其他的心理能力则只能看到眼前，不能深谋远虑。

信心能提升你的素质，对你的理想也有十分重大的影响。信心能使你站得更高、看得更远，能使你站在高山之巅，眺望远方看到充满希望的大地。信心是"真理和智慧之光"。

导致那些伟大发现的往往是高贵的信心而非任何怀疑、畏难情绪。是信心，是高贵的信心一直在造就伟大的发明家和工程师，以及各行各业辛勤努力而又成绩斐然的人们。

那些对将来丝毫不存恐惧之心的年轻人往往都是深信自己能力的人。自信不仅仅是困难的克星，还是贫穷的敌人，是摆脱贫穷最好的资本。无资财但极具自信心的人往往能创造奇迹，而光有资财却无信心的人则常常遭到失败。

如果你相信自己，那么与你贬损自己、缺乏信心相比，你更可能取得巨大的成就。

如果你能衡量自己信心的大小，那么，你便能据此很好地估计自己的前途。信心不足的人不可能发掘强项，不可能成就大事。如果你的信心极弱，那你的努力程度也就微乎其微。

哈伯德曾经说过："如果仅抱着微小的希望，那么也就只能产生微小的结果。"人是有着无限力量的，当你发挥出你的个性时，最能使人生有所发展。你的能力都深深地埋在地下，若能把它挖掘出来，发展下去，人生就会有惊人的发展，不可能的事也会陆陆续续地变成可能。但是，这要看你是否有勇气选择自己应该走的路。而这种勇气就来自你的信心。你有了某种决心，并且相信有实现的可能性时，各方面的东西都会动起来，把你推向实现的方向。

不管你现在处在何种恶劣的环境中，都不要被环境打垮，而是要更加努力奋发，向着更大的目标挑战。竞争时代，适者生存，同时也为每个人提供了广阔的舞台。只有知难而进，用自己的心去走路，踏踏实实地一步一个脚印地走，才能发掘出自身的价值，创造出属于自己的一片天地。

创新的价值

创新是走向成功的必由之路

创新是文明进化永恒的动力。人类的文明史，就是不断创新的过程。每一次重大创新的出现，都宣告了一个旧时代的结束和一个新时代的开始。

火药把骑士阶层炸得粉碎，指南针打开了世界市场并使西方建立了殖民地，而印刷术则变成了新教的工具，总的说来变成了科学复兴的手段，变成对精神发展创造必要前提的最强大的杠杆。纸的发明则使知识不再为少数人所垄断，它使知识得以迅速传播与普及。电脑与网络的发明和普及又使人类进入了信息时代。

历史的发展表明，哪一个民族或国家如果善于创新就发展迅速、就日益强大；如果因循守旧，就日渐衰落，在世界上就会处于被动挨打的地位。

民族与国家的经济竞争，实际上是创新能力和创新规模的竞争。创新是一个民族最重要的素质，是一个国家永立世界之林的可靠保证；同时也是一个民族进步的灵魂，是一个国家兴旺发达的不竭动力。

人类社会的发展史证明，创新能力是科技与社会发展的决定性力量。没有创新能力的人，不可能开拓进取；没有创新精神的民族，难以实现繁荣和持续发展；没有创新发展的时代，必将黯淡而平庸。

拿破仑·希尔认为：创新是一种力量，是幸福的源泉。英国著名哲学家罗素则把创新看作是"快乐的生活"。苏联教育家苏霍姆林斯基说：创新是生活中最大的乐趣，幸福是在创新中诞生的。阿尔伯特·哈伯德也认为：创新是走向成功的必由之路。

世界上因创新而成功的人数不胜数。

美国实业家罗宾·维勒就是一例，他的成功秘诀是"永远做一个不向现实妥协的叛逆者"。

维勒经营着一家小规模的皮鞋厂，只有十几个雇工。他很清楚自己的工厂规模小，要挣到大钱是很困难的。资本少、规模小，人力资源又不够，无论从哪一方面都不能和强大的同行相抗衡。那么，怎样改变这种局面呢？

维勒在皮鞋款式上下了许多功夫。他想只要自己能够翻出新花样、新款式，不断变换、不断创新，就可以为自己打开一条新的出路。他召集工厂的十几个工人开了个皮鞋款式改革会议，并要求他们各尽所能设计新款鞋样。

维勒还特设了一个奖励办法：凡设计出的样式被公司采用者，可得到1000美元的奖励；若是通过改良被采用的，奖励500美元；即使没被采用，但别具匠心的仍可获得100美元。

维勒的这一想法果然奏效，没过多久被采用的3款鞋样便试行生产了，当然这3名设计者也分别得到了应得的1000美元的奖励。

第一批生产出的产品，被送往各大城市进行推销，顾客都很欣赏这些款式新颖的皮鞋，这些皮鞋在很短时间内便被抢购一空。

两个星期后，维勒的工厂便收到了2700多份订单，这使得工人们必须加班加点。维勒的生意越做越大，公司已在原来的规模上，扩充成18间规模庞大的工厂了。

然而，这又促使了新的危机的产生，皮鞋工厂一多起来，做皮鞋的技工便显得供不应求了。其他的工厂都出重金挽留住自己的工人，即使维勒提高工资也难以把工人从其他工厂拉过来。没有工人，工厂将难以维持，这是最令维勒头疼的事了。他接了不少订单，但若在规定的期限内交不上货，那么他将赔偿巨额的违约金。维勒为此煞费脑筋。他召集18家皮鞋工厂的工人开了一次会议。他坚信，众人协力，定能把问题解决。

维勒把没有工人的难题告知大家，并宣布了创新有奖的办法。会场陷入了寂静，人们都在埋头苦想。过了片刻，一个不起眼的毛头小伙举起了右手，在维勒应允后，他站起来发言："罗宾先生，没有工人，我们可以用机器来造皮鞋。"维勒还未表态，底下就有人嘲讽说："小子，用什么机器造鞋呀？你能给我们造台这样的机器吗？"那小工听了，怯生生地坐回了原位。

这时维勒却走到了他的身旁，然后挽着他的手把他拉到了主席台上，朗声向大家宣布："诸位，这个孩子说得很对，虽然他还造不出这种机器，但这个想法很重要，很有用处。只要我们沿着这个思路想下去，问题肯定会很快解决的。我们永远不能安于现状，不能把思维局限于一定的框架之中，这样我们才能不断地创新。现在，我宣布这个孩子可获得 500 美元奖金。"

通过 4 个多月的研究和实验，维勒的皮鞋工厂中很大一部分工作已经被机器取代了。

最终，罗宾·维勒成为美国商业界的一大奇才。他的成功告诉我们：创新是企业与个人成功的捷径，只有那些独具创新能力和创新精神的人，才能真正抵达成功的彼岸。

要勇于创新

伊索寓言里有这样一个故事：有一天，动物们在森林里聚会，突然间一只猴子跑出来跳舞，动物们看到它的舞姿都赞不绝口。你一句，我一句，大家都热情地赞美猴子。

一只坐在角落里的骆驼看到这样的情况，心里非常羡慕。骆驼心想："我得想个办法，让大家称赞我一番。"

于是，骆驼就站起来大声说："各位，请安静一下，我要跳一支骆驼舞给大家看。"动物们听了都很兴奋，睁大眼睛看着。

骆驼鞠躬之后，开始摇摆身体，它滑稽、丑陋的舞姿，不仅没有获得动物们的赞美，反而引来大家的哄堂大笑。

骆驼觉得很难为情，就偷偷地溜出森林躲起来了。

寓言中的骆驼因为愚蠢的模仿，遭到了大家的嘲笑。其实，并不是所有模仿都会落得如此不堪的下场。模仿可以分两种：一种是愚昧无知、不用大脑、东施效颦式的模仿；另一种是智慧型的模仿，即在模仿的时候发挥自己的创新意识。

那么什么是创新意识，怎么判断自己有没有创新意识呢？研究发现，具备充沛创造力的人，通常具有下列几种特质：

（1）敏感：凡事能由不同的角度去观察，注意到别人所没有注意的。

（2）流畅：能想出多个可能性或多个答案。思路通畅、洋洋洒洒、旁征博引。

（3）变通：能发现方法，改变观念、事物与习惯来适应现实情况。触类旁通、举一反三、随机应变。

（4）独创：有新颖的想法，有出人意料的答案或反应。

（5）冒险：有猜测、尝试并面对批判的勇气，敢坚持己见，以及能应付未知的状况。

（6）好奇：对事物易产生疑惑，并努力探询、调查，寻找解答。

（7）想象：能将脑中意象构思出来，甚至具体化，想象使其超越现实限制。

（8）分析：会检查事物的每一部分，探讨、了解彼此的关系，并将其分门别类、相互比较、依序排列。

（9）综合：能把事物的细节组合起来，成为一个整体。综合是组合重建、包罗万象、综合归纳。

智慧型的模仿或者说创造型的模仿是建立在发挥自己的特性、肯定自我的基础之上，不仅要学习别人的经验，还要能不拘一格，不断地寻找更多、更有效的方法，去完成你的心愿。

借鉴别人的经验是非常必要的。但是，科学从本质上来说是批判性的，新的东西来源于新的思路、新的方法，而新的思路、方法正是对传统框架的破坏和批判。不破不立，破才能立，破是为了立。因此，批判的态度是激发创造性思维的动力，批判的精神是科学家的可贵品质。

但是要表现出这种批判的态度是需要勇气的，因为传统的东西往往有着深厚的根基和众多的拥护者，这也是导致许多人不加分析地跟着别人走的原因。18世纪化学界流行"燃素说"，它是由法国化学家贝歇尔提出，后由其学生斯塔肖发展成"学说"的。这种认为物体能燃烧是由于物体内含有燃素的错误学说，严重束缚了人们的思想，误导许多科学家都去积极寻找燃素，没有一个人对此表示怀疑。瑞典化学家舍勒也是热衷于燃素的人，他从硝酸盐、碳酸盐的实验中，得到一种气体，实际上就是氧气。他不受燃素说的影响，当时就得到了氧气的发现权。英国人普利斯特在实验中也得到了氧气。可是因为也笃信燃素说，而把氧气说成"脱燃素的空气"，与舍勒命运相同，但由于缺乏创新的勇气，只好把自己的科研成果拱手让给了别人。

后来，普利斯特把加热氧化汞取得"脱燃素的空气"的实验告诉了拉瓦锡。拉瓦锡却未从众，他不受燃素说的束缚，大胆地提出怀疑，经过分析，终于取得了氧气的发现权，使化学理论进入了一个新时期。

努力培养你的创新能力

创新能力不是与生俱来的能力，它往往是一种潜藏的能力，它可以通过后天有意识的培养而得到增强。

创新意识是创新能力的基础。创新意识是指人们根据社会发展的需要，引起创造以前不曾有的事物或思想的动机，并在创造中表现出自己的意向、愿望和设想。它是人们进行创造活动的出发点和内在动力，是创造性思维产生的前提。创新意识包括创造动机、创造兴趣、创造情感和创造意志。创造动机是创新活动的动力因素，它能推动和激励人们发动与维持创新活动；创造兴趣能促进创新活动的成功，是促进人们积极寻求新奇事物的一种心理倾向；创造情感是引起、推进乃至完成创新的心理因素，只有具备正确的创造情感才能创新成功；创造意志是在创新中克服困难、冲破阻碍的顽强毅力和不屈不挠的精神，是心理因素，具有目的性、顽强性和克制性。

创新意识是创造性人才所必须具备的，培养创造性人才的起点是创新意识的培养和开发。而创新意识实际上是要我们改变传统的思维方式，改变传统的提出问题、思考问题的方式。在这个多变的时代，如果做不到这一点，即便是拥有了最新的知识，也会在激烈的竞争中被淘汰。今天你如果不生活在未来，那么明天你将生活在过去。这绝不是危言耸听，在新的时代，由于新旧事物更替速度加快，我们的思维方式也必须顺应形势的需要，对各种事物多用异样的眼光审视它，多从不同的角度观察它。

爱因斯坦曾经分析过创新的机制，他认为创新机制就是：由于知识的继承性，在每个人的头脑里都容易形成一个比较固定的概念世界，而当某一经验与这一概念世界发生冲突时，惊奇就会产生，问题也开始出现。而人们摆脱"惊奇"和消除疑问的愿望便构成了创新的最初冲动，因此，"提出问题"是创新的前提。而恰恰是这个"提出问题"的环节，对我们来说可能非常困难。也许你认为个人的观念带有很强的主观性，容易随环境、形势、条件等的变化而变化，但实际上并非如此。相反的是，一旦某种观念在我们的头脑中形成，要改变甚至放弃这种观念将是异常艰难的，但是我们又必须克服这种困难。因此在未来的时代，新事物、新观点、新概念的出现是如此之多，又是如此之快，我们几乎每时每刻都受到"更新"的剧烈冲击。别人更新，我们要接受，就必须更新自己旧有的东西；我们要挑战、要竞争、要胜利，就更需要更新自己旧的东西和属于他人的东西。怎么办？关键就是要学会创新。

诺贝尔物理学奖获得者朱棣文在接受《中国青年报》记者采访时，曾说过这样一句话："科学的最高目标是要不断地发现新东西，因此，要想在科学上取得成功，最重要的一点就是要学会用与别人不同的方式、别人忽略的方式来思考问题。"对我们每个人来说，不仅是在科学上，在任何一个领域、任何一项事业中都必须学会用与别人不同的方式来思考问题，学会用别人忽略的方式来思考问题。

创新意识的形成不是一蹴而就的，它需要我们长期地培养。按照著名经济学家熊彼特的说法，创新的核心含义是"引入新要素""实现新组合"。他认为创新就是要求在原有框架中引入新要素，因而必然包含着对旧有的"创造性破坏"。这对于我们开发、培养创新意识是有启迪的。我们在接触一个事物、思考一个问题的时候，要养成敢于打破常规，从别人认为是荒诞的、离奇的、不可思议的角度思考问题的习惯，大胆引进新的东西。另有人指出：观念的创新实际上是"旧的成分的缩合"。这也提醒我们在思考问题的时候，可以大胆地进行缩合新组的设想。只要我们有意识地按照上述原则来锻炼自己多角度、多维度地分析思考问题，创新意识就会逐渐地扎根于我们的头脑之中，我们也会自觉不自觉地以创新的眼光安排、设计我们的一切。

我们已经知道，根据心理学家的研究，创新能力是人类特有的综合能力；构成其心理学基础的主要包括适宜的知识结构、创造性思维和适宜于创造的优良个性品质。这项原理告诉我们，要开发、培养、增强自己的创新能力，就要从以下两方面入手：

（1）要打下扎实的知识基础，重视知识更新和优化知识结构。

（2）要积极开发创造性思维。

▶ 正视你自己

认识你自己

"认识你自己"这个命题太古老了，却历久弥新，是个人人必须时刻面对的问题。

一个人生活在某种环境之中，经常要使自己能够和环境相适应。这时他对自身的了解是十分重要的。

能否正确地认识自我、面对自我的本来面目，能否勇敢地接受现实、接受自我，是一个人心理是否健康、成熟，能否超越自我、突破自我的重要因素。我们经常发现这样一种人，由于他对自身的某方面不满意，因而拒绝认识自己，不承认或不接受自己的真正面目，非得伪装出另一个表象来。有人不愿意承认自己能力的限度，盲目地去从事力所不能的事情；有人出身贫贱，却极力想挤入权贵的行列；有人把真正的自我掩藏在伪装之中，希望在别人眼中建立另外一个自我形象，他们缺乏接受自我的勇气，不能容纳自己。

不能容纳自己的人，或者离群索居不和别人交往，或者自暴自弃不思进取，或者对别人采取不友好的敌视态度。

社会学中将自我认识称为人的"第二次诞生"，也就是继肉体自我诞生之后，精神自我的诞生。而"第二次诞生"主要来自以下三个方面：

（1）从与别人的比较中认识自我。

通过与周围人的比较，与圣贤或普通人的比较，认识自我在这些参照系中所处的位置或水平。

（2）从别人的态度中把握自我。

在社会交际中，他人就是一面镜子，只有在与他人的互相比较中，我们才能了解自我。我们因看不见自己的面貌，就得照镜子。我们估量自己的人格品质和行为，就得利用别人对自己的态度和反应，以此来获得一些评价，并通过这些评价来了解和认识自我。

（3）从工作业绩上认识自我。

这里所说的工作，乃是广义的，并非局限于课业或生产性的行为，所有各方面的活动，如文学的、艺术的、科学的、技术的、社会的、体能的等等，均包括在内。每个人所具潜能的性质不相同，有人拙于文字而长于工艺，有人不善辞令而精于计算。如果只看少数项目上的成绩，往往不能察见一个人的才能和禀赋的全貌。因此，要全面客观并从工作业绩中认识自我。

要想正确地认识自我，一定要正视自己身上有损人格魅力的弱点。一个人格健全的人，应能和现实环境保持良好的接触，对环境能做正确、客观的观察，并能做快速、有效的适应。对于生活中的各项问题，能以切实的方法加以处理，而不是企图逃避。

能够正确认识自我的人既能接受自己的长处，又能容忍自己某些方面的短处。当然每个人都会努力谋求自身的发展，也会希望增进本身的各项品质，使自己趋于更完美的境地。但是人也常各有其短处或缺陷，其中有一些可能是无法补救的，或者是只能做有限度的改善。在这种情况之下，能够正确认识自我的人就能泰然接受那种缺陷，而不是以它为羞惭。这样他就无须花费气力及精神，在别人面前做掩饰，或采取其他防卫行为，由此他才能集中全力来发展自己。

做好你自己

哈伯德曾说：其实，在这个世界上的每个人都是一个财富的仓库，只不过你没有发现而已。

有这样两个人，一个是体弱的富翁，一个是健康的穷汉。两个人相互羡慕着对方。富翁为了得到健康，乐意让出他的财富；穷汉为了成为富翁，随时愿意舍弃健康。

听说一位闻名世界的外科医生发明了人脑交换方法。富翁赶紧提出要和穷汉交换大脑。其结果，富翁会变穷，但能得到健康的身体；穷汉会富有，但将病魔缠身。

手术成功了。穷汉成为富翁，富翁变成了穷汉。

但不久，成为穷汉的富翁由于有了强健的体魄，又有着成功的意识，渐渐地又积累起了财富。可同时，他总是担忧着自己的健康，一感到轻微的不舒服便大惊小怪。由于他总是那样担惊受怕，久而久之，他那极好的身体又回到原来那多病的状态中，或者说，他又回到以前那种富有而体弱的状态中。

那么，另一位新富翁又怎样呢？他总算有了钱，但身体虚弱。然而，他总是忘不了自己是个穷汉，有着失败的意识。他不想用换脑得来的钱建立一种新生活，而是不断地把钱浪费在无用的投资里，应了"老鼠不留隔夜食"这句老话。钱不久便挥霍殆尽，他又变成原来的穷汉。然而，由于他无忧无虑，换脑时带来的疾病不知不觉地消失了，他又像以前那样有了一副健康的身子骨。最后，两个人都回到了原来的模样。

这个故事告诉我们：做人永远是做自己最好，别太羡慕别人。因为每个人都有自己的优势，也许自己有的，他人却没有。而成功与否也不在于你是谁，只要努力了，你也能成功，能够取得向往的一切。

有人常常感叹世道不公，为何自己囊中空空，但仔细想一想，如果给你换掉大脑，你是否最终仍会回到原来的模样。

你永远是你自己，不会因为什么而改变。如果你彻底明白了这个道理，就能够做好你自己了。

金无足赤，人无完人。但是每一个来到这个世界上的人都有一个属于他自己的位置，即有些人所说的人生坐标，谁在最短的时间内找到了自己的人生坐标，谁就取得了获得成功的优先权。

半杯水，有人看到的是空的那一半，有人看到的则是有水的那一半。我们当然不能糊里糊涂地把半杯水看成一杯水，但更不应该只看到那空的一半。在因严重缺水而生命垂危的情况下，"只有半杯水"和"还有半杯水"这两种不同的信念，甚至可以决定一个人的生死。对一个人的认识和评价正是如此，积极而正确的评价可以给一个人巨大的前进动力，而消极的评价尽管也符合事实，却往往会使人失去奋斗的勇气和生活的乐趣。因此，不论对自己还是对他人，我们都要尽可能地把最好的一面挖掘出来。

　　我们只有做好自己，才能更好地发展和完善自己，才能更好地激励自己和他人。

► **规划好未来**

要对自己的未来有所预见

做人应该对自己的未来有所预见，否则就可能招致麻烦或使自己陷入险境。

公元前415年，雅典人准备攻击西西里岛，他们以为战争会给他们带来财富和权力，但是他们没有考虑到战争的危险性和西西里人抵抗战争的顽强性。由于求胜心切，战线拉得太长，他们的力量被分散了，再加上面对着所有联合起来的敌人，他们更难以应付了。雅典的远征导致了历史上最伟大的一个文明的覆亡。

一时的心血来潮引来了雅典人的灭顶之灾，胜利的果实的确诱人，但远方隐约浮现的灾难更加可怕。因此，不要只想着胜利，还要考虑潜在的危险，这种危险有可能是致命的。不要因为一时的心血来潮而毁灭了自己。

对自己的未来没有预见的人，往往会被眼前的利益蒙蔽住双眼，而看不到远方的危险。所以，要学会高瞻远瞩，培养自己预见未来的能力。

感觉经常会欺骗自己，那些自认为拥有预见未来能力的人，事实上只是屈服于欲望，沉湎于自己的想象而已。他们的目标往往不切实际，会随着周围状况的改变而改变。

1848年的法国大选实际上是梯也尔和卡芬雅克将军之间的较量。梯也尔把伟大的拿破仑将军的侄孙——路易·波拿巴扶上台，企图让他成为自己的傀儡。路易·波拿巴看起来没有丝毫优越的地方，但是他的姓氏让人民以为他是一个强有力的统治者。最终波拿巴在大选中以极大的优势获胜了。

但是梯也尔没有预见到波拿巴的勃勃野心，3年后波拿巴解散了国会，自立为帝，解除了梯也尔的职位。梯也尔为以前所做的事后悔莫及。

过程并不重要，重要的是结果。要时刻保持清醒的头脑，考虑到一切存在的可能，根据变化随时调整自己的计划。世事变幻莫测，过分苛求一项计划是不明智的；一旦未来会出现的种种可能得到了检验，就应该确定自己的目标，同时要明智地为自己准备好退路。实现自己的目标可以有多种途径，不必抓住一个不放。

做任何事都要建立在对未来有所预见的基础上，这样才能指导你控制自己的情绪，并且不会受到其他情况的诱惑。许多人功亏一篑就是因为对未来没有预见，头脑模糊，意识不明确。有的人认为自己可以控制事态的发展，但是在实践的过程中往往因为思想模糊不清而失败。他们计划得太多，不懂得随机应变，没有预见的计划是没有什么好处的。未来是不确定的，计划在不确定因素面前无能为力，所以，只有拥有确定的目标和长远的计划再加上随机应变，才能取得成功。

错误是可以避免的，你总能看到一点蛛丝马迹来防止犯错。计划一定要周密，要有明确的目标，模糊的计划只能让你在麻烦中越陷越深。预见未来的能力要不断地探索才能逐渐培养起来。

未来是不确定的，计划在不确定因素面前也无能为力，所以你必须随机应变，前提就是你必须拥有确定的目标和长远的计划。

致力于创造自己的未来

美国著名学者丹尼斯·威特勒教授通过对奥林匹克运动员、商业界总经理、宇航员、政府领导人等的多年研究，发现他们与普通人最大的区别就在于他们对成功的态度：他们都具有自信心，相信自己能够创造自己的未来。

威特勒教授指出，普通人要想建立像这些成功人士一样相信自己能够创造未来的信心也不难，只要按照以下3点去做就可以了。

（1）要有勇气改变自己的命运。

种瓜得瓜，种豆得豆。我们所得的报酬取决于我们所做的贡献。你也许会因自己在生活中的位置荣获赞誉或者蒙受耻辱。有责任心的人关注的是那些束缚自己的枷锁，在关键时刻，宣告自己的独立。

乔·索雷蒂诺在市中心的居民区长大，是一伙小流氓的头儿，并在少年教养院待过一段时间。但是，他一直记着一位中学教师对他在学术方面能力的信任。他觉得他成功的唯一希望就是抛开他那可怜的中学历史，完成学业。于是，他在20岁的时候重返夜校，继续在大学就读，并在那里以优异的成绩毕业。接着，他又全修了哈佛法学院的课程，成了洛杉矶少年法庭的一位出色的法官。假如乔·索雷蒂诺没有勇气改变自己的命运，那么，这一切都是不会发生的。

（2）发现自己的才能，并不屈服于任何人。

在莎士比亚的名剧《哈姆雷特》中，大臣波洛涅斯告诉他的儿子："至关重要的是，你必须对自己忠实；正像有了白昼才有黑夜一样，对自己忠实，才不会对别人欺诈。"波洛涅斯劝告儿子要依靠自身最坚定的信念和能力去生活，去正视不同的世界，但是，必须尊重他人的权利。

然而，大多数人总发现自己在犹豫之中。怎样做才能不虚度一生？怎样才能知道自己选择了合适的职业或恰当的目标呢？威特勒教授的研究结果和经历证实，与其让双亲、老师、朋友或经济学家为我们制订长远规划，还不如自己来了解一下我们擅长做什么。

由于中学时一直取得优等成绩，威特勒被安纳波利斯的美国海军专科学院录取。当时，他发现在那里毕业将会是一场战斗。为了取悦父亲，他上了这个定向于工程学的专科学校。但是却不知不觉地远离了他天生喜爱的专业：通信和人类交往。后来的海军生活使他懂得了约束自己、调整目标和协调工作。但是，找到他真正喜爱的能够显示自己才能的职业却花费了将近30年。

（3）适应而不是逃避现实。

能力与一个人的事业、思想和身体素质关系密切。压力之下，我们许多人会变得沮丧，失去对生活的向往和追求，而沉溺于酗酒，大量地吸烟或依赖镇静药剂，以逃避现实。酒精和其他抗忧虑剂可以暂时减少我们对失败和痛苦的畏惧心理，但也阻碍了我们去学会承受这些压力。

适应生活压力的最好方法之一就是，简单地把它们作为正常的东西加以接受。

生活中的逆境和失败，如果我们把它们作为正常的反馈来看待，就会帮助我们增强免疫力，防御那些有害的反应。

约翰·加德纳在他的《自我恢复》一文中指出：生活中成功者的成长不是靠运气，而是源于理智。他们追求成功靠的是他们的潜力和对生活的要求之间无止境的矛盾斗争。

总而言之，失败者乞求机遇降临，成功者致力于创造未来。

▶
人人有专长

发挥专长，做到最好

市场经济的游戏规则是每一个人依靠为他人提供服务与商品而生存。当有很多人需要你提供的服务，而你又变得不可替代时，你往往就成为一个重要人物。那么如何变得不可替代呢？那就需要你培养自己的专长。

你的专长就是你与众不同之处。这种专长可以是一种手艺、一种技能、一门学问、一种特殊的能力或者只是直觉。你可以是厨师、木匠、裁缝、鞋匠、修理工等等，也可以是机械工程师、软件工程师、服装设计师、律师、广告设计人员、建筑师、作家、商务谈判高手、"企业家"或"领导者"等等，而如果你想成功的话，你不能什么都不是。成功者的普遍特征之一就是，他们由于具有出色的专长，从而在一定范围内成为不可缺少的人物。

大家都知道：福特的专长是制造汽车，爱迪生的专长是发明各种令人激动的"小玩意儿"，皮尔·卡丹的专长是服装的设计与制作，曾宪梓的专长是做质量最好的领带，阿迪·达斯勒的专长是制鞋，迪士尼的专长是画动画，盖茨的专长是编写软件与管理，巴菲特的专长是对华尔街的历史与现状了如指掌。上面所提到的这些人一开始都不能算是重要人物，但由于他们的专长不断发展，加上其他条件的配合，他们获得了成功。

我们依靠为他人提供服务和商品而生存，因此如果你培养起了自己的专长，往往你的工作就更具有价值。所以从现在开始，如果你还没有专长，你就要确定方向，然后进行专业上的投资，你要花费时间、精力与汗水，持之以恒，努力使自己成为这一领域最出色的人；如果你已经有了一种技能但还不能说精于此道，那么你也同样要进行专业方面的投资。要全力以赴，使自己变得与众不同。

我们想一下，如果你没有任何专长，那是一件多么可怕的事情。你制作一张桌子，需要 3 天时间，而木匠只需要 3 小时；你设计并制作一套服装需要一周时间，而裁缝只要一天；你制作一份商务合同要查阅各种资料，而一个律师在一个小时内就能起草完毕；由于你不了解谈判的技巧、不知道相关领域的知识，你推销产品总是不顺利，而你的同事干一天的销售量就相当于你干半个月；如果你的上司要你设计一个简单的工资管理程序，你还要从头学起。那么你如何在竞争激烈的社会中脱颖而出呢？你的竞争优势在哪里？为什么别人要找你，而不是找他呢？你凭什么要求你的上司提拔你而不是提拔他呢？

所以，在你有实力经营企业、管理组织之前，先把自己经营好、管理好。成功者会树立起这样的信念：我依靠比别人提供更出色的产品和服务来换取成功。因此，你不仅要有自己的专长，而且要在这一领域压倒周围的人。你想要从一个从来就表现平平的人在一夜之间脱颖而出是不可能的。

为了发展你的专长，从今天开始你要做到两点：

（1）利用一切可能的机会提高自己专门领域的知识与技能，你要努力做更可口的菜，你要努力制造质量更好的物品，你要努力编写更实用的软件，你要努力写更漂亮的文章。

（2）如果你的产品是直接交付客户的，那么一定要精益求精，无论他付给你的价格是较高的还是一般。如果你长期这样做，不仅你的技艺会不断提高，而且你还会在这一领域建立起自己的信誉。而信誉一旦建立，就会为你带来源源不断的财富与利润。

通过对许多成功者的研究，我们发现很多成功者一开始都只是在某个方面有所专长，后来由于其他条件的配合，这些人才从某一领域的专业人员成为完整的成功人士。在白手起家的成功者中，这种情况尤为多见。

取长补短，自我完善

有许多人往往一方面感到自己很有才能，而同时又觉得自己在某一方面或某几个方面有缺陷，由此担心自己无法发展，常常闷闷不乐。这种思想其实是成功的绊脚石，它会破坏一个人成就伟业的信心。一个人在某些方面有弱点，这完全是能够补救和加强的。

通常来说，智力会因运用而有所改变，比如用得越多，智力就越敏锐。在这一方面，住在城市的人往往和住在乡间的人有所差别。住在城市的人日常接触的事情比较多，于是他们的智力和见识往往就比住在乡间的人更高，他们的思维会比住在乡间的人更敏捷，他们的行动也会比住在乡间的人更迅速。究其原因，这是由于不同环境的影响。

如果你在某个方面的才能上有缺陷、有弱点，你就应该在那些方面多加努力，把自己的思想常集中在那些方面，多加思索。这样，思想常常集中的地方，那部分脑细胞就会渐渐发达。所以，常保持着积极的、自信的、愉快的思想，往往就会增强我们的精神机能；而反之，怀疑、恐惧、缺乏自信的思想就会削弱我们的精神机能。

很多人的心灵，都为"无知无识"和"迷信"所拘束，为恐惧、怨恨、烦恼和其他情感所限制，因此他们发挥不出自己固有才能的1/10，而他们的精神也不得自由。这样，养成健全的、正确的思想就成为不可能。

但你如果领会了"习惯成自然"的道理，便不难补救上述种种缺陷。方法无他，就是从头做起，反其道而行之。

将来的思维科学会指导人们，怎样去阻止与消除我们精神上的种种不健康状态，教会我们怎样去补救自己的弱点。脑部机能的平衡发展，才会生出巨大的力量来；而片面的发展实乃人类的一大缺陷，也是人类幸福的一大障碍。

你要相信，每个人都具有专长的潜能，只要你有信心，便可以将这种潜能开发出来，取长补短，达到自我完善的目的。

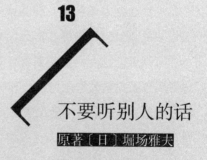

13

不要听别人的话

原著〔日〕堀场雅夫

关于本书

本书的作者堀场雅夫被誉为"日本励志教父"，他是日本堀场制作所股份有限公司董事长，医学博士。于 1924 年生于京都。1945 年，在京都帝国大学（现京都大学）理学系就读期间，创设堀场无线研究所，开始创业。开发成功高精度 HT 计算器。1953 年成立堀场制作所。现在，担任日本新事业支援机构协议会代表干事、创业风险企业国民论坛干事、京都工商会议所副会长、京都风险企业鉴定委员会委员长等职务，同时他还致力于培养创业人才。其著作有：《不想做就放弃！》《有能力的人、没能力的人》《根据自己的"喜好"做事！》等。

《不要听别人的话》是一本为亚洲人量身定做的励志书，曾连续 5 个月位居日本畅销书排行榜榜首，3 个月狂销韩国 60 万册。

本书作者根据自己在商场上多年来摸爬滚打的经历，总结出一条极具震撼力的经验，那就是：不要听别人的话。在我们周围有太多的人，包括领导在遇到困难或必须做出重大选择的时候，首先不是独立思考，而是四处征求别人的意见，然后就按部就班地按照别人提供的意见行动。其实，只有当事人自己最了解情况，最能提出恰当的解决问题的方法。现在依赖心强的人越来越多了，他们不愿意自己去思考，什么事都请教别人的看法。别人的话很多是没有经过认真思考的，而是需要我们将进入耳朵的信息中 1% 的有用信号从 99% 的噪音中筛选出来，这样做费时又费力。在商战中更不能随便听别人的话，必须在内心坚持一个衡量的标准。员工必须具备积极提出新提案的能力，只等待上级指示的时代已经结束。对别人的话，不是要用耳朵，而是要用心去听。

对于那些想做自己喜欢的事情的人，以及那些想提高自身能力的人，作者提出了这样的忠告：即使我们的工作或生活陷入窘境，只要找到适合个人的做法、适合个人的想法，我们就会迎来改变命运的机会。希望本书能为那些想提高自身能力的人带来一股新鲜的空气。

► **不要听别人的话**

不要盲目听信别人的话

印度有句谚语说："不能听信不相信我们的人的话，相信我们的人的话也不能完全听信，这样一来就可以连根拔除盲目听信中产生的危险。"

这句谚语是教我们不要盲目听信别人的话。

我们生存的社会中，经常会飘荡着各种各样的"杂音"，散播着种种"小道消息"。有的人甚至专门以经营此道为生，整日对此津津乐道。人多嘴杂，以讹传讹，事情的真相就会被掩盖。如果不加辨别，必将上当受骗。

我们周围，相信传言的大有人在。大至国家大事，小到个人私事，总有一些毫无根据的谣传，也总有一些人轻信上当。结果，凭空给自己增加烦恼，或者造成更大的灾祸。

1983 年年底，我们国家为改善国民生活条件，提高人民生活水平，决定大幅度降低化纤品的出售价格，同时提高一些棉织品的价格。这对人民群众来说，无疑是一个福音。可是，不久流言就传出来了，说棉织品一涨价，别的农产品也要提价。稍有常识的人都会看出，这是毫无根据的谣言。但不少人仍然信以为真，居然大肆抢购各类农产品。如此一来，不少人便因大量积压农产品而吃尽苦头。

盲目轻信别人的话，就会使自己上当，后悔不及。《列子·贪爱》中有这样一则故事：从前秦惠王准备伐蜀，但蜀道艰难，进攻不易。有个蜀侯，生性贪婪而且轻信，秦惠王听说蜀侯有这个特点，就凿了一头石牛，在石牛身上放满了金银珠宝，并宣称这是石牛屙出来的，准备要把它送给蜀国。蜀侯竟然信以为真，便派人修通大道，迎接石牛。于是，秦国大军得以长驱直入，一举灭蜀。

世间事，真相和假象，现象和本质，说的和做的，明的和暗的，有时可能正好相反。世上的话，有人把笑话说成真话，有人把真话说成笑话，也有人为了说笑话而说笑话，更有真话假说或假话真说，对此不可不察。

有的人听张三说一句："李四说了你的坏话。"马上笃信无疑，上门讨理，或者听李四说："我在领导面前为你美言了几句。"于是立即对李四感恩戴德。

这些人的致命弱点就在于，从来不动脑子想一想别人所说的话是否合乎道理，是否符合实际，更不去做一番调查，看看到底是真是假。他们完全失去了对事物的分辨能力，好像脑袋长在别人的肩膀上，一切都按别人的指挥办事。如此一来，哪能不吃亏呢？

看来，别人的话还是不要盲目听信为好，否则，你就可能吃亏上当。

不要把命运交给别人

人生的旅途上，每个人都有各自不同的遭遇，即命运。有的人一帆风顺，屡逢良机，功成名就；有的人历尽坎坷几经磨难，潦倒终生；有的人先苦后甜，结局美满；有的人先甜后苦，抱恨而终。

事实上，人的生命旅程中，会遇到各式各样的矛盾和问题，有些矛盾的出现是出于必然性，有些问题的产生是源于偶然性。这是必然与偶然交错结合的客观因素。加上人的主观努力，改变着事物的运动方向，于是就形成了人的各种遭遇，这就是相互不同的命运。

现实生活中，也不乏向命运挑战的勇士，自强不息战胜厄运的英杰。

著名的音乐家贝多芬，一生时乖命蹇，他17岁时母亲去世，家庭负担沉重地压在他身上；他32岁时耳病加重，最后丧失听力。作为音乐家却听不到声音，命运似乎把他推到了生活和创作的绝路。但贝多芬没有因此而万念俱灰，意志消沉，他始终与厄运抗争，像一株幼芽在巨石下艰难生长那样顽强地生活和创作。他赠友人的一句名言是："我要扼住命运的咽喉，它妄想使我屈服，这绝对办不到。

生活是这样美好，活它一千辈子吧！"

　　但是，我们当今的许多年轻人，在踏上人生旅途后，一遇到考学名落孙山，工作索然无味，恋爱婚姻一波三折等，就开始相信"生死有命，富贵在天"的天命观，从此便无所作为地听从命运的安排，让人生这叶扁舟，无桨无舵地置于生活的海洋，任凭命运的风浪将它飘游、颠簸、淹没。这是多么可惜啊！

　　法国著名作家罗曼·罗兰曾说过：宿命论是那些意志力缺乏的弱者找来的借口。强者、勇者和智者都相信自己的力量，不论他们处于何等艰苦危难的境地，总能满怀信心地扼住命运的咽喉，同各种残酷的厄运拼搏，做主宰自己命运的主人。而只有弱者，才相信天命，听任命运的支配和驱使，把自己的命运轻易交给别人掌握，这样的人是不会取得成功的。

▶ 做你喜欢做的事

做你想做的事

一个人要获得成功，无论他身处哪一个特定的行业，在一定程度上都取决于他是否具备该行业所要求的特长。

没有出色的音乐天赋，你很难成为一名优秀的音乐教师；没有很强的动手能力，你很难在机械领域游刃有余；没有机智老练的经商头脑，你也很难成为一名成功的商人。但是，即使你具备某种特长，也并不会保证你就一定能够成功。

追求成功的过程中，你所拥有的各种才能就如同工具。好的工具固然必不可少，但是能否正确地使用工具同样非常重要。有人可以只用一把锋利的锯子、一把直角尺和一个很好的刨子，就能做出一件漂亮的家具；也有人使用同样的工具却只能仿制出一件拙劣的产品。原因在于后者不懂得如何善用这些精良的工具。你所具备的才能仅仅是工具，你必须在工作中善用它们，充分发挥其作用，方能事业有成。

当然，如果你拥有某一个行业所需要的卓越才能，那么，从事这个行业的工作，你会比别人更容易成功。一般说来，处在能够发挥自己特长的行业里，你会干得更出色，因为你天生就适合干这一行。但是，这种说法具有一定的局限性。任何人都不应该认为，适合自己的职业只能受限于某些与生俱来的资质，无法做更多的选择。

从事任何行业你都有机会成功。即使你没有某一行业所需要的天赋，你仍可以培养和发展相应的才干。这仅仅意味着随着你的成长，你需要去制造自己的"工具"，而不是仅仅使用某些与生俱来的、现成的"工具"。的确，如果你具备某些优秀的特长，那么，在需要这些特长的行业中，你会更容易取得成功。但是，在任何行业里，你都有取得成功的潜能，因为你可以培养和发展任何工作所需要的基本才干。一个正常人与生俱来的素质和潜能，可以帮助他通过学习获得任何工作所需的基本能力。

做你最擅长的事，并且勤奋地工作，当然这是最容易取得成功的。但是，只有做你想做的事，成功后才能获得最大的满足感。

生命的真正意义在于能做自己想做的事情。如果我们总是被迫去做自己不喜欢的事情，却不能做自己想做的事情，我们就不可能拥有真正幸福的生活。可以肯定，每个人都可以并且有能力做自己想做的事，想做某件事情的愿望本身就说明你具备相应的才能或潜质。心中的渴望就是力量的体现。

如果你内心有演奏音乐的渴望，这说明，你所具有的演奏音乐的技能在寻求表述和发展；如果你内心有发明机械设备的渴望，这说明，你所具有的机械方面的技能在寻求表述和发展。

如果你没有能力做某件事，你就绝不会产生去做这件事的渴望；如果你具有想做某件事情的强烈愿望，这本身就可以证明，你在这方面具有很强的能力或潜能。你所要做的，就是去发展它，并正确地运用它。

其他所有条件相同的情况下，最好选择进入一个能够充分发挥自己特长的行业。但是，如果你对某个职业怀有强烈的愿望，那么，你应该遵循愿望的指引，选择这个职业作为你最终的职业目标。

做自己想做的事情，做最符合自己个性、令自己满心愉悦的工作，这是你天生的权利，也是你获得成功的基础。

做你喜欢做的事

每个人都必须当机立断，去做自己喜欢做的事情。我们每个人每天都有许多事可做，但有一条原则不能变，那就是一定要做你最喜欢做的事。

很多人在寻找工作的时候，都不知道自己要做什么，或是逼迫自己硬着头皮去做一些自己不喜欢做的事，这是一件很可悲的事。

一位机械师不喜欢自己的工作想转行，却迟迟下不了决心，因为他已经学了二十几年的机械，如果突然换一份其他的工作，会感到很不适应，尽管不喜欢，却无法抛开累积二十多年的机械专业知识。他想改变，但又甩不掉过去的包袱，自然无法突破。

这是个矛盾，既然知道自己再继续做下去也不会有兴趣，就应该果断地作出决定：转行。做自己喜欢的事情毕竟是令人兴奋的，也更容易激发自己的想象力和创造力，并会最终取得卓越成就。

要改变自己目前的状况，要让自己做事更有成效，我们就必须作出更好的决定，采取更好的行动。

很多年前，一位名人讲过一句话："你一定要做自己喜欢做的事情，才会有所成就。"

做你自己喜欢做的事情，其实是很困难的。大多数人都在做他们讨厌的工作，却又必须逼迫自己把讨厌的事情做到最好。他们经常失去动力，时常遇到事业的瓶颈，而没有办法突破，他们不断地征求别人的意见，却还是照着一般的生活方式在进行。这些当然不是他们想要的，但是由于种种原因，他们当中却很少有人试着去改变自己的状况。其实，要找到自己真正喜欢的工作，只需要把自己认为理想和完美的工作条件列出来就一目了然了。罗克便是这样找到自己喜欢的工作的。

运动和数学一直是罗克很喜欢做的两件事。从小到大，罗克一直是运动健将，不仅担任过体育股长和篮球、乒乓球队队长，也是校田径队的杰出运动员，罗克曾经想过要如何把兴趣发展成职业，也曾经梦想成为世界冠军。

罗克不断地问自己："这些真的是自己想要的吗？我愿意把运动当成自己的终生事业吗？"后来罗克告诉自己："靠体力过生活，并不是我真正喜欢过的生活，虽然我非常喜欢运动。"

在高中和大学的时候，罗克的数学成绩一直都是名列前茅，他也曾经想过，要当一位数学教授。

决定要做这件事之前，罗克列出了一张自己心目中认为理想和完美工作的条件表，这些条件包括：

第一，时间一定是由他自己掌握。

第二，要能不断地接触人，因为他喜欢人群。

第三，必定对社会有所贡献。

第四，可以环游世界。

第五，必须能够不断地学习与成长。

第六，必须能够不断地建立新的人际关系，可以跟一些成功的朋友交往。

第七，收入的状况可以由他的努力来控制。

罗克发现，当一位数学教授，并不能达到他理想的工作条件，于是，他又开始寻找另一个可以作为他终生事业的工作。

17岁的时候，罗克接触了汽车销售业，因为他很喜欢车子，他想自己应该可以做得不错。真正进入这个行业之后，他发现这个行业有非常大的特色，但是他的个性似乎并不适合，于是，他又转行了。

从16岁到21岁，罗克陆陆续续换了18种不同的工作，可是每次换工作之前，他从来都没有仔细想过："我到底要的是什么？"直到他把那些理想和完美的工作条件列出来以后，他才发现，自己有一个特点，就是从小到大一直很热心，很喜欢帮助别人。同学数学不会，他会很高兴地教他；别人篮球打得不好，他会自告奋勇过去教他。因为罗克相信，只要自己可以，别人一定也做得到。

一个很偶然的机会，罗克参加了一个激发心灵潜力的课程，它给了他非常大的震撼。

罗克发现，自己上了那么多的课程，学习了那么多的资讯，却没有任何一个课程比得上他的老师安东尼·罗宾在短短的8小时当中，所分享给他的那么多。

罗克想，假如他以后也能做别人所做的事情，把一些真正对人们有帮助的资讯，不管用何种渠道，书籍、录音带或是录像带，分享给想要获得这些资讯的人，那该有多好。罗克发现，这个工作完全符合他所列出来的理想和完美工作的条件，当他了解到这件事以后，他知道，这就是他毕业所寻找的方向。经过七八年的坚持，他终于在心理学界崭露头角，让非常多的人得到非常具体的帮助。

如何让自己变成一位成功者呢？我们必须研究成功的人是如何思考的，他们通常会采取什么样的行动，有什么样的想法。他们是如何让自己更上一层楼的，他们结交什么样的朋友，在他们还没有成功之前，他们到底付出了多大的代价和努力？当他们面临失败和巨大挑战的时候，又是如何坚持到底的？但有一点可以明确，这些成功者取得成功的原因归根结底只有一个，那就是把要做的事，做到最好。

重要的是做正确的事

我们每天都在做事，做的事也不尽相同，但我们的做法却只有两种：聪明的和愚蠢的。由此，做事的人也可以分为两种：聪明的和愚蠢的。

聪明的人没有时间可以像凡夫俗子一样浪费，他要以并不长的生命，完成许多一流的事。他不能过凡夫俗子的生活，不能在人生的许多事情上，做凡夫俗子的反应。他必须放弃或减少凡夫俗子的快乐、郊游、娱乐、爱恨、争执、答辩和澄清。他必须忍住不为小事所缠。他有很快分辨出什么是无关的事项的能力，然后立刻砍掉它。如果一个人过于努力想把所有的事都做好，他就不能把最重要的事做好。

著名管理学者班尼斯说过："纯管理人也许能把事情做对，但是真正的领导人重视的是做正确的事情。"可是，现代人的一大问题就是做事太随意，注意力分散，分不清轻重缓急。如果碰巧他能力很强，才能够幸运地将错误的事情也做很好，并扭转不利的局面，其实这是在无谓地耗费自己有限的时间和感情。"最聪明的人是对那些无关紧要的事情无动于衷的人。但他们对较重要的事务却总是做不到无动于衷。那些太专注小事的人通常会变得对大事无能。"班尼斯又对此作了精辟的解释。

成功人士都懂得做正确之事的重要性，他们常常推掉一些无关紧要的小事。

艾森豪威尔就是一位这样的大人物。

　　"二战"结束后不久，担任欧洲盟军总司令的艾森豪威尔被委任为哥伦比亚大学校长。副校长安排他听有关部门的汇报，考虑到系主任一级人员太多，只安排会见各学院的院长及相关学科的联合部主任，每天见两三位，每位谈半个钟头。

　　在听了十几位先生的汇报后，艾森豪威尔把副校长找来，不耐烦地问他总共要听多少人的汇报，副校长回答说共有63位。艾森豪威尔大惊："天啊，太多了！先生，你知道我从前做盟军总司令，那是人类有史以来最庞大的一支军队，而我只需接见三位直接指挥的将军，他们的手下我完全不用过问，更不需接见。想不到，做一个大学的校长，竟要接见63位主要的领导。他们谈的，我大部分不懂，但又不能不细心地听他们说下去，这实在是糟蹋了他们宝贵的时间，对学校也没有好处。你订的那张日程表，是不是可以取消了呢？"

　　艾森豪威尔后来又当选美国总统。一次，他正在打高尔夫球，白宫送来急件要他批示，总统助理事先拟定了"赞成"与"否定"两个批示，只待他挑一个签名即可。谁知他一时不能决定，便在两个批示后各签了个名，说道："请狄克（副总统尼克松）帮我批一个吧。"然后，若无其事地去打球了。

　　每个人的时间都是有限的，所以要做正确的事，即你觉得有价值并对你的生命价值、最高目标具有贡献的事情；要少做紧急的事，也就是你或别人认为需要立刻解决的事。消防队的最大贡献应是做好防火工作，而不只是忙于到处救火。因此，作为一个企业的管理者需要做正确的事，而不是正确地做事。

　　抓住正确的事，一些无关紧要的小事自然会照顾好。一流的人物大都具备无视"小"的能力，在你往前奔跑时，你不可以对路边的蚂蚁、水边的青蛙太在意。如果要先搬掉所有的障碍才行动，那就什么也做不成。许多人整天忙着处理琐碎的事情，总是抱怨抽不出时间做正经事。其实他们的潜意识在逃避做正经事。因为做大事是需要想象力、判断力、勇气和自信的。

►
开发自己的能力

能力是成功的基点

　　人人渴望潇洒地走向成功，但走向成功靠什么呢？已经成功的人或许会告诉你：靠自己，靠自己的勇敢、自信、奋斗，还有机遇。这些毋庸置疑是成功者所应具备的素质。但它们要建立在一个基点上方能成为推动成功的力量。这个基点就是能力。它是成功的最基本保证。能力的核心是智力，智力指的是人的认识能力。它包括信息获取能力，即注意力、感受力和观察力；编码和储存能力，即思维力和记忆力；检索输出能力，即想象力和创造力等。

　　能力是做好各种各样事情的最基本条件，有了能力，才会有成功的可能。但是，能力高的人，就一定能取得成功吗？答案是否定的。一个人再聪明，如果没有学习动机，对学习不感兴趣，缺乏学习热情和与困难作斗争的毅力，他也会一事无成，更谈不上有所作为。要想学习优秀，事业有成，除了必须具备的各种能力之外，更重要的是具有优良的非智力因素。

　　非智力因素并非指与智力无关的因素，而是指能力与智力以外的影响智力活动效率的心理因素。一般来讲，非智力因素的结构包括以下几个方面：情感过程、意志过程、个性意识倾向性、气质、性格等。这些方面的因素制约着一个人能力和智力的发展，在更大程度上决定了一个人是否能取得成功。

　　例如，在我们的成长过程中，理想是指引我们前进的灯塔，是一个人的奋斗目标。古人说："志不立，天下无可成之事。"只有树立了崇高的理想，确立了远大的志向，奋斗才会有明确的目标和方向，能力才可能得到最大限度的发挥。

一个有崇高理想的人，会站得高，看得远，对前途充满信心和希望，从而能够在学习道路上执着地探索和追求，为达到目标而长期不懈地努力。可见，理想和动机是能力发挥的动力和向导。有了远大的理想和强烈的动机，就不会再把学习看作是一种负担，而是积极主动地去学习，从而就会对学习充满浓厚的兴趣。兴趣可以培养一个人积极进取的精神，提高学习、工作的效率。兴趣可以使一个人自觉地克服困难，排除各种干扰，对学习充满热情。热情是一种有力、稳定而深厚的情绪状态。它对我们的学习、工作具有巨大的推动作用。在学习的过程中，仅有兴趣和热情是不够的，还必须有坚强的意志，有克服困难的毅力。顽强的毅力不仅能促进人的智力的发展，还可以使人调节和控制自己的情绪，按照自己预定的目标前进，登上成功的阶梯。气质和性格也是影响智力发展的重要非智力因素。气质特征制约着智力活动的效率。良好的性格特征可以补偿能力上的某些缺陷或不足。例如，勤奋、踏实的性格可以促进能力的发展。"勤能补拙""勤奋出天才"就是这个道理。

可见，非智力因素在一个人的成长中起着非常重要的作用。优良的非智力因素不仅能促进智力的发展，补偿智力的某些弱点，还能维持和调节人们的活动，引导和激励人们向目标前进。

在努力学习、发展各种能力的同时，我们还要注意培养自身各种优良的非智力因素。心理学家提出了培养非智力因素的四条主要措施，即发展兴趣、培养气质、锻炼性格、养成习惯。任何有成就的人都热衷于自己的事业或专业，对未知的事物充满好奇心和求知欲，甚至达到了入迷的程度。发展兴趣就要富有探索精神，树立长远的学习目标。目标越远大，兴趣就会越强烈。智力与能力的培养过程离不开良好的习惯，特别是技能习惯的形成。因此，每个人都应该有意识地养成良好的学习习惯。此外，培养非智力因素还要做到：树立远大理想，具有追求成功的欲望和成就意识，从而激发较强的成就动机；制定合理、具体的学习目标，积极主动地学习，对学习充满热情；增强对挫折的心理承受力，培养战胜挫折的自我调控能力；善于调节自己的不良情绪，培养稳定的情绪、情感。

全面培养自己的能力

一位美国学者指出，一名成功者至少必须具备8种能力。他的观点得到了世界学者的广泛认同。这位学者强调的8种能力包括：

（1）洞察能力

洞察力也即一个人多方面观察事物，从多种问题中把握其核心的能力。缺乏洞察力的人会只见树木或只见森林，而不能两者俱见。缺乏洞察力的决策者，会浪费宝贵的资金和人力，因为他无法抓住问题的根本，因此无法制定有效的方案。而一个具有创造性洞察力的人，在生意场上往往是成功的。

（2）远见能力

具有远见的人能从已知推断未知，综合运用事实、数字、梦想、机会甚至风险等因素进行创业活动，他不会为眼前的蝇头小利所吸引，不会为目前的困难所吓倒，而是在心中始终怀有远大的目标。

（3）概念性能力

概念性能力即抽象力，也即一般分析能力、逻辑思考能力。具有这种能力的人，善于形成概念，即将复杂的关系概念化。在构思和解决问题时有创意，能分析事物和捕捉其趋势，预测其变化，具有确认机会及潜在问题的能力。

概念性能力是有效地计划、组织、协调、制定政策、解决问题和确定发展方向的基础。

（4）技术能力

技术能力是指一个人在进行某种特定活动的过程中所运用的方法、程序、过程和技术等知识，以及运用有关的工具、设备的能力。

干大事业者必须具备技术能力。一个人只有具备了技术能力，才能在立业的过程中训练和指导部属，才能处乱不惊，从容应对困难。这种能力最实在，也最容易获得。在正规教育中，一些专业如会计、营销、法律、财务、计算机、外语等均有这方面的训练，此外还可通过社会上众多的培训班及经验获得。

（5）集中能力

社会生活中发生的一切事情或情况，都会有助于或影响到一个人所进行的工作。集中力可以使你把可用的资源集中用于最有效的部分，避免不分主次、盲目从事。

（6）忍耐能力

我们要想取得成功，就一定要有超越别人的想法和行动，并有决心献身于自己事业的未来。只有对自己的长期目标深信不疑并极有耐心地长期努力，目标才能实现。

（7）交际能力

交际能力可以说是人际关系能力的简称，人际关系能力是一个人自立于世所不可缺少的。一个人要想在现代社会立足，就必须与上司、同事、部属及外界人士等形形色色的人打交道，更不能少了这种能力。

（8）应变能力

应变能力是一种很难得的技能，它能使你事先预测应该注意的目标，而不是企业正面临的问题。它能使你从容应对创业过程中所出现的种种不曾预见或意想不到的情况，顺利地适应各种变化。

由于现代人置身于各种不同的社会环境和各种不同的组织，许多影响社会环境的因素又是不断变化的，因此你应该根据自身的实际情况，采用不同的方式，有目的、有侧重地提高自己的综合能力，以适应新时代的要求。

那么，应该如何培养上述能力呢？至少应该从以下三个方面努力：

（1）自省。要修炼自我，必须乐于自省，严于解剖自己。这是自身修养的手段，也是通过修养而达到的一种美德。乐于自省的人是工作、生活中深思熟虑的人，乐于自省是一个人自觉性的表现，能这样做，其进步必然快。古人云："反己者，触事皆成药石。"一个人只要多反省自己，任何事都可以变成自己的借鉴，作为自己行为的标准，不断地总结经验教训，提高自己。

（2）自控。自控是控制自己的感情和情绪，控制自己的行为，使自己的行为以最适当的方式进行。长于自控有气质、性格上的因素，但也是后天实践、修养的结果。见多识广、看通看透、理性明智，加上心底无私天地宽，自然能处乱不惊，能容常人难容之事，善待常人难待之人。

对自控和自省素质的培养，应多从实践中学习，严格要求自己，不断锤炼，逐步建立起优良的个人风范。

（3）多读书、多实践、多思考。读书是生活中最值得也最划算的投资，支出少，收获大。读书可以明理，可以开阔视野，可以启迪思维，也可以指导工作。有些书似乎与你的工作没有多大联系，但其中蕴含的智慧和思想会在潜移默化中提高你的素质。从长期看，多读书有助于提高一个人的综合素质。

当然，"纸上得来终觉浅，绝知此事要躬行"。要熟悉、掌握经营事业的特点和规律，必须在长期的管理实践中反复锤炼。实践出人才，只有在实践的过程中经过检验，有能力的人才能被信任和赏识。多思考可以帮助我们从书本上总结知识和经验，并把这些知识和经验变成自己的智慧，为我所用，读书和实践的意义就在于此。多思考与多实践、多读书相辅相成，缺一不可。

学会应变能力

应变能力是适应生存的一种策略，它是机智灵活的，是对你生存方式的综合检验。学会应变，学会从应变的策略中找到生存的支点，是我们应对多变生活最有效的方法之一。

一些动物在不同的季节，会更换上应对自然颜色变化的保护色，以维系自己的生存命运。它们用无声的语言告诉我们这样一个道理：生存是变化的元素，要适应生存，就要先学会变化，否则，你就要遭遇淘汰的危机。

应变能力很小一部分是出自本能，而更多的则是后天形成的。应变的根基一方面依靠你的知识积累；另一方面产生于你的人生阅历。因而，学会应变，必须先把这两个方面的基础夯实，到关键的时候，才能应对自如。

应变有时也要勇于牺牲自我的利益，就像树木到了秋天要牺牲它金黄的树叶一样，一切的舍弃，都是为来年春天的更加茂盛作准备。

应变往往发生在我们周围的环境由优转劣时。因此，我们学习应变，最重要的就是锻炼好我们的心理承受能力。良好的心理素质，是应对生活中各种变化的坚韧基石。

应变其实是在我们做某一件事时，所提前做好的一项周密的准备工作。有准备的应变，才是你真正成熟的表现。

当我们的劣势突然转化为优势的时候，我们的应变能力大多会变得非常虚弱。因为，我们的眼睛被荣誉的光环所笼罩，这是人生最容易得意忘形的季节，我们务必要保持清醒的应变头脑。

不要把应变当作投机的手段米使用。应变是理智的、充满智慧的，为应变去投机，往往是小人所为，即使侥幸成功也只是暂时的。

▶ 制定胜利的目标

好的目标是成功的一半

人生不能没有目标，对于管理者和企业员工来说，为自己制定一个好的并且合适的目标是非常重要的。那么，什么样的目标才可以称得上是好的目标呢？堀场雅夫指出，一个好的目标必须具备下列几项要求，缺一不可。

（1）目标应该是明确的

有些人也有自己奋斗的目标，但是他的目标是模糊的、宽泛的、不具体的，因而也是难以把握的，这样的目标同没有差不多。比如，一个人在青少年时期确立了要做一个科学家的目标，这样的目标就不是很明确。因为科学的门类很多，究竟要做哪一个学科的科学家，确定目标的人并不是很清楚，因而也就难以把握。

目标不明确，行动起来也就有很大的盲目性，就有可能浪费时间和耽误前程。生活中有不少人，有些甚至是相当出色的人，就是由于确立的目标不明确、不具体而一事无成。

（2）目标应该是实际的

一个人确立的奋斗目标，一定要根据自己的实际情况，要能够发挥自己的长处。如果目标不切实际，与自己的条件相去甚远，那就不可能达到。为一个不可能达到的目标而花费精力，同浪费生命没有什么区别。

（3）目标应该是专一的

一个人确定的目标要专一，而不能经常变换不定。确立目标之前需要做深入细致的思考，要权衡利弊，考虑各种内外因素，从众多可供选择的目标中确立一个。

一个人在某一个时期或一生中一般只能确立一个主要目标，目标过多会使人无所适从，应接不暇，忙于应付。生活中有一些人之所以没有什么成就，原因之一就是经常确立目标，经常变换目标，成了所谓的"常立志"者。

（4）目标应该是特定的

确定目标不能太宽泛，而应该确定在一个具体的点上。如同用放大镜聚集阳光使一张纸燃烧，要把焦距对准纸片才能点燃。如果不停地移动放大镜，或者不对准焦距，都不能使纸片燃烧。

这同建造一座大楼一样，图纸设计不能只是个大概样子，或者含糊不清，而必须在面积、结构、款式等方面都是特定和具体的。目标应该用具体的细节反映出来，否则就显得过于笼统而无法付诸实施。

（5）目标应该是远大的

目标有大小之分，这里讲的主要是有重大价值的目标。只有远大的目标，才会有崇高的意义，才能激起一个人心中的渴望。请记住，设定目标有一个重要的原则，那就是它要有足够的难度，乍看之下似乎不易达成，可是它又对你有足够的吸引力，使你愿意付出全力去完成。

当我们有了这个心动的目标，再加上必然能够实现的信念，就等于成功了一半。

目标制定需要技巧

一位父亲带着他的三个孩子去打猎，他们来到了森林。

"你看到了什么呢？"父亲问老大。

"我看到了猎枪、猎物，还有无边的林木。"老大回答。

"不对。"父亲摇摇头说。

父亲以相同的问题问老二。

"我看到爸爸、大哥、弟弟，猎枪、猎物还有无边的林木。"老二回答。

"不对。"父亲又摇摇头说。

父亲又以相同的问题问老三。

"我只看到了猎物。"老三回答。

"答对了。"父亲高兴地点点头说。

老三答对了，是因为老三看到了目标，而且看到了清晰的目标。

世界一流效率提升大师博恩·崔西说："成功最重要的是知道自己究竟想要什么。成功的首要因素是制定一套明确、具体而且可以衡量的目标和计划。"

我们每个人都渴望成功，都渴望实现财务自由，都渴望做自己想做的事，去自己想去的地方。但是要成功就要达成自己设定的目标，或是完成自己的愿望。否则，成功是不现实的。成功就是实现自己有意义的既定目标。

这个世界上有这样一种现象，那就是"没有目标的人在为有目标的人达成目标"。因为没有目标的人就好像没有罗盘的船只，不知道前进的方向，有明确目标的人就好像有罗盘的船只一样，有明确的方向。在茫茫大海上，没有方向的船只只能跟随着有方向的船只走。

有目标未必能够成功，但没有目标的人一定不能成功。博恩·崔西说："成功就是目标的达成，其他都是这句话的注解。"顶尖成功人士不是成功了才设定目标，而是设定了目标才成功。

美国哈佛大学对一批大学毕业生进行了一次关于人生目标的调查，结果如下：

27%的人，没有目标；60%的人，目标模糊；10%的人，有清晰而短期的目标；3%的人，有清晰而长远的目标。

25年后，哈佛大学再次对这批学生进行了跟踪调查，结果是：

3%的人，25年间始终朝着一个目标不断努力，几乎都成为社会各界的成功人士、行业领袖和社会精英；10%的人，他们的短期目标不断实现，成为各个领域中的专业人士，大都生活在社会中上层；60%的人，他们过着安稳的生活，也有稳定的工作，却没有什么特别的成绩，几乎都生活在社会的中下层；剩下27%的人，生活没有目标，并且还在抱怨他人，抱怨社会不给他们机会。

要成功就要设定目标，没有目标是不会成功的。目标就是方向，就是成功的彼岸，就是生命的价值和使命。

而目标的设定也是需要技巧的，以下原则可供参考：

（1）具体。如收入目标、健康目标、业绩目标。无论是什么目标都要具体。

（2）可量化。如设定收入目标，年收入 5 万元，就要说 5 万元，不要说我要增加收入，我要年收入达到 4 万 ~ 5 万元。

（3）具有挑战性。目标是用来超越的，而不是用来达成的。没有挑战性的目标激发不了你的热情，达成了也没有太大的意义。

（4）要大小结合，长短结合。既要设定长远目标、大目标，又要设定短期目标、小目标。成功就是每天进步一点点。一般而言，短期目标、小目标比较容易完成，完成目标能增加自己冲刺下一个目标的信心和动力。完成了所有的短期目标、小目标，长远目标、大目标自然也就能够完成。

（5）要有时间限制。设定目标如果不设定时限，那是没有意义的。人都是有惰性的，人都有拖延的习惯。没有时限的目标，就没有压力，没有压力就没有动力。

向着目标立即行动

当你确立了目标、制订了计划之后，随之最重要的一步就是立即让自己行动起来，向着实现目标的方向拿出具体的行动，千万不可一拖再拖，因为拖延迟缓无异于死亡。

德谟克里特斯是古希腊的雄辩家，有人请教他雄辩术的秘诀，他强调有三点：

第一点：行动！

第二点：行动！

第三点：仍然是行动！

唯有行动，你才能达到心中的目的地，唯有行动你才能到达成功的彼岸。

当有人问亚历山大是如何征服世界时，他回答说，只是毫不犹豫地去做这件事。

在美国一个小城的广场上，塑着一个老人的铜像。他既不是什么名人，也没有任何辉煌的业绩和惊人的举动。他只是该城一个餐馆端菜送水的普通服务员。但他对客人无微不至的服务，却令人永生难忘。他是个聋哑人，一生从没有说过一句表白的话，也没有听过一句赞美之辞，他只凭"行动"二字，就使他平凡的人生永垂不朽。

有了行动就有成功的希望；没有行动，就永远没有达到目标的可能。

日语学习班新一期开学报名时，来了一位老者。登记小姐问："给孩子报名？"老人回答："不，自己。"小姐愕然。老人解释："儿子在日本找了个媳妇，他们每次回来，说话叽里咕噜，我听着着急。我想能够同他们交流。"小姐问："你今年高寿？""68。""你想听懂他们的话，最少要学2年。可2年以后你都70了！"老人笑吟吟地反问："姑娘，你以为我如果不学，2年以后就是66吗？"

事情往往如此：我们总以为开始得太晚，因此放弃。殊不知只要开始行动，就永不为晚。明年我们增加一岁，不论我们走着还是躺着，明年我们同样增加一岁，可有人有所收获，有人却依然空白。差别只在于你是否开始行动。老人学与不学，2年以后都是70，而差别却是：要么能开心地和儿媳交谈，要么依然像木偶一样在旁边呆立。

不管你现在决定做什么事，不管你设定了多少目标，不管你有多么可行的计划，你一定要向着目标立即行动。否则，一切将变得毫无意义！

有错误不要遮掩

不要过多为自己的小错辩解

如果你要为自己的一个小错辩解，往往会使这个小错显得格外重大。正像用布块缝补一处小小的破洞，欲盖弥彰一样。

麦克·瓦拉斯是一位著名的电视记者和节目主持人，他在 CBS 所主持的"60分钟"节目几乎是人人津津乐道的优秀节目。不过，他在早年时并不得意。

当他早期在电视台当新闻记者时，由于口齿伶俐、态度诚恳、反应迅速，所以除了白天采访新闻外，晚上又报道 7 点半的黄金档。以他的聪明、努力和观众的良好反应，他的事业本该是一帆风顺的。不幸的是，因为瓦拉斯为人直率，不小心就得罪了直属上司——新闻部主管。在一次新闻部会议上，那位主管出其不意地宣布："瓦拉斯报道新闻的风格奇异，一般观众不易接受。为了本台的收视率着想，我宣布瓦拉斯以后不在黄金档报道新闻，改在深夜 11 点报道新闻。"

这突然的宣布，让所有人都愣住了，瓦拉斯更是大吃一惊。他知道自己被贬了，心里感到很难过。但他转念一想："也许这是上天的安排，主要是为了帮助我成长。"于是，他的心情渐渐平静下来，表示欣然接受新差事，并说："谢谢主管的安排，这样可以让我更好地利用 6 点钟下班后的时间去进修。这是我早就有的希望，只是一直不敢向你提起罢了。"

从此，瓦拉斯每天下班后便去进修，然后在晚上 10 点左右回到公司，准备夜间新闻的报道工作。

他详细阅读每篇新闻稿，充分掌握稿子的来龙去脉。他对工作的热诚，丝毫没有因为深夜的新闻收视率较低而减退。

渐渐地，收看夜间新闻的观众愈来愈多，观众的好评也随之增加。与此同时，许多观众也发出责问："为什么瓦拉斯只播深夜新闻，而不播晚间黄金档的新闻？"

观众的投诉信一封接一封地飞来，终于惊动了总经理。总经理把厚厚的信件摊在新闻部主管的面前，质问道："你是怎么搞的？瓦拉斯是如此好的人才，你却只派他播深夜新闻，而不是播7点半的黄金时段？"

新闻部主管显得很是难为情："瓦拉斯希望晚上下班后有进修的机会，所以不能排在晚间黄金档，只好把他排到深夜时间了。"

总经理对这位主管所解释的理由显然不满意，说道："叫他尽快重回7点半的岗位。我下令他在黄金段播报新闻。"

就这样，瓦拉斯被新闻部主管"请"回黄金时段。不久，他又获选为全美国最受欢迎的电视记者之一。

又过了一段时间，电视界掀起一股记者兼做益智节目的热潮。瓦拉斯获得十几家广告公司的支持，决定也开一个此类节目。于是，他找新闻部主管商量。此时仍然怨恨未消的新闻部主管，板着脸对瓦拉斯说："我不准你做！因为，我计划要你做一个新闻评论性节目。"

虽然瓦拉斯知道当时评论性的节目争议多，常常出力不讨好，而且收视率较低，但他却并未表示不满，而是欣然接受："好极了！我听从您的安排。"

果然，瓦拉斯吃尽了苦头，但他一直全力以赴，毫无怨言地为他的新节目而拼命努力。逐渐地，节目上了轨道，有了名声，参加者都是一些很有名气的重要人物。

总经理非常看好瓦拉斯的新节目，也想多与名人要人接触。因此，他招来新闻部主管说："以后每一集的脚本由瓦拉斯直接拿来给我看。为了把握时间，由我来审核好了，有问题也好直接跟制作人商量。"

从此，瓦拉斯每周都直接与总经理商量、讨论，许多新闻部的改革措施也都有他的意见。他从一个冷门节目的制作人，渐渐变成了炙手可热的大人物，曾多次荣获全美著名节目的制作奖。

如果你不小心得罪了一个人，或是做错了一件小事，那么你不必对此耿耿于怀，费尽力气去弥补、解释，也不必大动肝火，因小失大。无论是自怨自艾、一蹶不振，还是气恼怨恨，拂袖而去，都是不可取的。只有接受现实，加倍努力，你才会获得加倍成长。

如何减少犯错

为了消灭错误，人们最常犯的一个新错误就是：寄希望于某种"正确的模式"，这几乎成为新的迷信。这种迷信往往是徒劳无功的。因为"正确的模式"也不是通用的，在某个时候、某个地点、某种因素下，我们需要根据当时的需要来更好地调整行动方式。这也就是说，没有什么可以保证我们完全不犯错，我们要做的只能是将犯错的概率降到最小。

将犯错的概率降到最小，是我们做任何事的愿望，也是我们犯错的原则。通过这个原则我们可以得到这样的一些道理：

（1）犯错固然是坏事，可是最大的错误是不去尝试。

错误并不一样，有些可能会毁了你，但大多数错误不致如此严重。相反，过于相信"犯错是坏事"，会导致你孕育新创意的机会减少。如果你只是对"正确答案"感兴趣，那么你可能会误用取得正确答案的法则、方法和过程，而忽视了创造性，并且错过向规则挑战的机会。

这是一个有用的教训：我们一直在犯错误，做错的概率比做对的要大得多。有许多人因为害怕失败，而错过了许多学习的机会。

（2）可以犯错，但是要快点犯完错误。

我们可以把"犯错"看成"获得成功"的成本，它们是合理的和必要的，但最好小一些。

这并不是说我们应该缩手缩脚，而是应该善于从错误中学习。爱迪生经过上万次"错误"，才发现了制造电灯的正确方法；相反，那个在同一个地方跌倒两次的人才是真正的傻瓜。

（3）把握真正的问题。

当错误发生时，人们很容易被表象所迷惑，真正的问题却可能被掩饰。坦白地说，决定的准确性是没有标准的。因为在进行的过程中，往往会旁生出许多令人料想不到的枝节。我们所能做的，就是在把握可知信息的情况下，对各种因素和可能性作出理性的评估和选择。

（4）尽量减少中间环节。

一个简单的计划或制度不一定是好的，但一个复杂的计划一定是坏的。因为"犯错误"的可能性无处不在，环节越多，危险性就越大，这一点可以在军事史上得到最好的注解。一支军队的指挥系统越复杂，层次越多，机动性和战斗力就越差。叠床架屋，相互牵制的系统之间的争吵和扯皮，阻断了信息的传递，并制造大量垃圾信息，是错误和灾难的温床。记住哲学家的忠告："简洁即是美"。

对于以上原则，如果你能够谨记并多加利用，那么你就会减少自己犯错的概率。

▶ 让别人听自己说

开口之前先倾听

在你准备开口之前先注意倾听对方的话语，这样会使你掌握主动权，会使你的说服更具感染力。

乌托从商店买了一套衣服，很快他就失望了，因为衣服会掉色，把他的衬衣领子染上了色。他拿着这件衣服来到商店，找到卖这件衣服的售货员，想说说事情的经过，可没做到。售货员总是打断他的话。

售货员声明说："我们卖了几千套这样的衣服，您是第一个找上门来抱怨衣服质量不好的人。"他的语气似乎表明："您在撒谎，您想诬赖我们。等我给您点厉害看看。"

吵得正凶的时候，第二个售货员走了过来，说："所有深色礼服开始穿时都会褪色，一点儿办法都没有。特别是这种价钱的衣服，这种衣服是染过的。"

乌托先生叙述这件事时强调说："我气得差点跳起来，第一个售货员怀疑我是否诚实，第二个售货员说我买的是二等品。我快气死了。我准备对他们说，你们把这件衣服收下，随便扔到什么地方，见鬼去吧！"正在这时，这个部门的负责人克拉出来了，他及时制止了这场无休止的争吵。

首先，克拉一句话没说，而是耐心地听乌托把话讲完。其次，当乌托把话讲完，那两个售货员又开始陈述他们的观点时，克拉开始反驳他们，帮乌托说话。他不仅指出了乌托的领子确实是因为衣服褪色而弄脏的，而且强调说商店不应当出售使顾客不满意的商品。后来，他承认他不知道这套衣服为什么出毛病，并且直接对乌托说："您想怎么处理？我一定按照您说的办。"

9分钟前乌托还准备把这件可恶的衣服扔给他们，可现在乌托回答说："我想听听您的意见。我想知道，这套衣服以后会不会再染脏领子？能否想点什么办法？"克拉建议乌托再穿一星期。"如果还不能使您满意，您把它拿来，我们想办法解决。请原谅，给您添了这些麻烦。"他说。

乌托满意地离开了商店。7天后，衣服不再掉色了，乌托完全相信这家商店了。

堀场雅夫告诉我们：许多人没能给人留下好印象是由于他们不善于注意听对方讲话。他们如此津津有味地讲着，完全不听别人对他讲些什么，许多知名人士都是重视注意倾听的人，而不是只管说的人。

如果你想让别人听你说，那么你首先应做一个善于倾听别人讲话的人。

谨记：与你谈话的那个人，他对自己的事情比对你的事情更感兴趣。

不断提高自己的语言技巧

如果你想让别人听你说，那么你要不断提高你自己的语言技巧。只有那些高超的、有内涵的话语，才容易被别人接受。

人际交往离不开说话。有一位商业界的名人，除了做生意之外，他的成功更是企业团体争相仿效的对象。因此，除了生意往来之外，他还经常受邀到各地演讲。尽管工作及演讲活动是如此忙碌，他还是把自己的生活安排得井井有条。然而他35岁那年，医生对他宣布："你得的是突发性肾炎，这是由于疲劳过度所引起的疾病，你必须暂停工作一阵子！"因此，在这之后的一个月，他暂停了所有的演讲活动。

一个月之后，这个人接到某工商协会的演讲邀请。在演讲前夕，他在自己面前放了一台录音机，然后请太太坐在前面，"即使只有一位听众，也可以试一下是否有要改进的地方。"然后就开始模拟演讲，听过模拟的录音带之后，他发现了两个缺点。

一是"嗯！"这样舌头打结的声音，听得非常清楚而刺耳。在一句话与一句话之间，这种接不上来而发出的迟疑声，在听众听来非常刺耳。"即使是下意识所发出的声音，对于一位职业演讲者而言，也未免太丢脸了！"他说。

二是"啊！"这样的语尾助词太多了。适当的语尾助词有美化语句的作用，但太多的语尾助词听众非但感受不出柔和，反而会觉得："这个人说话的语尾助词也未免太多了吧！"

现代人愈来愈重视说话的技巧，市面上也出版了不少有关如何增进说话技巧的书，不少业务员都有过阅读这一类书的经验。然而，却很少有人在看了书之后进行实地练习，并利用镜子来检讨自己的缺点。所谓的镜子还包括了反映声音的镜子——录音带。

利用"声音的镜子"有下列两种方法：

（1）利用小型的录音机。这种袖珍型的录音机可以放在公事包内，随时录下实际与顾客的对话以供事后检讨。或许在刚开始的时候你会因为正在录音而有些不自在，但投入工作之后就会忘了它的存在。事后听听自己的说话方式，就可以发现自己有哪些需要改进的地方。

（2）在自己的家中对着镜子，把当天进行过的对话重新表演一次，并录音检讨。

说话的技巧必须通过长期的经验累积才能得以改进，而不是靠读书，或参加研讨就可以学到的。除了学习及记住一些技巧与原则之外，更重要的是善加利用"声音的镜子"来自我检讨。

说好每一句话

言谈举止能直接反映出一个人是博学多识还是孤陋寡闻，是接受过良好教育还是浅薄粗鲁。

一个不善言谈、沉默寡言的人很难引起众人注意。在社交中能侃侃而谈，用词高雅恰当，言之有物，对问题剖析深刻，反应敏捷，能够简洁、准确、鲜明、生动地表达自己思想与情感的人，就会表现出不同凡响的气质和风度。

作家丁玲回忆与鲁迅先生的谈话时说：

"鲁迅先生谈吐深刻、严密、有力而又生动，句句吸引我们。渐渐谈下去愈来愈强烈地发射出真挚的热情，又有一种严峻的强大威力，从他瘦削的脸上透出来。"谈话如果能使人听得入迷，产生一种"听君一席话，胜读十年书"之感，那么别人就会心甘情愿地听你说。然而，高雅的谈吐是无法伪装出来的，卖弄华丽的辞藻，只会显得浅薄浮夸；过于咬文嚼字，又会使人觉得酸涩难懂。交际中应做到不背后议论人，讲话注意分寸，要背后表扬人，多讲他人优点，少当面批评人，指正其缺点，尤其不要油嘴滑舌，不要讲粗话。

无论是日常生活的寒暄，还是正式场合的交谈，说话都要谨慎，尤其要注意用词，要根据场合、对象说最恰当的话；不适当的言语，不仅是不礼貌的行为，同时也易得罪他人；该说的时候不说，不该说话时却滔滔不绝，都是不礼貌的行为。

要想说好每一句话必须长期进行自我训练，切实把握每一个学习的机会，久而久之，自然能完整表达自己的意思，并具有说服力。良好的语言表达能力是日常生活中培养成的，只要在平日多加留意，不但可增添自己的魅力，也会带给他人难忘的印象。

理想的交谈是思想的交换，可是，很多人却以为理想的交谈是一个人机智或口才的精彩表现。我们大多数人都应该庆幸，因为要使别人乐于听我们讲话，并不像想象的那么困难。

怎样让别人喜欢听你讲话呢？

（1）说话要有善意。这里所说的善意，也就是与人为善。我们与别人说话的目的，在许多情况下是希望让对方了解自己的真实用意。所以，只要这个目的能够达到，就没有必要特意挑剔。

（2）说话要尽量客观。有些人在说话时动不动就夸大其词，这样，无论听者或是被说到的人，难免会产生反感，认为这人说话有点不着边际。比如，明明是一对男女青年在正常地说话，他可以把别人说成是在谈情说爱；明明别人是在争论问题，他却说成是"碰在一起就争争吵吵闹个没完。"像这样信口开河的说话习惯，很容易惹是生非。

（3）要学会会说话。会说话的人一般都具有以下特点：

①充满热情，让人感觉到，他们对于生活中所从事的各种活动怀着强烈的感情，而且他们听别人说话也会很认真。

②能从崭新的角度看事情，能从大家熟悉而又不在意的事物中提出令人意料不到的观点。不会喋喋不休地谈论自己。不表白，不自吹。

③有好奇心，他们经常对某件事追根究底，表现出想要知道得更多的兴致。

④有宽广的视野，他们思考、谈论的题材超出自己生活的范畴。既实事求是，又纵横乾坤。

⑤有自己的谈话风格，个性鲜明、惹人喜爱。

⑥有同情心，他们会设身处地替他人分忧。

⑦有幽默感，不介意开自己的玩笑。

> ▶

忠言逆耳利于行

要想成功不妨听听别人的劝谏

能够取得成功的人都会清楚：不能给予他人忠言的人，不是真诚的人；不接受他人忠言的人，则是一个失败的人。正视自己的弱点，虚心纳谏，定能走向成功。

唐太宗是个有"广开言路，虚心纳谏"美名的皇帝。

他曾问魏征："人怎样才能不受欺？"魏征说："兼听则明，偏听则暗。"太宗深以为然，但太宗在纳谏的过程中，自我中心意识也时时露头。例如，他最喜欢的小女儿出嫁时，其嫁仪排场要超过大女儿。为此魏征直言谏阻。太宗到后宫见到长孙皇后发狠道："总有一天要杀掉这个乡下佬！"皇后问是谁，太宗说："魏征当众侮辱我！"皇后不敢多话，马上换上朝服煞有介事地向太宗祝贺："古语说得好，'君明臣直'。魏征的直是陛下英明的缘故，妾特向陛下祝贺。"太宗听了长孙皇后的话才消了怒气。其实皇后用的还是巧妙的恭维话解决了问题。

唐太宗到了晚年，批评性的话语也不大听得进了。那些敢于进谏的大臣先后去世，他跟大臣们议事，常常是夸夸其谈，务必压倒对方为止。他刚强高傲，日胜一日，以至生活上好色自戕，竟服食方士丹药；政事上又有多处缺失，如大修宫殿，对高丽穷兵黩武；特别是在接班人问题上严重失策，让平庸无能的儿子李治（唐高宗）接位，导致后来武后专权。唐太宗在虚心纳谏方面，虽有"善始"，却没能"慎终"。

在人的自我中心意识中，包括了对自我评价的提高和对自身弱点、缺点规避缩小的倾向。人们在许多事物面前都能保持清醒的头脑，客观的态度，但是，当人们面对恭维和奉承，或是一点小小的赞誉，就很难不陶醉。

伊索寓言里乌鸦经不住狐狸恭维自己"羽毛美""嗓子动听"，竟张开嘴唱歌，结果失去了嘴里的肉。我们每个人身上都或多或少地有这种自高自大的弱点，普通人物听到赞誉之词飘飘然，大人物亦在所难免。地位越高，权柄越重，越容易受阿谀奉承的包围，许多小人正是利用人性的这一弱点以售其奸的。

清代的乾隆皇帝，应当说是一个比较有知识和修养的皇帝了，但他同样自恃清高、自命不凡。他几下江南，遍游名山古刹，所到之处不是题字就是赋诗，然而他那些诗，没有一首是值得传于后世的。御用文人纪晓岚看透了他的这一弱点，便在主编《四库全书》时，故意在惹眼的地方留下一两处错漏之处，上呈御览，有心让乾隆过过"高人一筹"的瘾。乾隆当然发现了这些错误，发下谕旨加以申斥，心里十分得意，他甚至还召见纪晓岚，当众指正他的谬误。纪晓岚乘机对乾隆的"学识"倍加赞颂，此后他一直在乾隆手下官运亨通。

像纪晓岚这样圆滑的人物深深懂得，没有人喜欢别人比自己更高明。当一个人自以为处在居高临下的境地时，他的宽容心会更多，他的权力给人带来的私利也会更多。

虽然中国历朝常设有谏官，但真正虚心纳谏的皇帝却屈指可数。史书上有许多君主听不得大臣的谏言，甚至杀戮大臣。商朝的贤臣比干，因为对纣王的荒淫无道进谏而被杀，其尸体被剁成肉酱。春秋时期，吴国的贤臣伍子胥因为屡谏吴王夫差，夫差恼羞成怒，逼伍子胥自杀，抛尸长江。我国史官有秉笔直书的优良传统，但史官一旦记下诸侯贵族的丑恶，便难有容身之所。春秋时齐国大夫崔杼杀了齐庄公，太史照实记录："崔杼弑其君。"崔杼只凭此一条，下令杀了太史。太史的两个弟弟先后继任史官，仍然这么记，崔杼先后又把他们杀了。

忠言有助于和他人建立真诚的人际关系，其作用不可轻视。如果你想成功，就不妨多听听你周围朋友的忠言，这会有利于成就你的事业。

好的领导能够虚心听取相反意见

本田宗一郎是日本著名的本田车系的创始人。他为日本汽车和摩托车业的发展作出了巨大的贡献，曾获日本天皇颁发的"一等瑞宝勋章"。在日本乃至整个世界的汽车制造业里，本田宗一郎可谓是一个很有影响的重量级传奇人物。

1965年，在本田技术研究所内部，人们为汽车内燃机是采用"水冷"还是"气冷"的问题发生了激烈争论。本田是"气冷"的支持者，因为他是领导者，所以新开发出来的 N360 小轿车采用的都是"气冷"式内燃机。

1968年在法国举行的一级方程式冠军赛上，一名车手驾驶本田汽车公司的"气冷"式赛车参加比赛。在跑到第三圈时，由于速度过快导致赛车失去控制，撞到了围墙上。不久，油箱发生了爆炸，车手被烧死在里面。此事引起巨大反响，也使得本田"气冷"式 N360 汽车的销量大减。因此，本田技术研究所的技术人员要求研究"水冷"内燃机，但仍被本田宗一郎拒绝。一气之下，几名主要的技术人员决定辞职。

本田公司的副社长藤泽感到了事情的严重性，就打电话给本田宗一郎说："您觉得您在公司是社长重要呢，还是当一名技术人员重要呢？"

本田宗一郎在惊讶之余回答道："当然是当社长重要啦！"

藤泽毫不留情地说："那您就同意他们去搞水冷引擎研究吧！"

本田宗一郎这才省悟过来，毫不犹豫地说："好吧！"

于是，几个主要技术人员开始进行研究，不久便开发出适应市场的产品，公司的汽车销售大大增加。那几个当初想辞职的技术人员均被本田宗一郎委以重任。

1971年，本田公司步入了良性发展的轨道。有一天，公司的一名中层管理人员西田与本田宗一郎交谈时说："我认为我们公司内部的中层领导都已经成长起来了，您是否考虑一下该培养一下接班人了呢？"

西田的话很含蓄，但却表明了要本田宗一郎辞职的意愿。

本田宗一郎一听，连连称是："您说得对，您要是不提醒我，我倒忘了，我确实是该退下来了，不如今天就辞职吧！"

由于涉及移交手续方面的诸多问题，几个月后，本田宗一郎把董事长的位子让给了河岛喜好。

对于下属所提出的相反意见，甚至让其辞职，本田宗一郎都很爽快地接受了。这样一位虚心听取下属意见的领导人，怎么会不让下属们敬佩呢？正是有了这种作风，才使本田公司至今仍屹立不倒。也正是有了这种作风，使得本田宗一郎在日本甚至整个世界的汽车制造业里，享有相当高的声誉。

作为一个领导，无论你地位有多高，或者你拥有多么巨大的成就，都不可避免地会犯这样或那样的错误。虚心听取下属与自己相反的意见，能使你的领导地位更加稳固，能使你受到更多的拥护。

无论是谁，每个人都会过时，由昨日的先锋、权威成为今日的不合时宜。这并不可怕，可怕的是你仍以昨日的感觉坐在位子上发号施令。解决这种可怕情形的办法即是：虚心地听取下属的相反意见并予以改正。好的领导是能够虚心听取下属意见的领导。

要乐于接受他人的批评

人与人之间存在着批评与被批评的关系，有些人极不情愿接受批评，一旦遇到别人的批评，就会气不打一处来。这是不利其发展的。批评相当于忠言，俗话说：忠言逆耳利于行。批评能够帮助你改正错误。如果你一味地反对别人的批评，那么还有谁愿意向你献忠言呢？这样，你还如何进步呢？

堀场雅夫说，每个人一天起码有五分钟不够聪明，智慧似乎也有无力感。一般人常因他人的批评而愤怒，有智慧的人却想办法从中学习。与其等待对手来攻击我们或我们所做的工作，倒不如自己主动接受批评。对手对我们的看法比我们自己的观点可能更接近事实。

诗人惠特曼也曾说："你以为只能向喜欢你、仰慕你、赞同你的人学习吗？从反对你的人、批评你的人那儿，不是可以得到更多的教训吗？"

在别人抓到我们的弱点之前，我们应该自己认清并处理这些弱点。达尔文就是这样做的。当达尔文完成其不朽之作——《物种起源》时，他已意识到这一革命性的学说一定会震撼整个宗教界及学术界。因此，他主动开始自我评论，并耗时 15 年，不断查证资料，向自己的理论挑战，批评自己所下的结论。

如果有人骂你愚蠢不堪，你会生气吗？会愤愤不平吗？我们来看看林肯是如何处理的。

林肯的军务部长爱德华·史丹顿就曾经这样骂过总统。史丹顿是因为林肯的干扰而生气。为了取悦一些自私自利的政客，林肯签署了一次调动兵团的命令。史丹顿不但拒绝执行林肯的命令，而且还指责林肯签署这项命令是愚不可及。有人告诉林肯这件事，林肯平静地回答："史丹顿如果骂我愚蠢，我多半是真的笨，因为他几乎总是对的。我会亲自去跟他谈一谈。"

林肯真的去看史丹顿了。史丹顿当面指出他这项命令是错误的，林肯就此收回了成命。林肯很有接受批评的雅量，只要他相信对方是真诚的、正确的。

我们也应该欢迎这样的批评，因为我们不可能永远都是正确的。连罗斯福总统也只敢期望自己能在四次里面，有三次是正确的。当今最伟大的科学家爱因斯坦，也曾坦承他的结论 99% 都是错误的。

法国作家拉劳士福古曾说："敌人对我们的看法比我们自己的观点可能更接近事实。"这句话非常正确，可是被人批评的时候，如果不提醒自己还是会不假思索地采取防卫姿态。不管正确与否，人总是讨厌被批评，喜欢被赞赏的。我们并非逻辑的动物，而是情绪的动物。我们的理性就像是狂风暴雨中的一枚树叶，汪洋大海中的一叶扁舟。

听到别人谈论我们的缺点时，不要急于辩护。因为没头脑的人常常都是这样的。让我们放聪明点儿也更谦虚点儿，我们可以气度恢宏地说："如果让他知道我其他的缺点，只怕他还要批评得更厉害呢！"

现在提出的是另一个想法：当你因恶意的攻击而怒火中烧时，何不先告诉自己："等一下……我本来就不完美。连爱因斯坦都承认自己 99% 都是错误的，也许我起码有 80% 的时候是不正确的。这个批评可能来得正是时候，如果真是这样，我应该感谢它，并从中获得益处。"

一位香皂推销员，常主动要求人家给他批评。当他开始为高露洁推销香皂时，订单接得很少。他担心会失业，他确信产品或价格都没有问题，所以问题一定是出在他自己身上。每当他推销失败，他会在街上走一走想想什么地方做得不对，是表达得不够有说服力？还是热忱不足？有时他会折回去，问那位商家："我不是回来卖给你香皂的，我希望能得到你的意见与指正。请你告诉我，我刚才什么地方做错了？你的经验比我丰富，事业又成功。请给我一点指正，直言无妨，请不必保留。"

　　他这种态度为他赢得了许多友谊，以及珍贵的忠告。想知道他的发展吗？他后来升任高露洁公司总裁，高露洁公司是当代最大的香皂公司。他就是立特先生。

　　只有心胸宽大的智者，才能向林肯、立特等人看齐。四下无人时，你何不扪心自问你到底属于哪一种人？记下自己做过的错事，提出自我批评。既然我们并非完美之人，何不欢迎那些建设性的批评？不明白这些，你就难以做一个真正受人欢迎的人。

14

爱的能力

原著〔美〕艾伦·弗罗姆

\ 爱的本质 \ 自我的爱

\ 朋友的爱 \ 父母的爱

\ 浪漫的爱 \ 爱的自由

关于本书

　　《爱的能力》是成功学大师奥格·曼狄诺向广大读者推荐的11本书中的一本，它曾使奥格·曼狄诺受益匪浅，从失败走向了成功。

　　艾伦·弗罗姆博士在本书中，运用了多维视角对爱——这种自人类降生之初即已形成并深为世人关注的微妙情感进行了深入的探讨。本书的核心内容是研究日常生活中我们所体验到的或失去的爱。它的主旨是教我们如何才能增进相互间的了解和建立和谐的人际关系。

　　艾伦·弗罗姆博士告诉我们，他之所以研究"爱"，理由是：人们往往把爱看作是遥不可及、虚无缥缈的情感。因此在日常生活中，即使自己表达爱意也往往是浑然不知。这样，便会使我们无法克服和改进表达爱意方式之中的缺憾。由此，会逐渐使我们失去朋友和亲人，并陷入深深的孤独当中。

　　"研究爱"正是本书的初衷，爱也当然值得深入研究。但艾伦·弗罗姆博士在本书中并没有泛泛地谈爱，而是着眼于观察爱在我们的生活中如何得到改进，爱怎样为我们的生活增辉。

　　他的目的是：使人们在日常生活中表达出更高尚并且能够永恒的爱。

▶ 爱的本质

爱是一种能力

艾伦·弗罗姆说："爱是一种能力，是一种能去爱并能唤起爱的能力。"

马克思也曾说："如果你的爱没有引起对方的爱，也就是说，如果你的爱作为爱没有造就出爱，如果你作为爱者，通过自己的生命表现未能使自己成为被爱者，那么你的爱就是无力的，你的爱就是不幸的。"是的，如果不是心中充满阳光，如何能予人温暖？如果不是心中充满仁慈，如何能予人感动？如果不是心中充满真爱，又如何能予人幸福？只有拥有一颗既能被他人感动，同时又能感动他人的心灵，才是真正可贵和可爱的。必须先在内心深处感受到爱，然后才能爱其他的人。爱的定义有千万种，它是无条件的接受，也是无条件的付出。

爱是对善的追求，爱使人摆脱恐惧。有爱就能心生和谐，爱是自然无价的，它不是理论，也没有要求。既无分别，也无须衡量。爱是单纯的感情、无价的温馨。有位科学家曾说过："人类在探索太空、征服自然之后，终将会发现自己还有一种更大的能力，那就是爱的力量，当这天来临时，人类的文明将迈向一个新纪元。"爱，是人们的情感表现，也是人们普遍存在的心理需要。我们都需要爱。

日本一家事务所想购买一块地皮，但被地皮的主人——一位性格倔强的孀居老太太一口拒绝。一个天寒地冻的下午，老太太恰好经过这家事务所的门前，她想顺便劝那个总经理"死了这条心"。她推开门，发现里面收拾得十分整齐干净。她觉得自己穿着脏木屐走进去很不合适，正犹豫不决时，一位年轻的姑娘笑容满面地迎上来。姑娘毫不犹豫地脱下自己的拖鞋给老太太穿，然后像亲孙女一样挽扶着老太太慢慢上楼。穿着带有姑娘体温的拖鞋，老太太瞬间改变了坚决不卖地皮的初衷。

这位姑娘并不认识老太太，而且她也看出来老太太既不是来洽谈业务的客户，也不是来视察的政府官员。给予每一位来访者体贴和关怀，也许仅仅是出于一种职业的需要，但里面包含了她善待任何一个人的爱心。

爱，在原本的汉字中是有心的，这有着很深的含义：爱从心发出，然后流到别人的心里，在人与人之间搭建起一座长长的爱心之桥。爱，往往具有意想不到的力量。

如果我们每个人都能爱护自己，爱护自己善良、朴实的天性，爱护自己懂得爱并珍视爱的心灵，让自己的内心始终保持一块纯净生动、仁爱无私的净土，永不放弃对真诚的情感，对善良的人性，对美好的人生毫不犹豫的、执着坚定的追求，即使我们不能使所有人的世界变得更美好，至少也可以使自己的世界更美好。

相信这个世界上还有爱，加入那个传播爱的队伍，你慢慢就会发现，爱拥有传染的魔力。它可以波及任何人的心灵，即使是那些所谓的"坏人"，在他们灵魂的深处也还保留着一块温软的园地，可以感受爱，可以被感动。就像歌里唱的那样："如果人人都献出一点爱，世界将变成美好的人间。"谁不愿意生活在美好的世界里呢？在我们的生活中，你经常能够看到各种"献爱心送温暖"的活动，因为在大家的心中还有爱，爱心让这个世界充满了温暖。

爱是生命的源泉

世界上有一种崇高的感情，能让死神也望而却步，这种感情就是爱。

1997 年年末，一支欧洲探险队，在非洲撒哈拉大沙漠的纵深腹地，遭遇一场特大风暴。风沙完全毁坏了所有的通信器材和水箱，使这支队伍陷入绝境。后来搜寻人员几经周折才找到他们，发现除了一对相互嘴贴嘴紧紧拥抱的情人外，其余的人都渴死了。

这对情侣为什么能从绝境中生还，科学家们没有作出更多的说明。但好长时间我们都无法不去回想那对情侣的遭遇，回味那爱透一生的永恒主题。

生离死别之际，这对情侣没有懊悔与怨恨，只是相拥在一起，把那充盈着爱情的双唇紧贴。这是爱情的最后一次宣誓，也是对人世慷慨的诀别。他们在恐怖的荒漠中，以情爱之躯构筑了一座挚爱的丰碑。

生离死别之际，这对情侣并不恐惧惊慌，他俩的心灵交流着活下去的信念，以爱来抗争，以爱来自救，使生命超越苦难与死亡的羁绊，让生命的琴弦弹出最强的旋律。

他俩是不幸的，这不幸太突兀太残酷；他俩又是幸运的，因为能与深爱的人生死相依爱河永渡。

他俩也许读过中国的唐诗宋词，要不怎么会那么从容地走进唐代诗人白居易和卢照邻所描绘的爱的意境？"在天愿作比翼鸟，在地愿为连理枝。""得成比目何辞死，愿作鸳鸯不羡仙。"

法国作家格·福升的著作《吻》中，有这样一段文字：

接吻的时候，人的甲状腺活动增加，释放出许多激素。同时脉搏跳动加快，高者可达每分钟150下。另外，还有12卡路里热量消耗换得0.7毫克的蛋白质和0.45毫克的酶。大脑这时会产生一种自然止痛剂，使人处于绝对欢乐之中。当然，这一切现象随着接吻的停止也会消失，要得到同样的欢乐与满足，只有再一次接吻。

这段话对这对情侣的生还多少能作一点解释，不管还有没有其他更科学的论断，有一条真理是不容置疑的——爱是生命的源泉。

爱是不朽的

爱是人类心灵中一种最恒久的激情，这种激情从古至今一直是文学创作的动力和催化剂。从古至今，人类产生过多少歌颂伟大的爱的诗篇呢？数也数不清；从古至今，人类产生过多少伟大的爱情呢？无法统计。我们唯一能得到答案的就是：爱是不朽的。

1911年春天，一个阴郁的黄昏，在智利中部的小城斯冷纳街头，突然传来了一声枪响。枪声中，倒下了一个年轻的小伙子。他手中握着一支手枪，发热的枪管还在冒烟。年轻人失神的眼睛怅望着天空，脸上笼罩着悲伤和绝望。

人们在他的衣袋里发现了一张明信片，明信片上有他的名字：罗米里奥·尤瑞塔，写这张明信片的是一位姑娘，名字是加勃里埃拉·米斯特拉尔。明信片的内容很简单，文字也极冷静，是一封拒绝爱情的信。谁也不会想到，这一出爱情的悲剧，会成为一个伟大诗人走向文学的起因和开端。这位写明信片的姑娘，30多年后将登上诺贝尔文学奖的领奖台，成为"拉丁美洲的精神皇后"，成为闻名世界的诗人。

米斯特拉尔并不是不爱尤瑞塔，只是他们两人志趣不相投，而尤瑞塔的死，在米斯特拉尔的心里也留下了难以愈合的创伤。在哀伤和痛苦中，米斯特拉尔找到了倾吐感情、诠释灵魂创痛的渠道：写诗。她创作了怀念尤瑞塔的《死亡的十四行诗》，诗中那种刻骨铭心的爱，那种发自灵魂深处的真情，使所有读到它们的人都为之心颤。她在诗中写道："我要撒下泥土和玫瑰花瓣，我们将在地下同枕共眠"，"没有哪个女人能插手这隐秘的角落，和我争夺你的骸骨！"她以这组诗参加圣地亚哥的花节诗赛，荣获第一名。人们由此记住了她的诗，记住了她的名字。

作为一位杰出的诗人，米斯特拉尔并没有无止境地沉浸在个人的哀痛中，由痛苦而产生的爱，如同在风雨中萌芽的种子，在她的心中长成了一棵枝叶茂盛的大树。这棵大树，向世人散发出智慧的馨香和博爱的光芒。米斯特拉尔在她的诗歌中讴歌男女间的爱情，也歌颂母亲和母爱，歌颂孩子和童心，歌颂气象万千的大自然，她把爱的光芒辐射到辽阔的地域。她的诗歌，流露出女性的温柔和细腻，表现出悲天悯人的博大情怀。爱人，爱生活，爱自然，这些就是她的诗歌的永恒主题。在她的散文诗《母亲之歌》中，她把一个女人从十月怀胎到生下孩子的过程和柔情描写得婉转曲折，动人心魄。读这样的文字，能使人感受到一颗善良的母亲之心是多么美丽动人。在她之前，大概还没有一个作家把女人的这种体验表现得如此深刻，如此淋漓尽致。发人深思的是，写出这一作品的诗人，自己并没有生过孩子，没有当过母亲。其实，其中没有什么秘密，因为米斯特拉尔胸中拥有作为一个女性的所有爱心。

1945 年，米斯特拉尔获得了诺贝尔文学奖，奖状上以这样的话评价她："她那由强烈感情孕育而成的抒情诗，已经使得她的名字成为整个拉丁美洲世界渴求理想的象征。"对于这样的评价，她当之无愧。

与米斯特拉尔交相辉映的是中国的一位了不起的女作家——冰心。从 1919 年在《晨报》上发表第一篇文章开始，冰心就始终以博大而细腻的爱心面对世界、面对读者，使无数人沉浸在她用纯真高尚的爱构筑的艺术天地中。虽然她本人已经离我们远去了，但是她的那些灵魂的结晶：诗歌散文，将永远照耀着我们，永远温暖着每一个渴望爱的心灵。

爱着，就有激情，就有生命的力量。一个人的生命之火，不管曾如何熊熊燃烧，最终都将熄灭。但生命中的爱与激情，却因为光芒闪烁惠及他人而得以延续和光大。爱是不朽的！

▶ 自我的爱

爱自己的理由

"爱自己"虽然是一个老生常谈的话题，但真正、完全、理性地爱自己的人其实并不多，虽然我们知道这严重影响了我们原本应当更加灿烂的人生。

要懂得人间有爱、世界有爱，首先得从爱自己开始，爱自己是一切爱的基础。

是不是足够爱自己，你可以试着自问以下几个小问题：

（1）你喜欢自己的父母以及他们给你取的名字吗？

（2）你喜欢自己的才干或学历吗？

（3）你喜欢自己的气质、谈吐、微笑和习惯性的小动作及打喷嚏的声音吗？

在现实生活中，有许多给出这样的答案"不""还好吧""已经这样了，能怎么办呢"等，这些答案不免使人产生悲哀。为什么我们总是只会"发现"并且难以原谅自己的错误？

或许各人有各人"爱自己"的理由，但我们必须清楚爱自己不等于自恋。它既是一种孩童般的天真无邪，又带有一种哲人般的知性豁达；既有小女人"喷香水的女人才有前途"的智慧，又有着"自己并没有那么重要"的襟怀和勇气。总之，就是热爱自己一切与生俱来或亲手打造的东西，并努力发扬光大其中的长处。

"爱自己"也并不是一件容易的事，简单点儿，在一件细小的事情中可以体现，复杂一点儿，要用一生去打造。因为在这个世界上没有人是完美的。身为平凡人，我们的缺陷更是成箩成筐，如果较起真儿来我们干脆就别活了。所以如今，只要我们还拥有一颗热爱美好的心，并为此孜孜努力，我们就应该以为自己是个可爱的人。

爱自己才能爱别人，爱自己才能爱这个世界。

爱，首先要从爱自己开始，只有学会爱自己，才能学会爱他人、爱世界。

爱自己不是一种自私行为，我们这里所说的爱并不是虚荣、贪婪、傲慢、自命不凡，而是一种善待自己、对自己无条件接受的做法。如果你能够认识到自己是一个有自尊心的综合体，如果你能够注意养生，保持自己的身心健康，那你就已经学会爱自己了。如果你拥有了这种爱，那你也就可以把它奉献给别人了。

爱，非常像花散出的香气，无论有没有人去闻它，香气都是存在的。那些有爱的天性的人们，无论走到哪里，都会辐射出爱。而且，他们把爱撒播给别人并不是通过压制自己的欲望、牺牲自己的需要来实现的。而是由于他们十分充实地享受生活，所以非常希望别人也能分享这种快乐。他们在友善地对待他人的过程中，发现自己能够获得一个愉悦的心情，这种愉悦正是他们的爱产生的源泉。因此，为了更好地爱自己，不妨作如下尝试：

在你比较轻松、事情比较少的日子里，专门空出一天时间，用一整天的时间来爱自己。在这一天中，做你自己最要好的朋友，满怀感情地对待自己，为自己祝福，将自己泡在充满泡沫的浴缸中，放声歌唱。为自己做一顿最爱吃的饭菜，并慢慢地享用。

通过友善地对待自己，你会逐渐觉得自己的状态开始好转，觉得生活是美好的，而且你还会对自己的身体和思想产生感激之情。如果你能够时不时地用爱来滋养自己，你很自然地就会更加爱别人。

因为不敢爱自己，不会爱自己，没有爱过自己，因此没有养成爱自己的习惯，结果在"爱他"的过程中自卑产生了，自信消失了，随之消失的还有志气、理想、信念、追求、憧憬、主见和创造的精神。

你即使是一个非常平凡的人，没有横溢的才华，没有非凡的本领，没有惊人的力量，没有出众的智慧，没有显赫的地位，没有巨额的财富，没有传奇的经历，没有丰富的经验……哪怕你一无所有，你仍然有理由珍爱自己。我们始终都在走一条路，一条属于自己的路；我们始终都在营造一处风景，一道涂抹着个性色彩的风景。路在延伸,风景依然亮丽,我们把朝霞走成了夕阳,把暖春走成了寒冬……我们为什么不能爱自己呢?

我们应该懂得,我们有足够的理由爱自己:一是只有自己才是属于自己的;二是只有热爱自己,才能热爱他人;三是只有热爱自己,才能出现和巩固这个不断延长爱的世界。

我们没有蓝天的深邃,但可以有白云的飘逸;我们没有大海的辽阔,但可以有小溪的清澈;我们没有太阳的光耀,但可以有星星的闪烁;我们没有苍鹰的高翔,但可以有小鸟的低飞。

每个人都有自己的位置,每个人都能找到自己的位置,发出自己的声音,踏出自己的通途,作出自己的贡献。我们应该相信:正因为有了千千万万个"我",世界才变得丰富多彩,生活才变得美好无比。

认认真真爱自己一回吧!这一回是100年。

一切由爱自己开始

每当我们想到爱的时候,心里便会涌现出那些传统文化、宗教教义的教导,它们都是不约而同地叫我们爱别人,要舍己为人,不求自己的益处。

著名心理学家雅力逊指出:人要先爱自己才懂得去爱别人。因为只有视自己为有价值、有清晰的自我形象的人,才可以有安全感、有胆量去开放自己,去爱别人。

其实,要去爱别人的时候,我们都会不自觉地去展露自己的长处,而接触越久,沟通越多,真正的自我便会无所遁形。一个缺乏自信的人,往往会害怕坦诚,以为让对方透彻了解自己之后,必定会拒绝自己、离开自己。而一个憎恨自己的人,甚至可能会掩饰自己,拒绝与人交往,更遑论与人深交和相爱了。

爱自己,或称自爱,是与自私、以自我为中心不同的一种状态。自私、以自我为中心是一切以私利为重,不但不替人家着想,更可能无视他人利益,为达目的不择手段。爱自己,就要会照顾和保护自己、喜欢自己、欣赏自己的长处,同时也要接受自己的短处，从而努力改善自己，以臻至善。

这种心态之下，我们会学会不少自处之道，更可活学活用于人际关系之中。在接受自己之后，便会有容人的雅量；在懂得欣赏自己之后，便会明白如何欣赏别人；在掌握保护自己的方法之后，亦会悟出"防人之心不可无，害人之心不可有"的道理，也许这就是推己及人的真谛。

一个不爱自己的人，是不会去爱别人以及接纳别人的。因此，一切均得由爱自己开始。

爱自己才能爱别人

心理学家伯纳德博士说："不爱自己的人崇拜别人，但因为崇拜，会使别人看起来更加伟大而自己则愈加渺小。他们羡慕别人，这种羡慕出自内心的不安全感：一种需要被填满的感觉。可是，这种人不会爱别人，因为爱别人就要肯定别人的存在与成长，他们自己都没有的东西，当然也不可能给予别人。"

不爱自己、自我评价差的人，就会选择让自己过着很不快乐的自虐生活。比如说，一个人对自己过于挑剔，就容易仇视、嫉妒比自己好的人。

凯伦有一位十分能干、上进的丈夫，但她自己却每天都要在家里带孩子。她觉得丈夫正在为自己的前途而奋斗，而她则过着呆板、无趣的生活，因此就迁怒于丈夫，每天从早到晚都在批评这个她当初发誓要去爱、去珍惜的男人，左右都不如意。

凯伦对丈夫变得愈加吹毛求疵，其实这根本不关丈夫的事，而在于她的自我观念。正是由于不喜欢自己，就总觉得自己不如人，所以才一直挑丈夫的毛病。这种做法，几乎将她的婚姻送入了坟墓。

几年后，孩子终于不再需要凯伦每天都贴身照料了，于是她找了一份工作。但是，她毕竟不是一个十分能干的女强人，而且在家歇了较长一段时间，所以在工作中她的业绩平平。

凯伦感到自己是个失败者，对于自己无法跟别人一样成功而耿耿于怀；她嫌自己身体太胖、鼻子太大，还担心丈夫会看不起她。因为不喜欢自己，凯伦经常神经过敏，自惭形秽。她担心丈夫会移情别恋，因而变得易怒，每天仍然对丈夫喋喋不休地挑剔、抱怨，也无法丢开自己的问题而去真正关心丈夫。

久而久之，凯伦的态度令丈夫感到再也无法忍受下去了。他认为凯伦并不爱他，最终提出分手。一个原本不错的家庭，就这样分崩离析了。

埋葬凯伦幸福婚姻的真正"杀手"，其实不是别人，而是她自己。如果一个人不喜欢自己，就不会相信自己还能讨人喜欢；如果一个人不能欣赏自己，就会走进总是跟别人攀比的陷阱；如果一个人总是盯着自己的短处，就等于期望别人也只看他的短处，因此在下意识里总是等着被别人拒绝或是与人为敌。凯伦正是被这些情绪所包围、左右了。

其实，每个人都有缺点和短处，要想与人建立良好的人际关系，就必须首先接受并不完美的自己。谁都不可能十全十美，所以我们必须正视自己、接受自己、肯定自己、欣赏自己，对自己要有恰到好处的自尊自重。

哲人说："学会爱自己是人世间最伟大的一种爱。"只有当你停止对自己不利的批评，才能解放自我而去欣赏或赞美别人，也才能戒掉心底刻薄的批评，去除"你多我少，你好我坏"这类伤人伤己的念头。

不爱自己的人，就等于自讨苦吃，也无异于拒绝社会和他人。一个人如果不爱自己，当别人对他表示友善时，他会认为对方必定是有求于自己，或是对方一定也不怎么样才会想要和自己为伍。这种人会不断地批评自己，从而使别人感到他有问题而尽量避开他；这种人害怕别人越了解自己就会越不喜欢自己，所以在别人还没有拒绝之前，其潜意识里就会先破坏别人的好感。总之，不爱自己会导致各种问题的发生。当一个人觉得自己很差劲时，周围的人也会跟着遭殃。

因此，在开始爱别人之前，必须先爱自己；想要拥有和谐、美好的人际关系，就必须先做自己最好的朋友。世界就像一面镜子，人与人之间的问题大多是我们与自己之间问题的折射。因此，我们不需要去努力改变别人，只要适度改变自己的思想和想法，人际关系自然就会转好。

从某种意义上说，个人的快乐与否完全取决于对自己的感觉，人际关系的和谐与否也决定于个人能否接受自我。自我评价高的人，绝不会甘愿受苦，也不会主动与人为敌。但可惜的是，还是有人选择自我贬低自己。要想改变这种心态，以下几条建议是非常可取的：

（1）避免与他人做比较，为自己做主，警惕"人比人气死人"的陷阱。

（2）从实际出发，给自己设定有意义的、可行的人生目标。

（3）对自己更友善，可以经常自我反省，但不要总是批评自己。

（4）记下每一件自己所做的好事，不要低估自己的贡献，给自己打打气。

当然，真正的爱自己就是自我接受，包括同时接纳自己的优点与缺点、长处与短处，并对自己给予适度的自尊自重。也就是说，爱自己并不等于向全世界夸耀自己，也不表示要目中无人。其实，爱自己只是一种收敛的自信、自我欣赏，加上适度的幽默感，而内心则保持沉稳和平静。

友爱的定义

友爱是你这一生中最值得珍藏的一笔财富。因为友爱是那种在你快乐的时候可以与你共享快乐，在你痛苦的时候可以与你分担痛苦的人的帮衬和给予。当你取得了巨大的成绩，他像你一样沉浸在幸福之中；当你遭遇困境厄运，他同你一样悲痛忧伤。不论你遇到什么事情，你时刻都会感觉到在这个社会上你不是一个人在孤立无助地生活，你时刻都在另一双眼睛的视野里，你时刻都在另一颗心灵的关怀中。

有人总是有很多朋友，我们常常看到这样的人，不论遇到什么事情，他的周围总会站着很多朋友。但也有这样的人，我们在任何时候都会发现，他就像一个套中人，在他的身上总是有一层厚厚的隔膜，人们总是在避而远之，这种人不要说肝胆相照的知己朋友，就是一般的朋友也没有。人们都羡慕前者，都为后者的孤独而感到可怜。为什么有人能够生活在朋友的关怀和温暖之中，而有的人却不同？

原因很简单：你自己以真诚待人，必定换来真诚；你自己对人毫无私心，别人对你也不会斤斤计较；你自己宽以待人，虚怀若谷，能够容人容物，同样你也会因此赢得朋友的宽容和谅解。

相反，一个人没有友爱的最重要原因就是：他自己对朋友缺乏真诚。当朋友取得了成就的时候，他不是发自内心的祝贺，而是心生嫉妒；当朋友遇到困难的时候，他不是两肋插刀，而是袖手旁观；当朋友向他倾吐心声的时候，他不是敞开心扉，而是遮遮掩掩。假如是这样，他永远都不会有真正的朋友。

交朋友的过程中，还有一点也很重要，就是要能够接纳朋友的缺点。中国有句古话：水至清则无鱼，人至察则无徒。这对于交友来说尤为重要。任何一个人都有优点，也都有缺点。如果你只看优点，把朋友想象成完美无缺的人，那你就大错特错了。当朋友做了错事的时候，你必定无法容忍，认为自己看错了人，或者是上当受骗，那你也就不会拥有朋友了。

生活当中，重要的是要常做"赠人玫瑰，手留余香"的事情，这包括朋友有难时的慷慨解囊，朋友困惑时的心灵帮助，朋友快乐时的共同分享。你把你的心灵交给了朋友，朋友回赠你的，同样是玫瑰的芬芳。

友爱超越生命

真正的友情是我们最宝贵的财富，为了友情，我们甚至可以放弃生命。

越南有这样一个故事：

几发炮弹突然落在一个小村庄的一所由传教士创办的孤儿院里。传教士和两名儿童当场被炸死，还有几名儿童受伤，其中有一个小姑娘，大约8岁。

村里人立刻向附近的小镇要求紧急医护救援，这个小镇和美军有通信联系。终于，美国海军的一名医生和护士带着救护用品赶到了。经过察看，这个小姑娘的伤最严重，如果不立刻抢救，她就会因为休克和流血过多而死去。

输血迫在眉睫，但得有一个与她血型相同的献血者。经过迅速验血发现，两名美国人都与她的血型配不上对，但几名未受伤的孤儿却可以给她输血。

医生用掺和着英语的越南语，护士讲着仅相当于高中水平的法语，加上临时编出来的大量手势，竭力想让他们幼小而惊恐的听众知道，如果他们不能补足这个小姑娘失去的血，她一定会死去。

他们询问是否有人愿意献血。一阵沉默做了回答。每个人都睁大了眼睛迷惑地望着他们。过了一会儿，一只小手缓慢而颤抖地举了起来，但忽然又放下了，然后又一次举起来。

"噢，谢谢你。"护士用法语说，"你叫什么名字？"

"恒。"小男孩很快躺在草垫上。他的胳膊被酒精擦拭以后，一根针扎进他的血管。

输血过程中，恒一动不动，一句话也不说。

过了一会儿，他忽然抽泣了一下，全身颤抖，并迅速用一只手捂住了脸。

"疼吗，恒？"医生问道。恒摇摇头，但一会儿，他又开始呜咽，并再一次试图用手掩盖他的痛苦。医生问他是否针刺痛了他，他又摇了摇头。

医疗队觉得有点不对头。就在此刻，一名越南护士赶来援助。她看见小男孩痛苦的样子，用极快的越语向他询问，听完他的回答，护士用轻柔的声音安慰他。顷刻之后，他停止了哭泣，用疑惑的目光看着那位越南护士。护士向他点点头，一种消除了顾虑与痛苦的释然表情立刻浮现在他的脸上。

越南护士轻声对两位美国人说："他误会了你们的意思，以为自己就要死了。他认为你们让他把所有的鲜血都给那个小姑娘，以便让她活下来。"

"但是他为什么愿意这样做呢？"护士问。

这个越南护士转身问这个小男孩："你为什么愿意这样做呢？"

小男孩只回答："因为她是我的朋友。"

这个越南小男孩为了救他的朋友，甘愿献出他自己的生命。由此我们可以看出：有些时候，友爱是可以超越生命的。

▶ 父母的爱

大爱父母心

父爱母爱即是父母之爱，这是世界上最伟大的爱，我们应如何理解这种伟大的爱呢？

作为父亲母亲，爱孩子不同于爱妻子，不同于爱丈夫，也不同于爱双亲，爱兄弟姐妹。这种爱的滋味是从那些爱中尝不到的。它是一种混合体，其中有同情和怜爱，有幸福和美好，有快乐和悲伤，有放心和牵挂，有自私和袒护，有恐惧和期盼。所有这些混合起来而形成了一种特殊的味道，但主味仍是同情和怜爱。

有一位阿拉伯诗人说过："我们的孩子只是行走在天地间的我们的心肝。"也许你熟悉这句话，但即使你读过一千次，也未必能读出父母所读出的感受。是的，孩子是父母的心肝，一旦他们不在，父母就会立即感到空寂失落，胸中仿佛失去最宝贵的东西。

你如果听说世界上最伟大的人物出现在他们孩子的游戏场上，而且毫无应有的庄重和威严，甚至比那些少年还要顽皮和淘气。这时你应明白，他们绝非仅为孩子高兴而强作欢颜，他们大多是从孩子身上发现了自我，感到自己年轻了，像年轻人一样嬉戏打闹，于是他们得到了最大的享受，感到了无比的快活。你如果听说世界上最伟大的人物给自己的孩子当坐骑，让他们骑在背上而不觉得有伤大雅、有失身份，这时他们已无力将自己的心肝装回胸腔，至于是放在胸脯上还是后背上则是完全一样的。

你可能见过父母宁肯将糖果之类喂孩子吃而自己不吃，你千万不要以为这仅是在喂孩子甜食。不，他们认为这样比自己亲口吃更甘甜，所谓吃在孩子嘴里甜在父母心上。

你见过烈日下一个口干舌燥、嗓子冒烟的人扑向清泉的情景吧，他恨不能将泉水吸干以消解喉咙的焦灼。然而他无法与父母亲吻孩子时的感觉相提并论，父母吻孩子比他更急切更心甜，而且他有饮足之时，父母无吻够之日。如果说饮水可以滋润身体，那么吻则可慰藉心灵，而二者在情感的天平上又是无法相比的。

父母见幼子在牙牙学语，在说，在笑，顿时一股暖流传遍全身，再甜美的歌喉、再高明的琴师都不能令父母如此陶醉，仿佛花树久旱逢甘霖。

世界上最提心吊胆惊慌失措的人，莫过于见其子遇险或走近险境者，他将猛扑过去，为救孩子而不顾一切，哪怕同归于尽或牺牲自己。

一旦孩子处于病患或危难之中时，做父母的就会在怜悯与痛苦、慈爱与恐惧、同情与忧虑间挣扎。他们祈求上苍，把灾难降临在他们头上，如命中注定，他们愿义无反顾地代孩子去死。

是否每个孩子都得到父母同等的爱，是否在父母心目中他们处于同一地位，他们会不会因为大小、男女而有所区别。

应当明了，爱下面的情犹如逻辑学家所谓的属下面的种一样，你从苹果、梨子、葡萄、无花果等各色水果中都能得到甘甜，但每种水果的甜又有其细微差别。

事实上，如果人有更灵敏的感觉，更细腻的情感，能深入到心底去了解这种差别的真谛，他会看到爱的质相同，核统一，只是每个孩子的年龄、条件、性别赋予爱以不同的形式和色彩。

我们说过，爱是多种情愫的混合体，其中最突出的是同情与怜爱。躺在摇篮里的婴儿，对他几乎只能是同情与怜爱。稍长，当他嘴里能蹦出几个字时，除这两种感情外，父母还会去亲近他、逗他。再长，他能跑能跳，学说话时，父母会更愿意亲近他、逗他，父母还将感到他成了自己消愁解闷的重要对象，甚至离不开他，缺不了他。等他长到上学受教育的年龄，除了上述感情外，父母将偏重于培养他成为一个听话、自重、有礼貌的人，并将有步骤地向他灌输如何成为一个事业有成的人。他的年龄越大，这种期盼的感情越深，以至淹没了其他感情。如果他出门在外或生病卧床或遭遇不测，同情与怜爱又突显出来，因为这时他最需要的就是这两种感情。

当有人问某某：你最爱你哪个孩子？某某答道：我最爱他们中年龄最小的，直到他长大；最爱他们中出门在外的，直到他回家；最爱他们中生病卧床的，直到他痊愈。

父母对孩子的爱是否会因其美与丑、伶俐与愚笨、礼貌与粗鲁、勤快与懒惰、成功与失意而有所不同呢？有这样一段故事：

有人问厄阿拉比，你爱某姑娘到何种程度？厄阿拉比答：对天起誓，她家墙头的月亮比邻家的圆。

你会说，这个厄阿拉比真会撒谎，他情人家墙头上的月亮明明和她邻家的月亮一模一样嘛！

你也许认为他说得再诚实不过了，他看见她家墙头上的月亮就是比邻家的又大又圆嘛！对孩子也一样。父母看到的全是他们身上的优点，或者说，至少父母几乎看不到他们的缺点，不论是性格上的还是心理上的。父母看他们时只是一望而过，不会经意去研究。因此，在父母眼里他们自己的孩子就是最好的孩子。

同样，你会发现，做父母的对待自己孩子不会像对待别人孩子那样去评头论足，他们评价别人孩子用的是审慎理智的目光，而对自己的孩子则感情用事，不带丝毫思考与冷静。

诚然，某孩子可能有明显的品德缺陷，某孩子可能因残疾而严重影响生计，某孩子可能道德败坏，可能误入歧途甚至做了天理不容之事，等等。但这在父母心理上的影响和评价上的分量要比事实和他人轻得多，弱得多。当然，这些肯定使父母忧心忡忡，寝食不安，怒火中烧，大发脾气。但这些非但不会损伤父母对孩子的爱怜与偏护，恰恰相反，倒证明父母的爱怜与偏护。父母忧心如焚恰恰是出自对孩子的怜悯与同情，可怜他们没有而且不会成为最幸福的人。

当然，有些父母也许有过这样的想法：他们很爱孩子但又希望他们不曾生下来。父母希望孩子不曾来到这个人世，是因为怕他们经不起尘世七灾八难的折磨，这种希望恰恰是他们对孩子至深的爱。这就是父母之爱，世界上最伟大的爱，对于这种爱的理解，谁可以最清楚最准确地描述出来？只有孩子长大为人父或为人母后才能真正品味做父母的滋味。

父爱永恒

很久很久以前，中原一户农家有个顽劣的子弟，读书不成，反把老师的胡子一根根拔下来；种田也不成，一时兴起，又把家里的麦田砍得七零八落。每天都跟着狐朋狗友打架惹事，偷鸡摸狗。

他的父亲是一位忠厚的庄稼人，忍不住呵斥了他几句。儿子不服，反而破口大骂。父亲不得已，操起菜刀吓唬他。没想到儿子冲过来抢过菜刀，一刀挥去，老汉的右手被砍断鲜血淋漓，痛苦地倒在地上呻吟着。而酿成大祸的儿子，竟连看都不看一眼，扬长而去，从此生死不知。时值乱世，不知怎的，儿子再回来的时候，竟成了将军。住豪宅，娶美妾，多少算有身份的人，要讲点面子，遂也把父亲安置在后院。却一直冷漠，开口闭口"老狗奴"。自己夜夜笙歌，父亲连想要一口水喝，也得自己用残缺的手掌拎着水桶去井边。

邻人都道："这种逆子，雷怎么不劈了他？"

也许是报应吧。一夜，儿子的仇家寻仇而来，直杀入内室。大宅里，那么多的幕僚、护卫都逃得光光的，眼看儿子就要死在刀下。突然，父亲从后院冲了进来，他选择了用唯一的、完好的左手死死地握住了刀刃。他的苍苍白发，以及他不顾命的悍猛连刺客都惊了一下，他便趁这一刻的间隙大喊："儿啊，快跑，快跑！"自此，老汉双手俱废。

3天后，逃亡的儿子回来了。他径直走到三天三夜不眠不休、翘首企盼的父亲面前，深深地叩下头，含泪叫了一声："爹！"

不知道痴痴地、眼睁睁地盼回儿子后，他要说什么，但我们知道不会改变的必是他那无法按捺的宽厚父爱。

母爱之门永远不会关闭

在苏格兰的格拉斯哥，一个小女孩像今天的许多年轻人一样，厌倦了枯燥的家庭生活、父母的管制。于是，便离开了家，决心要做世界名人。可不久，在经历多次挫折后，她日渐沉沦，最后，只能走上街头，开始出卖肉体。许多年过去了，她的父亲死了，母亲也老了，可她仍在泥沼中醉生梦死。

这期间，母女从没有什么联系。可当母亲听说女儿的下落后，就不辞辛苦地找遍全城的每个街区，每条街道。她每到一个收容所，都哀求道："请让我把这幅画贴在这儿，好吗？"画上是一位面带微笑、满头白发的母亲，下面有一行手写的字："我仍然爱着你……快回家！"

几个月后，没有什么变化。桀骜的女孩懒洋洋地晃进一家收容所，那儿，正等着她的是一份免费午餐。她排着队，心不在焉，双眼漫无目的地从告示栏里扫过。就在那一瞬间，她看到一张熟悉的面孔："那会是我的母亲吗？"

她挤出人群，上前观看。不错！那就是她的母亲，底下有行字："我仍然爱着你……快回家！"她站在画前泣不成声，这会是真的吗？

这时，天已黑了下来，但她不顾一切地向家奔去。当她赶到家的时候，已经是凌晨了。站在门口，任性的女儿迟疑了一下，该不该进去？终于她敲响了门，奇怪！门自己开了，怎么没锁？！不好！一定有贼闯了进去。记挂着母亲的安危，她三步并作两步冲进卧室，却发现母亲正安然地睡觉。她把母亲摇醒，喊道："是我！是我！女儿回来了！"

母亲不敢相信自己的眼睛。她擦干眼泪，果真是女儿。娘儿俩紧紧抱在一起，女儿问："门怎么没有锁？我还以为有贼闯了进来。"

母亲柔柔地说："自打你离家后，这扇门就再也没有上过锁。"

母亲对子女的爱是最伟大的，它没有任何附加条件。无论你是优秀还是普通，甚至是残疾，母亲是那个永远珍爱你如宝贝的人，母亲是那个为你的一点点进步无比自豪的人，母亲是那个能大度地原谅你的无知的人，母亲是那个永远不会抛弃你的人。母爱之门永不会关闭！

有母爱陪伴的人是幸福的，好好珍惜吧，不要等失去了才知道它的珍贵。趁着父母依然健在，常回家看看，陪父母说说话，帮父母捶捶背，尽一尽孝心，享受人间最珍贵的天伦之乐吧！

"慈母手中线，游子身上衣。临行密密缝，意恐迟迟归。"这首古诗写尽了母亲对子女的爱和牵挂，任何时候读来都让人感动不已。

► **浪漫的爱**

简单的爱才是最浪漫的

　　表面上看，爱是世界上最复杂的事情，从古今中外都有无数的人围绕爱去做文章就可以清楚地看出来。如果爱不复杂，至于有那么多的人去写得死去活来吗？

　　其实，如果我们将那些让无数的人为之流泪、为之悲伤的爱的外衣剥去，你就会发现，爱原本是一件非常简单的事情，硬是让爱的主角们搞复杂了，结果越来越复杂，直至成为一场悲剧。

　　比如说，我们要爱某一个人，爱某一件东西，常常要找出爱的理由来。一旦找不出理由，就觉得我们不应该去爱，可感情却不是说不爱就不爱的。于是我们就痛苦，就悲伤，就流泪，就怨天尤人。

　　其实，难道爱不是理由吗？换句话说，爱，难道还需要理由吗？爱，不是最大的理由吗？就像那首歌里所唱到的，爱不需要任何理由。

　　本来的确应该如此，可我们都不，偏要将原本不需要理由的事情变成一定要有一个理由。而如果找不到那个所谓的理由，我们就要放弃那让我们刻骨铭心的爱。

　　这能不痛苦吗？当然，如此评说这个让千千万万的人魂牵梦萦的"爱"，的确让人一下子无法接受。

　　难道爱就如此简单？难道不是吗？天下本无事，庸人自扰之。

　　唯有简单的爱才可能是最浪漫的，因此我们要努力创造简单的爱。

　　如果我们不再一定要找出爱的理由，而将爱本身就作为一种最恰当不过的理由，我们就不会再为自己找不到爱的理由而生出无穷的烦恼了，也不会让我们与我们一生也难以再遇到的人天各一方，以至于抱恨终生了。

是的，世上没有无缘无故的恨，也没有无缘无故的爱。但我们一起生活在这个美丽的星球上，这个理由还不充分吗？

所以，爱我们这个世界吧，因为人生如此短暂。

爱我们的父母吧，因为是他们给了我们生命。

爱我们的邻居、同事、朋友吧，因为我们是邻居，是同事，是朋友。

爱我们身边的小鸟、小鹿、小草、小树，还有美丽的花朵吧，因为它们和我们一起点缀着这个世界。

所以，请你热情地相信"这的确是一个美好的世界"，那么它就真的会变成一个极其美好的世界。

无论怎么说，爱毕竟是我们这个世界里最值得去撒播的种子。大部分人临终的时候都希望有这样的感觉：我们生活得很好，并且在我们将要离开这个世界的时候，能够感到这世界曾经因为我们的到来而变得更加美丽，更加美好。

所以，每一个人都应该向自己的四周散播自己的爱心。这就像玩弹力球一样，你将它们抛出去，它们又会再弹回来。对我们来说，这只是小事一桩，但是我们的世界却因此收到一份珍贵的礼物，我们的生命也因此而变得非同寻常。

穷人也有浪漫的爱

爱是不分贫富贵贱的，富人能有浪漫的爱，穷人同样也可以拥有。

傍晚，虹散步到天桥边，看见一个小伙子正吃力地背着一个姑娘上天桥，额上渗着细密的汗珠。虹赶忙过去帮着搀扶，问他："她生病了吧？我帮你叫出租车送她去医院吧？"

来到天桥上，姑娘忽然大笑起来，小伙子忙向虹道歉："对不起，谢谢您，我们在玩游戏。"

"什么？"虹尴尬中有些愠怒。

姑娘好半天才停住笑，告诉虹说今天是他们结婚三周年纪念日，他们特意请假出来逛街。"他没有钱，我不要他买什么礼物，但他有力气，所以要他背我上天桥，才背三个来回，就累了，将来结婚 30 周年，我让他背 30 个来回，累死他那把老骨头……"姑娘趴在小伙肩上又笑了起来。

很多人很多时候以为，浪漫必定和鲜花、烛光、音乐相连，却不知道世上还有这样一种别致的穷人的浪漫。

对"浪漫的爱"的几种不同理解

对于"浪漫的爱"，不同人有不同的理解。

甲说，烛光晚餐、月下散步等都只不过是世俗化、商品化了的浪漫，浪漫不应在乎这些实质环境的元素，而在于一种个人主观的感受。

在这些环境下，你不一定会觉得浪漫，尤其是在你心情烦闷、脾气暴躁的时候，你可能会无动于衷，没有什么感觉。但若你感到浪漫时，这些环境便自然地带给你一种浪漫的感觉。

乙却认为浪漫的重点是两个人相处在一起而又有爱情的感觉，那就是浪漫。但是，一个人如果和他不爱的人在这种环境里未必会感到浪漫，但若和他爱的人一起在这种环境下，便会有浪漫的感觉。

丙则认为浪漫是可以独自一个人感受的，重点在于能否回忆或联想起一个自己心仪的对象，然后利用幻想来感受那种甜丝丝的浪漫情怀。所以，就算你的身旁没有一个他（她），你也可以在一个人的时候感受到浪漫、温馨。

丁的看法更有趣，他认为一个人甚至可以和自己浪漫。这包括了享受与自己的影子同游黄昏海滩，与自己吃烛光晚餐。在这种情形下，最重要的心态是摆脱传统的看法，不要感怀身世。细想一下：人若能爱自己，与自己结伴同行人生路，独立地面对孤独，细细品味自己的感受，岂不是更能体验到浪漫是主观经验的大原则吗？

爱的自由

不要为爱所累

人人都渴望美满的爱情，但是现实总是那么残酷，不断地打碎人们的美梦。自以为找到了爱情，实际上却陷入了爱的陷阱，很多人无力自拔，一生也就在痛苦中度过。其实，只要你勇敢一点，认识到不能这样生活，改变自己，就可能走出这个陷阱。

人生原本如月季花一般灿烂，如流星一般闪烁。我们要该追求时就追求，该参与时就参与，该苦恼时就苦恼，该放弃时就放弃……即便是没有开出绚丽的花朵、结出甜美的果实，即便是在瞬间化成尘埃，今生今世，也决无遗憾！累又从何而来呢？

爱情是一个更加复杂的问题，即使是从一份已经名存实亡的爱情中逃离出来，也不是一件容易的事。布力斯太太已经3次发现丈夫有外遇，而且最近又开始酗酒，还常常对她又打又骂，但她依然想的是如何忍受这种生活，从来没有想过与她的丈夫离婚，逃出这种可怕的折磨。

布力斯太太只有32岁，但是看上去已经像是40多岁的样子。她的好朋友关心她、心疼她，问她有什么打算时，她竟然认为除了维持现状，别无他路。原来，布力斯太太结婚10年以来，她早已习惯了依靠丈夫的生活：丈夫就是她的"安全岛"，即使是婚姻出现了问题，她也不会离开。因为她已经习惯了"安全岛"的生活，一旦让她离开，她会无所适从。

布力斯太太这样告诉她的朋友自己的感受："虽然在理智上我也明白，婚姻的结束是我恢复健康和自尊的唯一途径，但我却不能改变自己的绝望。我对人生失去了兴趣，而且简直不能工作。听到收音机里播放一首浪漫的歌我就会泪流满面。我觉得自己已经跌至谷底，永远没有再感受欢欣的希望了。"

"谷底"是一个可以暂时栖息的地方，不要拒绝承认你的感觉，只有好好地去整理它们才有可能治愈你的创伤。

"安全岛"可能是一个人、一种状态、一个地方，或者是一件事情和一项工作，它会成为人们的非理性的需要。如果需要安全、被照顾，我们就不能离开这个"安全岛"，否则将会无所适从。

一切重建的工作都可能包含着痛苦。但是事实上，抛开这些疲乏了的关系，对于双方来说都是一种解脱。关键的问题在于哪一种事情更痛苦：是结束一个疲乏了的关系？还是欺骗自己，让自己相信这个关系还有意义，并且相信忠诚、习惯或恐惧比拿出诚实和勇气说再见更值得？大部分人都知道结束一个疲乏了的关系很难！但他们却不知道，如果不抛弃它，付出的代价将会更高。

我们需要家庭和朋友，这样能够减少我们的孤独感，让我们感觉到安全。但在许多时候，人们之间已经没有爱了，却为了逃避寂寞而紧紧地纠缠在一起，最终只能给自己徒增许多的烦恼。当朋友带给你的痛苦多于欢乐时，你应该勇敢地去结束友情。一个人退出另一个人的生活，是很平常的事，只有果断地放弃，才能有时间和精力去寻求自己的幸福。

在清理了我们心灵的部分空间之后，我们开始探索各自的道路。这是一条实现自我的道路，在自我的轨迹上，我们必须挖掘和发展生命的真实、热情和美好。

爱需要自由的空间

莉莎和男朋友分手了，处在情绪低落中，从他告诉她应该停止见面的那一刻起，莉莎就觉得自己整个被毁了。她吃不下睡不着，工作时注意力集中不起来。人一下消瘦了许多，有些人甚至认不出莉莎来。一个月过后，莉莎还是不能接受和男朋友分手这一事实。

一天，她坐在教堂前的椅子上，漫无边际地胡思乱想着。不知什么时候，身边来了一位老先生，他从衣袋里拿出一个小纸口袋开始喂鸽子。成群的鸽子围着他，啄食着他撒出来的面包屑，很快就飞来了上百只鸽子。他转身向莉莎打招呼，并问她喜不喜欢鸽子。莉莎耸耸肩说："不是特别喜欢。"他微笑着告诉莉莎："当我是个小男孩的时候，我们村里有一个饲养鸽子的男人。那个男人为自己拥有鸽子感到骄傲。但我实在不懂，如果他真爱鸽子，为什么把它们关进笼子，使它们不能展翅飞翔，所以我问了他。他说：'如果不把鸽子关进笼子，它们可能会飞走，离开我。'但是我还是想不通，你怎么可能一边爱鸽子，一边却把它们关在笼子里，阻止它们要飞的愿望呢？"

莉莎有一种强烈的感觉，老先生在试图通过讲故事，给她讲一个道理。虽然他并不知道莉莎当时的状态，但他讲的故事和莉莎的情况太接近了。莉莎曾经强迫男朋友回到自己身边。她总认为只要他回到自己身边，就一切都会好起来的。但那也许不是爱，只是害怕寂寞罢了。

老先生转过身去继续喂鸽子。莉莎默默地想了一会儿，然后伤心地对他说："有时候要放弃自己心爱的人是很难的。"他点了点头，但是他说："如果你不能给你所爱的人自由，那么你就并不是真正爱他。"

长相厮守的意义不是用柔软的爱捆住对方，而是让他带着爱自由飞翔。要知道，爱需要自由的空间。

生活中一些事情常常是物极必反的，你越是想得到他的爱，越要他时时刻刻不与你分离，他越会远离你，背弃爱情。你多大幅度地想拉他向左，他则多大幅度地向右荡去。

所以我们应该让爱人有自己的天地去做他的工作，譬如集邮，或是其他任何爱好。在你看起来，他的嗜好也许傻里傻气，但是你千万不可嫉妒它，也不要因为你不能领会这些事情的迷人之处而厌恶它。你应该适时地迁就他。

爱人有了特殊的嗜好以后，我们还必须给他另外一个好处：有些时候要让他独自去做他喜爱的事，使他觉得拥有真正属于自己的东西。毫无疑问，爱人时常需要从捆在他脖子上的爱的锁链里挣脱出来。如果我们能够帮助并支持他们，去培养一些有趣的嗜好，并给他们合理的机会享受完全的自由，那么我们就是在做一些使他们快乐的事了。

我们应当自信，真正的爱是可以超越时间、空间的。因此，作为婚姻的双方，在魅力的法则上，请留给彼此一个距离，这距离不仅包含空间的尺度，同样包含心灵的尺度。留下你自己独特的性格，不要与他如影随形；留下你自己内心的隐私，不要让他感到你是曝光后苍白的底片；留下你一份意味深长与朦胧的神秘……不要试图挽留他离去的脚步，不要幻想他的目光永远专注于你，一切都应是自然形成，在你们之间留下一段距离，让彼此能够自由呼吸。

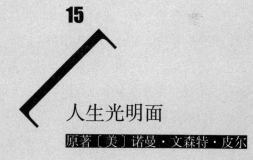

15

人生光明面

原著〔美〕诺曼·文森特·皮尔

关于本书

　　这本书的作者诺曼·文森特·皮尔博士，被誉为"备受尊敬之激励始祖"。他是著名的牧师、教育家和作家，曾主持纽约市马柏大教堂达 52 年之久。他一生著作颇丰，包括《积极思考的力量》《人生光明面》等 40 多本畅销书。

　　《人生光明面》不仅是一部供你阅读的书，更是一部指导你亲身实践的书。皮尔博士在书中告诉我们：在我们成长的过程中，谁也不能一帆风顺，平步青云；谁也不能躲开重重人生困境的煎熬、折磨。真正的成长永远都是要付出相当的代价的。否则，即使我们得以养尊处优，那又何异于一朵弱不禁风的温室之花，永远得在别人的呵护下，过着毫无自我的生活。

　　真正的力量源泉，最后仍得求助于我们自己，换句话说，那就是我们的思想。

　　有了积极的思想，我们自会寻得足以克服一切艰难险阻的力量，并牵引着我们前进，使我们所向披靡，攻无不克，战无不胜。人生，本就是一连串的攻坚行动，我们与生俱来的唯一职责，正是不屈不挠、锲而不舍地攻下横阻于我们面前的任何一个障碍，直到我们取得成功为止。

　　皮尔博士教给我们的，正是一种积极、乐观的思想，以及一种坚定而执着的行动。从他的书中我们不难发现，力量就在我们心中，只要我们肯静下心来，虚怀若谷地做一次深入自我的探索，将那股用之不竭的力量提炼出来，注入我们的生命之中，相信我们必将拥有一个更光明、更灿烂的美好人生。

▶ 积极思想的作用

积极思想可以产生力量

亨利·福特每年赚进数以百万计的美元，因为他对自己有信心，并把那信心转变成一项明确的目标，并用明确的计划支持这项目标。在亨利·福特年轻时，和他一起工作的那些工厂同事，除了看到每周的薪水袋之外，什么也没有看到，而且他们也只知道追求薪水。他们对自己没有什么要求。如果你想要有更多的收获，就先要对自己做更多的要求。而亨利·福特却同他们不一样，他对自己的要求很多，也正是因为这些要求，才使他获得了成功。

有一首很著名的诗，作者在这首诗中说出了一种伟大的心理学真理：

如果你认为自己已被打败，那么你就被打败了；

如果你认为自己并未被打败，那么你就并未被打败；

如果你想要获胜，但又认为自己办不到，

那么，你必然不会获胜。

如果你认为你将失败，那么你就已经失败，

因为，在这个世界上，我们发现：

成功开始于人们的意识中，

完全视心理状态而决定。

如果你认为自己已经落伍，那么你就已落伍，

你必须把自己想得高尚一点。

你必须先确定自己，

才能获得胜利。

生命的战斗并不全是

由强壮或跑得快的人获胜；

但不管是迟是早，

胜利总是属于那些认为自己能够获胜的人。

相信自己的思想，相信它能够产生力量，那么，它就一定会产生力量。

积极思想具有"魔力"

诸如失恋、失业之类的残酷事实，有时会不可避免地发生在我们自己身上，然而千万不要就此绝望，从此一蹶不振。

举例来说，如果你的身上有500元，与其对自己说"只有500元"，不如想"还有500元"。

因为就心态来说，"只有"是一种否定性的思考，而"还有"则是肯定性的思考。两者虽同指一件事，却能赋予截然不同的解释。比起"只有"一说，"还有"的想法显然积极、乐观得多了。

可是一切事物的想法都在人的一念之间，因此，积极思想极为重要。尤其当人处于绝望时，更应保有积极思想。试试看，是不是能在人生遭遇悲惨的时刻告诉自己："与其呼天喊地，不如以积极的态度来面对吧！"

积极思想确实颇具魔力，有时甚至可以拯救一个人的生命。请看下面这个故事：

凌晨1点30分，医院的一间小屋里，两名护士正在病人拉尔夫身旁守夜。头一天下午4点半，一个紧急电话打到拉尔夫家里，请他家人马上到医院来，当他们赶到病床边时，拉尔夫已经陷入了昏迷状态，这是心脏病严重发作的结果。这一家人现在毫无办法，只能待在走廊上，表情不一，有的在担心，有的在祈祷。

灯光幽暗的病房里，两名护士紧张焦急地工作着。她们每人抓住拉尔夫的一只手腕，试图摸到脉搏的跳动。整整6个小时了，他一直在昏迷。医生已经尽了最大努力，离开房间到其他病人那里去查房了。

拉尔夫动弹不了，也无法讲话。但是他可以听到护士们的声音。在昏迷中的一些间歇，他还能相当清楚地进行思考。他听见一个护士非常激动地说："他好像停止呼吸了，你还能感觉脉搏的跳动吗？"

"没有！"另一个回答。

他一再听到这样的问答：

"现在你能摸到脉搏吗？"

"没有。"

"我很好，"他想，"但我必须告知她们。无论怎样我都要告诉她们。"

他想起他学过的自我激励的警句：如果你相信你能够做这件事，你就能做它。他努力想睁开眼睛，但没有成功，他的眼睑不听命令。事实上他什么感觉也没有。即使如此，他仍在努力睁开双眼，直到他听到一个护士说："我看见他一只眼睛在动，他仍然活着。"

拉尔夫事后说："我并不害怕，我仍然认为这很有趣。一位护士不停地对我说：'拉尔夫先生，你在那里吗？'这个问题我得眨动我的眼睑来回答，告诉她们我很好，我仍然活着。"这种情况持续了一段时间，直到他通过不断努力终于睁开了一只眼睛，接着又睁开另一只眼睛。此时恰好医生回来了，他们以精湛的技术使他起死回生。

积极思想引发的信心，使拉尔夫闯过了鬼门关。

总之，凡事都有一体的两面，至于我们所知所欲的境地，其实都是基于自己将意愿印在潜意识中的结果。如果对此一味悲哀，或无所适从，不但无法改变目前的状况，而且还可能造成更坏的影响。所以，即使我们身处绝境，也应该像拉尔夫那样保持着积极的思想，这是非常重要的。

如何让你远离消极思想

要想改掉否定思考的习惯，确实不是一件易事。但是有一点我们必须明白：人们并不是以普通语言进行思维，大脑进行的是形象与逻辑思维，特别是形象思维。字句只是思维的原料，当我们说话和阅读时，大脑便自动地把它们转化成形象。对于每个不同的字句，大脑中都会出现一幅相应的图像。如果有人告诉你"某某买了一栋错层式楼房"，你看到的是一幅图画；如果你被告知"某某买了一栋新的平房"，你看到的又是另一幅图画。大脑形象是由我们根据具体称呼或描述事物的文字而调整和修正的。

你说或写时，从某种意义上讲，你是一架给别人放映电影的放映机。你所制造的这些图像，反过来又将决定你自己及他人的思想情绪反应。

假如你告诉大家："对不起，我不得不告诉大家，我们失败了。"这些人看到的是什么？他们会看到"失败"这个词所包含的一切，败落、失望及悲哀。再假如你告诉大家："这里还有一个办法，我想它能挽救我们。"这样，大家都会受到鼓舞，准备再奋斗一次。

假如你说："我们面临一个问题。"如此你便在别人的大脑里勾画出了一幅悲观的图景。相反，如果你说："我们面临一个机会。"大家则会勾画出一幅令人愉快的图景。

或者，你告诉一些人："我们遭受了一笔损失。"人们似乎看见钱财滚滚而出，一去不复返。确实，这很令人不愉快。但如果你换种说法："我们付出了一笔巨额投资。"大家看见的便是一幅令人振奋的图画。

关键在于，看重自我的人善于为他自己和他人制造积极的、乐观的图画。看重自我，我们便必须多使用那些激发积极精神的字句，如此，也才能使消极的思想远离我们。

转变思想才能获得完美

艾伦·科恩在他的畅销书《寻找自我》中告诉我们：获得完美的唯一途径就是转变思想。他在书中写道：

我的一位朋友告诉我："我曾经认为自己是一个完美主义者，我在每件事物上都发现细小的瑕疵。接着，我发现我根本不是完美主义者。我是一个不完美主义者。如果我是完美主义者，我应该无论看到什么都看到完美。"

我们所经历的生活，是我们选择的结果。我们随时都可通过赞赏或批判的眼光来看生活。我们将看到越来越多我们关注的事物，或发现别人认为无望的机会，从而掌握生活的规则。结果我们会发现机会无处不在。

当你与一些商业伙伴在高级餐厅用餐时，你们中的一人向侍者要一种菜单上没有的不寻常的菜，侍者答复说，要去问问厨师是否能准备这道菜。然后，你们中的另一个人讽刺性地讨论说："我敢打赌这仅仅取决于厨师的心情。"但是这位侍者并没有退缩，他平静地回答：

"实际上，我确信他会很高兴给你们做这道菜，这给了他一个展示自己的机会。"

如果我们把我们的权利看作是一种创造性的热情，每一种境遇都能给我们一个展示自我的机会。没有任何一种境遇是固定的情形，除非你使它那样。你可以使任何事物发生改变。那么，你为什么不使它更完美呢？

想象一下，一个人正在城市的街道上走着，这时头顶窗台上有个花盆掉了下来，只差几英寸就砸在他的身上，在他脚边摔碎了，这个人可能做出四种反应。第一种，膝盖痉挛反应，他可能对着窗台大声诅咒，或者冲向楼梯，找到花盆的主人，狠狠给他一拳；第二种，受害人反应，这种经历更使他确信世界就要伤害他，在接下来的日子里他总是尽力保护自己不受邪恶的侵害，重复多次向人们讲述自己的经历；第三种，超然的态度，他可能认为这是他的宿缘，什么也不做，继续向前走；最后一种，热爱的态度，他可能走到拐角处的花店里，新买一盆花，将花交给花盆被风从窗台上吹落的主人。

世界不是完美的，而且也不需要修补。世界是开放的，需要信仰的。你永远不会通过修补破碎了的东西来创造一个完美的世界。

你想修理的东西越多，你发现的破碎的东西就越多。获得完美的唯一途径就是你在哪里都认为它是完美的。如果它现在不在这儿，那么以后它也不在这儿。完美不是你达到的情形，它是你经历的一种思想。改变世界并不是恰当地安置它，而是正确地看待它。要想改变世界，首先要改变自己的思想。

有人曾指出，人有三种类型：一类是说"不够"的人；一类是说"太多"的人；还有一类是说"正好"的人。实际上，只有两种类型的人，因为认为一种东西"太多"，实际上就是认为另一种东西"不够"，每一刻都在否定和肯定间选择。

难道领会完美就意味着我们做被动的观察员而无所事事？不是这样的。完美是一个包含着变化、成长、扩大、改进和前进的过程。但是，当我们抱着改变缺憾的态度时，我们就不能采取改进行动。当我们感觉到事物都很美好时，这些行动才能进行。难道这不也是一种使它们更完美、令人愉快的冒险吗？真正的完美主义者才能发现最高的可能性，他们会非常投入地促使现实世界和他们的想象相一致。

实际上，我们的整个世界都处于建设状态，而这种建设可能永远都不能全部完成。但这个过程是在不断完美中向前发展的，当你路过时，你能赏识这种魔力，你就成了一个真正的完美主义者。也就是说，只要你能换一种思考的方式，你就能够获得完美。

▶ 做好成功的准备

成功面前人人平等

没有天生就注定会成功的人，也没有天生就注定会失败的人。

很多人羡慕成功者，妒忌成功者，然而从来不想自己做个成功者。他们会抱怨：我文化不高，我家庭贫穷，我相貌平平，我年龄太小或太大，我怎么能成功呢？

而你要知道，成功绝对不是少数人的专利。无数成功者的经历告诉我们：成功的大门对任何人都是敞开着的。

下面这则奇妙的小故事也许会让你顿悟此理。

在美国纽约，有一位卖糖果的小贩，他每天都固定出现在某一个市区小孩聚集的地方，所以那里的小孩没有不认识他的。每当生意欠佳的时候，他就会放一些五颜六色、各式各样的气球升空，来吸引更多的小朋友买糖。孩子们往往看到那些红的、白的、黄的以及黑的气球升空，都感到十分兴奋，纷纷鼓掌叫好。

这时，有一个黑人小孩站在一旁，眼睛望着气球，心中觉得很纳闷，于是他就走过去问小贩一个问题："叔叔，为什么黑色气球跟其他颜色的气球一样也会升空呢？"

小贩不懂他的意思，就反问他说："小朋友，你为什么要问这个问题？"

黑人小孩回答说："因为从小在我的印象里，黑人象征着穷、脏、乱、苦和无知。我看到白种人、黄种人甚至印第安人飞黄腾达、成功致富，过着令人羡慕的生活，可是我从来就没有看到一位黑人出人头地。所以当我看到红色气球、黄色气球、白色气球升空，这点我相信，可是我原来就不相信黑色气球也会升空的。真的，我刚才看到了，它也能升空，所以我想来问问你。"

小贩了解他的意思，告诉他说："小朋友，气球能不能升空，并不在它的颜色，而是里面是否充满了气，只要充满了气的话，不管什么颜色的气球都会升空。同样的，人也是一样，一个人能不能成功跟他的肤色、性别、国籍、种族都没有关系，要看他的内在是不是装满了获取成功的勇气和智慧。"

我国有一句名言"将相本无种，男儿当自强"，不也是这个道理吗？

成功是一位最宽厚、最仁慈的仙子，她善待每一个向往和追求她的人，她丝毫不会计较你具备或不具备某种特征或条件。成功面前人人平等。

必须拥有成功的信心

人人都想成功，每一个人都想获得一些最美好的事物。没有人喜欢巴结别人，过平庸的生活。也没有人喜欢自己被迫进入某种情况。

每天都有不少年轻人开始新的工作，他们都"希望"能登上最高阶层，享受随之而来的成功果实。但是他们绝大多数都不具备必需的信心与决心，因此他们无法达到顶点。也正是因为他们相信自己达不到顶点，以致他们连登上顶峰的途径都找不到，他们唯一能做的也只有停留在一般人的水平。

但还是有少部分人相信他们总有一天会成功。他们抱着"我就要登上顶峰"的积极态度来进行各项工作。这批年轻人仔细研究高级经理人员的各种作为，学习那些成功者分析问题和做出决定的方式，并且留意他们如何应付进退。最后，他们终于凭着坚强的信心达到了目标。

信心是成功的秘诀。拿破仑曾经说过："我成功，是因为我志在成功。"如果没有这个目标，拿破仑必定没有毅然的决心与信心，当然成功也就与他无缘。

信心不仅能使一个白手起家的人成为巨富，也会使一个演员在风云变幻的政坛上大获成功，美国第四十任总统——罗纳德·里根就是有幸掌握这个诀窍的人物。

里根早年是一个演员，却立志要当总统。从22岁到54岁，里根从电台体育播音员到好莱坞电影明星，整个青年和中年的岁月都陷在文艺圈内，对于从政完全是陌生的，更没有什么经验可谈。这一现实，几乎成为里根涉足政坛的一大拦路虎。然而，当机会来临，共和党内保守派、一些富豪竭力怂恿他竞选加州州长时，里根毅然决定放弃大半辈子赖以为生的影视职业，决心开辟人生的新领域。

当然，信心毕竟只是一种自我激励的精神力量，若离开了自己所据有的条件，信心也就失去了依托，难以变希望为现实。大凡想有所作为的人，都必须脚踏实地，从自己的脚下踏出一条远行的路来。正如里根要改变自己的生活道路，这并非他的忽发奇想，而是与他的知识、能力、经历、胆识分不开的。有两件事树立了里根角逐政坛的信心。

一是当他受聘通用电气公司的电视节目主持人后，为办好这个遍布全美各地的大型联合企业的电视节目，通过电视宣传、改变普遍存在的生产情绪低落的状况，里根不得不用心良苦，花大量时间巡回在各个分厂，同工人和管理人员广泛接触。这使得他有大量机会认识社会各界人士，全面了解社会的政治、经济情况。人们什么话都对他说，从工厂生产、职工收入、社会福利到政府与企业的关系、税收政策等等。

里根把这些话题消化吸收后，通过节目主持人身份反映出来，立刻引起了强烈的共鸣。为此，该公司一位董事长曾意味深长地对里根说："认真总结一下这方面的经验体会，为自己立下几条哲理，然后身体力行地去做，将来必有收获。"这番话无疑为里根产生弃影从政的信心埋下了种子。

另一件事发生在他加入共和党后，为帮助保守派头目竞选议员，募集资金。他利用演员身份在电视上发表了一篇题为"可供选择的时代"的演讲，因其出色的表演才能而大获成功，演说后立即募集了100万美元，此后又陆续收到不少捐款，总数达600万美元。《纽约时报》称之为美国竞选史上筹款最多的一篇演说。里根一夜之间成为共和党保守派心目中的代言人，引起了操纵政坛的幕后人物的注意。

里根如愿以偿当上州长。之后又参与总统竞选，当时曾与竞争对手卡特进行过长达几十分钟的电视辩论。面对摄像机，里根发挥出淋漓尽致的表演效果，时而微笑，时而妙语连珠，在亿万选民面前完全凭着当演员的本领，占尽风头。相比之下，从政时间虽长，但缺少表演经历的卡特却显得相形见绌。

成功者大都有"碰壁"的经历，但坚定的信心能使他们通过搜寻薄弱环节，或通过总结教训而更有效地获得成功。

有人说这是里根福星高照的结果，其实，里根的红运通常都是他坚定的信心。通过里根的成功经历，我们可以确信：信心的力量在成功者的足迹中起着决定性的作用，要想事业有成，就必须拥有无坚不摧的信心。

为成功储备力量

农村在春天的时候，河水的水位是很高的，这时农夫往往就在河道里修筑水闸，使水不致完全流失。因为一到夏天，河水的水源就容易干涸。如果在春天预先修筑水闸，把水积蓄起来，等到夏天就不怕闹旱灾了。

做人的道理其实也一样。人在年轻的时候，浑身都充满精力，正如春天里的河水那样丰富充沛。所以，我们就应该尽快修筑起意志的水闸，为成功储备力量，不要让宝贵的精力白白地一点点流失掉，以致到了中年就因为精力衰弱而无法继续工作了。

世界上有许多青年人随便地牺牲自己的休息和睡眠时间，去换得一夜的狂欢，或是疯狂地放纵一下。这些年轻人对此从不觉得可惜，他们也绝不会想到，这样做会对他们的前途产生不利的影响。

有些人之所以会失败，往往就是因为他们耽于享乐。他们宁愿安乐一时，也不愿睁开眼来看看前面，做一个深谋远虑的打算。在他们眼里，除非靠享乐能获得成功，否则，他们决不愿意为了获得成功而去花费心血。这不是很奇怪吗？为什么一个人愿意为了暂时的享乐而抛弃一切呢？为什么宁愿为了享受暂时的安乐而不考虑将来可能更长久的痛苦呢？

一个人如果没有力量上的积蓄，那么他一旦遭遇失败，往往就没有振作起来的可能。有很多青年人由于没有积蓄相当的能力，储备相当的体力、智力及处理事务的能力，以致不能应付目前的事务，更不用说应付非常时期的种种困难了，而终致在生命的旅途中遭到失败。在每个人的生命中，总会有大好机会的降临，而一个人能否抓住机会、能否成功，全看他储备的力量是否充足。人的一生中，最有价值的事情，就是能够储备可供一生应用的充足力量。力量储备得越多，越能应付外来的变故。

为成功储备力量是一个智者的明智选择，一个明智的人，他应该懂得：获取成功的秘诀完全储存在自己的大脑、神经、肌肉、雄心、选择和思想之中。一切都取决于自己的身体和精神状况，因为这将决定我们有没有精力和能力去做自己的工作。我们所能运用的体力和精力的大小，将决定我们将来的成功程度。对于这些力量的任何损害，就等于在减少自己的成功机会。成功不是取决于我们银行存款的多少，而是取决于我们的精力和能力。一个人如果疾病缠身、身体虚弱，或者烟酒无度、元气大伤，其成功的可能性是很小的。他们在与身体强壮、生龙活虎的人竞争时，明显处于劣势。

身体衰弱、精力不足将会影响一个人的整个职业生涯。它就像幽灵一样，在工作中时时出现，让人们自己对过去的错误、失职感到羞愧，受到谴责。每一次的放纵或行为不检点，都等于在自己的内心里开了一个口子，让成功的资本一点一点流失，直至化为乌有。

不懂得为成功储备力量是一件相当危险的事情，它完全可以将我们从成功的身边拉走。

▶ 远离失败的阴影

面对失败，不找借口

成功者面对失败时，从来不找任何借口，而失败者却总是处处寻找借口。

某公司员工在即将下岗的时候，怒气冲冲地来到老板办公室，抱怨老板从来都没给过自己表现的机会。

"那么你为什么不自己去争取呢？"老板问他。

"我曾经也争取到'一些东西'，但是我不认为那是一种让我显示自己才能的机会。"他依然振振有词。

"能告诉我具体情况吗？"

"前些日子，公司派我去外地营业部，但是我觉得像我这样的年纪，还发配边疆，岂不大材小用？"

"为什么你会认为这不是一次机会呢？"

"难道你看不出来吗？公司本部有那么多职位，却让我去如此遥远的地方。我有心脏病，这一点公司所有的人都知道。"

其实，这位先生并没有什么心脏病，他只是为自己不愿远行找一个借口而已。

一个遇事喜欢找借口推脱的人，在面临挑战时，总会为自己没能实现某个目标找出无数个理由。而成功者大都不善于也不需要找任何借口，因为他们能为自己的行为和目标负责，也能享受自己努力的成果。

一个人做事不可能一辈子一帆风顺，就算没有大失败，也会有小失败。而每个人面对失败的态度也都不一样：有些人不把失败当一回事，他们认为"胜败乃兵家常事"；也有人拼命为自己的失败找借口，告诉自己，也告诉别人，他的失败是因为别人扯了后腿、家人不帮忙，或是身体不好、运气不佳等。总之，他们可以找出一大堆理由。

失败者完全可以从自身的角度去研究失败，如判断能力、执行能力、管理能力等，因为事情是失败者做的，决策是失败者制定的，失败当然也就是失败者造成的。因此，失败者大可不必去找很多借口。即使找到了借口，那也不能挽回失败者的失败。

尽管有些失败是来自客观因素，逃也逃不过，但还是不要找这种借口的好。因为找借口会成为一种习惯，让自己错过探讨真正原因的机会，这对日后的成功是毫无帮助的。

面对失败不找任何借口也是一件非常痛苦的事，因为这就仿佛是自己拿着刀割伤自己却不理会一样，但不这样做又能如何？老是为失败找借口，除了无助于自己的成长之外，也会造成别人对自己能力的不信任，最可怕的是这还会形成一个恶性循环，使失败都永远无法翻身。

认清失败，寻找出路

失败并不可怕，怕的是身临失败之境却毫无意识，甚至自以为胜，置身于人生的陷阱之中而不知，这才是人生的悲哀，是人生最大的失败。

面对可能出现的败局，我们不能放之任之，因为这种败局只是一种可能，没有必然性。所以，在可能失败之前，我们必须先力求不失败，或者力求少失败。

孙子曰："昔之善战者，先为不可胜，以待敌之可胜。不可胜在己，可胜在敌。"意思是从前会打仗的人，先要造成不会被敌人打败的条件，再等待可以战胜敌人的机会。不会被敌人战胜，主动权操纵在自己手中；能不能战胜敌人，却在于敌人。

纵观古代的许多战例，大凡军队出征之前，定当部署守土之兵；军队行进之时，必先安排断后之将；两军交战之后，均须防备对方晚上劫营。照此做法，两军对垒之时，有可胜之机则战而胜之，无取胜之便也不会被敌人所乘而致落败。

其实人生也是这个道理，你若想在政界脱颖而出，必须言不逾矩，行不忤法，否则授人以柄，难免前功尽弃，到时候纵有高才奇志也是枉然。你若想在商界崭露头角，便不能过度负债或违法经营，否则或在商战之中落马，或在法纪面前翻车。即使做个靠薪水度日、凭手艺谋生的小百姓，也要洁身自好，不给人以可乘之机，以免惹下麻烦。

先为不败后求胜，不仅是兵家保存自己、夺取胜利的谋略，同时也对人们求生存、图发展有着很好的指导意义。我们要想事业一帆风顺，便应经常寻找自己在法律、经济以及人际关系等方面的可能致败之处，并预加防范或及时补救，这样才能使自己求胜的理想置于坚实的基础之上，使理想之花结出胜利之果。

如果经过一番艰辛的拼搏，事业仍然成功无望，此时自己应进行深刻的分析，看看是主观原因的影响还是客观条件的制约，并采取相应的对策摆脱困境。

"对症下药"与"另闯新路"，这是面对败局两种截然不同的思维方式，前者立足于解决战术上的问题，后者着眼于纠正战略上的错误。面对败局究竟应选择哪条路，这就全靠自己的分析与判断了。

此外，要想战胜失败走向成功，你就必须认清失败，并积极寻找出路。而要想做到这一点，首先你得唱好三部曲：

（1）超前思考，变不利为有利。人们办事，一般都会碰到一些有利条件，也会遇见一些不利因素。此时，当事人便应超前思考，力争将不利因素转化为有利条件，使事业增添胜算。例如，《三国演义》里，诸葛亮与周瑜想火攻曹操水军，但冬季只有西北风而无东南风，深知天文知识的诸葛亮正是利用这一点麻痹曹操，他算定甲子日开始将刮三天东南大风。届时依计而行，结果火凭风势，风助火威，孙刘联军的一把大火便大破曹军于赤壁。

（2）稳步推进，积小胜为大胜。办事应循序渐进，不可急于求成，只有稳步推进，积小胜为大胜，事业的成功才能有一个坚实的基础，才能避免倾覆之危险。在曹、孙、刘三支力量的对比中，刘备虽处于劣势，但在诸葛亮的辅佐下，先取荆州为事业的起点，后取天府之国益州作为事业的根本，进而西取孟获等蛮荒之众，北掠陇西等战略要地，终于实力大增。在后来魏、蜀、吴三国鼎立时，成为一支举足轻重的力量。

（3）精彩结尾，将理想变现实。千里行船，离码头虽仅一箭之遥，仍不算到达目的地；万言雄文，在结尾若有一句冗词，也称不上精彩文章。办事也是如此，如果前紧后松，草草收场，很可能胜券在握之事竟流于失败结局。我们办事必须像飞行员远航归来一样，只有完成最后一个制动动作，将飞机安稳地停在停机坪的预定位置上，才能算是完成一个精彩的起落。人们只有精神饱满、严肃认真地使事情精彩结尾，才算是真正将理想变为现实。

人们若能事事唱好上述"三部曲"，则人生就能够挑战失败，从而不断地获取成功。

走出失败，重新生活

生命中，失败、内疚和悲哀有时会把我们引向绝望。但不必退缩，我们可以爬起来重新开始。也许，你心爱的人儿离开了你，或者是死神从你手里夺走了她；也许，你被迫离开了一个使你的生存有价值的工作；也许，一个你钟爱的孩子遇到了麻烦；也许，你做了错事，而被内疚的包袱压得喘不过气来。我们哪一个人没被内疚和忧患击打过呢？

最糟的事情莫过于当这些危机来临时，找不到一个摆脱的办法。我们有种种逃避的方法：操起饮酒这个毫无意义的嗜好，或者干脆无精打采地转悠以消磨时光。但这些却丝毫不能减轻你的痛苦，反而会使痛苦更加刻骨铭心。为此，我们必须奋力站起，再次迈开前行的脚步走出失败，重新生活。因为我们身体中的每个细胞，都是为了在生命中奋斗而安排的。生命是一支越燃越亮的蜡烛，是一份来自上帝的礼物，是一笔留给后代的遗产。

那么怎样才能再次站起来？怎样才能战胜内疚、忧伤、失败带来的疲惫而重新生活呢？要做到这些，你就必须做到以下几点：

（1）原谅自己，也原谅别人

不管造成麻烦的原因是什么，我们总能在自己身上发现一些事实上和想象出来的错误。要治疗这些我们已犯过的错误，现成的灵药是：首先，正视它，诚心诚意决不做第二次。如果可以弥补，就先弥补起来。然后，把自己的过失和错误抛在脑后，用新的计划和热情，重新注满生活的水池。

同样，不要责备别人对你做的事。别人对你的伤害，如果是你应得的，就从中学一些东西；如果是委屈的，就忘掉它。

（2）恢复自尊

要从放弃防御面具开始，我们中的许多人都是戴着它生活的。相信自己的价值；对自己说话要好言好语，响亮而刚强；努力做到对自己像对别人一样宽宏大量。

然后停止"会失败"的考虑。多想你拥有的，少想你缺少的。在失败的深渊中，这是尤为重要的，相信自己能给生活增添一些美好的东西。

（3）回到众人的世界

我们害怕别人的关心会刺痛我们的伤疤，我们确实需要孤独的时光。但我们不能在那孤岛上滞留太长的时间，因为重新生活的路最终要通过我们与别人的亲密关系和共同努力才能获得。

为了站起来重新出发，我们必须拥有爱。没有什么东西比爱更能驱散那跟随灾难而来的痛苦。

（4）伸出手去帮助别人

花时间去帮助别人，借此治疗自己的创伤。

（5）相信奇迹

许多人曾陷入极度迷惘的困境中，可一旦摆脱了它，却能得到意想不到的欢乐和力量。

欢迎奇迹的来临吧！准备新生不是一次，而是多次。到生活最接近你的地方去，海边、山巅，倾听它们蕴藏着新生和重回生活的声音。

（6）一次迈一步

如果你身上没有出现奇迹，定下心来做接着到来的事情，因为一次只能迈一步。

（7）学会感谢

每天，特别是心情不好时，要寻找感谢的理由："谢谢上帝，四季运转无穷无尽；

谢谢书本、音乐和促使我们成长的生活之力。"

这样赞美，有时你会发现自己内心在说："谢谢上帝，你创造的生活正像它应该是的那样：痛苦伴随着欢乐。"你会发现自己在想：人生是多么美好啊！

其实，走出失败重新生活并不难，关键在于你有没有这样的决心。

▶ 成为受欢迎的人

如何使自己处处受欢迎

一个对周围人感兴趣的人，两个月结交的朋友，比一个力求使周围人对他感兴趣的人，两年结交的朋友还要多。不过，我们知道有一些人一生都在努力使别人对他感兴趣，而他们自己则没对任何人表示过感兴趣。当然，这是不会有结果的。他们对谁都不感兴趣，他们只对自己感兴趣。

如果你对别人不感兴趣，凭什么让别人对你感兴趣呢？如果我们只努力使别人对我们感兴趣，那我们什么时候也不会找到真正的朋友。

著名的魔术师霍瓦特·特斯顿40年里走遍了全球，他的魔术令观众赞不绝口，有6000万观众看过他表演。当有人请求特斯顿披露他成功的秘密时，他说魔术书有上百种，人们读的书并不比他少。但是，他有两个常人没有的优势：第一，他是一个非凡的演员，深知人的本性。他善于在台上表演。每一个手势、语调、微笑都经过了详细的研究。第二，他对人们真正感兴趣。他每次出场，用他自己的话讲，都这样对自己说："我感谢这些来看我演出的人，靠他们的帮助，我的生活才有了保障，我应尽量为他们表演好。"

与别人交往不能自私，应努力关心他人，为此需要付出时间和热情。有一位亲王为周游南美洲，曾花几个月的时间学习西班牙语，以便用出访国的语言进行公开讲演。这使他博得了南美洲居民的热爱。

想使自己处处受欢迎，你应遵循的准则是："对人们表示出真诚的兴趣。"为此，你还必须做到以下几点：

（1）给人留下好印象

与人交往的过程中，行动比语言更富有表现力，而微笑似乎在说："我喜欢你，你使我幸福，我高兴看见你。"也有装出来的笑容，不过这种笑谁也瞒不过。装出来的笑容只能使人感到痛苦。

如果你心里不想笑，首先必须强迫自己笑。如果就你一个人独处时，那应先开始吹吹口哨或哼哼歌曲。用这种方法控制自己，仿佛你很幸福，于是你就真觉得自己是幸福的人了。已故的哈佛大学教授詹姆斯说过："似乎行动随感情而生，其实行动和感情是互相联系的。"在很大程度上控制行动的是意志而不是感情，我们可以间接地调节非意志决定的感情。那么，为使人感到精神振作，你必须表现出精神振作的样子。

因此，你若想给人留下好印象，就应当经常面带微笑。

（2）记住对方的名字

吉姆·法利没有上过中学，可到他46岁时却获得了学位，成了国家民主委员会主席和美国邮电部部长。

有人跟法利谈话时，问他成功的秘诀是什么。他说："我能记住50000人的姓名。"

吉姆·法利担任石膏康采恩董事长秘书的时候，他给自己规定必须记住与自己打交道的人的名字。他无论跟谁认识，都要弄清这个人的全名，询问有关他家庭、职业和他的政治观点，法利把所有这些情况都装在脑子里，当下次再遇到这个人时，甚至过了一年，他也能拍着这个人的肩膀，问家庭和孩子的情况。他能取得光辉的成功一点也不奇怪。在富兰克林·罗斯福竞选美国总统前几个月，吉姆·法利一天内写了几百封信，发往西部和西北各州。他又在20天时间里，到过20个州，乘马车、搭火车和汽车，一共走了2000英里。每到一个城市他就停下来，在早饭、午饭时间会见选民，同他们促膝谈心。

一到东部，法利就给他到过的每个城市写信，要求收信人向他回信写明所有同他谈过的客人。人名册上有数千个人的名字。不过名单上的每个人都收到过吉姆·法利的亲笔信。这些信开头全是"亲爱的威尔特"或"亲爱的约翰"，末尾的签名全是"吉姆"。

吉姆·法利早就确信，每个人都特别对自己的名字感兴趣，其感兴趣程度胜过世上所有人的名字的总和。

因此，你若想成为处处受欢迎的人，记住别人的名字也不失为一种好方法。

（3）成为好的对话人

成功交谈有什么秘密吗？著名学者查理·艾略特说："一点秘密也没有……专心致志地听人讲话这是最重要的。什么也比不上注意听那样对谈话人的恭维了。"有这样一些商店老板，他们选最好的店址，进货讲经济效益，花了数千元做广告，但却雇了这样一些售货员：他们不注意听顾客讲话，经常打断顾客的话，对他们显出不耐烦的样子，惹顾客发火，从而使顾客离开商店。

你如果想成为处处受欢迎的人，请记住："要善于倾听别人讲话，并鼓励其讲话。"

（4）激起他人的兴趣

所有在西奥多·罗斯福庄园里同他亲自谈过话的人都赞叹他知识渊博。

特德福特写道："无论是西部牧马人，还是纽约政治家或外交家来到这里，罗斯福都善于找到同他交谈的话题。"

那么，怎样才能做到这一点呢？很简单。罗斯福在等待来访者的时候，常坐到深夜，阅读可使那位客人感兴趣的材料。

因此，假若你想使人欢迎你，就应该遵循这样一条准则："请谈论使您的对话人感兴趣的东西。"

（5）发现别人的优点

有一条涉及人们品行的十分重要的准则："尊重他人的优点。"你如果不轻视这条准则，你几乎永远不会落入困难的境地。谁遵循这一准则，谁将有众多的朋友并经常感到幸福。谁违反这条准则，谁就会遭受挫折。

你想得到你所接触的人的赞扬，你想让别人承认你的优点，你想在你那个小天地感到自己能起些作用吗？

那么，你就睁大你的双眼，去发现别人的优点吧！如果你能发现别人的优点，并及时反馈给对方，那么你就一定会成为受对方欢迎的人。

如何赢得好人缘

赢得好人缘要有长远眼光，要在别人遇到困难时主动帮助，并且不计回报。"该出手时就出手"，日积月累，留下来的都是人缘。

平时不烧香，临时抱佛脚，菩萨虽灵，也不会帮助你的。因为你平时目中没有菩萨，有事儿才去找，菩萨哪肯做你的工具。所以你想祈求菩萨，就应该在平时烧香，表明你别无祈求，不但目中有菩萨，心中也有菩萨。你烧香，完全是出于敬意，而绝不是买卖。一旦有事，你去求他，他对你有情，自肯帮助。与别人交往也是同样的道理。

你相识的朋友当中，有没有怀才不遇者？如果有，这个朋友可能就是个有灵的菩萨，你应该时常去烧烧香，逢到佳节，送些礼物。他是穷菩萨，你送的礼物，务求实惠。虽然他不会还礼，一旦日后否极泰来，他第一个要还的人情账当然是你的。他有还账的能力时，你即使不去要，他也会自动还你。即使他仍在坎坷中，请求他帮你办事儿，他一定会尽力去完成，且不惜乞援于人，以达到你的目的，而实现还人情账的心愿。所以给一个有成功潜力但却未成功的人烧香，是有利而稳健的人情投资。

人情投资最忌讲近利。讲近利就有如人情买卖，就是一种变相的贿赂。对于这种情形，凡是有骨气的人，都会觉得不高兴，即使勉强收受，心中也总不以为然。即使他想回报你，也不过是半斤八两，不会让你占多少便宜的。你想多占一些人情上的便宜，必须在平时往冷庙烧香。平时不屑到冷庙烧香，有事才想临时抱佛脚，冷庙的菩萨虽穷，但也绝不稀罕你这一炷买卖式的香。一般人以为冷庙的菩萨一定不灵，所以成为冷庙。殊不知穷困潦倒的英雄，是常有的事。只要风云际会，就能"一飞冲天，一鸣惊人"。

总之，靠个人力量以求发展，则发展有限；多与各方朋友结缘，则发展的后劲没有止境。一个人可以有好几种投资。对于事业的投资，是买股票；对于人缘的投资，是买忠心。买股票所得的资产有限，买忠心所得的资产无限；买股票有时会亏账，买忠心始终能把事情办好；股票是有形资产，忠心则是无形资产。"纣有人亿万，为亿万心，武王有臣十人，唯一心。"商纣之所以败亡，武王之所以兴周，就在于有无这份无形资产。正所谓："得天下者得其人也，得其人者得其心也，得其心者得其事也。"

在人际交往中，唯有赢得好人缘，才能使人际关系成为你获取成功的有力支持。

▶ 生活处处皆乐趣

在平淡生活中体会乐趣

生活是平淡的，但是，如果我们用心生活就会体会到这平淡中包含的乐趣。四季寒暑，春风夏蝉，秋菊冬雪，自然赐予了生活无穷的风景；成功的喜悦、幸福的泪水、真挚的友情、坦诚的信任，人间的情感给生命增添了许多的光彩。平凡的生活其实非常值得热爱，自然质朴的生命也应该充分享受。因为，拥有自己生活的喜悦，享受自己生命的快乐，是一件令人愉快的事。按自己的方式选择生活，你就能活出一个真实而自由的人生。

丘吉尔就是按自己的方式生活的杰出人物。当"二战"之火直逼英国时，他临危受命，肩负起战时首相和三军最高统帅的重任。他凭着智慧和勇气，不但打败了敌人，也征服了自己。这个世界没有他的话，将失去多少光彩。叼雪茄，V字形手势，都是丘吉尔最典型的动作。他也是世界政治明星中少有的寿星，在人间天堂里漫游了90多个春秋。

有人说，丘吉尔是政治家中最贪图享受的一个。平时，他乐于穿戴高级华丽的衣着，也喜爱精美的佳肴，更愿意有美丽的女郎与他相随。即使是在他行将就木前，也没有忘记要上一杯上等白兰地，一饮而尽，啜饮最后一滴人生的甘美。他的妻子克莱门坦·丘吉尔直言不讳地说，她的丈夫贪图享受，这种欲望十分强烈。谁要是能给予他所喜爱的舒适环境和东西，他都会接受其款待。

早年他花了5000英镑买了一座高雅的住宅，又花了近2万英镑进行了装饰和整修。后来丘吉尔又将宅第建成一个迷人的"世外桃源"，有碧波粼粼的湖水，匠心独特的花园，池塘里游着各色的金鱼。他还多次坐上豪华的大型游艇"克里斯蒂纳号"出游，艇上的设备之奢华、舒适令人咋舌，而且每次出游都备有充足的精美食品和各式美酒，供他沿途享用。他的家庭日常开支大得惊人。他长年坚持写作，挣得高额稿酬，用笔来维持这种生活。她的女儿曾说："我们整个家庭开支靠的是爸爸的稿费。"

　　就是出访期间，丘吉尔也没有改变追求舒适的习性。有一年，丘吉尔应美国总统罗斯福之邀访美，下榻于白宫皇后卧室。这是一个装饰美观、设备讲究的豪华型居室，有一张十分合适的床，丘吉尔很是满意。又有一次，丘吉尔被安排在白宫的林肯卧室下榻，一般来说，最高贵的客人才有资格享受这种荣誉和待遇。然而，林肯卧室除了具有特殊的纪念意义外，仍旧保持着19世纪中叶林肯当政时的简朴风格，床铺也很普通，丘吉尔无法在这种简陋的环境中安睡。当晚，他只睡了半个小时就忍受不住爬了起来，不顾礼貌和体面，穿着一身睡衣，拎着提箱，踮起脚尖，从林肯卧室穿过大厅，自行搬进了皇后卧室。

　　1954年，丘吉尔再次访美，随行的有他的外交大臣艾森豪威尔。到了美国，艾森豪威尔征求他的意见，愿意住哪一个房间。丘吉尔不假思索地选择了皇后卧室，而把规格最高的林肯卧室让给了艾森豪威尔。

　　他对洗澡也有特殊的要求，浴缸里必须放上2/3的水，水温得控制在37℃。他在浴缸中像海豚一样翻身。晨浴一结束，仆人马上将果酱和一杯优质的苏格兰威士忌放到他伸手可及的地方，好让他躺在床上，一边阅读，一边尽情地饮用。晚上7点钟，丘吉尔洗一天中的第二次澡，稍作休息后就享受丰盛的晚餐。据说，在战争期间，不管战事如何激烈，他总是带着一个锡制的浴盆上前线。

　　丘吉尔一生身体健康，精力充沛，著作丰富，这从某种程度上说是得益于他的那种享受生活的生活方式的。他漫长坎坷的一生，是创造的一生，也是按自己的方式快乐生活的一生。

　　按自己的方式选择生活，即使是平淡的生活，也能体会到其中的乐趣。

　　一位80岁高龄的老妇人为是待在她的住处还是进疗养院而思虑再三。她的年龄是个事实，她每况愈下的健康也是个事实。权衡这些事实，选择安全的疗养院，该是多么明智。然而令人称绝的是，她没有理会这些事实，而是留在了原来的地方，一直到现在。已经 86 岁的她，并不需要朋友们很多的帮助，她自如地应付着一切，幸福地过着愉快的独立生活。

另一个与她年龄相仿的老妇人却做出了相反的选择，她选择住进疗养院，于是她的要求得到了满足。她被供养起来，被放在床上，被挪来挪去，她现在对此厌恶了。做出选择时一定要慎重，一定要尊重自己的意志，一定要对自己的生活负责，不然就可能会自食其果的。

你的生活不是试跑，也不是正式比赛前的准备运动。生活就是生活，不要让生活因为你的不负责任而白白流逝。要记住，你所有的岁月最终都会过去的，只有做出正确的选择，你才能在平淡的生活中体会到乐趣。

从容地享受生活

美国诗人惠特曼说："人生的目的除了去享受生活外，还有什么呢？"

林语堂也持同样看法，他说："我总以为生活的目的即是生活的真享受……是一种人生的自然态度。"

生活本是丰富多彩的，除了工作、学习、赚钱、求名，还有许许多多的美好东西值得我们去享受：可口的饭菜，温馨的家庭生活，蓝天白云，花红草绿，飞溅的瀑布，浩瀚的大海，雪山与草原，大自然的形形色色，包括遥远的星系，久远的化石……

此外还有诗歌，音乐，沉思，友情，谈天，读书，体育运动，喜庆的节日……

甚至工作和学习本身也可以成为享受，如果我们不是太急功近利，不是单单为着一己的利益，我们的辛苦劳作也会变成一种乐趣。

让我们把眼光从"图功名""治生产"上稍稍挪开，去关注一下生活中的这些美好吧！

据说恺撒与亚历山大就是在战事最繁忙的时候，仍然充分享受自然的正当的生活乐趣。他们认为，享受生活乐趣是自己正常的活动，而战事才是非常的活动。

文艺复兴时期法国著名思想家蒙田认为，他们持这种看法是明智的。"这不是要使精神松懈，而是使之增强，因为要让激烈的活动、艰苦的思索服从于日常生活习惯，那是需要有极大的勇气的。"蒙田更提出："我们的责任是调整我们的生活习惯，而不是去编书；是使我们的举止井然有序，而不是去打仗、去扩张领地。我们最豪迈、最光荣的事业乃是生活得写意，一切其他事情，执政、致富、建造产业，充其量也只不过是这一事业的点缀和从属品。"

努力地工作和学习，创造财富，发展经济，这当然是正经的事。享受生活，必须有一定的物质基础。只有衣食无忧，才能谈得上文化和艺术。饿着肚子，是无法去细细欣赏山清水秀的，更莫说是寻觅那诗意。所以，人类要努力劳作。但劳作本身不是人生的目的，人生的目的是"生活得写意"。一方面勤奋工作，一方面使生活充满乐趣，这才是和谐的人生。

我们说享受生活，不是说要去花天酒地，也不是要去过懒汉的生活，吃了睡，睡了吃。如果这样"享受生活"，那才叫糟蹋生活。

享受生活，是要努力去丰富生活的内容，努力去提升生活的质量。愉快地工作，也愉快地休闲：散步，登山，滑雪，垂钓，或干脆就是坐在草地或海滩上晒太阳。在做这一切时，使杂务中断，使烦忧消散，使灵性回归。许多成功的伟人都懂得享受生活。

爱因斯坦刻苦地攀登科学高峰，但他也没忘了时常拉拉小提琴，让心灵沉浸在美妙的音乐里。毛泽东一生戎马倥偬，日理万机，仍会忙里偷闲，去江河游泳，和大自然亲近。陈毅公务繁忙，却总要抽空下下围棋，领悟黑白世界的妙趣。

到了星期天，许多人由于积习使然，简直丧失了享受自由的能力，不知道怎样才能高高兴兴把这一个没有着落的闲日子打发掉。这一天，就是那些郊游的人也不见得能过得多么舒服。

我们会工作，会学习，但还不会真正享受生活，这对于我们来说，是人生的大遗憾。学会享受生活吧，真正去领会生活的诗意、生活的无穷乐趣，这样我们工作起来，学习起来，才会感到更有意义。

要学会原谅生活

别跟自己过不去，也别跟生活过不去，没理由不滋润，不快活，关键是我们选择什么样的角度看待自己与生活。我们有我们的悲哀，生活有生活的难处，应当学会原谅生活。

苏轼在《水调歌头》中写道："人有悲欢离合，月有阴晴圆缺，此事古难全。"古人有古人的悲哀，可古人很看得开，他把人世间的悲欢离合比作月的阴晴圆缺，一切全出于自然，其中有永恒不变的真理，它像一只无形的手在那里翻云覆雨，演绎着多色多味的世界。今人也有今人的苦恼，因为"此事古难全"。

苦恼和悲哀常常引起人们对生活的抱怨，其实生活仍然是生活，关键看你是站在什么角度。

每个人都会有沮丧、失落的时候，在这样的时候我们会对一切感到乏味。生活的天空阴云密布，看什么都不顺眼，就像 T 恤衫上印着的："别理我，烦着呢！"生活中会有很多事令我们心情不好，面对高考落榜，面对失恋，面对解释不清的误会，我们的确不容易很快地超脱。你的敌人就是你自己，如果你战胜不了自己，你就没法不失败；想不开、钻死胡同，全是自己所为。

沮丧的时候，退归你生活的角落，去充电、打气。选一盒录音带，京剧、越剧、歌曲、乐曲什么都成，边听边练毛笔字，书写龚自珍的《己亥杂诗》"霜豪掷罢倚天寒"，多带劲！"不是逢人苦誉君，亦狂亦侠亦温文"，多亲切！如果还不行你就发泄一下，大声唱出来："我站在烈烈风中，恨不能荡尽绵绵心痛；看苍天，四方云动，剑在手，问谁是天下英雄……"

渐渐地你便会排遣沮丧，焕发出新的振奋激情，环视四周，发现一切正常，你的消沉、你的低落、你的怨愤没有任何意义。既然如此，何不让自己回归正常？凭什么总跟自己过不去呢？试试看，每天吃一颗糖，然后告诉自己，今天的日子，果然是甜的。

有时候，我们要对自己残忍一点，不必过分纵容自己的哀痛，"不识庐山真面目，只缘身在此山中"。走出去或登上山顶，你会看到另一番景象："日照香炉生紫烟，遥看瀑布挂前川。飞流直下三千尺，疑是银河落九天。"

　　我们看清了自己，再来看生活，也许多了几分宽容在里面。生活本身并不是可以实现所有幻想的万花筒，生活和我们是相互选择的，不该过分计较生活的失信。生活本来就没有承诺过什么，它所给予的，并不总是你应当得到的，而你所能取得的，是凭你不懈的努力和执着才能得到的。

　　人类以热爱生命为目的，人类中却有另一部分人以猎取生命为职业。一位德国作家兼心理医生维克多·弗兰克，在回忆自己在纳粹集中营的生活时说："人所拥有的任何东西，都可以被剥夺，唯独人性最后的自由不能被剥夺，正是这种不可剥夺的精神自由，使得生命充满意义且有目的。那一刻我所身受的一切苦难，从遥远的科学立场看来，全都变得客观起来。我就用这种办法把自己超越；在困厄的处境中，我把所有的痛苦与煎熬当成前尘往事，并加以观察，这样一来，我自己以及我所受的苦难全变成我手上一项有趣的心理学研究题目了。"

　　这种方式值得借鉴。当我们凭窗而坐，静观一本关于战争或其他的书时，我们有什么理由不快活，不滋润？

　　原谅生活是一种积极有效的方式。原谅生活，不是可以淡漠所有的不公，不是为了超脱凡世的恩怨，而是要正视生活的全面，以缓解和慰藉深深的不幸。相信生活，才能原谅生活。如果你的桅杆折断，不论是你自己的错，还是生活的错，都不该再悲哀地守着孤单的小舟。你何不重新支起新的桅杆呢？

　　原谅生活，是为了更好的生活。

要学会突破困难

坚韧是解决一切困难的钥匙

困难往往是经过化装的幸福，只有那些凭借坚定的信念和纯洁的心灵战胜它的人，才能得到真实的快乐。

拿破仑出身于贫穷的科西嘉没落贵族家庭，他父亲却送他进了一所贵族学校。他的同学都很富有，大肆讽刺他的穷苦。拿破仑非常愤怒，却一筹莫展，屈服在威势之下。就这样他忍受了 5 年的痛苦。但是每一种嘲笑，每一种欺侮，每一种轻视的态度，都使他增加了决心，发誓要做给他们看看，他确实是高于他们的。

他是如何做的呢？这当然不是一件容易的事，他一点也不空口自夸。他只心里暗暗计划，决定利用这些没有头脑却傲慢的人作为桥梁，去争取自己的富有和名誉。

经过坚忍不拔的努力，步入军营的拿破仑 16 岁便当上了少尉，但他遭受到了另外一个打击，那就是他父亲的去世。从那以后，他不得不从最少的薪金中，省出一部分来帮助母亲。在部队里，他的同伴用多余的时间去追求女人和赌博。而他也由于身材矮小的原因没有资格得到以前的那个职位，同时，他的贫困也使他失掉了后来争取到的职位。于是，他改变方针，用埋头读书的方法，去努力和他们竞争。读书是和呼吸一样自由的，因为他可以不花钱在图书馆里借书读，这使他得到了很大的收获。

他并不是读没有意义的书，也不是专以读书来消遣自己的烦闷，而是为自己将来的理想做准备，他下定决心要让全世界的人知道自己的才华。因此，在他选择图书时，也就是以这种决心为选择的范围。他住在一个既小又闷的房间内。在这里，他脸无血色，孤寂、沉闷，但是他却不停地读下去。

通过几年的用功，他从读书方面所摘抄下来的记录，后来经印刷出来的就有400多页。他想象自己是一个总司令，将科西嘉岛的地图画出来，地图上清楚地指出哪些地方应当布置防范，这是用数学的方法精确地计算出来的。因此，他数学的才能获得了提高，这使他第一次有机会表现他的能力。

长官见拿破仑的学问很好，便派他在操练场上执行一些工作，这是需要极复杂的计算能力的。他的工作做得极好，于是他获得了新的机会，拿破仑开始走上有权势的道路。

这时，一切的情形都改变了。从前嘲笑他的人，现在都拥到他面前来，想分享一点他得到的奖励金；从前轻视他的人，现在都希望成为他的朋友；从前挖苦他矮小、无用、死用功的人，现在也都改为尊重他。他们都变成了他的忠心拥戴者。

难道这是天才所造就的奇迹吗？拿破仑确实是聪明，但他也确实肯下功夫，不过还是有一种力量比知识或聪明来得更重要，那就是用坚强的毅力直面眼前的困难。如果你决心要战胜困难，那你就要心甘情愿地不断坚持下去，以达到你的目的。

可以说，坚韧是解决一切困难的钥匙。试问各行各业的人们，有哪一个是没有经过坚韧的努力便获得成功的呢？

坚韧可以使柔弱的女子养活她的全家；使穷苦的孩子努力奋斗，最终找到生活的出路；使一些残疾人，也能够靠着自己的辛劳，养活他们年老体弱的父母。除此之外，如山洞的开凿、桥梁的建筑、铁道的铺设，没有不是靠着坚韧完成的。人类历史上最大的功绩之一，美洲新大陆的发现，也要归功于开拓者的坚韧。

在世界上，没有别的东西可以替代坚韧。教育不能替代，父辈的遗产也不能替代，而命运则更不能替代。

秉性坚韧，是成大事立大业者的特征。这些人能够获得巨大的事业成就，可以没有其他卓越品质的辅助，但绝不能没有坚韧这种性格。从事苦力者不厌恶劳动，终日劳碌者不觉得疲倦，生活困难者不感到志气沮丧的原因都是由于这些人具有坚韧的品质。

以坚韧为资本而终获成功的年轻人，比以金钱为资本获得成功的人要多得多。人类历史上许多成功者的故事都足以说明：坚韧是克服贫穷的最好药方。

有些人遭到一次困难，便把它看成拿破仑的滑铁卢之战。从此失去了勇气，一蹶不振。可是，在刚强坚毅者的眼里，却没有所谓的滑铁卢。坚毅的人即使失败，也不会以一时的失败作为最后的结局，他们还会继续奋斗，在每次遭到失败后再重新站起，比以前更有决心地向前努力。

坚韧勇敢，是伟大人物的特征。没有坚韧勇敢品质的人，不敢抓住机会，不敢冒险，他们一遇困难，便会自动退缩，一获小小的成就，便感到满足，这样的人成就不了大事业。历史上许多伟大的成功者，都是由坚韧造就的。发明家在埋头研究的时候，是何等艰苦，他们的成功是渺渺无期的，但是他们却能始终坚持不懈。世界上一切的伟大事业，都在坚韧勇敢者的掌握之中，当别人开始放弃时，他们却仍然坚定地去做。真正坚强的人，做事时总是埋头苦干，直到成功。

所以，勇敢的精神是最宝贵的，只有具备这种精神才能克服一切困难，顺利到达成功的彼岸。

学会乐观地面对困难

只要你学会乐观地面对困难，你就会发现，困难并没有那么可怕。

这个世界不需要那些意志薄弱、胆小如鼠的人，而需要走到任何地方都能够征服一切的强者。那些能够战胜令弱者退缩的困难的强者，那些从不逃避困难而是直面困难的人，才是世界真正需要的。那些成就平平的人往往是善于发现困难的天才，他们善于在每一项任务中都看到困难。他们莫名其妙地担心前进路上的困难，这使他们勇气尽失。他们对于困难似乎有惊人的"预见"能力。一旦开始行动，他们就开始寻找困难，时时刻刻等待着困难的出现。当然，最终他们发现了困难，并且为困难所击败。这些人似乎戴着一副有色眼镜，除了困难，他们什么也看不见。他们前进的路上总是充满了"如果""但是""或者"和"不能"。

这些东西足以使他们止步不前。

一个向困难屈服的人必定会一事无成。很多人不明白这一点，一个人的成就与他战胜困难的能力成正比。他战胜越多别人所不能战胜的困难，他取得的成就也就越大。

如果你足够强大，那么困难和障碍会显得微不足道；如果你很弱小，那么障碍和困难就显得难以克服。

有的年轻人虽然知道自己要追求什么，却畏惧成功道路上的困难。他们常常把一个小小的困难想象得比登天还难，一味地悲观叹息，直到失去了克服困难的机会。那些因为一点点困难就止步不前的人，与没有任何志向抱负的庸人无异，他们终将一事无成。

成就大业的人，面对困难时从不犹豫徘徊。从不怀疑自己克服困难的能力，他们总是能紧紧抓住自己的目标。对他们来说，自己的目标是伟大而令人兴奋的，他们会向着自己的目标坚持不懈地攀登，而暂时的困难对他们来说则微不足道。伟人只关心一个问题："这件事情可以完成吗？"而不管他将遇到多少困难。只要事情是可能的，所有的困难就都可以克服。

俗话说，一叶障目，不见泰山。一个人躺在地上，会被一片树叶挡住视线，看不见群山。而弱小的人则会让丝毫的困难蒙蔽双眼，看不到成功的伟大。

我们处处可以见到这些自己给自己制造障碍的人。在每一个学校或公司董事会中，或多或少地都有这样的人。他们总是善于夸大困难，小题大做。如果一切事情都依靠这种人，结果将会一事无成。如果听从这些人的建议，那么一切造福这个世界的伟大创造和成就都不会存在。

一个会取得成功的年轻人也会看到困难，但却从不惧怕困难，因为他相信自己能战胜这些困难，这些困难在他面前算不了什么，他相信一往无前的勇气能扫除这些障碍。有了决心和信心，这些困难又能算得了什么呢？对拿破仑来说，阿尔卑斯山算不了什么。并非阿尔卑斯山不可怕，冬天的阿尔卑斯山几乎是不可翻越的，但拿破仑却觉得自己比阿尔卑斯山更强大。

虽然在法国将军们的眼里，翻越阿尔卑斯山太困难了，但是他们那伟大领袖的目光却早已越过了阿尔卑斯山上的终年积雪，看到了山那边碧绿的平原。

乐观地面对困难，多一些快乐，少一些烦恼，你会惊奇地发现，这不仅会使你的工作充满乐趣，还会让你获得幸福。你会发现，自己成了一个更优秀、更完美的人。你用充满阳光的心灵轻松地去面对困难，就能保持自己心灵的和谐。而有的人却因为这些困难而痛苦，失去了心灵的和谐。

你怎样看待周围的事物完全取决于你自己的态度。每一个人的心中都有乐观向上的力量，它使你在黑暗中看到光明，在痛苦中看到快乐。每一个人都有一个水晶镜片，可以把昏暗的光线变成七色彩虹。

夏洛特·吉尔曼在他的《一块绊脚石》中描述了一个负笈登山的行者突然发现一块巨大的石头摆在他的面前，挡住了他的去路。他悲观失望，祈求这块巨石赶快离开。但它一动不动。

他愤怒了，大声咒骂，他跪下祈求它让路。它仍旧纹丝不动。行者无助地坐在这块石头前，突然间他鼓起了勇气，最终解决了困难。用他自己的话说："我摘下帽子，拿起我的手杖，卸下我沉重的负担，我径直向着那可恶的石头冲过去，不经意间，我就翻了过去，好像它根本不存在一样。如果我们下定决心，直面困难，而不是畏缩不前，那么，大部分的困难就根本不算什么困难。"

及时"转换"困难

一场大火烧光了爱迪生的设备和成果，但他却说："大火把我们的错误全都烧光了，现在我们可以重新开始了。"

一名记者问美国总统威尔逊"贫穷是什么滋味"时，这位总统向我们讲述了一段他自己的故事："我10岁时就离开了家，当了11年的学徒工，每年可以接受一个月的学校教育。在经过11年的艰辛工作之后，我得到了1头牛和6只绵羊作为报酬。我把它们换成了84美元。从出生一直到21岁那年，我从来没有在娱乐上花过1美元，每1美分都是经过精心算计的。在我21岁生日之后的第一个月，我带着一队人马进入了人迹罕至的大森林，去采伐那里的圆木。每天，我都是在天际的第一线曙光出现之前起床，然后就一直辛勤工作到星星探出头来为止。在一个月夜以继日的辛劳努力之后，我获得了6美元作为报酬，当时在我看来，这可真是一个大数目啊！每个美元在我眼里都跟今天晚上那又大又圆、银光四溢的月亮一样。"

在这样的穷途困境中，威尔逊下决心，不让任何一个发展自我、提升自我的机会溜走。很少有人能像他一样深刻地理解闲暇时光的价值。他像抓住黄金一样紧紧地抓住了零星的时间，不让一分一秒无所作为地从指缝间溜走。在他21岁之前，他已经设法读了1000本好书。想想看，对一个农场里的孩子，这是多么艰巨的任务啊！

有的人只注意别人成功时的情景，却忽略了他们成功路上的辛劳、痛苦与危难。在人生的征途上，我们必须对苦难形成一个正确的认识。

在人生道路上，困难和挫折都是难免的，人生起起落落也无法预料。但是有一点我们一定要牢牢记住：永不绝望。当我们遇到逆境时，千万不要忧郁沮丧，无论发生什么事情，无论你有多么痛苦，都不要整天沉溺于其中无法自拔，不要让痛苦占据你的心灵，要尽量摆脱困境，让快乐永远陪伴着你。困难来临时，我们要有勇气直面困难、打倒困难，以顽强的意志战胜困难。一个目标明确的人能排除前进道路上的一切阻碍，勇敢地向着自己的目标迈进，以坚定的意志、顽强的毅力去排除一个又一个困难去争取胜利。

任何人遇上困难，情绪都会受到影响，这时一定要操纵好情绪的转换器。面对我们无法改变的不幸和无能为力的事，就抬起头来，对着天空大喊："这没有什么了不起，它不可能打败我。"

或者耸耸肩，默默地告诉自己："忘掉它吧，这一切都会过去！"紧接着，就要往头脑里补充新东西，因为头脑每时每刻都需要东西补充，这种补充就能使情绪"转换器"发生积极作用。最好的办法是用繁忙的工作去补充，去转换，也可以通过参加有兴趣的活动去补充，去转换。如果这时有新的思想、新的意识迸发出来，那就是最佳的补充和最佳的转换。物理学家普朗克在研究量子理论的时候，两个女儿先后死于难产，妻子去世，儿子又不幸死于战争。普朗克不愿在怨悔中度过余生，便用加倍努力工作来转移自己内心巨大的悲痛，情绪的转换不但使他减少了痛苦，还促使他发现了基本量子，获得了诺贝尔物理学奖。

如果你懂得及时"转换"困难，那么你将会战胜困难。

敢于对困难说"不"

每个人都会碰到困难，与困难抗争实际上是正常的，也极有挑战性。我们的回答是："战胜困难就是强者！"那么，你靠什么去战胜困难呢？

人生如战场，试想一下，如果你身临战场，当你遇到困难和敌人时就赶紧后退，其后果如何？把事情做好，把困难解决掉，这不也是一种"作战"吗？因此，当你在自己的生活和事业中碰到困难时，应遵循一个原则：绝不言退，发挥自己的强项。这包括两方面的含义：

（1）做给别人看。要让别人知道你并不是一个懦弱的胆小鬼。即使你做事失败了，你不怕困难的精神和勇气也会得到他人的赞赏；如果你顺利地克服了困难，这就更加向他人证实了你的能力。如果有人出于对你的不服、怀疑、中伤、妒忌而故意给你出些难题，当你一一解决时，你不仅解除了他人的不良心理，而且还提高了自己的地位。

（2）做给自己看。人一生中不可能一切一帆风顺，事事称心如意。碰到点困难，这并不可怕，应把困难当成对自己的一种考验与磨炼。也许你不一定能解决所有的困难，但在克服这些困难的过程中，你在智慧、经验、心志、胸怀等各方面都会有所成长，所谓"不经一事，不长一智"，说的就是这个道理。如果你顺利地克服了困难，那么在这一过程中你所累积的经验和信心将是你一生中最可贵的财富。

所以，"碰到困难，绝不言退"这句话并不只是单纯地让我们勉励自己，它实际上具有很大的价值。如果你不相信，那就想象一下"遇难即退"的后果吧，这样做首先就会被人认为是一种庸庸碌碌之人，而事实上也是如此。因为你闪躲、逃避，无法克服困难，不去提升自己，自然也就只能做一些无关紧要的小事情了。

当然，克服困难也得讲究一定的方法。有些困难确实很大，你肯定一下子无法解决，碰到这种困难，你只能采取迂回战术，不可硬战死战，否则会损伤自己的实力。但你要明白这与遇难而退完全不同。因为你并未放弃解决这一困难，只是采取了一种灵活的方式。在你的心里，时时还想着这一困难，并且正想着用各种办法去加以解决，所以这不算退却。当你碰到困难时，可以首先评估一下：

（1）这一困难的难度有多大？

（2）自己的能力如何？

（3）有无外力可以援助？

（4）如果万一失败，自己对失败的承受力如何？

（5）这一困难值不值得自己去克服？

如果你评估的结果对自己不利，那你完全可以考虑采取缓兵之计。"留得青山在，不怕没柴烧"！如果有获胜的机会，而且这困难也值得你去克服，那就要竭尽全力了，机会是稍纵即逝的。如果你轻易就退，这会成为一种习惯，一个人一旦养成了一种畏惧困难的习惯，恐怕这辈子也就干不成什么大事业了。

你是否总是逃避困难？看不到自己的强项？如果是，那就从今天开始，坚强、勇敢地去面对吧！只要你敢对困难说"不"，困难就会在你的面前退却。

▶ 别让压力压垮你

认清压力的面目

压力是人内心深处的一种情感体验。根据"国际压力研究院"的创办人塞利博士的说法，老化只是每一个人一生中的疤痕以及紧张的总和，亦即压力的总和。塞利教授在他的《生活压力》一书中，对内在压力带来的巨大危险有精辟深入的研究。他说，压力的杀伤力比我们周遭环境中产生的任何事物都要强大。

我们一同来看看压力对我们的影响。

你一定听别人说过他一早起来心情就不好，在接下来的一整天里，什么事都不对劲，情绪不好、别扭，连平常惯有的幽默感也不见了。

一早起来就心情不好的人，只要有人愿意听他发牢骚，他一定会噼里啪啦说上一大堆，诸如：

（1）我昨晚没睡好，事实上，我几乎没睡着。

（2）我在床上翻来覆去七八个小时，真是累死了，可就是睡不好。

（3）我的脖子好痛，肩膀也好酸，但是还是睡不着。

（4）现在别叫我集中精神，我的注意力早就四分五裂。

（5）想到以上这些，我真想回到床上，把它们通通都忘掉。

但是几乎没有人能够这么幸运，回到床上就可以把一切都抛开。那些潜藏的因素总是困扰着你、妨碍着你、威胁着你，这些因素就叫作压力源，是说也说不完的。譬如说：再过半小时就要开会了；电话响了；又有推销员来按门铃了；孩子上完芭蕾舞课，得去接她回来；报告已经迟交四天了；支票被退票等。

了解压力，认清压力的面目，它就不再那么可怕。

我们首先要做的便是把压力控制在可以纾解的范围里，如此我们的身心才能够常保健康快乐。找出压力的本质，对我们而言也是非常重要的。因为只有找出压力的本质，我们才能比较容易将它打倒。

实际上，压力是一种认知，是在个人认为某种情况超出能力所能应付的范围时产生的。

这项定义的关键在于"认知"这两个字。我们常常认为压力是外在的，一旦碰到了不如意的事情，就认为那是压力。所以我们会犯一种基本的错误，就是只注意外在因素。但事实上，我们所感受到的压力来自我们自己，是我们对压力源的反应。因此我们应该往内心探索。

所有的压力都对我们有害无利吗？当然不是。适度而且在能够纾解范围之内的压力，是可以让生活变得更加亮丽的。这就是为什么我们会不断地规划长途旅行，运动健身，制定人生目标，以及做各式各样计划的原因。压力不是我们这一代才发明的。早在19世纪80年代，美国医师皆尔德就已经有著作论述当代生活的压力。他形容压力足以让人"神经耗竭"。

压力研究领域的先驱塞利博士写道："了解压力绝非为了逃避压力，逃避压力就跟逃避食物、运动一样不合理。"塞利博士认为压力是"人身体对于任何加诸其上的要求所产生的反应"。以此为前提，那么任何事情，从接听电话到失去抵押品的赎回权，都可称为压力。此一无所不包的定义，让压力成了人生的同义词。这么说来，只要是活在这世界上，就不可能完全逃避得了压力。既然如此，我们与其做无谓的垂死挣扎，还不如勇敢地去面对压力，找出压力源，然后想办法克服它呢！

找出你的压力源

你在生活中有没有压力？当然有。你是担心走在马路上被老虎给吃了吗？当然不是。那你担心什么呢？今天上班会不会迟到，回到家里会不会跟家人沟通不良之类的，是生活中最常见也是最容易产生压力的事情。

但无论你想象中的场面糟糕到什么程度，也不会夸张到出现"武松打虎"的场面。虽然人们都很清楚这一点，然而体内的自律神经系统却依然依照经验法则来办事，即使历经了数百万年的演化，也丝毫没有改变的迹象。

想象一下这样的场面：一个怒气冲天的爸爸正指着儿子大发雷霆，这个孩子会有什么反应？

得失心太重固然不足取，但完全秉持着无所谓的心态去生活就更糟了。

具有这种心态的人常觉得这个世界就是黑、白、灰三种颜色的，根本没什么看头，何苦自寻烦恼？他们的座右铭就是"多一事不如少一事"，混吃等死就可以了，何必那么费劲。有这种思想的家庭主妇往往会在家里无所事事，电视开一整天，却连看都不看一眼。心不在焉地翻了半天的时尚杂志，还不晓得这本杂志叫什么。她也知道厨房里都快进不去人了，但就是没有兴致去动一下。即使邻居邀她去逛街她也嫌麻烦，巴不得在沙发上一动不动地躺一整天。若是一个上班族出现这种倦怠症，就会把自己当成机器人，从早到晚就只会重复一些机械化的动作。其实这种现象在生活中是很普遍的，也不能全怪员工自己，任何人做久了都会变成机器人。比如在自动控制室监看仪表板，由于工作性质就是坐一整天，又罕有突发状况，因此做久了后警觉性就愈来愈差。这来自他们在工作上的预期心理，在每天的几点几分要打开哪些开关，到了几点几分时又得做哪些动作，做久了就像是在按公式解题，毫无新意，而这些都会让人产生压力。

生活中的压力源无处不在，复杂的事会产生压力，同样简单的事也会产生压力。只要你做一个生活的有心人，平时多留意、多观察，就能找出生活中大部分的压力源。这样，你便可以有针对性地给自己减压了。

学会给自己减压

生活中的压力很多，但即使再有智慧的人也无法将压力消灭。因此，如果我们不懂得如何给自己减压，那么终有一天会被压力压垮。

有一年冬天，一对婚姻濒临破裂而又不乏浪漫情调的加拿大夫妇准备做一次长途旅行，以期重新找回昔日的爱情。两人约定：如能找回爱情就继续在一起生活，否则就分手。当他们来到一个长满雪松的山谷时，下起了大雪，他们只好躲在帐篷里，看着大雪漫天飞舞。不经意间，他们发现由于特殊的风向，山麓东坡的雪总比西坡的雪下得大而密，不一会儿，雪松上就落了厚厚的一层雪。然而，每当雪落到一定程度时，雪松那富有弹性的枝杈就会弯曲，使雪滑落下来。就这样，反复地积雪，反复地弯曲，反复地滑落。无论雪下得多大，雪松始终完好无损。其他的树则由于不能弯曲，很快就被压断了。

妻子似有所悟，对丈夫说："东坡肯定也长过其他的树，只不过由于不会弯曲而被大雪摧毁了。"丈夫点头。就在这时，两人似乎同时恍然大悟，旋即以前的一切恩怨都成了过眼云烟。

丈夫兴奋地说："我们揭开了一个谜。对于外界的压力，要尽可能去随；在随不了的时候，要像雪松一样弯曲一下。这样就不会被压垮。"一对浪漫的夫妇，通过一次特殊的旅行，不仅揭开了一个自然之谜，而且找到了一个人生的真谛。

就像我们不能逃避生活一样，我们也无法逃避压力，有压力并非坏事。因为人有一定的压力是很有必要的，这样便可以锻炼意志，使我们不致过于脆弱。但是，压力过大则绝非好事，你会吃不消，会陷入紧张、焦躁、疲劳的状态中。这时我们要学会缓解压力，释放压力，保持心态的平衡。

既然压力是不可避免的，又是不可消灭的，我们就要学会自我减压，使压力保持在我们能承受的限度内，不要发生"水压过大胀爆水管"的可怕事故。

学会自我减压，已成为现代人的必修课。

图书在版编目（CIP）数据

羊皮卷 / （美）戴尔·卡耐基等著；杨奕编著 . — 南昌：
江西人民出版社 , 2017.6（2022.12 重印）

ISBN 978-7-210-09490-6

Ⅰ.①羊… Ⅱ.①戴…②杨… Ⅲ.①成功心理－通
俗读物 Ⅳ.① B848.4-49

中国版本图书馆 CIP 数据核字 (2017) 第 109055 号

羊皮卷

（美）戴尔·卡耐基等 / 著

杨奕 / 编著

责任编辑 / 冯雪松　胡小丽

出版发行 / 江西人民出版社

印刷 / 嘉业印刷（天津）有限公司

版次 /2017 年 6 月第 1 版

2022 年 12 月第 21 次印刷

开本 /170 毫米 ×240 毫米　1/16　35 印张

字数 /571 千

书号 /ISBN 978-7-210-09490-6

定价 /39.80 元

赣版权登字 -01-2017-359

版权所有　侵权必究

如有质量问题，请寄回印厂调换